生态环境修复与节能技术丛书

污染土壤生物修复原理与技术

李法云　吴龙华　范志平　等编著

化学工业出版社

·北京·

本书共分 10 章，论述了土壤的性质和环境容量、土壤污染与可持续利用、典型污染物在土壤环境中的化学行为及其生态效应、污染土壤微生物修复原理、植物修复原理、动物修复原理、生物修复工程技术、生物修复工程设计和项目管理以及生物修复技术工程应用案例。

本书强调理论联系实际，从土壤环境功能与典型污染物的化学行为和生物修复原理（理论基础）、技术（工程技术与设计）以及应用（工程实例）三个方面进行了探讨，在介绍基本原理和主要内容的基础上，适当地反映了污染土壤生物修复领域最新研究成果和进展状况，可供从事土壤污染控制与修复等领域的工程技术人员、科研人员和管理人员参考，也供高等学校相关专业师生参阅。

图书在版编目（CIP）数据

污染土壤生物修复原理与技术/李法云等编著.
北京：化学工业出版社，2016.5（2022.8 重印）
（生态环境修复与节能技术丛书）
ISBN 978-7-122-26526-5

Ⅰ.①污…　Ⅱ.①李…　Ⅲ.①污染土壤-生态
恢复-研究　Ⅳ.①X530.5

中国版本图书馆 CIP 数据核字（2016）第 051511 号

责任编辑：刘兴春　刘　婧　　　　　　　　文字编辑：林　丹
责任校对：吴　静　　　　　　　　　　　　装帧设计：史利平

出版发行：化学工业出版社（北京市东城区青年湖南街 13 号　邮政编码 100011）
印　　装：北京虎彩文化传播有限公司
787mm×1092mm　1/16　印张 17½　字数 411 千字　2022 年 8 月北京第 1 版第 5 次印刷

购书咨询：010-64518888　　　　　　　　售后服务：010-64518899
网　　址：http://www.cip.com.cn
凡购买本书，如有缺损质量问题，本社销售中心负责调换。

定　　价：85.00 元

《生态环境修复与节能技术丛书》
序

　　人、自然与社会是生态文明的三大要素。自然环境既是人类社会生存发展的基础，也是生态文明的重要基础。我国社会经济发展正面临生态环境保护约束与资源高效利用等问题的重大挑战。当前，我国节能减排、环境保护与生态建设等工作正在发生历史性转变，全面实施生态文明发展战略，全力推进国家生态文明建设体制改革是破解资源环境约束，提高环境质量，保障群众健康安全乃至国家安全的必由之路。

　　科技创新是引领社会发展的不竭动力。2006年，我国发布的《国家中长期科学与技术发展规划纲要（2006—2020年）》提出：改善生态与环境是事关经济社会可持续发展和人民生活质量提高的重大问题，要将发展能源、水资源和环境保护技术放在优先位置，下决心解决制约经济社会发展的重大瓶颈问题，实施建设创新型国家战略。目前，我国正在大力实施创新驱动发展战略，结合我国的资源禀赋与生态环境特征，破解资源环境问题更是需要发挥科技创新的支持与引领。

　　节约资源和保护环境是我国的基本国策。2015年9月，党中央、国务院发布了《生态文明体制改革总体方案》，并明确指出：要树立尊重自然、顺应自然、保护自然及发展和保护相统一的理念，将山水林田湖作为一个生命共同体，按照生态系统的整体性、系统性及其内在规律，统筹考虑自然生态各要素，增强生态系统循环能力，维护生态平衡。为了对自然生态各要素实现整体保护、系统修复及综合治理，我国近年来先后颁布了《大气污染防治行动计划》（国发〔2013〕37号）、《水污染防治行动计划》（国发〔2015〕17号）及《土壤污染防治行动计划》（国发〔2016〕31号），为自然界水、土壤、大气环境的污染防治提供了行动指南。

　　石油与化工行业是我国国民经济的重要支柱产业之一。2015年度石油与化工行业利税总额为1.02万亿元，位列工业行业之首。根据中国化工节能技术协会发布的《中国石油和化工行业节能进展报告（2014）》，2013年度我国石油和化工行业的工业增加值能耗较之2012年下降1.98%，但仅完成"十二五"节能目标任务的30%。其中，一些重点产品的单位综合能耗下降速度减缓甚至出现反弹，如原油加工综合能耗为65kg（标准）油/t，比2012年增加0.95%，没有达到既定的节能目标进度要求，全行业节能形势依然严峻。2016年4月发布的《石油和化学工业"十三五"发展指南》，到2020年石油与化工行业主营业务收入将达到18.4万亿元，石油化工行业亟待进一步调整行业结构、提高科技创新能力及形成绿色发展方式。

　　当前，人类活动对区域环境的影响及各种污染的排放对环境造成的危害已经严重危及人类的健康和生存。有关区域生态过程、环境修复理论与技术、石油化工过程运行优化与节能技术等已成为当前生态环境修复与节能技术的前沿领域。根据国家《生态文明体制改革总体方案》的要求，结合区域生态环境建设及石油化工行业节能的科技需求，为了满足从事生态环境修复与石油化工节能优化技术等方面的教学、科研、技术和管理人员的需要，由辽宁石油化工大学生态环境研究院、石油化工过程运行优化与节能技术国家地方联合工程实验室、土壤肥料资源高效利用国家工程实验室（湖南农业大学）牵头，联合湖南农业大学、浙江大学、中国科学院南京土壤研究所、中国农业大学、南开大学、哈尔滨工业大学、东北大学、北京林业大学、辽宁大学、中国科学院沈阳应用生态研究所、日本琦玉县环境科学国际中心等单位的国内外专家学者共同编写了《生态环境修复与节能技术丛书》。

该套丛书主要包括《污染土壤生物修复原理与技术》、《生态工程模式与构建技术》、《辽河流域水生态特征与目标管理》、《农业面源污染防控原理与技术》、《化学融雪剂对生态环境的影响与环境风险》、《石油化工过程运行优化与节能》6部著作。 其中《污染土壤生物修复原理与技术》、《生态工程模式与构建技术》2部著作经化学工业出版社特许，分别对其前版根据国内外相关领域的最新研究进展进行增删与改正后编纂入本套丛书，其余4部著作则主要是各高等学校与科研院所的科研团队的研究成果的学术著作。 编写出版这套丛书是对参与该工作的诸多研究与教育机构的学者在生态环境修复与节能技术方面跨学科研究成果体现的初次尝试，经验不足与学识有限之处在所难免，期待能在专家与读者的批评和建议中进一步完善与提高。

国家油料改良中心湖南分中心主任、中国工程院院士官春云先生对本套丛书的编写多次给予了学术指导，希望我们在进行生态环境修复与节能技术研发时，能紧密结合区域生态环境特征及行业节能减排面临的典型问题，重视源头减排与全过程节能，能因地制宜地既实现环境修复功能，又可以达到修复材料的资源能源化以及修复过程低碳绿色化。

本套丛书具有如下特点。

（1）学科的系统性 主要围绕当前区域/流域的污染过程、生态环境修复与节能技术的主要研究方向，对相关学科的基本理论进行了系统地介绍。

（2）技术的实用性 针对当前区域生态环境及石油化工过程运行优化节能的典型问题，注重原理与实践相结合，突出生态环境修复、污染物源头防控、生态工程及控制优化等原理在解决实际生态环境问题及节能减排中的应用。

（3）知识的前沿性 瞄准生态环境修复与石油化工过程节能技术的研究前沿，突出生态环境科学与石油化工节能领域的最新研究进展，努力做到知识的新颖性。

本套丛书在编写过程中，得到了化学工业出版社的大力支持，在此表示感谢。

《生态环境修复与节能技术丛书》编写委员会

2016年8月

前言
FOREWORD

　　土壤是人类赖以生存的物质基础，是人类不可缺少、不可再生的自然资源，也是人类环境的重要组成部分。 土壤污染对人类的危害性极大，它不仅直接导致粮食的减产，而且通过食物链影响人体健康。 此外，土壤中的污染物通过地下水的污染以及污染物的转移构成对人类生存环境多个层面上的不良胁迫和危害。

　　20世纪60年代，从发达国家如荷兰、美国，因为化学废弃物的倾倒导致严重的土壤污染开始至今，土壤污染问题已遍及世界五大洲，主要集中在欧洲，其次是亚洲和美洲。 在中国，随着工农业生产和乡镇企业及农村城镇化的迅速发展，土壤环境污染问题已越来越严重！ 中国国家环境保护部和国土资源部于2014年5月联合发布的《全国土壤污染状况调查公报》表明，全国土壤环境状况总体不容乐观，土壤污染总的超标率为16.1%，其中耕地的超标率达到19.4%，总体上以无机污染为主，无机污染物超标点位数占全部超标点位的82.8%。 其中，城市和工业场地污染严重，重金属矿区问题突出，尤以土壤重金属镉污染问题最为突出。 此外，区域性和流域性污染态势恶化，高强度人为活动地区的土壤环境复合污染问题尤为严峻。 土壤环境质量直接关系到农产品的安全。 中国由于土壤污染每年生产的重金属污染粮食多达1.2×10^7t；全国出产的主要农产品中，农药残留超标率高达16%~20%，PAHs超标率高达20%以上。 在许多重点地区，土壤及地下水污染已经导致癌症等疾病的发病率和死亡率明显高于没有污染的对照区数倍到十多倍。 土壤污染已成为限制中国农产品国际贸易和社会经济可持续发展的重大障碍之一，污染土壤迫切需要修复与治理。 2016年5月，国务院正式颁布《土壤污染防治行动计划（国发〔2016〕31号）》，这是中国土壤修复事业发展的重要里程碑。

　　污染土壤生物修复是当今环境保护领域技术发展的热点领域，也是最具挑战的研究方向之一。 目前，中国的生物修复处于刚刚起步阶段。 在过去的十几年中，研究主要是跟踪国际生物修复技术的发展。 随着人们对土壤污染治理要求的提高，国家各项法律与制度的日臻完善，国家和企业对污染治理投入的增加，估计在今后的10~30年内，中国生物修复技术研究水平将会有很大的提高，并能在实际生产中得到广泛的应用。

　　考虑到不同知识背景读者的需要，本书从土壤的性质、质量和典型土壤污染物的化学行为及生态效应的基本知识入手，介绍了污染土壤微生物修复、植物修复和动物修复的基本原理，生物修复工程技术、工程设计和项目管理以及生物修复技术工程应用案例，以使读者对污染土壤生物修复的原理、发展和技术应用有较为明晰和透彻的了解。 本书是在国家自然科学基金项目(41571464、30570342、29807002)与辽宁省高等学校优秀人才支持计划(A类)部分研究成果的基础上，参考了大量的国内外文献，并注意适当反映污染土壤生物修复的最新进展。 在写作过程中，引用了参考文献的部分图表和实例资料，在此对所有作者表示感谢。

本书主要由李法云、吴龙华、范志平编著。具体分工如下：第 1 章由李法云、魏小娜、范志平、王道涵编著；第 2 章、第 3 章、第 4 章由曲向荣、李法云、魏小娜编著；第 5 章由薛南冬、李法云编著；第 6 章由吴龙华、孙小峰、王科、李法云编著；第 7 章由李法云、王道涵、范志平、王艳杰编著；第 8 章由吴龙华、丁克强、邢维芹、李法云编著；第 9 章由曾清如、刘强、荣湘民、李法云、魏小娜编著；第 10 章由铁柏清、吴龙华、李法云、孙小峰、魏小娜、郭橙、涂志华编著。书中图由李法云绘制，全书最后由李法云、魏小娜统稿。

本书在编著过程中，得到辽宁石油化工大学生态环境研究院、土壤肥料资源高效利用国家工程实验室（湖南农业大学）、中国科学院南京土壤研究所、石油化工过程运行优化与节能技术国家地方联合工程实验室、北京林业大学、哈尔滨工业大学、辽宁大学、中国科学院生态环境研究中心、沈阳工业大学、辽宁工程技术大学等单位有关领导和专家的指导和帮助。在出版过程中，得到了化学工业出版社的大力协作与支持，在此一并谢忱。

限于编著者水平和学识，书中难免有欠缺和不妥之处，我们殷切希望广大读者和有关专家对本书提出批评指正，在此表示诚挚的谢意。

编著者

2016 年 6 月

目录
CONTENTS

第3章　土壤污染与可持续利用　　　45

第4章　污染物在土壤环境中的化学行为及其生态效应　　　73

第二篇 生物修复的原理

第5章 有机污染物微生物修复   126

第6章　植物修复原理　　　　　　161

第7章　动物修复原理　　　　　　174

第四篇　生物修复工程应用

第10章　生物修复技术的实际应用　　231

第 1 章 —» 绪论

　　土壤是人类赖以生存的物质基础，是不可再生的自然资源，也是人类环境的重要组成部分。土壤污染对人类的危害性极大，不仅直接导致粮食的减产，而且通过食物链影响人体健康。此外，土壤中的污染物通过地下水的污染以及污染物的转移构成对人类生存环境多个层面上的不良胁迫和危害。正确认识土壤环境，有利于加强污染防治与修复，持续提高土壤质量，改善土壤生态系统功能，为人类社会的生存提供健康的土壤环境。

1.1 土壤污染现状与修复的紧迫性

　　土壤与人类生产和生命活动联系紧密，其中的污染物多种多样，污染源的分布也相当广泛。在农业生产方面，人口的压力促使人们片面追求农业高产、稳产，因而越来越依赖于化肥和农药的使用，化肥和农药的过量使用造成土壤中农药和无机盐积累，并进一步污染地下水。同时，农业生产活动也导致土壤中微生物群落结构的失衡，一些不良微生物成为群落中的优势种群，形成地域性的生物污染。

　　工业生产所引起的环境污染则更为严重，人们一方面通过采矿、冶炼、化工提纯等技术使本来在环境中呈分散、低浓度存在的物质如重金属、放射性元素及天然有机化学品得以浓缩和富集于局部陆地生态环境；另一方面还通过合成工业生产出更多的对于自然界来说相对陌生的物质，如 DDT、狄氏剂、艾氏剂等，这些污染物浓度大大超过了区域陆地生态系统原有的自净能力。

　　人类的日常生活也向陆地生态系统中排放了大量的废弃物。生活污水的排放携带大量的动植物油类、洗涤剂及 N、P 等营养物质；垃圾堆放将人们生活中产生的大量合成塑料、建筑废料等排入系统，其掩埋和焚烧等处理措施产生二次污染的可能性也令人担忧。

　　土壤作为自然体和环境介质，是陆地生态系统的重要组成部分，是进入系统的污染物质的主要承载体，具有一定的环境容纳能力和净化功能。但当如此庞大的有害、有毒物质进入陆地生态系统时，势必会超出其环境容量，改变系统结构，导致系统失衡。特别是大量的工农业生产和生活产生的污染物质可以直接或间接通过土壤介质对陆地生态系统中的动植物造成短期或长期的毒害作用。

　　20 世纪 60 年代，从发达国家如荷兰、美国，因为化学废弃物的倾倒导致严重的土壤污染开始至今，土壤污染问题已遍及世界五大洲，主要集中在欧洲，其次是亚洲和美洲。在中国，随着工农业生产的发展，土壤环境污染问题已经非常突出。2014 年《中国环境状况公报》公布，截至 2013 年年底，中国共有耕地约 $1.352 \times 10^8 \text{hm}^2$，其中近 1/5 的耕地遭到污染，其中仅 Cd 污染耕地就涉及 11 个省 25 个地区；中国耕地面积不足全世界的 10%，却使用了全世界近 40% 的化肥，且化肥当季利用率只有 33% 左右，普遍低于发达国家 50% 的水平；同时，中国也是世界农药生产和使用第一大国，单位面积农药施用量是世界平均水平的 2.5 倍，但有效利用率只有 35% 左右；每年地膜使用量约 1.3×10^6 t，超过其他国家的总和。土壤污染已经危及中国 18 亿亩的耕地红线。另外，矿区土壤污染及城市棕色地块（工业搬迁后留下的未经修复的土地）污染也不容忽视。2010 年发布的《中国污染场地的修复与再开发的现状分析》认为，中国工业企业搬迁遗留的场地中有将近 1/5 存在较严重污染。2014 年《全国土壤污染状况调查公报》对 690 家重污染企业用地及周边的 5846 个土壤点位进行调查，超标点位占 36.3%；对 81 块工业废弃地的 775 个土壤点位进行调查，超标点位占 34.9%，主要污染物为锌、汞、铅、铬、砷和多环芳烃；对 70 个矿区 1672 个土壤点位进行调查，超标点位达 33.4%。在各类环境要素中，土壤是污染物的最终受体，工业"三废"排放、各种农用化学品使用、城市污染向农村转移，污染物通过大气、水体进入土壤，重金属和难降解有机污染物在土壤中长期累积，致使局部地区土壤污染负荷不断加大。

与水体与大气环境相比，土壤从受到污染到产生不良后果是一个逐步积累的过程，通常土壤将有害物质输送给农作物，再通过食物链损害人畜健康，但土壤本身可能还会继续保持其生产能力，只有在土壤农作物以及摄食的人或动物的健康状况出现问题时土壤污染才能反映出来。所以土壤污染后可能需要相当长的时间才能被发现。例如历史上著名的土壤污染公害事件——日本痛痛病（Itaiitai disease），从土壤受到污染到最后基本确定为镉污染土壤所生产的镉米所致，前后经历了十几年的时间。因此，土壤污染具有一定的隐蔽性和潜伏性。其次，土壤一旦受到污染，其恢复过程极其困难。例如重金属元素对土壤的污染就是一个不可逆的过程，因为重金属一旦进入土壤不可能通过降解过程而消失，只能从一个位置迁移到另一个位置。许多有机化学物质的污染也需要一个比较长的时间才能降解完全。尤其是持久性有机污染物不仅很难被降解，而且可能产生毒性较大的中间产物。例如，六六六和 DDT 在中国已禁用 20 多年，但至今仍然能从土壤环境中检出，就是由于其中的有机氯非常难于降解且其具有与不可逆性。20 世纪 60～70 年代，中国东北沈抚灌区由于污水灌溉引起的石油、酚类污染以及后来的张士灌区的镉污染，造成大面积土壤受到污染，引起了水稻矮化、生产的稻米有异味、含镉量超标等问题。经过十多年的努力，付出了巨大的代价，包括施用改良剂、深翻、清洗、在污染土壤上覆盖清洁土壤等各种措施，才逐步恢复其部分生产力。

一方面，土壤是一个复杂的物理、化学与生物的复合环境介质，污染物质进入土壤后被土壤吸附固定，聚集于土壤中。特别是重金属和放射性元素都能与土壤有机质或矿物质结合，并且长久的保存在土壤中，无论它们如何转化也很难重新离开土壤。另外，污染物在土壤环境中不像在水体大气中那样容易迁移、扩散和稀释，尤其是难降解污染物很难靠稀释作用和自净作用来消除，因此容易在土壤中不断积累而达到很高的浓度。由于土壤污染的潜伏性特点，所以往往通过食物链危害人群及动物的健康，这一过程不易被人发觉，一旦发现就是比较严重的污染事故。例如近十几年在多个省份发生的三氯乙醛污染就是一个比较典型的事例。该事故是施用了含三氯乙醛的磷肥引起的，影响范围涉及山东、河南、河北等十多个省份万亩以上的农田，轻则减产，重则绝收，给农业生产带来惨重损失。另一方面，农田系统中输出的大量营养物质形成了对水域富营养化的严重威胁，仅化肥氮的淋洗和径流损失每年就约 1.74×10^6 t，长江、黄河和珠江每年输出的溶解态无机氮达 9.75×10^5 t，成为近海赤潮的主要污染源。土壤环境的污染还会形成对人体健康的直接威胁，在北京、沈阳、广州、天津、南京、兰州和上海等许多地区，土壤及地下水污染已经导致癌症等疾病的发病率和死亡率明显高于没有污染的对照区数倍到 10 多倍。由于污染，土壤的营养功能、净化功能、缓冲功能和有机体的支持功能正在丧失，作物的产量和品质也因此受到严重影响。

土壤污染危害深远，关乎国民生计和国家安全，目前许多地区土壤污染已大大超出土壤的自净能力，如果不进行及时治理，即使经历千百年土壤也无法自净。2008 年以来，中国重大污染事故频繁发生，其中仅重金属污染事故就达 30 多起。污染事故不仅增加了环境治理成本，也不利于社会的稳定，而土壤一旦受到污染，其修复所需的费用更是天价。如常州农药厂土壤修复估算约需 2 亿元，无锡胡埭电镀厂重金属铬污染修复费用 890 万元，苏州化工厂土壤污染修复需数亿至数十亿元。在相关的污染法规建设方面，中国已有 50 余部关于环境污染的法规，"大气十条"和"水十条"也已相继出台。2014 年 3 月国家环境保护部常务会议审议通过了《土壤污染防治行动计划》，即"土十条"，中国将治理土壤污染确定为向污染宣战的三大行动计划之一。2016 年 5 月，国务院正式颁布《土壤污染防治行动计划》（国发［2016］31 号），这对推动我国土壤修复事业的发展与土壤资源安全利用具有重要的历史意义。

面对严峻的土壤污染状况，在国家相关政策的激励下，土壤修复产业必将会蓬勃发展。可见，无论从农业生产所面临的现实问题，还是从中国社会经济发展和国家安全的内在需求的角度来看，土壤环境污染问题已成为限制中国社会经济可持续发展的重大障碍之一。因此，作为人均耕地小国和农业大国的中国，研究解决土壤污染问题势在必行，迫切需要进行土壤污染的防治工作以及对污染土壤进行修复，恢复其生产能力，改善其环境功能。修复污染土壤，对于阻断污染物进入食物链，防止对人体健康造成危害，促进土地资源的保护与可持续发展具有重要现实意义。

1.2 生物修复的概念

生物修复主要是指依靠生物（特别是微生物）的活动使土壤或地下水中的污染物降解或转化为无毒或低毒物质的过程。主要是利用土壤中特定的微生物、根系分泌物、菌根和超富集植物等降解或吸收积累土壤污染物，实现污染土壤修复的目的。狭义的生物修复单指利用微生物降解与转化机制来治理污染物，植物修复技术的发展极大地丰富了生物修复内涵。因此，广义的生物修复包括微生物修复和植物修复两部分，有时也包括土壤动物修复。

微生物修复技术也称为环境生物技术，主要通过生物技术对人为造成的环境污染进行治理、恢复、纠正和修补，包括微生物的处理方法和过程。微生物能利用污染物作为碳源和能源，从而达到对污染物的分解和矿化的目的；遗传学和分子生物学的方法能改善微生物的降解能力；通过实验科学手段，创造微生物生长的良好环境条件，通过强化使生物修复技术有效地消除污染，净化环境，使已被破坏的生态平衡重新加以恢复。

植物修复技术主要是利用植物本身特有的吸收能力富集污染物、转化固定污染物以及通过氧化-还原或水解反应等生态化学过程，使土壤环境中的有机污染物得以降解，使重金属等无机污染物被固定脱毒；与此同时，还利用植物根际特殊的生态条件加速土壤微生物生长，显著提高根际微环境中微生物的生物量和潜能，从而提高对土壤有机污染物的分解作用。此外，利用某些植物特殊的积累与固定能力可去除土壤中某些无机污染物。

1.3 生物修复工程技术体系

1.3.1 微生物修复技术

根据处置位置的不同，微生物修复技术可以分为异位生物修复和原位生物修复两大类型。

1.3.1.1 异位生物修复

异位生物修复是将土壤挖出，在场外或运至场外的专门场地处理的方法。该技术主要有固相处理和生物反应器法等类型。

（1）固相处理

固相处理包括土壤耕作法、制备床法、堆腐法和土地填埋法。土壤耕作法是通过施肥、灌溉和耕作来增加土壤中的营养物质和氧气，提高微生物活性，加快其对有机污染物的降解。制备床法是将污染土壤移入特殊的制备床上，在人为控制条件下保持最佳的微生物降解状态，达到修复效果。堆腐法是制备床法的一种形式，它是利用好氧高温微生物处理高浓度的固体废弃物的一个特殊过程。土地填埋法是将污泥施入土壤中，通过施肥、灌溉等保持最佳营养和环境条件，使污染物在土壤表层得以好氧降解。

（2）生物反应器法

生物反应器法是将污染土壤从污染地点挖出来放到一个特殊的反应器中处理的方法。土壤通常加水处理，生物修复条件在反应器中得到加强，整个处理过程中反应条件得到严格控制，处理效果十分理想。

1.3.1.2 原位生物修复

原位生物修复一般主要集中于对亚表层土壤生态条件进行优化，尤其是通过调节加入的无机营养或可能限制其反应速率的氧气的供给，促进土著微生物或外加特异微生物对污染物质进行最大程度的生物降解。原位生物修复主要有以下 3 种方式。

（1）生物通风法

生物通风法是在不饱和土壤中压入空气，以增强空气在土壤中及大气与土壤之间的流动，为微生物活动提供充足的氧气。同时，还通过注入井/地沟提供营养液。与真空挥发和土壤通风不同，生物通风是向土壤注入空气，设计一定的流速以使生物降解速率达到最大并减少挥发有机物向大气的逸出。

（2）生物搅拌法

生物搅拌法是将土壤的饱和部分压入空气，同时从土壤的不饱和及部分真空吸取空气，这样既向土壤提供了充足的氧气又加强了空气的流通。

（3）泵出处理法

泵出处理法是将污染的地下水回收，进行地表处理后与营养液混合，由注入井/地沟回注入土壤。由于处理后水中包含有驯化的降解菌，因而对土壤有机污染物的生物降解有促进作用。

1.3.1.3　其他微生物修复技术

（1）遗传改性法

遗传改性法是通过结合、转导和转变等遗传改性方法加强微生物矿化污染物的能力。除用于处理易降解的有机污染物外，还包括多环芳烃、多氯联苯等难降解物质的处理。

（2）游离酶法

游离酶法是利用微生物分离出来的游离酶将有害污染物转化为无害或更安全的化合物的方法。游离酶能够快速降低毒性，且能在不适合微生物的环境中保持活性，使在高 pH 值、高温、高盐或高溶剂浓度土壤中的应用成为可能。

1.3.2　植物修复技术

植物对土壤中的无机和有机污染物有不同程度的吸收、挥发和降解等修复作用，用于污染土壤修复的植物特殊之处在于，其在某一方面表现出超强的修复功能。根据修复植物的修复功能和特点可将植物修复分为 4 种基本类型（周启星，2004）。

（1）植物提取修复

利用重金属超富集植物从污染土壤中超量吸收、积累一种或几种重金属元素，之后将植物整体或部分收获并集中处理，然后再继续种植超积累植物，使土壤中的重金属含量降到可接受的水平。植物提取修复是目前研究最多且最有发展前途的一种修复技术。

（2）植物挥发修复

利用植物将土壤中的一些挥发性污染物吸收到植物体内，然后将其转化为气态物质释放到大气中，从而对污染土壤起到治理效果。目前研究主要集中在易挥发性的重金属如 Hg 等，对有机污染物也具有较好的应用前景。

（3）植物稳定修复

通过耐性植物根系分泌物质来积累和沉淀根际圈污染物质，使其失去生物有效性，以减少污染物质的毒害作用。但更重要的是，利用耐性植物在污染土壤上生长来减少污染土壤的风蚀和水蚀，防止污染物质向下淋移而污染地下水或向四周扩散进一步污染周围环境。该技术主要偏重在重金属污染土壤的稳定修复方面。

（4）植物降解修复

利用修复植物的转化和降解作用去除土壤中的有机污染物质，其修复途径包括污染物质在植物体内转化及分解和在根际圈内的直接降解。植物降解一般对某些结构比较简单的有机污染物去除效率很高，对结构复杂的污染物质则无能为力。

1.3.3　生物联合修复技术

由于土壤污染的普遍性、复杂性和特殊性，单一的修复技术往往不能完全解决问题，协同两种或两种以上的土壤修复方法，形成联合修复技术，不仅可提高对单一污染土壤的修复速率与效率，而且可克服单项修复技术的局限性。目前联合修复技术已成为土壤修复技术研究的热点。生物修复技术受到修复环境的制约，在现场应用和工程化推广的方面都有技术局限性。然而生物技术作为一种绿色的修复技术有其技术优势，尤其是在与其他的强化技术联合后，能够对修复效果起到放大作用，是污染土壤修复的技术发展方向。

目前，基于微生物的复合修复思路主要有土壤改良-微生物联合修复、化学-微生物联合修复、微生物-动物联合修复、微生物-植物联合修复、微生物-植物-动物联合修复等，其中微生物（特别是菌根真菌）与植物的联合修复在重金属和有机污染土壤的修复中显示出很好的应用前景，受到广泛关注。

1.3.3.1 植物-微生物联合修复技术

植物-微生物联合修复技术是土壤生物修复技术研究的新方向，主要通过土壤-植物-微生物组成的复合体系共同作用于污染物，实现污染物的降解或者去除。该技术通常利用能促进植物生长的根际菌根真菌、专性或非专性细菌等微生物的降解作用来转化污染物，降低或彻底消除其生物毒性。该修复技术需要建立一种土壤-微生物-植物的共存关系，充分发挥植物与微生物修复技术各自优势，进而提高土壤中污染物的植物修复效率，最终达到彻底修复重金属和有效降解有机物污染土壤的目的。这种修复方式实际是微生物和植物的联合作用过程，其中微生物在降解过程中起主导作用。实践上，该修复技术降解效率明显高于单一利用微生物或单一利用植物的修复效率。作为一种低成本强化植物修复技术，其逐渐成为近几年国内外研究的热点。

1.3.3.2 微生物-电动修复技术

在采用传统的微生物方法修复有机物污染土壤时，往往由于土壤的渗透性较低，营养物质迁移效率低，影响微生物的正常生长。电动修复技术的一大优势就是可以克服低渗透性土壤中的传质问题，因此电动方法与微生物法相结合的修复技术逐渐被研发出来。电动修复技术利用电场作用为土壤中的微生物高效输送营养物质、水分和电子受体，向土壤中分散活性微生物、表面活性剂和共代谢基质等，解决传统水力传输的不足，促进微生物与污染物质的有效接触，提高传质速率，进而提高微生物的降解活性（马建伟等，2007）。针对低渗性土壤，电动技术具有独特的优势。此外，电动作用下产生的温度效应也可能有利于生物过程的进行。

当污染物进入土壤后，土壤中的微生物经过一定时间的适应，有可能形成具有降解污染物能力的优势菌群，因而可以利用土壤中这些土著微生物来达到污染物降解的目的，尤其是针对有机污染土壤。但是，由于有机污染物往往是疏水性的，它们被土壤颗粒紧紧吸附在表面，移动性差；同时由于土壤的低渗透性活性微生物很难进入土壤孔隙，这些因素大大降低了微生物与污染物的接触，因而导致生物处理效率低。电动修复技术通过在受污染土壤中加入直流电场，利用电动效应促使污染物从土壤表面解吸，强化污染物和微生物的相对运动，达到有效接触并降解除去的目的。该过程操作简单，且无需添加外源物质。但由于传统的电动修复往往会在两极产生极端 pH 值，破坏土壤原有结构和性质，使微生物生存环境恶化，因此需要对修复过程的电极反应加以控制，以防止极端 pH 值对活性微生物和土壤性质产生不良影响。当污染土壤中有效降解微生物活性或数量不足，或营养物质缺乏时，可以采取添加外源微生物或外源物质，如氮、磷等营养物质、电子受体等（O_2、CO_2、NO_3^-、SO_4^{2-}和一些阳离子如 Mn^{2+}、Fe^{3+} 等）的方法，强化电动-微生物的修复过程。

1.3.3.3 化学/物化-生物修复技术

化学/物化-生物联合修复技术是近十年来发展起来的一种全新的修复重金属-有机物复

合污染土壤的方法。该修复技术通过技术联合及工艺改进将传统的化学/物化修复法与超积累植物富集、微生物降解等生物修复法组合应用，达到提高修复效率的目的。由于复合污染土壤污染情况的复杂性和修复要求的多样化，单一的修复方法往往难以达到修复目的，单一的化学或物理化学修复方法虽速度快，但在实际工程应用时耗资大、成本昂贵。化学/物化-生物联合修复技术对传统的化学/物理化学修复法与现代各种生物修复技术进行了参数优化与技术改造后进行最佳组合，通过优势互补和技术综合对复合污染土壤进行修复（邓佑等，2010）。其修复机理是，通过化学聚合、土壤催化氧化、化学还原、化学氧化等化学过程与生物修复中植物的超积累富集吸收、微生物的分解与固定等生物过程联合作用去除污染土壤中的重金属和有毒有机物。例如，通过向土壤添加一些化学药剂提高土壤氧气含量、提高基质的溶解性和生物可利用性，利用化学/物化-生物联合修复作用强化污染土壤的生物修复效率（Goi 等，2011）。

1.4 生物修复研究进展

对污染土壤的修复，选择哪种方法最适宜，除了要考虑待处理污染物所在地点，污染物量的多少，处理效果的好坏，所需时间的长短，处理的难易程度等技术因素外，还要考虑处理费用因素。生物修复技术与传统的物理修复和化学修复方法相比，具有工程简单、费用低、修复效果彻底等优点，但也存在修复处理周期长、修复污染物种类有限等问题。

在污染土壤修复领域，生物修复技术发展的初期阶段主要通过利用微生物降解土壤中的有机污染物，文献记载的生物修复技术最早的市场化应用是 1972 年美国宾夕法尼亚州的 Ambler 石油管线泄漏事件。此后，生物修复技术得到了极大的发展，被广泛使用以去除土壤中各种不同类型的污染物。目前对污染土壤的生物修复研究非常广泛，国际国内有大量的研究报告，比较一致的观点是：对重金属污染土壤以植物修复为主，对有机污染土壤通常采用微生物修复。通常，如果一种植物对重金属 Cu、Co、Cr、Ni、Pb 的富集能达到 1000mg/kg 以上，对 Mn 和 Zn 的富集达到 10000mg/kg 以上，则认为该植物具有超富集功能（Loeffler 等，1989）。迄今为止，已发现 400 种植物可以超富集重金属，大多是 Ni 超富集植物（约 300 种），另外有其他的重金属超富集植物 Co 26 种、Cu 24 种、Se 19 种、Zn 16 种、Mn 11 种和 Cd 1 种。室内实验和田间试验均证明，超富集植物对重金属具有较高的耐性，在净化重金属污染土壤方面具有极大的潜力，一些超富集植物甚至能同时超量吸收、积累两种或几种重金属元素。

有关诱导植物提取研究已发现，具有高生物量的可用于诱导植物提取的植物有印度芥菜、玉米、向日葵等。印度芥菜可以积累中等含量的重金属，在水培条件下，植株地上部的 Zn 和 Cd 含量分别达到 2000mg/kg 和 40mg/kg。植物挥发对 Hg、Se、As 具有转变形态的作用，如印度芥菜和一些农作物具有较高的吸收和挥发 Se 的能力。利用一些植物来促进重金属转变为低毒性形态的植物钝化过程，其中研究较多的是 Pb、Zn、Cd 和 Cr。此外，植物根际作用改变了土壤环境，使根际成为微生物作用的活跃区域，可使金属元素在根际得到富集，金属元素的赋存形态及其生物有效性增加，从而提高植物对元素的吸收、挥发和固定效率。

利用微生物修复目前研究较多的是对矿物油和多环芳烃的生物修复技术。已有的研究表明，假单胞菌、产碱杆菌、鞘氨醇单孢菌、红球菌和分枝杆菌等好氧微生物均具有很好的污染物降解能力（Pal 等，2010）。这些微生物通常被用来降解土壤中的农药和烃类（包括烷烃、芳烃化合物）物质。利用微生物降解污染物的前提是，土壤中污染物作为唯一碳源和能源，而事实上土壤中的污染物和微生物的分布都是不均匀的，这大大限制了微生物技术在有机污染土壤修复中的应用。用于土壤修复的微生物的选择还受土壤环境中可利用碳源和能源的多少、土壤环境状况（温度、氧气、湿度）以及所要处理的污染物类型等因素的制约。因此，应用微生物修复技术的过程往往与土壤环境因子的调控和适宜的降解微生物的选择密不可分。如孙铁珩等（2004）认为，土壤表面和亚表面土壤微生物的生物降解是土壤多相系统中去除多环芳烃的主要过程，多环芳烃的微生物降解有两种途径，一个是作为微生物的碳源和能源；一个是共代谢或共氧化作用，但该过程受土壤中的氧气、营养元素、湿度、pH 值以及其他土壤性质等生态因子的影响。

尽管在污染土壤的生物修复方面取得了相当的进展和许多成果，但也遇到了一些难以攻克的难题。例如，微生物修复对于 PAHs、卤代化合物、硝基芳烃等难生物降解的有机污染物通常耗时冗长；在土壤微生物、营养条件不适合的情况下，需要添加营养物质，引入外源微生物。此外，由于土壤污染往往呈复合型，当前的修复技术可以解决其中某些单一污染物的问题，对复合型污染土壤的修复还存在着困难。因此，强化生物降解和一些生物联合修复技术不断涌现。有研究者筛选出了一些迁移性好、对污染物具有趋化响应的微生物，这些微生物可以向着污染物做定向移动，从而使得微生物与污染物充分接触达到污染物的有效降解。Chen 等（2012）利用植物残体和生物炭作为载体采用固定化微生物技术处理土壤中的 PAHs，该技术能大大提高微生物对 PAHs 的去除效率，对四环和五环的多环芳烃的去除能力尤为显著；但是由于微生物载体对微生物降解的强化和刺激效应不同，针对不同的微生物和污染物类型，需要选择适宜的生物炭作为载体。

微生物对重金属具有生物吸附、胞外沉淀、细胞代谢、生物吸收转运和氧化还原等作用，而且还可以通过改变根系微环境，提高植物对重金属的吸收、挥发或固定效率，因此微生物在重金属污染土壤的修复中也逐渐受到关注。近年来，研究者们发现了多种新型的金属结合肽（如组氨酸、半胱氨酸等），这些金属结合肽与金属离子之间具有很强的亲和能力，而且它们通常对某一特定金属离子具有专一性和选择性的特点，利用表达有不同金属结合肽的微生物对重金属污染土壤进行生物修复可以取得较好的效果（Wu 等，2010）。李政红等（2010）利用培养优化的土著硫酸盐还原菌修复 Cr(Ⅵ) 污染土壤，添加菌液的贫营养土壤 Cr(Ⅵ) 去除率为 60%～99.5%，添加菌液的富营养土壤 Cr(Ⅵ) 去除率为 92%～99.6%。该方法即是利用微生物还原作用将毒性高、迁移能力强、生物可利用性高的 Cr(Ⅵ) 转化为低毒和迁移能力低的 Cr(Ⅲ)，以达到降低重金属污染风险的目的。然而，微生物修复重金属污染土壤一个最大的缺点是无法把重金属从土壤中清除，因此利用微生物-植物的共生关系来去除土壤中重金属的联合修复技术逐渐发展起来。该技术利用微生物作用活化土壤中的重金属，使其更易于被植物吸收和利用，然后利用植物富积、吸收、挥发等作用将这些重金属彻底从土壤去除。Yang 等（2007）的研究证实了根际微生物在植物修复中的重要作用，他们采用印度芥菜修复 Se 污染土壤时发现，根际微生物的作用极大地提高了 Se 的植物累积和挥发。

与其他的污染土壤修复技术相比，生物修复具有成本低、无二次污染等优点而广受关注。与物理修复技术相比，生物修复技术的成本往往只占前者的 1/100～1/10，而且安全性高，对大面积急需治理的受污染农田比较适用。目前，该技术处于实验室或模拟试验阶段的研究成果较多，商业性应用有待该技术的进一步成熟和创新性技术的开发。协同两种或两种以上修复方法，形成联合修复技术，不仅可以提高污染土壤的修复速率与效率，而且可以克服单项修复技术的局限性，实现对多种污染物复合/混合污染土壤的修复，已成为土壤修复技术中的重要研究内容。

2009 年 8 月美国国家环保局（EPA）固体废物和应急响应办公室推出了"绿色清洁原则"（Principles for Greener Cleanups）的文件，在该文件中提出了"绿色可持续修复（Green and Sustainable Remediation，GSR）"的概念，发展"绿色"和"可持续"的修复技术逐渐成为土壤和地下水修复的共识（U. S. EPA，2010，2012）。他们给出了"绿色"修复的评价标准，包括以下几个方面：a. 总的能量消耗与可再生能量消耗；b. 空气污染和温室气体排放；c. 水消耗及其对水资源的影响；d. 材料管理和废物减量；e. 土地管理和生态系统保护。在美国 EPA 所列出的 8 项绿色修复替代技术（Green Remediation Alternative）中有 4 项为生物修复技术，可见在未来的土壤修复领域生物技术将发挥越来越重要的作用。

参考文献

[1] 白清云. 加入 WTO 后中国农业可持续发展与食物安全面临的机遇与挑战. 天津：中国农业生态环境保护协会，2002，8-22.

[2] 邓佑，阳小成，尹华军. 化学-生物联合技术对重金属-有机物复合污染土壤的修复研究. 安徽农业科学，2010，38 (4)：1940-1942.

[3] 国家环境保护总局. 中国环境保护 21 世纪议程. 北京：中国环境科学出版社，1995.

[4] 李法云主编. 环境工程学：原理与实践，沈阳：辽宁大学出版社，2003.

[5] 李法云，臧树良，罗义. 污染土壤生物修复技术研究，生态学杂志，2003，22 (1)：35-39.

[6] 李花粉，张福锁，李春俭. 根分泌物对根际重金属动态的影响. 环境科学学报，1998，18 (2)：199-203.

[7] 李政红，张胜，张翠云，何泽，马琳娜，殷密英，宁卓，王丽娟，曹文庚. 土壤 Cr(Ⅵ) 污染硫酸盐还原菌修复试验研究. 南水北调与水利科技，2010，8 (6)：63-65.

[8] 马建伟，王慧，罗启仕，范向宇. 利用电动技术强化有机污染土壤原位修复研究. 环境工程学报，2007，1 (7)：119-124.

[9] 沈振国，刘友良. 超量积累重金属植物研究进展. 植物生理学报，1998，34 (2)：133-139.

[10] 世界银行. 中国污染场地的修复与再开发的现状分析，2010.

[11] 孙铁珩，周启星，李培军. 污染生态学. 北京：科学出版社，2004.

[12] 王效举，李法云，冈崎正规，杉崎三男. ファイトレメディエーションによる污染土壤修复. 日本埼玉県環境科学国際センター報，第 3 号，2003.

[13] 中国环境保护部. 中国环境状况公报，2014.

[14] 中国环境保护部和国土资源部. 全国土壤污染状况调查公报，2014.

[15] 周启星，宋玉芳. 污染土壤修复原理与方法. 北京：科学出版社，2004.

[16] 周启星. 污染土壤修复的技术再造与展望. 环境污染治理技术与设备. 2002，3 (8)：36-40.

[17] 朱利中. 土壤及地下水有机污染的化学与生物修复. 环境科学进展，1999，7：65-71.

[18] 朱荫湄，周启星. 土壤污染与中国农业环境保护的现状、理论和展望. 土壤通报，1999，30：132-135.

[19] Baker AJM, McGrath SP, *et al*. The possibility of heavy metal decontamination of polluted soils using crops of metal-accumulating plants Resources，Conservation and Recycling，1994，11：41-49.

[20] Cacador, I.，Vale, C. and Catarino, F. Accumulation of Zn, Pb, Cu, Cr and Ni in sediments between roots of the

Tagus Estuary salt marshes, Portugal. Estuarine Coastal and Shelf Science, 1996, 42: 393-403.

[21] Chen B, Yuan M, Qian L. Enhanced bioremediation of PAH-contaminated soil by immobilized bacteria with plant residue and biochar as carriers. Journal of Soils and Sediments, 2012, 12 (9): 1350-1359.

[22] Cotter-Howells JD, Caporn S. Remediation of contaminated land by formation of heavy metal phosphates Applied Geochemistry, 1996, 11: 335-342.

[23] Ebbs SD, Lasat MM, Brady DJ, et al. Phytoextraction of cadmium and zinc from a contaminated soil. Journal of Environmental Quality, 1997, 26: 1424-1430.

[24] Fayun, Li, Masanori Okazaki, Qixing Zhou, Evaluation of Cd uptake by plant estimated from total soil Cd, pH and organic matter. Bulletin of Environmental Contamination and Toxicology, 2003, 71 (4): 714-721.

[25] Fernandez, S. Seoane, S. and Merino A. Plant heavy metal concentrations and soil biological properties in agricultural serpentine soils. Communications in Soil Science and Plant Analysis, 1999, 30: 1867-1884.

[26] Goi A, Viisimaa M, Trapido M, Munter R. Polychlorinated biphenyls-containing electrical insulating oil contaminated soil treatment with calcium and magnesium peroxides. Chemosphere, 2011, 82 (8): 1196-1201.

[27] Joner E J, Corgie S C, Amellal N, Leyval C. Nutritional constraints to degradation of polycyclic aromatic hydrocarbon in a simulated rhizosphere. Soil Biology and Biochemistry, 2002, 34: 859-864.

[28] Loeffler S, Hochberger A, Grill E, Winnacker E-L, Zenk M H. Termination of the phytochelatin synthase reaction through sequestration of heavy metals by the reaction product. FEBS letters, 1989, 258 (1): 42-46.

[29] Macdonald JA and Rittmann BE. Performance standards for in-situ bioremediation. Environ. Sci. Technol. 1993, 27 (10): 1974-1979.

[30] McGrath SP, Shen ZG, Zhao FJ. Heavy metal uptake and chemical changes in the rhizosphere of thlasp i caerulescens and thlasp i ochroleucum grow in contaminated soils. Plant and Soil, 1997, 188: 153-159.

[31] Ouyang Y. Phytoremediation: Modeling plant uptake and contaminate transport in the soil-plant-atmosphere continuum. Journal of Hydrology, 2002, 266: 66-82.

[32] Pal S, Patra A K, Reza S K, Wildi W, Poté J. Use of bio-resources for remediation of soil pollution. Natural Resources, 2010, 1 (02): 110.

[33] Robison BH, Brooks RR, Howes AW, et al. The potential of the high-biomass nickel hyperaccumulator Berkheya coddii for phytoremediation and phytomiming. Journal of Geochemical Exploration, 1997, 60: 115-126.

[34] Salt DE, Smith RD, Raskin I. Phytoremediation Annual Review. Plant Physiology and Plant Molecular Biology, 1998, 49: 643-648.

[35] Sanjay K, Arora A, Shekhar R, Das R P. Electroremediation of Cr (VI) contaminated soils: kinetics and energy efficiency. Colloids and Surfaces A: Physicochemical and Engineering Aspects, 2003, 222 (1-3): 253-259.

[36] Sims JC, et al. Approach to bioremediation of contaminated soil. Hazard Waste and Hazard Material. 1990, 7: 117-149.

[37] United States Environmental Protection Agency. Methodology for Understanding and Reducing a Project's Environmental Footprint. 2012.

[38] United States Environmental Protection Agency. Superfund Green Remediation Strategy. 2010.

[39] Wu G, Kang H, Zhang X, Shao H, Chu L, Ruan C. A critical review on the bio-removal of hazardous heavy metals from contaminated soils: issues, progress, eco-environmental concerns and opportunities. Journal of Hazardous Materials, 2010, 174 (1): 1-8.

[40] Wuana RA, Okieimen FE. Heavy metals in contaminated soils: a review of sources, chemistry, risks and best available strategies for remediation. ISRN Ecology. 2011.

[41] Yang SG, Liu YN, Zhang BL. Experiment on Eisenia foetida for pre-compost of chook manure. Chinese Journal of Eco-Agriculture, 2007, 15 (1): 55-57.

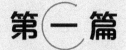

第一篇

土壤环境的性质、质量
与典型污染物

第 2 章 ➤➤ 土壤的性质和环境容量

2.1 土壤环境的物质组成与结构

土壤是在多种成土因素如母质、气候、地形、生物、时间等综合作用下形成的，其形成过程也就是土壤肥力的发生、发展过程。

2.1.1 土壤环境的物质组成

土壤环境是由固相、液相和气相三相物质组成的多相分散体系。固相物质包括土壤矿物质和有机体（动植物残体及其转化物、土壤动物及微生物）。固相物质之间是形状、大小不同的孔隙，在孔隙中存在着液相物质（水溶液）和气相物质（空气）。三相物质所占土壤容积比例因土壤类型不同而异。通常，固相物质约占土壤总容积的 50%，液相和气相之和约占 50%。

2.1.1.1 矿物组成

土壤环境矿物质约占土壤固相物质总重量 95% 以上，是地壳的岩石、矿物经过风化和成土过程作用形成的产物。土壤环境矿物可划分为原生矿物和次生矿物。

（1）原生矿物

原生矿物是原始成岩矿物，在风化过程中仅受到不同程度的机械破碎，矿物晶格、结构及化学成分没有发生改变。常见原生矿物有 4 大类。

① 硅酸盐类　包括钾长石、钠长石、钙长石、白云母、黑云母、角闪石、阳起石、透闪石、普通辉石、透辉石、橄榄石、方解石。

② 氧化物类　包括石英、髓石、赤铁矿、磁铁矿、钛铁矿等。

③ 硫化物类　包括黄铁矿（FeS_2）等。

④ 磷酸盐类　包括氟磷灰石、氯磷灰石等。

原生矿物构成了土壤的骨架，砂粒和粉粒为土壤环境提供了矿质元素。

表 2-1　主要原生矿物的相对分解速率和常量、微量元素组成

分解难易	矿物	常量元素	微量元素
易风化 （易分解） ↑ | | 较稳定 | | ↓ 极稳定	橄榄石	Mg、Fe、Si	Ni、Co、Mn、Li、Zn、Cu、Mo
	角闪石	Mg、Fe、Ca、Al、Si	Ni、Co、Mn、Se、Li、V、Zn、Cu、Ga
	辉石	Ca、Mg、Al、Si	Ni、Co、Mn、Se、Li、V、Zn、Pb、Cu、Ga
	黑云母	K、Mg、Fe、Al、Si	Rb、Ba、Ni、Co、Se、Li、Mn、V、Zn、Ga
	磷灰石	Ca、P、F	稀土元素、Pb、Sr
	钙长石	Ca、P、F	Sr、Cu、Ga、Mn
	中长石	Ca、Mg、Al、Si	Sr、Cu、Ga、Mn
	奥长石	Na、Ca、Al、Si	Cu、Ga
	钠长石	Na、Al、Si	Cu、Ga
	石榴石	Ca、Mg、Fe、Al、Si	Mn、Cr、Ga
	正长石	K、Al、Si	Rb、Ba、Sr、Cu、Ga
	白云母	K、Al、Si	F、Rb、Ba、Sr、Ga、V
	榍石	Ca、Ti、Si	稀土元素、V、Sn
	钛铁矿	Fe、Ti	Co、Ni、Cr、V
	磁铁矿	Fe	Zn、Co、Ni、Cr、V
	电气石	Ca、Mg、Fe、B、Al、Si	Li、F、Ga
	锆石	Zr、Si	Hf
	石英	Si	

土壤矿质营养元素主要来源于土壤矿物质。R. L. Mitchell 1955 年提出主要土壤原生矿物分解难易和常量微量元素组成，从表 2-1 可以看出，矿物质可以提供 10 多种常量元素和 20 多种微量元素。

（2）次生矿物

岩石原生矿物在风化过程中分解或由风化产物重新合成的新生成的矿物，统称次生矿物。次生矿物包括各种简单盐类、铁铝氧化物和次生铝硅酸盐类（如伊利石、蒙脱石、高岭石）等。次生矿物颗粒粒径＜0.002mm 或＜0.001mm 的称为次生黏土矿物或土壤矿物胶体。它们是土壤环境中矿物质部分最活跃的重要物质成分。次生黏土矿物的种类与数量随土壤类型而异。

2.1.1.2　机械组成（质地）

岩石矿物风化过程中形成的矿物颗粒大小差异甚大。不同大小的矿物颗粒的化学元素组成、物理化学性质差异较大。根据矿物颗粒直径大小，将大小相近、性质相似的加以归类、分级，可称为粒级分级。一般可分为砾石、砂粒、粉砂粒和黏粒四级。土壤中各粒级所占的相对比例或质量百分数，称为土壤矿物质的机械组成或土壤质地。一般将土壤机械组成划分为四大类，即砂土类、壤土类、黏壤土类和黏土类。由不同质地土层序列组成的土壤垂直断面称为土壤质地剖面构型。土壤质地是影响土壤环境中物质与能量交换、迁移与转化的重要因素。

2.1.1.3　有机质组成

土壤有机质主要积累于土壤地表和上部土层，一般约占土壤体积的 12%，或占土壤质量的 5% 左右，是土壤环境的最重要组成部分。有机质包括呈分解与半分解状的有机残体、简单有机化合物、酶和腐殖质。一般来说，腐殖质是土壤有机质的主要组成部分。土壤活有机体主要指植物根系、土地生物（土壤动物、藻类和菌类）。土壤腐殖质也是土壤环境中的

主要有机胶体，对土壤环境特性、性质及在能量迁移与物质转化过程中起着重要的作用。

2.1.1.4 土壤溶液物质组成

土壤溶液组成物质非常复杂，常见的物质有无机盐类、无机胶体（如铁、铝氧化物）、有机化合物和有机胶体（如有机酸、糖类、蛋白质及其衍生物和腐殖酸）、络合物（如铁铝有机络合物）等；溶解性气体，如 O_2、CO_2 等；离子态物质，包括各种重金属离子、负离子化合物、H^+、OH^- 等。不同土壤的溶液浓度和成分的变异很大，同一土壤的不同土层，或同一土层不同时相的溶液浓度和成分变化也甚大。土壤溶液的可溶性物质是土壤环境中对生物生态效应的主要成分，可溶性物质的浓度（活性）大小或毒性程度，直接关系到植物生态效应。

2.1.1.5 土壤空气物质组成

土壤空气所占比例不仅关系到土壤环境的氧化还原条件，而且其气体组成（CO_2、O_2、N_2、CH_4、H_2S、N_xO 等）与变化正日益受到重视，土壤气体中的 CH_4、CO、CO_2、N_xO 等是大气中温室气体的重要来源。

2.1.2 土壤结构与土壤环境结构

2.1.2.1 土壤结构

土壤固相物质很少是单粒，多以不同形状的结构体存在。土壤结构性是指土壤结构体的类型、数量、排列方式、孔隙状况及稳定性的综合特性。

研究表明，土壤孔隙特性是土壤结构性优劣的重要指标。良好的土壤结构性，其结构体内有较多的毛管孔隙，结构体之间有通气孔隙。团粒状结构及良好的团聚体结构体内有大量小孔隙，并以毛管孔隙为主，用于蓄存水分；团粒排列疏松，粒间为通气孔隙，用于通气透水。因此，团粒结构体土壤的水、气适宜，热量和养分状况协调。块状、核状、柱状、片状结构孔隙配置不当，结构体内部紧密，以无效孔隙为主，有效水分少，空气难于流通；而结构体之间孔隙过大，容易漏水、漏肥。

土壤结构体的稳定性是土壤结构性优劣的另一个指标，包括水稳性、力稳性和生物学稳定性。良好的土壤结构体应遇水不散，受外力压不易破碎，抗微生物破坏能力强。旱地土壤以团粒结构为好，其中尤以遇水不散的水稳性团粒结构最为理想。中国除黑龙江的黑土外，水稳性团粒占优势的土壤很少。农业土壤中多数是非水稳性、临时性的团聚体，这些团聚体在协调土壤水、肥、气、热条件方面发挥着重要的作用。

水田土壤，经常处于淹水状态，大团粒结构少，耕层中以 <1mm 的小团粒和微团粒为主，其作用与旱田团粒结构体基本相同。因此，这类团粒数量越多，水田土壤肥力性状越好。

2.1.2.2 土壤环境结构

土壤的环境结构是指组成土壤各土层的固、液、气三相物质的比例、结构与组成，以及构成单个土体（Pedon）的三维层次构型（即土壤剖面构型）。

土壤环境是一个复杂多变的环境要素。土壤环境从表面垂直往下由不同土层构成，此土壤垂直断面称为土壤剖面构型。如图 2-1 所示，土壤剖面一般由腐殖质表层（A 层），淀积

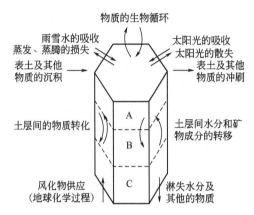

图 2-1 土壤形成中物质迁移和转化示意
(引自林肇信，刘天齐等. 环境保护概论. 北京：高等教育出版社，2001)

层（B 层）和母质层（C 层）构成。不同土层的物质组成和性质均有很大差异。这也说明，土壤环境在垂直方向上是一个非均匀的物质体系。

2.2 土壤的性质

对土壤环境的最基层单元（单个土体）进行解剖可知，土壤环境不仅是由多相物质、多土层组成的非均匀疏松多孔体系，而且在土壤环境内部及其与其他环境要素之间都存在着复杂的物质与能量的迁移和转化（图 2-2）。

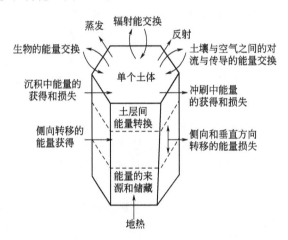

图 2-2 土壤能量转换示意
土层能量间转换包括：①传导；②对流；③凝结；④蒸发；⑤渗透；⑥土壤不饱和水的流动
能量的来源和储藏包括：①矿物质的转化；②有机质的转化；③生物活动；④阻力；⑤干与湿；⑥冻与融
(引自林肇信，刘天齐等. 环境保护概论. 北京：高等教育出版社，2001)

2.2.1 土壤的吸附性

土壤胶体和土壤微生物是土壤中两个最活跃的组分，它们对污染物在土壤中的迁移、转化起着极为重要的作用。土壤胶体以巨大的比表面积和带电性使土壤具有吸附性。土壤吸附是一种界面化学行为，当土壤中固、液相界面上离子或分子浓度高于该离子或分子在土壤溶液中的浓度时即会出现吸附行为（熊毅等，1986）。土壤吸附从吸附机理上来划分可分为物理性吸附（分子吸附或非极性吸附）、交换性吸附、专性吸附和化学吸附四类。土壤对物质的吸附行为通常用吸附等温线来表征。吸附等温线是一定温度下吸附物平衡浓度与被吸附量的关系曲线。土壤中物质的吸附等温线分为 S 型、L 型、H 型、C 型四类，常用一些吸附公式定量描述，如 Langmuir 公式、Freundlich 公式、Temkin 公式和 BET 公式等。研究土壤吸附理论对盐渍土、钠质土和酸性土壤的改良、利用、施肥等生产实际问题的研究提供了定量的依据，对解决土壤环境污染也有重要作用。

2.2.1.1　土壤胶体的性质

黏粒矿物胶体是土壤形成发育过程中的风化产物，它的主要组成是层状硅酸盐和铁铝氧化物。通常的土壤 pH 值条件下，层状硅酸盐带负电荷，铁铝氧化物带正电荷，在一定条件下这种带相反电荷的黏粒矿物胶体体系可以在土壤中共同存在（徐明岗等，2005；徐仁扣等，2005），如热带、亚热带地区的可变电荷土壤（胡红青等，2005）。土壤胶体一般具有以下性质。

① 土壤胶体具有巨大的比表面积和表面能　比表面积是单位重量（或体积）物质的表面积。一定体积的物质被分割时，随着颗粒数的增多比表面也显著地增大。

物体表面的分子与该物体内部的分子所处的条件存在差异。物体内部的分子在各方向都与它相同的分子相接触，受到的吸引力相等；然而，处于表面分子所受到的吸引力是不相等的，表面分子具有一定的自由能，即表面能。物质的比表面积越大，表面能也越大。

② 土壤胶体的电性　土壤胶体微粒具有双电层，微粒的内部称微粒核，一般带负电荷，形成一个负离子层（即决定电位离子层）；其外部由于电性吸引，而形成一个正离子层（又称反离子层，包括非活性离子层和扩散层），二者合称为双电层。土壤胶体体系中的许多现象都与胶体颗粒表面双电层的相互作用有关，当可变电荷土壤分散于水中时，带相反电荷的胶体颗粒可分别形成两种扩散双电层，由于它们共存于同一体系中，两种双电层之间有可能存在相互作用（侯涛，徐仁扣，2008）。非活动性离子层与液体间的电位差叫电动电位，它的大小视扩散层厚度而定，随扩散层厚度增大而增加。扩散层厚度取决于补偿离子的性质，电荷数量少，而水化程度大的补偿离子（如 Na^+），形成的扩散层较厚；反之，扩散层较薄。胶体的双电层构造见图 2-3。决定电位层与液体间的电位差通常叫做热力电位，在一定的胶体系统内它是不变的。

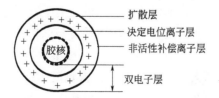

图 2-3　土壤胶体双电层结构示意

③ 土壤胶体的凝聚性和分散性　由于胶体的比表面和表面能都很大，为减少表面能，胶体具有相互吸引、凝聚的趋势，这就是胶体的凝聚性。但是在土壤溶液中，胶体常带负电

荷，即具有负的电动电位，所以胶体微粒又因相同电荷而相互排斥，电动电位越高，相互排斥力越强，胶体微粒呈现出的分散性也越强。

影响土壤凝聚性能的主要因素是土壤胶体的电动电位和扩散层厚度。例如：当土壤溶液中阳离子增多，由于土壤胶体表面负电荷被中和，从而加强了土壤的凝聚。阳离子改变土壤凝聚作用的能力与其种类和浓度有关。通常情况下，土壤溶液中常见阳离子的凝聚能力顺序如下：$Na^+ < K^+ < NH_4^+ < H^+ < Mg^{2+} < Ca^{2+} < Al^{3+} < Fe^{3+}$。此外，土壤溶液中电解质浓度、pH 值也将影响其凝聚性能。

2.2.1.2　土壤的物理吸附作用

土壤的物理吸附作用，又称为非专性吸附，是指离子在双电层中以简单的库伦作用力与土壤结合。物理吸附作用跟土壤胶体比表面和表面能有关，比表面越大，表面能就越大，物理吸附作用也越强（牟树森，1991）。物理吸附作用通常速度较快，一般认为，Cl^-、NO_3^-、碱金属及部分碱土金属如 K^+、Ca^{2+}、Na^+、Mg^{2+} 等多为非专性吸附（杨金燕等，2005）。

2.2.1.3　土壤的交换性吸附作用

在土壤胶体双电层的扩散层中，补偿离子可以和溶液中相同电荷的离子以离子价为依据作等价交换，称为离子交换（或代换）。离子交换作用包括阳离子交换吸附作用和阴离子交换吸附作用。

（1）土壤胶体的阳离子交换吸附

土壤胶体吸附的阳离子，可与土壤溶液中的阳离子进行交换，其交换反应如下：

$$\boxed{土壤胶体}\begin{matrix}Na^+\\Na^+\end{matrix}\text{-}Ca^{2+} \rightleftharpoons \boxed{土壤胶体}\boxed{Ca^{2+}}\ Na^+$$

土壤胶体阳离子交换吸附过程除依据离子价进行等价交换和受质量作用定律支配外，各种阳离子交换能力的强弱，主要依赖于以下因素。

① 电荷数　离子电荷数越高，阳离子交换能力越强。

② 离子半径及水化程度　同价离子中，离子半径越大，水化离子半径就越小，因而具有较强的交换能力。土壤中一些常见阳离子的交换能力顺序为：

$Fe^{3+} > Al^{3+} > H^+ > Ba^{2+} > Sr^{2+} > Ca^{2+} > Mg^{2+} > Cs^+ > Rb^+ > NH_4^+ > K^+ > Na^+ > Li^+$。

每千克干土中所含全部阳离子总量，称阳离子交换量，以 mmol/kg 土表示。不同土壤的阳离子交换量不同。在土壤中，不同种类胶体的阳离子交换量的顺序为：有机胶体＞蒙脱石＞水化云母＞高岭土＞含水氧化铁、铝。土壤质地与阳离子交换量也具有密切关系，一般来说，土壤质地越细，阳离子交换量越高。此外，土壤胶体中 SiO_2/R_2O_3 比值也影响土壤阳离子交换量，SiO_2/R_2O_3 越大，土壤阳离子交换量越大。当 SiO_2/R_2O_3 小于 2 时，阳离子交换量显著降低。胶体表面对·OH 基团的离解受 pH 值的影响，pH 值下降，土壤负电荷减少，阳离子交换量降低；反之，交换量增大。

土壤的可交换性阳离子有两类：一类是致酸离子，包括 H^+ 和 Al^{3+}；另一类是盐基离子包括 Ca^{2+}、Mg^{2+}、K^+、Na^+、NH_4^+ 等。当土壤胶体上吸附的阳离子均为盐基离子，且已达到吸附饱和时的土壤，称为盐基饱和土壤。当土壤胶体上吸附的阳离子有一部分为致酸离子，则这种土壤为盐基不饱和土壤。在土壤交换性阳离子中，盐基离子所占的百分数称为土壤盐基饱和度。土壤盐基饱和度与土壤母质、气候等因素有关。

（2）土壤胶体的阴离子交换吸附

土壤中阴离子交换吸附是指带正电荷的胶体所吸附的阴离子与溶液中阴离子的交换作用。阴离子的交换吸附比较复杂，它可与胶体微粒（如酸性条件下带正电荷的含水氧化铁、铝）或溶液中阳离子（Ca^{2+}、Al^{3+}、Fe^{3+}）形成难溶性沉淀而被强烈地吸附。如 PO_4^{3-}、HPO_4^{2-} 与 Ca^{2+}、Fe^{3+}、Al^{3+} 可形成 $CaHPO_4 \cdot 2H_2O$、$Ca_3(PO_4)_2$、$FePO_4$、$AlPO_4$ 难溶性沉淀。由于 Cl^-、NO_3^-、NO_2^- 等离子不能形成难溶盐，故它们不被或很少被土壤吸附。各种阴离子被土壤胶体吸附的顺序如下：$F^- >$ 草酸根 $>$ 柠檬酸根 $> PO_4^{3-} \geqslant AsO_4^{3-} \geqslant$ 硅酸根 $> HCO_3^- > H_2BO_3^- > CH_3COO^- > SCN^- > SO_4^{2-} > Cl^- > NO_3^-$。

2.2.1.4　土壤专性吸附作用

专性吸附也称为化学吸附或强选择性吸附，是指在含有大量浓度的介质离子时，土壤对痕量浓度的待测离子的吸附作用，或在吸附自由能中非静电因素的贡献比静电因素的贡献大时的吸附作用（Boht 等，1979）。土壤专性吸附的主要载体是有机质和氧化物，主要是氧化锰和氧化铁、铝及硅铝氧化物和含有硅铝氧键的无定型矿物，土壤专性吸附的速率一般较慢。

黄冠星等（2012）研究了珠江三角洲佛山市的污灌区土壤对铅的吸附-解吸机制，污灌区土壤对 Pb^{2+} 的吸附特性表现为 Langmuir 模式，污灌区土壤的基本理化性质见表 2-2，其对 Pb^{2+} 的吸附等温线见图 2-4、图 2-5。

表 2-2　污灌区土壤的基本理化性质

土壤 pH 值	土壤粒径/%			离子交换量 /(mmol/kg 土)	有机质 /%	Fe_2O_3 /%	Al_2O_3 /%
	<0.005	0.005～0.075	0.075～2				
8.17	30.9	56.6	12.5	127.3	2.73	6.0	17.5

注：引自黄冠星等，污灌土壤对铅的吸附和解吸特性，吉林大学学报．2012。

污灌土壤对 Pb^{2+} 的吸附量随 Pb^{2+} 初始浓度（或平衡浓度）的增大而增大（图 2-4），对 Pb^{2+} 的吸附率随初始浓度（或平衡浓度）的增大而减少（图 2-5）。在低浓度时，土壤对 Pb^{2+} 的吸附量随浓度增加较快，在高浓度时吸附量随浓度增加较慢。黄冠星（2012）认为，造成上述现象的原因是土壤对 Pb^{2+} 的吸附为专性吸附，土壤颗粒通过其表面吸附点位与 Pb^{2+} 结合。由于土壤表面的不均一性，存在两类不同的吸附点位，即结合能高的点位与结合能低的点位。初始浓度较低时，Pb^{2+} 首先被吸附在结合能高的点位上，随浓度的升高，结合能高的点位达吸附饱和而转成低结合能点位开始吸附 Pb^{2+}；又由于吸附于高结合能点位上的 Pb^{2+} 受 pH 值变化的影响较小，而吸附在低结合能点位上的 Pb^{2+} 受 pH 值变化的影响较大，因而导致随初始浓度（或平衡浓度）的增大，污灌土壤对 Pb^{2+} 的吸附率和吸附速率均呈下降趋势，而吸附速率的下降则表现为吸附量由增加较快转为增加较慢。

2.2.2　土壤的酸碱性

由于土壤是一个复杂的体系，其中存在着各种化学和生物化学反应，因而使土壤表现出

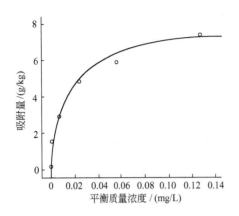

图 2-4 土壤对 Pb^{2+} 的吸附等温线
（引自黄冠星等. 污灌土壤对铅的吸附
和解吸特性. 吉林大学学报. 2012）

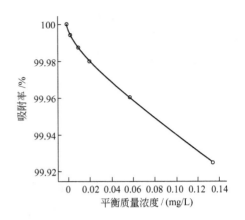

图 2-5 土壤对 Pb^{2+} 的吸附率
（引自黄冠星等. 污灌土壤对铅的吸附
和解吸特性. 吉林大学学报. 2012）

不同的酸性或碱性。中国土壤的 pH 值大多在 4.5～8.5 范围内，并呈由南向北递增的规律性。长江（北纬 33°）以南的土壤多为酸性和强酸性，如华南、西南地区广泛分布的红壤、黄壤，pH 值大多在 4.5～5.5 之间，有少数低至 3.6～3.8；华中华东地区的红壤，pH 值在 5.5～6.5 之间。长江以北的土壤多为中性或碱性，如华北、西北的土壤大多含 $CaCO_3$，pH 值一般在 7.5～8.5 之间，少数强碱性土壤的 pH 值高达 10.5（龙光强，2012；王玲，2012；张治伟，2006）。

2.2.2.1 土壤酸度

根据土壤中 H^+ 的存在方式，土壤酸度可分为两大类。

（1）活性酸度

土壤的活性酸度是土壤溶液中氢离子浓度的直接反映，又称为有效酸度，通常用 pH 值表示。

土壤溶液中氢离子的来源，主要是土壤中 CO_2 溶于水形成的碳酸和有机物质分解产生的有机酸，以及土壤中矿物质氧化产生的无机酸，还有施用的无机肥料中残留的无机酸，如硝酸、硫酸和磷酸等。此外，由于大气污染形成的大气酸沉降，也会使土壤酸化，所以它也是土壤活性酸度的一个重要来源。

（2）潜性酸度

土壤潜性酸度的来源是土壤胶体吸附的可代换性 H^+ 和 Al^{3+}。当这些离子处于吸附状态时，是不显酸性的，但当它们通过离子交换作用进入土壤溶液之后，即可增加土壤溶液的 H^+ 浓度，使土壤 pH 值降低。

2.2.2.2 土壤碱度

土壤溶液中 OH^- 主要来源于 CO_3^{2-} 和 HCO_3^- 的碱金属（Na、K）及碱土金属（Ca、Mg）的盐类。碳酸盐碱度和重碳酸盐碱度的总和称为总碱度，可用中和滴定法测定。不同溶解度的碳酸盐和重碳酸盐对土壤碱性的影响不同，$CaCO_3$ 和 $MgCO_3$ 的溶解度很小，在正常的 CO_2 分压下，它们在土壤溶液中的浓度很低，故富含 $CaCO_3$ 和 $MgCO_3$ 的石灰性土壤呈弱碱性（pH=7.5～8.5）。Na_2CO_3、$NaHCO_3$ 及 $Ca(HCO_3)_2$ 等都是水溶性盐类，可以大量出现在土壤溶液中，使土壤溶液中的总碱度升高。从土壤 pH 值来看，含 Na_2CO_3 的土壤，其 pH 值一般较高，可达 10 以上；而含 $NaHCO_3$ 和 $Ca(HCO_3)_2$ 的土壤，其 pH 值常在 7.5～8.5，碱性较弱。

当土壤胶体上吸附的 Na^+、K^+、Mg^{2+}（主要是 Na^+）等的饱和度增加到一定程度时，会引起交换阳离子的水解作用，在土壤溶液中生成 NaOH，使土壤呈碱性。此时 Na^+ 饱和度亦称为土壤碱化度。胶体上吸附的盐基离子不同，对土壤 pH 值或土壤碱度的影响也不同（表 2-3）。

表 2-3　不同盐基离子完全饱和吸附于黑钙土时的 pH 值

吸附性盐基离子	黑钙土的 pH 值	吸附性盐基离子	黑钙土的 pH 值
Li	9.00	Ca	7.84
Na	8.04	Mg	7.59
K	8.00	Ba	7.35

2.2.2.3　土壤的缓冲性能

土壤的缓冲性能是指土壤具有缓和其酸碱度发生激烈变化的能力。它可以保持土壤反应的相对稳定，为植物生长和土壤生物的活动创造比较稳定的生活环境，所以土壤的缓冲性能是土壤的重要性质之一。

（1）土壤溶液的缓冲作用

土壤溶液中含有碳酸、硅酸、磷酸、腐殖酸和其他有机酸等弱酸及其盐类，构成一个良好的缓冲体系，对酸碱具有缓冲作用。现以碳酸及其钠盐为例说明。当加入盐酸时，碳酸钠与它作用，生成中性盐和碳酸，大大抑制了土壤酸度的提高。

$$Na_2CO_3 + 2HCl \Longrightarrow 2NaCl + H_2CO_3$$

当加入 $Ca(OH)_2$ 时，碳酸与它作用，生成溶解度较小的碳酸钙，也限制了土壤碱度的变化范围。

$$H_2CO_3 + Ca(OH)_2 \Longrightarrow CaCO_3 + 2H_2O$$

土壤中的某些有机酸（如氨基酸、胡敏酸等）是两性物质，具有缓冲作用。如氨基酸含氨基和羧基可分别中和酸和碱，从而对酸和碱都具有缓冲能力。

（2）土壤胶体的缓冲作用

土壤胶体吸附有各种阳离子，其中盐基离子和氢离子能分别对酸和碱起缓冲作用。

土壤胶体的数量和盐基代换量越大，土壤的缓冲性能就越强。因此，砂土掺黏土及施用各种有机肥料，都是提高土壤缓冲性能的有效措施。在代换量相等的条件下，盐基饱和度越高，土壤对酸的缓冲能力越大；反之，盐基饱和度越低，土壤对碱的缓冲能力越大。

2.2.3　络合-螯合性

土壤作为一个复杂化学体系，存在着形成络合-螯合物的有机和无机配位体和多种金属中心离子。土壤络合-螯合作用可以增加金属离子的活性，增加土壤结构的稳定性，改善土壤物理、化学性质和土壤的生物学过程。

土壤中络合-螯合物的配位体主要是土壤腐殖质酸、土壤酶及无机配位体等，如土壤腐殖质中的含氧功能团羧基、酚羟基、羰基、甲氧基、醇羟基，以及氨基、亚氨基、硫醇基等，是最重要的有机配位体（Vasilevich 等，2014）。无机配位体有 Cl^-、SO_4^{2-}、HCO_3^-、OH^- 等，它们与金属离子可形成络合离子如 $Cu(OH)^+$、$Cu(OH)_2^0$、$CuCl_2^0$、$CuCl^+$、$CuCl_2$、$CuSO_4$ 等。

土壤络合-螯合物的稳定性在土壤环境中具有重要意义。研究表明，新鲜的有机质在分解过程中产生的中间有机产物与金属离子螯合能形成稳定的螯合物。其中尤以胡敏酸与金属离子形成的螯合物稳定性高，溶解度小，而富里酸与金属离子形成的螯合物稳定性较低，溶解度较大。如 Guo 等（2015）通过荧光激发-发射矩阵光谱、荧光猝灭滴定等分析了盐碱土中溶解性有机质（DOM）对 $Cu(Ⅱ)$ 的络合作用，结果表明，DOM 对 $Cu(Ⅱ)$ 具有较高的结合力，且类胡敏酸组分在有机配体中的比例要高于类富里酸组分。赵瑄等（2012）采用相同的实验手段，分析了白洋淀污染水体沉积物中溶解有机质（DOM）与 $Cu(Ⅱ)$ 的相互作用，结果表明 DOM 的结构具有明显的类蛋白和类富里酸荧光峰，类蛋白的荧光强度较强于可见类富里酸；DOM 与 $Cu(Ⅱ)$ 络合常数表明，DOM 中荧光基因与 $Cu(Ⅱ)$ 络合或螯合能力较大，配位的配位基较多。郭旭晶等（2010）应用三维荧光光谱对乌梁素海周边 4 种土壤的溶解性有机质荧光特性以及与 $Cu(Ⅱ)$ 的相互作用的研究得到了类相似的结果。稳定的土壤络合-螯合物可使土壤结构、物理化学性质稳定。

土壤络合-螯合作用影响植物营养元素的移动性和有效性，当一些微量元素被植物根系吸收时，近根部的离子浓度降低，通过络合-螯合物解离得到补充。人们可以利用络合-螯合物的性质制造含微量元素的络合-螯合肥料来补充土壤养分不足，例如补充 Fe、Zn、Mn、Cu 等。

在现代农业中，一些农药及可能引起污染的人工制品，进入土壤后成为配位体与金属离子形成络合-螯合物，这一过程有利于污染物的转化、迁移，从而减轻或缓解污染物的危害。重金属离子可以和有机配位体形成络合-螯合物，成为被有机配位体包裹的阴离子，从而改变了性质，减轻或暂时免除了危害，并增加了它们在土壤中移动和淋洗的机会。

2.2.4 土壤环境中的氧化还原性

2.2.4.1 土壤氧化还原体系的物质组成

土壤环境物质组成中，存在着许多氧化还原物质，形成多种氧化还原平衡体系，主要有（Fe^{3+}-Fe^{2+}）、锰（Mn^{4+}-Mn^{2+}）、硫（SO_4^{2-}-H_2S）、氮（NO_3^--NO_2^-；NO_3^--N_2；NO_3^--NH_4^+）、有机碳（CO_2-CH_4）体系等。参加土壤氧化还原作用的氧化剂主要是土壤空气中的氧，还原剂主要有土壤有机质和低价的金属离子。同时，土壤微生物和植物根系也参与土壤氧化还原作用。

土壤氧化还原强度取决于氧化物质和还原物质的相对浓度，其强度指标用氧化还原电位 Eh 值表示，单位是 mV。据测定，旱地适宜的土壤，Eh 值为 $200\sim700mV$，水田适宜的 Eh 值为 $200\sim300mV$。

2.2.4.2 影响土壤氧化还原状况的因素

影响土壤氧化还原状况的因素有土壤通气状况、土壤含水量、易氧化还原物质的数量、微生物活动、植物根系代谢作用及土壤 pH 值等。

土壤通气良好，土壤空气中及土壤溶液中的含氧量高，土壤 Eh 值大；通气不良，还原条件充分，土壤 Eh 值下降。土壤含水量高、土壤 Eh 值下降，反之，Eh 值升高。土壤有机质含量高，在分解过程中消耗了氧气，使土壤 Eh 值下降。植物根系的分泌物参与根际土壤氧化还原反应，旱地作物根际内耗氧多，Eh 值比根际外低 50～100mV，而水稻根系分泌氧，土壤 Eh 值根际内高于根际外。土壤 pH 值对 Eh 值影响较大，Eh 值随 pH 值增大而降低，pH 值每增大 1 单位，Eh 值约下降 60mV。

2.2.4.3 土壤氧化还原反应对土壤环境的影响

土壤氧化还原反应能改变离子的价态，影响有机物质的分解速度和强度，因而影响土壤物质及污染物质转化、迁移，对改变土壤性质，促进污染物质的转化有重要的作用。

通常，土壤中多数变价元素在高价离子化合物中溶解度小，不易迁移，而其低价离子化合物溶解度相对较大，更容易迁移。如 Fe、Mn、S、Co、Ni、Ti、Pb、As、Hg 等。有些元素在高价态时可以形成络合-螯合离子的配位离子，在土壤溶液中增强了活性，在还原条件下，被还原为低价离子，并进一步水解沉淀。这类元素有 U、V、Mo、Cr 等。高价形态离子形成的络离子有 (UO_4^{2-})、$(VO_4)^{3-}$、$(MoO)^{2-}$、$(CrO_4)^{2-}$ 等。

土壤氧化还原反应影响元素离子的价态，因而影响其迁移、转化过程。一些金属在氧化和还原状态，对作物的毒性不同。在还原条件下，Cr 对水稻苗期的危害只有高浓度下才稍有影响，对中后期基本没影响；而在氧化条件占优势的旱田，在处理土壤含 Cr 大于 200mg/kg 时，对玉米幼苗即产生不利影响，Cr 大于 600mg/kg，玉米产量显著下降，Cr 达到 1000mg/kg 时，玉米生长受阻，籽粒减产 85.4%。通常，土壤中 Cr 有两种形态，其中六价态 Cr 可溶性强，易被植物吸收；三价 Cr 的盐类一般呈现难溶性，因而难以被植物吸收，毒性小。

如表 2-4 所列，氧化还原反应还明显影响土壤养分的形态和状况。植物所需的氮素和矿质养分，多数是在氧化态时才容易被吸收利用，因而应保持土壤较高的 Eh 值。Fe^{3+}、Mn^{2+}、Cu^{2+} 的溶解度则是在还原态时比氧化态时大。一般认为，旱地土壤 Eh 值在 200～700mV 时，土壤养分供应较为正常；Eh>700mV 时，土壤氧化强烈，有机质含量降低；Eh<200mV 时，土壤处在强烈还原状态，NO_3^- 消失，NO_2^- 和 Mn^{2+} 出现；在渍水状态下，Eh<200mV 会产生有毒物质，H_2S、Fe^{2+} 增多，植物对磷、钾、氮的吸收受到阻碍。

表 2-4 土壤氧化还原状况与土壤养分形态

营养元养	氧化态	还原态
C	CO_2	CH_4
N	NO_3^-	N_2、NH_3
S	SO_4^{2-}	H_2S
Fe	Fe^{3+}	Fe^{2+}
Mn	Mn^{3+}、Mn^{4+}	Mn^{2+}

2.2.5 土壤微生物功能及其环境效应

土壤环境为微生物提供矿质营养元素、能源、碳源、空气、水分和热量，是微生物的天然培养基。土壤微生物是土壤生态系统的重要组成部分，是土壤肥力发展的主导因素。土壤微生物种类繁多，主要包括原核微生物如细菌、蓝细菌、放线菌及超显微结构微生物，以及真核微生物如真菌和藻类（蓝藻除外）、地衣和原生动物等，它们个体微小、繁殖迅速、数量大。土壤中总共大约存在着 0.5×10^6 种细菌，每克典型土壤中大约含有 10^4 种细菌（Torsvik 等，2002）。据测定，每克土壤表层土中含有微生物的数目，细菌为 $10^8 \sim 10^9$ 个、放线菌为 $10^7 \sim 10^8$ 个、真菌为 $10^5 \sim 10^6$ 个、藻类为 $10^4 \sim 10^5$ 个，每克土壤中大约有 6000 个不同的细菌基因（Torsvik 等，1996）。土壤微生物通常与土壤矿物和有机质结合在一起，存在着不同的生理学和形态学类型，而大部分微生物在目前实验条件下是不可培养的，这限制了土壤微生物分类学，因此现阶段要精确定量地描述土壤微生物群落结构是非常困难的。

土壤微生物赖以生存的有机营养物和能量的主要来源是土壤上覆盖的植被，它影响着土壤微生物栖息的土壤环境。杨喜田等（2006）对太行山针阔混交林等 6 种不同植被群落中的微生物区系、微生物生物量和土壤呼吸强度变化测定表明，植被不同，微生物群落特征存在较大差异，不同植被下微生物数量顺序依次为：落叶阔叶纯林＞针阔混交林＞针叶纯林＞针叶混交林＞裸地。裴希超（2009）研究了不同生态系统下不同季节土壤细菌、真菌和放线菌的数量变化，结果见图 2-6～图 2-8。

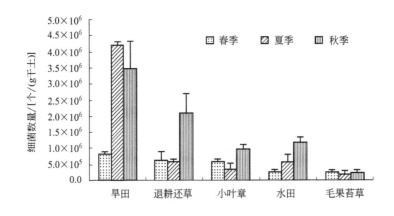

图 2-6　不同生态系统下细菌数量

（引自裴希超．三江平原沼泽湿地土壤微生物多样性研究．东北林业大学．2009）

从不同土地利用方式下细菌数量变化看，旱田细菌数量为夏季最高，春季和秋季稍低，水田细菌数量呈现出随季节变化逐渐升高的状态。退耕还草、小叶章和毛果苔草的细菌数量春季和秋季稍高，夏季最低。

旱田真菌数量变化随着作物生长而逐渐增多，秋季作物成熟，大量吸收土壤中的养分，从而造成土壤中真菌数量降低，在春季，退耕还草真菌数量最大，小叶章次之，退耕还草和小叶章中真菌主要是负责腐殖质的降解，春季温度较低，因此较为适合枯落物覆盖下的土壤真菌生长。

土壤放线菌种类繁多，广泛存在于不同的自然生态环境中，与土壤细菌、真菌一样，参与有机物质的转化。多数放线菌能够分解木质素、纤维素、单宁和蛋白质等复杂有机物。放线菌在分解有机物质过程中，除了形成简单化合物以外，还产生一些特殊有机物，如生长刺激物质、维生素、抗菌素及挥发性物质等。土壤有机物质的降解通常总是细菌、真菌为先，

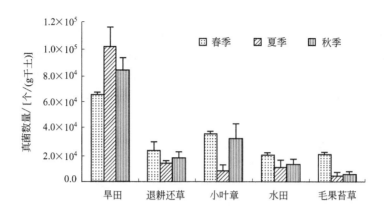

图 2-7　不同生态系统下真菌数量

(引自裴希超. 三江平原沼泽湿地土壤微生物多样性研究. 东北林业大学. 2009)

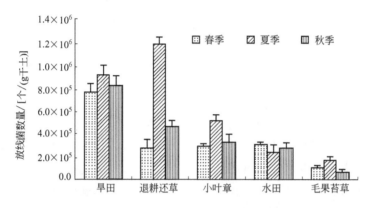

图 2-8　不同生态系统下放线菌数量

(引自裴希超. 三江平原沼泽湿地土壤微生物多样性研究. 东北林业大学. 2009)

放线菌在后。

　　除微生物种群和数量外，土壤微生物的活性也是影响微生物功能的重要因素，表 2-5 列出了一些用于衡量土壤微生物活性的参数。

表 2-5　衡量土壤微生物活性的相关参数

基础呼吸（basal respiration）	脱氢酶活性（dehydrogenase activity）
底物诱导呼吸（substrate induced respiration）	荧光素二乙酸酯水解（fluorescein diacetate hudrolysis）
氮的矿化（nitrogen mineralization）	热输出（heat output）
消化作用（nitrification rate）	胸腺嘧啶脱氧核苷的合成（thymidine incorporation）
潜在的反硝化能力（potential denitrification activity）	亮氨酸的合成（leucine incorporation）
固氮作用（nitrogen fixation）	特殊的酶活性（specific enzyme activity）
转换成腺苷酸的能量负荷（adenylate energy charge）	精氨酸的氨化作用（arginine ammonification）
三磷酸腺苷含量（ATP content）	二甲基亚砜的还原（dimethyl sulphoxide reduction）

　　注：引自 Nannipieri. Microbial diversity and soil functions. European Journal of soil science. 2003。

2.2.5.1 土壤微生物的功能

土壤微生物大体可以分为自养型和异养型。自养型微生物可以从阳光或通过氧化原生矿物等无机化合物中摄取能源，通过同化 CO_2 取得碳源构成机体，为土壤提供了有机质。异养型微生物通过对有机体的腐生、寄生、共生、吞食等方式获得食物和能源，是土壤有机质分解合成的主宰者。土壤微生物把不溶性的盐类转化为可溶性盐类；把有机质矿化为能被吸收利用的化合物；固氮菌能固定空气中的氮素，为土壤提供了氮；微生物分解、合成腐殖质，能改善土壤物理、化学性质。

在好氧环境中，许多细菌、放线菌参与有机质的分解。对于难于分解的纤维素，土壤中的好气性纤维黏菌属（*Cytop Haga*）和生孢纤维黏菌属（*Sporocytop Haga*）及一些厌氧性纤维分解细菌，可以有效地把纤维素逐步降解；对污水、污泥中的蛋白质含氮化合物，土壤中的氨化细菌、如蕈状芽孢杆菌（*Bacillus. Mycoides*）、枯草杆菌（*Bacillus Subilis*）及腐败芽孢杆菌（*Bacillus Vul-gare*）、灵杆菌（*B. Prodigiosus*）、普通和奇异变形杆菌（*Proteus Vulgarus P. mirabilis*）等在多种酶的参与下逐步降解，形成有机酸、NH_3 和 CO_2。它的基本过程可用下式表达：

$$蛋白质 \xrightarrow{\text{蛋白酶}} 多肽$$

$$多肽 \xrightarrow{\text{肽酶}} 氨基酸$$

$$氨基酸 \xrightarrow{\text{脱氨基作用}} 有机酸 + 氨$$

最后一次降解是氨基酸的脱氨基作用，由好氧性细菌引起的氧化脱氨基作用，形成酮酸类脂肪酸和氨；水解性脱氨基作用形成羟基酸、醇、氨及二氧化碳；由厌气性细菌引起的还原脱氨基作用，形成脂肪酸和氨。两种氨基酸作用，一个被氧化，另一个被还原，发生氧化还原脱氨基作用，形成有机酸和氨。

土壤中氨化细菌分解有机含氮化合物，为土壤提供了氮源（NH_3），而专一性很强的亚硝酸细菌（*Nitrosomonas*）把 NH_3 氧化成亚硝酸，再经硝酸杆菌（*Nitrobacter*）氧化成硝酸，可供植物吸收利用。嫌气条件下，在反硝化细菌如脱氮杆菌（*Bact denitrificans*）等的作用下，硝酸盐被还原成分子态 N_2。好氧条件下，硫杆菌属（*ThiO bacittus*）、贝氏硫细菌属（*Beggiatoa Trevisan*）等可以把硫转化为有效态硫的氧化物，并形成硫酸盐类；而在嫌气条件下，硫酸盐还原细菌如脱硫弧菌（*Vibriodesulfuricans*）把硫酸和硫酸盐类还原成硫化氢，从而对植物发生毒害。同样，在好氧条件下，铁细菌中的如嘉氏铁柄杆菌属（*Gallironella*）、纤毛菌属（*Leptothrix*）、铁细菌（*Crenothrix*）等可以把二价铁氧化成三价铁而沉淀下来。

此外，土壤固氮菌可以固定空气中的氮气，为土壤增加了氮源。磷、钾细菌参与土壤磷、钾的转化。微生物还参与或间接影响土壤其他营养元素的转化，如 Ca、Mg、Mo、B、Zn 等。

2.2.5.2 土壤微生物的环境效应

土壤微生物是污染物"清洁工"。土壤微生物参与污染物的转化，在土壤自净过程及减轻污染物危害方面起着重要作用。如上所述，氨化细菌对污水、污泥中蛋白质、含氮化合物的降解、转化作用，可以较快地消除蛋白质腐烂过程产生的污秽气味。

微生物在生态系统中参与着碳、硫、氮、磷、氧、氢和铁等物质的转化和循环作用，某些微生物在纤维素降解、氮气的固定和某些特殊化合物的分解过程中也起着独特的作用。这些循环、转化和分解作用对于保持生态平衡起着非常重要的作用。微生物对于污染物的降解和矿化起着主要的作用，许多微生物能把各种有机污染物彻底净化成 CO_2 和 H_2O，所以利用微生物处理污染物也不会造成二次污染。Giraud 等（2001）通过富集培养方法从人工湿地基质中分离出 40 株真菌（24 个属），其中有 33 株真菌能够降解荧蒽，有 2 株可以降解蒽。微生物还可以通过多种机制对重金属产生抗性，对重金属进行吸附、络合、沉淀和化合价转化（Jonathan，2003；Negroro，2002）。

微生物对农药的降解可使土壤对农药进行彻底的净化，其净化的途径有以下几种：a. 通过微生物作用把农药的毒性消除，变有毒为无毒；b. 微生物的降解作用，把农药转化为简单的化合物或转化成 CO_2、H_2O、NH_3、Cl_2 等；c. 微生物的代谢产物与农药结合，形成更为复杂的物质而失去毒性。同时，应注意微生物也会使某些无毒的有机物分子变为有毒的物质。

研究表明，土壤微生物可以有效地降解与天然化合物结构相似的农药，如除草剂 2、4D。一些细菌和放线菌能转化 DDT。在好氧条件下，产气杆菌（Aerobaer aerogenes）能脱去 $P·P$-DDT 中的 HCl，形成 $P·P'$-DDE；而在嫌气条件下，微生物能很快脱除 $P·P$-DDT 中的氯原子，而生成 $P·P'$-DDD。氢单胞菌与镰刀菌同时作用于 DDT 可以将其分解成 H_2O、CO_2 及 HCl。

在当今社会中，原油和天然气污染已是司空见惯，能够分解石油产品的微生物约百余种。如果能分离、培育出能高效分解石油的微生物，播施到被污染的土壤中，可以很快消除石油污染和危害。

2.2.6　土壤动物种类及其环境效应

土壤中的动物种类繁多包括原生动物（鞭毛虫纲、肉足虫纲、纤毛虫亚门类）、蠕虫动物（线虫和环节动物）、节肢动物（蚁类、蜈蚣、螨类及昆虫幼虫）、腹足动物（蛞蝓、蜗牛等）及一些哺乳动物，对土壤性质的影响和污染的净化有重要的影响。

因所处土壤类型、土地利用性质及土壤环境因素的不同，土壤中动物的种类也存在一定的差异。方芳芳等（2010）对上海市外环绿地（闵行段）的土壤动物进行了调查，共获凋落物层和真土层土壤动物共 5120 只，隶属于 6 门 12 纲 20 目，共 38 个类群（表 2-6），其中凋落物层优势类群为蜱螨目和长角蚜虱科，真土层优势类群为线虫纲。

在土壤中，环节动物蚯蚓是主要动物类群，主要以植物残体和动物粪便为食，参与土壤腐殖质转化过程，可以促进植物残枝落叶的降解，促进有机物质的分解和矿化，提高植物营养。它对土壤的机械翻动起到疏松、拌和土壤的效应，改造了土壤结构性、通气性和透水性。据有关学者研究，蚯蚓每年在每公顷地表约堆积 $10\sim15t$ 的粪粒。这些粪粒颗粒均匀、保水透气性能强，含有丰富的腐殖质和有机、无机胶体，可以加速土壤团粒结构的形成。蚯蚓粪中含有益菌数量可高达 20 万～20000 万个，能将有机物、微生物和作物生长相结合，进而改善土壤环境（丁亦男，2010）。土壤中蚯蚓数量的多少是土壤是否健康的重要标志之一。蚯蚓可将有机质与矿物质土混合，形成富含有机质的土壤微粒，为有机质提供物理保护，进而减慢有机质的周转，提高土壤潜在的碳吸存能力。蚯蚓粪中有机质含量为 19.47%，

表 2-6　上海市外环绿地土壤动物类群

类群	占总密度百分比/%	优势度	类群	占总密度百分比/%	优势度
线虫纲	66.75	+++	夜蛾科幼虫	0.03	+
蜱螨目	9.46	++	蚧壳虫幼虫	0.02	+
轮虫纲	6.77	++	鼠妇科	0.02	+
线蚓科	4.33	++	蜘蛛目	0.02	+
棘蚖科	3.78	++	后孔寡毛目	0.01	+
涡虫纲	3.69	++	步甲科	0.01	+
长角蚖科	2.81	++	隐翅甲科	0.01	+
啮目	0.77	+	象甲科	0.01	+
副铗蚖科	0.48	+	蜈蚣目	0.00	+
等节蚖科	0.33	+	叩甲科幼虫	0.00	+
蚁科	0.17	+	鳃金龟科	0.00	+
叶蝉科	0.16	+	露尾甲科	0.00	+
圆蚖科	0.11	+	跳甲科成虫	0.00	+
腹足纲	0.11	+	金龟甲科幼虫	0.00	+
地蜈蚣目	0.11	+	小蜂总科	0.00	+
奇马陆科	0.05	+	菌蚊科	0.00	+
象甲科幼虫	0.05	+	长蝽科	0.00	+
眼蕈蚊科成虫	0.04	+	摇蚊科	0.00	+
管蓟马科	0.03	+	小蠹科成虫	0.00	+

注:"+"表示土壤中存在该类群,"+"数量代表该类群在所在类群中的相对优势度。

氮磷钾总养分>3%(陈宝书等,1998)。线虫是土壤为数最多的线形动物,根据它们的食性可分为杂食性线虫、肉食性线虫和寄生性线虫。寄生性线虫常常侵害农作物(如番茄、烟草、豌豆、胡萝卜、苜蓿等),影响作物生长和产量。节肢动物和腹足动物,以植物柔软茎叶为食,起破碎植物残体的作用,为有机质腐殖化创造条件。蚂蚁可以把土壤从深层搬运至表层,所搬运的物质多富含有机质,可以肥田。腹足动物蛞蝓、蜗牛等以腐烂、半腐烂植物残体为食,参与土壤有机质转化过程。研究表明,土壤动物吞食污染有机物和无机物,并分解吸收,进入有机体或被排泄物吸附保存,改变污染物原有的性质,因而可一定程度上消除或减少污染物的危害。

2.3 土壤环境背景值

2.3.1　土壤环境背景值概述

2.3.1.1　土壤环境背景值的概念

土壤环境背景值是指未受或少受人类活动(特别是人为污染)影响的土壤环境本身的化学元素组成及其含量。地球上不同区域,从岩石成分到地理环境和生物群落差异很大,因而土壤环境背景值实质上是各自然成土因素(包括时间因素)的函数。然而,随着人类社会的不断发展,科学技术和生产水平的不断提高,人类对自然环境的影响也随之不断地增强和扩展。目前，已很难找到绝对不受人类活动影响的土壤。因此，现在所获得的土壤环境背景值也只能是尽可能不受或少受人类活动影响的数值。所谓土壤环境背景值只是代表土壤环境发展中一个历史阶段的、相对意义上的数值，并非是确定不变的数值。有了一时一地的环境背景值，就比较容易察觉哪些成分在该时该地有了异常，这对于评价土壤环境污染大有裨益。

研究土壤环境背景值具有重要的实践意义。

① 土壤环境背景值是土壤环境质量评价，特别是土壤污染综合评价的基本依据。如评价土壤环境质量，划分质量等级或评价土壤是否已发生污染，划分污染等级，均必须以区域土壤环境背景值作为对比的基础和评价的标准，并用以判断土壤环境质量状况和污染程度，以制定防治土壤污染的措施，进而作为土壤环境质量预测和调控的基本依据。

② 土壤环境背景值是研究和确定土壤环境容量，制定土壤环境标准的基本数据。

③ 土壤环境背景值也是研究污染元素和化合物在土壤环境中的化学行为的依据。污染物进入土壤环境之后的组成、数量、形态和分布均发生变化，因而需要与环境背景值比较才能加以分析和判断。

④ 在土地利用及其规划，研究土壤生态、施肥、污水灌溉、种植业规划，提高农、林、牧、副业生产水平和产品质量，食品卫生、环境医学时，土壤环境背景值也是重要的参比数据。

总之，土壤环境背景值不仅是土壤环境学和环境科学研究的基础，也是区域土壤环境质量评价、土壤污染态势预测预报、土壤环境容量计算、土壤环境质量基准或标准确定、土壤环境中的元素迁移和转化研究，以及制定国民经济发展规划等多方面工作的重要基础数据。

2.3.1.2　土壤环境背景值研究的现状

（1）国外土壤环境背景值研究现状

土壤背景值的研究大约始于 20 世纪 70 年代，是随着环境污染的出现而发展起来的。其中美国、英国、加拿大、日本等国家在这方面开展的工作较早。

美国的康诺尔（Conoor）、沙格莱特（Shacklette）1975 年就发表了美国大陆岩石、沉积物、土壤、植物及蔬菜中所含的 48 种元素的地球化学背景值。这些背景值是对美国 147 个景观单元 8000 多个岩石、沉积物、土壤、植物及蔬菜样品分析结果的总结。在这些总结中，他们介绍了背景值研究的目的、样品收集及分析方法等，列出了地球化学概览表。这是美国地球化学背景值研究比较系统的资料，是世界自然背景值研究的重要文献之一。

加拿大的米尔斯（Mills）等 1975 年发表了曼尼托巴农业土壤中重金属含量资料，弗兰克（Frank）等 1976 发表了加拿大曼尼托巴省和安大略省土壤中重金属含量资料，指出安大略省土壤自然背景值 Hg 为 0.08mg/kg、Cd 0.56mg/kg、Co 4.4mg/kg、As 6.3mg/kg、Pb 14.1mg/kg、Cr 14.3mg/kg、Ni 15.9mg/kg；同时指出绝大多数土壤重金属含量随土壤黏粒及有机质含量增加而升高。

日本诺月利之、松尾嘉郎、久马一刚于 1978 年发表了日本 15 个道、县水稻土中 Pb、Zn、Ni、Cr 和 V 的自然背景值的分布及变异幅度。诺月利之关于土壤母质风化的地球化学研究，为日本土壤肥料和环境科学做出了重要贡献。此外，1982 年冈崎正规等研究了填筑地土壤中重金属的含量。

英国的英格兰、威尔士土壤调查总部于 1979～1983 年按网格设计，每隔 5km 采集一个表土样品，在英格兰、威尔士共采集 6000 个样品，测定了 P、K、Ca、Mg、Na、F、Al、Ti、Zn、Cu、Ni、Cd、Cr、Pb、Co、Mo、Ba、Cs 等 19 种元素的含量。苏格兰麦肯莱（Macanlay）土壤研究所在苏格兰采集了 1000 个土样，测定了 Cr、Co、Cu、Pb、Mn、Mo、Ni、V、Hg、Cd、Zn 11 种元素的含量，并提出了英国土壤部分元素含量水平。

自 20 世纪 70 年代以来，由于工业的发展及其带来的污染问题，前苏联开始加强环境监测和科学研究。自 1978 年起，环境监测由前苏联国家水文气象自然环境监测委员会负责、并有卫生、土地改良和水利、农业部门协同工作。观测网点中土壤 100 个、地面水 400 个、大气 350 个。

（2）中国土壤环境背景值的研究现状

中国于 1972 年召开了第一次全国环境保护大会，1973 年开始了自然环境背景值研究。1977 年初，中国科学院土壤背景值协作组对北京、南京、广东等地区的土壤、水体、生物等方面的背景值开展研究，取得了一批成果。上海市农科院汪雅各等 1983 年公布了对上海农业土壤中 Cd、Hg、Zn、Pb、Cr、As、F 的含量及背景水平的研究结果，介绍了农业土壤背景值含量的频率分布，提出检验背景值水平的方法。1979 年，原农牧渔业部组织农业研究部门、中国科学院、环保部门和大专院校共 34 个单位，对北京、天津、上海、黑龙江、吉林、山东、江苏、浙江、贵州、四川、陕西、新疆、广东等 13 个省、市、自治区的主要农业土壤和粮食作物中 9 种有害元素的含量进行了研究。

1982 年，中国政府将土壤环境背景值研究列入"六五"重点科技攻关项目，该项目由原农牧渔业部环境保护科研监测所主持，组织全国农业环保部门、中国科学院、大专院校共 32 个单位，开展了中国 9 省市主要经济自然区农业土壤及主要粮食作物中污染元素环境背景值的研究，共采集 12 个土类、26 个亚类土壤样品 2314 个，粮食样品 1180 个，工作面积约 2800 万公顷耕地，测定了 Cu、Zn、Pb、Cd、Ni、Cr、As、Ti、F、Se、Mo、Co 等 14 种元素的背景值。对中国、日本、英国土壤重金属元素环境背景值的比较可以看出（表 2-7），中国土壤元素环境背景值与日本和英国土壤的含量水平大体相当，在数量级上一致。

表 2-7　中国、日本、英国土壤元素背景值比较　　　　　　　　单位：mg/kg

元素	中国	日本	英国
As	11.2	9.02	11.3
Cd	0.097	0.413	0.62
Co	12.7	10	12
Cr	61.0	41.3	84
Cu	22.6	36.97	25.8
Hg	0.065	0.28	0.098
Mn	583	583	761
Ni	26.9	28.5	33.7
Pb	26.0	20.4	29.2
Se	0.29	—	0.40
V	82.4	—	108
Zn	74.2	63.8	59.8

注：引自魏复盛等，中国土壤环境背景值研究，1991。

"七五"计划期间，土壤环境背景值研究再次被列入国家重点科技攻关项目，由中国环境监测总站等 60 余个单位协作攻关，调查范围包括除了台湾省以外的 29 个省、市、自治区，共采集 4095 个典型剖面样品，测定了 As、Cd、Co、Cr、Cu、F、Hg、Mn、Ni、Pb、Se、V、Zn 以及 pH 值，有机质、粉砂、物理性黏粒含量等共 18 项；还从 4095 个剖面中选出 863 个主剖面，加测了 48 种元素，即 Li、Na、K、Rb、Cs、Ag、Be、Mg、Ca、Sr、Ba、B、Al、Ga、Ln、Tl、Se、Y、La、Ce、Pr、Nd、Sm、Eu、Cd、Tb、Dy、Ho、Er、Tm、Yb、Lu、Th、U、Ge、Sn、Ti、Zr、Hf、Sb、Bi、Ta、Te、Mo、W、Br、I、Fe，并测定了总稀土（TR）、铈组、钇组稀土的统计量，总共获得 69 个项目的基本统计量。这是中国土壤环境背景值测定范围最大、项目最多的一项研究。1990 年出版的《中国土壤元素背景值》一书，是迄今为止中国土壤环境背景值研究最重要的著作。同时，"六五"和"七五"期间还开展了国家科技攻关项目"土壤背景值"和"土壤环境容量"，这是中国土壤背景值研究有别于其他国家的主要方面。

近几年关于土壤环境背景值的研究主要是围绕一些区域、地域性或特定功能用地土壤。陈兴仁等（2012）对安徽省江淮流域多个区域表层和深层土壤地球化学基准值、背景值及相应的地球化学参数进行统计分析研究表明，表层土壤化学组成对深层土壤表现出一定的继承性，同时又因表生作用发生了不同程度的改变；受人为扰动的污染元素和活动性强的元素在表层土壤和深层土壤中分布差异显著；土壤元素地球化学基准值受成土母质类型影响显著，即使成土母质类型相同的情况下，不同空间位置母质的形成环境、成因来源不同也会导致其化学组成的空间变异，因此不同地区同类成土母质地球化学基准值也有所不同。

成航新等（2014）通过对中国 31 个省会城市 3799 件表层土壤样品（0~20cm）和 1011 件深层土壤样品（150~180cm）中 52 种化学元素及 pH 值和有机碳数据分布结构的研究，采用中位数-绝对中位差法、正态和对数正态法计算出中国 31 个省会城市土壤 52 种化学元素的地球化学背景值、基准值及它们的变化区间。结果表明，城市土壤中 N、Ca、Hg、Ag、Au、Bi、Cd、Cu、Mo、Pb、S、Sb、Se、Sn、Zn 元素的自然背景发生了显著变化，近年来中国大规模的城镇化和工业化对这些元素在城市土壤中累积具有重要贡献。张山岭等（2012）研究"七五"以来 20 多年来广东省土壤背景点环境质量变化情况，与"七五"背景值比较，土壤 A 层中 Hg 以及 A、C 两层中 F 含量下降，Se、V、Zn 和 Co 的含量有较明显的上升，As、Co、Cr、F、Hg、Mn、Ni、V 和 Zn 的含量从 A 层到 C 层呈增加趋势，Cd、Pb 和 Cu 的含量呈减少趋势，Se 的含量基本没有变化。

2.3.2 土壤环境背景值的应用

2.3.2.1 土壤环境背景值是制定土壤环境质量标准的基本依据

（1）土壤环境质量标准的概念

土壤环境质量标准是为了保护土壤环境质量，保障土壤生态平衡，维护人体健康而对污染物在土壤环境中的最大容许含量所做的规定，是环境标准的重要组成部分。由于制定土壤质量标准难度大，目前，世界上还没有一个国家制定出一个完善的土壤环境质量标准体系。

在制定环境质量标准研究中，首先要研究土壤环境质量的基准值。土壤环境质量基准系指土壤污染物对生物与环境不产生不良或有害影响的最大剂量或浓度。土壤环境基准与土环境标准是两个密切联系而又不同的概念。土壤环境质量基准是由污染物同特定对象之间的剂量—反应关系确定的。

土壤环境标准是以土镶环境质量基准为依据，并考虑社会、经济和技术等因素，经过综合分析制定的，由国家管理机关颁布，一般具有法律的强制性。原则上，土壤环境质量标准规定的污染物容许剂量或浓度小于或等于相应的基准值。

（2）利用土壤背景值确定土壤环境基准值的方法

① 利用土壤背景值代替基准值　如加拿大的安大略省农业食品部和标准特设委员会在1978 年规定土壤中 Cd、Ni、Mo 的环境基准分别等于土壤背景值。

② 土壤背景值加标准差等于基准值　例如，20 世纪 70 年代中国有些学者用土壤背景值加减 2 倍标准差来表示土壤环境基准值。荷兰土壤技术委员会的学者提出用没有污染的土壤元素含量加 2 倍标准差作为相应元素的上界，并以此值作为该元素的基准值，并用这个基准值来判断土壤是否发生某种元素污染。

③ 以高背景区土壤元素平均值作为基准值　就是把高背景值区土壤元素含量的平均值作为该元素的最大允许浓度。中国一些学者提出，将土壤的环境标准水平分为 4 个级别，如表 2-8 所列。其中，用土壤背景值作为土壤环境一级水平标准，也就是把土壤化学元素含量处在背景值水平上的土壤作为理想的土壤环境。其特点是，化学元素组成与含量处于地球化学过程的自然范围，基本未受人为污染影响，环境功能正常，可作为生活饮水水源区；二级土壤环境标准是用基准值作为衡量标准。基准值以土壤背景值平均值加减两个标准差的范围值来判断土壤是否被污染；三级土壤环境标准用元素对环境不良影响的最低浓度作为警戒值，需要根据元素的生态效应试验来予以确定；四级土壤环境标准采用元素的临界值，元素临界含量已对环境产生较大影响，也需要通过生物效应试验确定。

表 2-8　中国土壤环境标准水平[①]

级别	水平	标准值	对生态影响	应用意义
一级	理想水平	背景值	环境功能一切正常	饮水水源产流区
二级	可以接受水平	基准值	基本无影响	用于判断土壤污染
三级	可以忍受水平	警戒值	开始产生不良影响	应跟踪监测限制排污
四级	超标水平	临界值	影响较大到严重	应采取防污措施

① 此标准为建议稿，引自吴燕玉，中国土壤质量标准研究，1993。

另外，还有人主张以土壤背景值作为土壤环境质量评价标准，把土壤分作 5 级：把污染元素含量低于或等于区域背景值均值的土壤划为清洁土壤；把元素含量低于或等于区域背景值均值加（或乘以）1 倍标准差的土壤称为尚清洁土壤；把土壤区域背景值均值加（或乘以）3 倍标准差的土壤划为起始污染土壤，这一级土壤有污染元素累积，但还没有达到使作物生长发育受阻，或使作物可食部分内污染物累积到产生有害影响的程度；污染物明显累积，作物生长受阻，或作物产品中某一元素含量发生累积但没超过食品卫生标准的为显著污染土壤；作物生长受阻，或作物产品中某一元素含量超过了食品卫生标准的土壤为严重污染土壤。

2.3.2.2　土壤环境背景值在农业生产上的应用

土壤环境背景值反映了土壤化学元素的丰度，是研究土壤化学元素，特别是研究微量和超微量化学元素的有效性，也是预测元素含量丰缺，制定施肥规划、施肥方案的基础，其在农业生产上有着广泛的应用价值。

（1）利用土壤背景值预测土壤有效态元素的含量

土壤元素有效态含量是指能被植物吸收利用的元素，它取决于土壤中该元素的全量及其活性。中国土壤背景值是元素的全量值。只要通过实验获得各个区域土壤类型中元素的活性，就可以按土壤元素有效态含量＝元素背景值×土壤元素活性，粗略地计算出土壤元素有效态含量和有效养分供应水平。

影响土壤元素活性的因素有土壤本身性状，如矿物种类、土壤 pH 值、土壤质地、有机质含量，环境因素如温度、湿度、地形、生物，水土流失和人为活动（如施肥、灌溉、耕作及种植作物种类等）。土壤元素活性需在各区域内做试验测试获得，即试验测得土壤元素有效态含量，再以该元素的全量（背景值）除之，即可求出该元素活性百分数。中国几种土壤元素活性如表 2-9 所列。有了土壤元素活性百分比，就可以根据土壤背景值含量计算出土壤元素有效数量，再根据土壤供给作物有效态养分的临界指标来判定土壤元素有效供应状况，并以此决定是否施入相应元素肥料及其数量。

表 2-9　土壤微量元素活性比　　　　　　　单位：%

土壤类型	Mn	Zn	Cu	B	Mo
黄河流域					
栗钙土	1.79	0.85	3.58	0.70	9.26
灰钙土	0.83	0.44	3.55	1.16	23.2
风沙土	1.36	0.63	1.94	1.29	4.88
黄棉土	1.19	0.58	3.87	0.52	5.08
黑垆土	1.49	0.60	4.17	0.71	11.5
娄土	1.33	0.90	4.24	0.50	12.5
灌淤土	1.58	0.96	5.91	1.13	20.9
褐土	2.37	0.57	4.77	0.46	6.40
潮土	2.36	0.57	4.95	0.67	10.5
盐碱土	1.41	0.79	6.75	1.41	15.0
普通棕壤	3.18	5.00	8.24	0.82	15.7
普通褐土	0.95	0.93	3.60	0.41	11.4
太湖流域					
黄棕壤	20.5	2.85	3.39	0.23	4.96
水稻土	17.3	3.98	11.4	0.45	11.7
北京地区					
褐土	3.30	1.22	—	—	—

注：引自吴燕玉等，《土壤背景值应用研究报告》，1990。

（2）利用土壤元素活性可推算出土壤中有效元素的全量

利用土壤元素的活性和作物对有效态元素的需要量，即可计算出各区域土类应有的土壤元素全量。土壤元素应有的全量等于应有有效态含量/活性比率。把土壤元素应有的全量计算值与实测的土壤背景值比较，可以看出土壤元素储量丰、缺与否。若计算的土壤应有的全量低于土壤背景值，说明该种元素储量已足，否则应施肥予以补充。利用全国土壤背景值资料和土壤元素活性研究成果进行分析，可以获得一些土壤有效元素的数量，从中可看出中国土壤有效态微量和超微量元素缺乏与否。

综上所述，土壤背景值常以土壤元素全量来表示，可以利用土壤元素活性比与土壤全量（背景值）之间的关系，计算出土壤元素有效态含量范围和供应水平；也可以利用有效态含量与活性比来推算土壤化学元素应有的全量，并与土壤背景值相比较，以此来判断化学元素全量的丰缺，确定施肥方案和规划。

2.3.2.3 土壤环境背景值与人类健康

人类的健康与环境状况存在着密切关系。有关研究结果表明，人体内 60 多种化学元素的含量与地壳中这些元素的平均含量相近。人类摄取这些化学元素主要来自于生长在土壤中的粮食食品、水生动植物以及饮水等。因此，土壤环境的化学元素种类和数量对维持人体营养元素平衡和能量交换具有重要作用。由于土壤形成过程及类型的差别，土壤环境元素含量也发生了明显差异，致使某些元素过于集中或分散。这种空间分异特性，常常使生活在这种异常土壤环境的人群体内某些元素过多或过少，最终导致体内元素失去平衡而影响健康。

土壤环境背景值反映了各区域土壤化学元素本来的组成和含量。通过对土壤化学元素背景值的分析，可以找出土壤常量和微量元素的种类、数量与人类健康的关系。

环境中化学元素异常或特殊的环境因素，对人类健康有重大影响。土壤元素超低背景区，某些元素含量显著低于相应元素的土壤平均含量，生长的植物和粮食作物中元素也会缺乏，并通过食物链作用于人体，影响人类健康，引起地方性疾病。例如，近 20 年来的研究证实，人类的地方性克山病、大骨节病以及动物的白肌病都发生在低 Se 背景环境中。由于土壤低 Se，粮食及饲草 Se 也随之缺乏，人体及动物体内 Se 营养代谢水平处于缺乏状态。

在中国，克山病、大骨节病及动物白肌病分布在同一区域。黄土高原病区土壤全 Se 和水溶 Se 含量分别为非病区的 50/83 和 1/2，为人发含 Se 的水平的 10/31，为在土壤上生长的小麦 Se 含量的 10/37。病区内土壤、小麦和人发的含 Se 量越少，人畜患病越严重。

在 Se 特别高的背景区，由于粮食、蔬菜和水果从土壤吸收多量的 Se，可能使人发生 Se 中毒。日本和英国都有 Se 过多而中毒的报道。其症状是人的面部呈土色，食欲不振，四肢发麻、无力、慢性关节炎伴有关节损害，毛发、指甲脱落，贫血和低血压等。中国主要土壤 Se 背景值为 0.05～0.8mg/kg，平均 0.25mg/kg，其中以砖红壤、红壤、黑土含 Se 量较高，但未见有 Se 超高背景区资料及高 Se 中毒的报道。

在土壤低碘背景区，如果食盐、饮水中也缺少碘，会引起食用当地食品的人体内缺碘，成为地方性甲状腺肿致病原因，并影响人的智力。据调查，当土壤中碘的平均含量低于 10mg/kg 时，地方性甲状腺肿的发病率随土壤中碘的含量降低而增加。

由于植物体内 Zn 的累积与土壤 Zn 的含量成正相关，在全量 Zn 低背景区，粮食食品中 Zn 含量低，以谷物为主食的人群会发生缺 Zn。1961 年首先在伊朗发生缺 Zn 综合征。1963 年埃及报道了因 Zn 缺乏而发生的人体矮小病。1982 年中国新疆伽师等地发现缺 Zn 综合征。

目前有关因土壤元素背景超高，导致人体元素中毒的研究及报道不多。已见到的报道有亚美尼亚共和国土壤含 Mo 量高，居民食用当地出产的富 Mo 粮食、蔬菜，Mo 的日摄入量达到 10～15mg，人群痛风病发病率高。

除了上述土壤 Se、I、Zn、Mo 元素背景高或低对人群健康影响外，有关学者的研究资料说明，美国马里兰州某些地区高的癌症发病率与土壤中 Cu、Cr、Pb 含量成正相关；英国西部塔马河谷 12 岁儿童居民中骨溃疡高发率与土壤中 Pb 含量过高有关。一些研究者指出，土壤元素组成对人类健康的影响只有少数被证实，尚需做大量相关研究方才能有进一步的认识。

2.4 土壤环境容量

2.4.1 土壤环境容量的概念

环境容量是环境的基本属性和特征，指在一定条件下环境对污染物的最大容纳量。它最早来源于国际人口生态学界给予世界人口容量所下的定义："世界对于人类的容量，是在不损害生物圈或不耗尽可合理利用的不可更新资源的条件下，世界资源在长期稳定状态的基础上供养人口数量的大小"。随着环境污染问题的日益扩展和日趋严重，为防止和控制环境污染问题，随即提出了环境容量的概念。通过对它的研究，不但在理论上可以促进环境地学（环境地质学、环境地球化学、土壤环境学、污染气象学等）、环境化学、环境工程和生态学等多学科的交叉与渗透，而且在实践中可作为制定环境标准、污染物排放标准、污泥施用与污水灌溉量与浓度标准，以及区域污染物的控制与管理的重要依据，并对工农业合理布局和发展规模做出判断，以利于区域环境资源的综合开发利用和环境管理规划的制定，达到既发展经济，又能发挥环境自净能力，保证区域环境系统处于良性循环状态的目的。

2.4.1.1 土壤环境容量的基本概念

土壤具有一定容纳固、液、气相等物质的能力，如土壤的热容量、持水量（田间持水量、饱和持水量），再如对农药与化肥的施用有一定容量，对作物密植也有一定容量。若过度密植、农药与化肥施用量、灌溉水量超过土壤相应的容量，不仅不能增产，而且会导致减产与环境污染，或其他环境问题。因而土壤环境容量的由来不仅有着环境科学的，而且有着土壤科学的广泛背景，是土壤科学与环境学现阶段相互交叉渗透的产物。

所谓土壤环境容量，可从上述环境容量的定义延伸为"土壤环境单元所容许承纳的污染物质的最大数量或负荷量"。由此定义可知，土壤环境容量实际上是土壤污染起始值和最大负荷值之间的差值。若以土壤环境标准作为土壤环境容量的最大允许极限值，则该土壤的环境容量的计算值，便是土壤环境标准值减去背景值，即上述土壤环境的基本容量；在尚未制定土壤环境标准的情况下，环境学工作者往往通过土壤环境污染的生态效应试验研究，拟定土壤环境所允许容纳污染物的最大限值——土壤的环境基准含量。这个量值（即土壤环境基准减去土壤背景值），有的称为土壤环境的静容量，相当于土壤环境的基本容量。

在目标区域，以某一要素的环境标准限制其进入该区域的最大限量，作为该区域的环境容量（Q）。将衡量土壤容许的污染量的基准含量水平称为土壤净容量。Q 计算公式如下：

$$Q = (C_0 - B) \times 2250$$

式中　Q——土壤环境容量，g/hm^2；

　　C_0——土壤环境标准值或土壤环境临界值，g/t；

　　B——区域土壤背景值或土壤本地值，g/t；

2250——单位土地的表土计算重量，t/hm^2。

由此可知，一定区域的土壤特性和环境条件（B 一定），土壤环境容量（Q）的大小取决于土壤环境质量标准值。土壤环境质量标准大，土壤环境容量大；反之则容量小。该方法计算出来的环境容量，未考虑土壤污染物累积过程中污染物的动态变化过程，如污染物的吸附与解吸、累积与降解、固定与释放、土壤的自净作用等，因此仅反映了土壤污染物生态效应和环境效应所容许的水平（黄静，2007）。土壤环境的静容量虽然反映了污染物生态效应所容许的最大容纳量，但尚未考虑土壤环境的自净作用与缓冲性能，即外源污染物在进入土壤后的累积过程中，还要受土壤的环境地球化学背景与迁移转化过程的影响和制约，如污染物的输入与输出、吸附与解吸、固定与溶解、累积与降解等，这些过程都处在动态变化中，其结果都能影响污染物在土壤环境中的最大容纳量。因而目前的环境学界认为，土壤环境容量应是静容量加上这部分土壤的净化量才是土壤的全部环境容量。

目前，土壤环境容量的研究正朝着强调其环境系统与生态系统效应的更为综合的方向发展。据其最新进展，将土壤环境容量定义为："一定土壤环境单元、在一定时限内，遵循环境质量标准。既维持土壤生态系统的正常结构与功能，保证农产品的生物学产量与质量，且不使环境系统污染时，土壤环境所能容纳污染物的最大负荷量"。

土壤作为一个生态系统，自身包含多个复杂体系（土壤-植物体系、土壤-微生物体系、土壤-水体系等），这些土壤体系与外界环境相互作用形成一个有机的自然体，称为土壤生态系统。国家制定土壤环境标准和计算土壤环境容量时，必须掌握土壤污染物的各种环境效应、生态效应及各单一体系的污染物的临界含量，根据各种效应的综合临界指标，计算出整个土壤生态系统的临界含量。确定土壤临界含量各个单一指标体系及其污染物临界含量确定依据如表 2-10 所列。

表 2-10 土壤单一指标体系及其污染物临界含量确定依据

体系	内容	目的	指标
土壤-植物	人体健康	防止污染食物链保证人体健康	国家或政府主管部门颁发的粮食卫生标准
	作物效应	保持良好的生产力和经济效益	产量降低程度
土壤-微生物	生物效应	保持土壤生态处于良性循环	凡一种以上的生物化学指标出现的变化微生物技术指标出现的变化
土壤-水	环境效应	不引起次生水环境污染	不导致地下水超标不导致地表水超标

2.4.1.2 国内外研究概况

国外一些国家关于环境容量研究的较多。日本曾首先对大气和水环境容量进行了一系列的研究工作，对污染物的排放由浓度限制改为总量控制；从防止重金属对人体的毒性和水稻的危害出发，建立了水稻中 Cd、Cu 和 As 的最大允许值（见表 2-11）。近年来，随着污水处理系统的发展，欧、美等国家对土壤环境容量研究十分重视。美国、澳大利亚根据土地处理系统对污水的净化能力，计算了某一时间单元处理区的水力负荷与灌溉量。美国佩奇（Page）和艾德里诺（Adriano）用农业土壤最大忍受浓度，德国以耕作土壤中最大允许量，澳大利亚用土壤中有毒元素最大允许量（kg/ha）等表示土壤对污染物的允许容纳量。德国根据土壤的理化性质与吸附性能，研究了重金属的化学容量与渗透容纳量。在污泥施用中，针对污泥中 Zn、Cu、Ni 等的毒害影响，以 Zn 为基准，提出了土壤安全的 Zn 当量值。前苏联曾研究提出了重金属的土壤环境基准与有机毒物在土壤中最大容许残留量（表 2-12）。在制定土壤中农药及其他有机污染物的环境基准时，由于这些污染物都是外源的，因此无背景值，故主要依据该污染物的生态效应来确定其土壤环境基准（容许残留量）。

表 2-11 部分国家制定的土壤元素的环境质量基准

元素	环境质量标准/(mg/kg)					
	欧盟	日本	加拿大	前苏联	德国土壤黏粒	
					>12%	<12%
Cd	1～3	1(糙米)	1.0	5	2	1
As		15(1mol/LHCl)		15		
Hg	1～1.5		0.5	2.1	1.5	1.0
Pb	50～300		60	背景值＋20	100	100
Cr	—		120	100(Cr³⁺)	—	—
	—	—	—	0.05(Cr⁶⁺)	—	—
Cu	100	125(0.1mol/L HCl)	100	3(有效态)	100	60
Ni	30～75		32	35	50	30
Zn	150～300		220	23(有效态)	300	50

注：引自王宏康．土壤中若干有毒元素的环境质量基准研究．农业环境保护，1993，12（4）：162-165。

表 2-12 前苏联制定的有机毒物在土壤中的容许残留量

化合物	土壤环境容许残留量/(mg/kg)	化合物	土壤环境容许残留量/(mg/kg)
苯并[a]芘	0.02	苯	0.3
辛硫磷	1.0	林丹	1.0①
六六六	1.0①	毒杀芬	0.5①
乙醛	27.0①	敌敌畏	0.1①
敌百虫	0.5①	敌稗	1.5①
杀虫畏	1.4①	绿麦隆	0.7①
氯乐灵	0.1①	三氯杀螨醇	1.0①
阿拉特津	0.5	西玛津	0.2①
福尔马林	7.0	2,4-D	0.15
西维因	0.05①	DDT	1.0①

① 为前苏联卫生部颁布，其他为推荐值。

注：引自郭建钦．苏联土地保护进展．国外农业环境保护．1991。

中国对土壤环境容量的研究，开始于区域环境质量评价中对污灌农田区的土壤环境基准研究，但多是通过单一作物的试验研究而提出的环境基准。土壤环境容量是根据土壤环境基准与土壤背景值的差值计算的。从土壤环境容量研究列入"七五"国家重点攻关课题后，开始了以土壤生态系统为中心的多学科综合性研究，并以作物、土壤生物的生态效应与环境效应作为综合性指标确定土壤环境的临界含量、或土壤环境基准含量水平，并以此作为拟定土壤环境容量的基础，建立相应的土壤环境容量模型，同时，还开展了土壤环境容量信息系统实验研究，以及环境容量的分区研究，在土壤环境容量研究方面取得了重大进展。

2.4.2 土壤环境容量的应用

2.4.2.1 制定土壤环境标准

土壤环境标准是进行土壤环境质量与影响评价的重要依据。由于土壤环境的复杂多样性及其作为一个开放系统的特点，制定土壤环境标准的难度很大，迄今在国内外研究中仅对少数重金属元素比较明确地提出了土壤环境标准。全球仅有加拿大、英国、新西兰、荷兰、日本、韩国、泰国、中国和中国台湾地区制定了农业或类似用地的土壤环境基准/标准，但不同国家和地区对农业用地的定义和标准暴露场景仍然不同。中国在土壤环境质量评价中多采用土壤背景值加 2 倍标准差作为评价标准，这仅能用于衡量元素在区域中是否异常的地球化学性指标。它既不能反映土壤元素的生态效应，也不能反映化学元素的环境效应，用其作为土壤环境质量评价标准，只是一种暂时的替代办法。因此，完全可以以土壤生态系统为基础，在全面研究污染物的生态效应和环境效应的过程中，提出污染物（重金属元素）的土壤基准作为制定区域土壤环境质量标准的依据（表 2-13）。

表 2-13　中国土壤 Cd、Pb、Cu、As 的环境标准　　　　　　　　单位：mg/kg

土壤	Cd	Pb	Cu	As
酸性土壤	0.5	200	50	40
中、碱性土壤	1	300	100	20

注：1. 此表各环境标准为建议标准。

2. 引自夏增禄主编. 中国土壤环境容量. 北京：地震出版社，1992。

2.4.2.2 制定农田灌溉用水水质和水量标准

中国是世界上水资源比较缺乏的国家之一。污水灌溉一方面为缺水地区解决了部分农田用水，减缓了用水的紧张程度，减少了污水处理费用；另一方面由于大部分污水未经处理或仅经一级处理便排放利用于灌溉，结果使土壤环境遭受污染，生态遭到破坏，影响了污水灌溉的发展。因此，控制有害污水对农田的污染，加强污水灌溉的管理，已成为进一步发展污水灌溉的重要措施。制定农田灌溉水质标准，把灌溉污水的水质水量限制在容许范围内，是避免污水灌溉污染环境的基本措施之一。

中国于 1985 年颁布了农田灌溉水质标准，并于 1992 年和 2005 年对该标准进行了两次修订，这对控制污水灌溉引起的环境污染起到了良好的作用。中国土壤环境容量的最新研究成果为修订工作提供了理论基础和实用方法。例如，在制订农田灌溉水质标准时应遵循如下原则。

① 以农田生态系统为中心　除考虑污水对作物的影响外，还应从整个土壤生态系统出发，重视对土壤生物及其生态效应的研究。

② 重视对环境的次生污染　需重视因长期污灌对地表水和地下水的污染。

③ 重视污染物的动态变化　需考虑污水灌溉过程中污染物的动态变化过程，如重金属污染物的不断输入输出。确定其临界含量或环境基准时，有两种情况：一是容许持久性污染物在设定的若干年限内累积到土壤的临界含量或土壤环境标准时，每年容许进入土壤的量或折合容许的灌溉水水质浓度，可依据土壤静容量而得出；另一种情况则是根据土壤动容量获得的。但最理想的安全农田灌溉水质标准，应为永远不会达到土壤临界含量或土壤环境标准

时的容许灌溉水量和水质浓度。

④ 要考虑污灌的效应　既要考虑污灌造成的短期生态和环境效应，还要考虑一定时限的长期效应。

⑤ 考虑中国自然条件的差异　即因土壤临界含量区域分异而逐步建立不同地区的农田灌溉水质标准。

当获得土壤临界含量或土壤基准后，求一定年限内的灌溉水质标准 C 的公式如下：

$$C = \frac{C_0}{YQ_w} \tag{2-1}$$

式中　C_0——土壤临界含量，$g/(hm^2 \cdot a)$；

　　　Y——年限，a；

　　　Q_w——年灌溉水量，m^3；

　　　C——灌溉水质标准，10^{-6}。

考虑到实际除灌溉外，大气降尘、降水、施肥等输入项，用允许污灌水带入农田的量减去这些正常的量值，得到允许农田灌溉的水质浓度或水质标准为：

$$C = \frac{Q - r - f}{Q_w} \tag{2-2}$$

式中　Q——土壤某元素的动容量；

　　　r——降水、降尘带入的某元素量，$g/(hm^2 \cdot a)$；

　　　f——施肥带入某元素的量，$g/(hm^2 \cdot a)$；

　　　Q_w——年灌溉水量，m^3。

据式(2-2)求得各类型土壤的农田灌溉水质基准（g/m^3）和建议的农田灌溉水质标准（g/m^3）分别见表 2-14 和表 2-15，这充分说明土壤环境质量是个重要的参数。

表 2-14　各土壤的农田灌溉水质基准　　　　单位：g/m^3

土壤	元素	水质基准			国家标准	
		按污灌年限20年计	按污灌年限50年计	按污灌年限100年限计	一类	二类
灰钙土	Cd	0.047	0.018	0.008	0.005	0.1
	Pb	6.13	2.41	1.18	0.5	1.0
	Cu	1.811	0.68	0.30	0.1	0.5
	As	0.282	0.103	0.05	1.0	3.0
黑土	Cd	0.012	0.004	0.004		
	Pb	4.503	1.807	0.907		
	Cu	1.979	0.797	0.395		
	As	0.280	0.114	0.058		
黄棕壤	Cd	0.0047	0.0026		0.0020	
	Pb		3.35	1.71		
	Cu	3.5	1.5	0.86		
	As	0.60	0.24	0.16		
红壤	Cd	0.007	0.003			
	Pb	3.145	1.057	0.626	0.002	

续表

土壤	元素	水质基准			国家标准	
		按污灌年限 20 年计	按污灌年限 50 年计	按污灌年限 100 年限计	一类	二类
赤红壤	Cu	0.380	0.145	0.067		
	As	0.395	0.152	0.071		
	Cd	0.005	0.003	0.002		
	Pb	2.652	1.005	0.528		
砖红壤	Cu	0.324	0.123	0.056		
	As	0.395	0.152	0.071		
	Cd	0.008	0.003	0.002		
	Pb	3.128	1.054	0.624		
紫色土	Cu	0.683	0.287	0.150		
	As	0.406	0.165	0.083		
	Cd	0.0045	0.002	0.0018		
	Pb	1.829	0.751	0.392		
褐色土	Cu	0.474	0.209	0.125		
	As	0.041	0.015	0.007		
	Cd		0.0048	0.0027		
	Pb		0.874	0.440		
棕壤	As		0.130	0.117		
	Cd		0.0061	0.0039		
	Pb		1.0390	0.063		
	As		0.073	0.053		

注：引自夏增禄主编. 中国土壤环境容量. 北京：地震出版社，1992。

表 2-15 建议的农田灌溉水质标准 单位：g/m³

种类	土壤	Cd	Pb	Cu	As
建议标准	酸性土壤	0.003	1.0	0.15	0.15
	中碱性土壤	0.005	1.0	0.50	0.10
国家标准		<0.005	0.1	1.0	0.05

注：引自夏增禄主编. 中国土壤环境容量. 北京：地震出版社，1992。

2.4.2.3 制定污泥施用量的标准

随着污水及其处理量的增加，污泥量也在不断增加，由污泥带入农田的污染物量也不可忽视。一般来说，污泥中污染物含量决定着污泥允许施入农田的量，但实质上，其允许每年施用的量取决于每年每公顷容许输入农田的污染物最大量，即土壤动容量或年容许输入量。可由下式求得不同施污泥量下的污泥标准：

$$C = \frac{Q - r - f - w}{Q_s} \tag{2-3}$$

式中 C ——污泥标准，mg/kg；

  Q ——土壤动容量，g/(hm² · a)；

  Q_s ——污泥施用量，t/(hm² · a)；

w ——灌溉水带入量。

表 2-16 即是根据土壤动容量计算的不同污泥施用量下的污泥施用标准。

表 2-16　建议的污泥农田施用标准　　　　　　单位：mg/kg

施用年限 /a	土壤	建议标准			国家标准			
		Pb	Cu	As	Cd	Pb	Cu	As
20	酸性土	800	150	150	5	300	250	75
	中碱性土	1000	300	50	20	1000	500	75
50	酸性土	300	50	50	—	—	—	—
	中碱性土	400	100	20	—	—	—	—

注：引自夏增禄主编．中国土壤环境容量．北京：地震出版社，1992。

2.4.2.4　区域土壤污染物预测和土壤环境质量评价

土壤污染预测是防治土壤污染的重要依据。土壤环境容量模型均可用于土壤污染预测如预测若干年后土壤中重金属累积的量。其公式为：

$$Q_T = Q_0 K^T + QK \frac{1-K^T}{1-K} - Z \frac{K-K^T}{1-K} \tag{2-4}$$

式中　K ——累积系数；

　　　Z ——累积常数；

　　　T ——年数；

　　　Q_0 ——污染起始值；

　　　Q ——输入量。

当得知 Q 时，代入方程(2-4)，即可知 T 年后土壤中重金属累积的量 Q_T。

2.4.2.5　污染物总量控制上的应用

土壤环境容量对于环境污染地区，即急需采取对策地区的土壤环境规划与管理具有特别重要的意义。土壤环境容量充分体现了区域环境特征，是实现污染物总量控制的重要基础，在此基础上可以经济、合理地制定污染物总量控制规划，也可以充分利用土壤环境的纳污能力。

2.5 环境污染对人体健康的危害

环境污染对人体健康的危害，是一个十分复杂的问题。有的污染物在短期内通过空气、水、食物链等多种介质侵入人体，或几种污染物联合大量侵入人体，造成急性危害。也有些污染物，小剂量持续不断地侵入人体，经过相当长时间才显露出对人体的慢性危害或远期危害，甚至影响到子孙后代。所以，可将环境污染对人体健康的危害，按时间分成急性危害、慢性危害和远期危害。

2.5.1　急性危害

环境污染物一次或24h内多次作用于人或动物机体所引起的损害可称为急性危害。例如20 世纪 30～70 年代发生于世界上的几次大的烟雾污染公害事件，都属环境污染的急性危

害。急性危害对人体影响最明显，如 1952 年 10 月在英国伦敦发生的烟雾事件，死亡达
4000 人，多属急性闭塞性换气不良，造成急性缺氧或引起心脏病恶化而死亡。

污染物质的急性毒作用，常用动物实验来阐明环境污染物对机体的作用途径、毒性表现
和对机体的剂量与效应之间的关系。急性毒作用一般以半数有效量（ED_{50}）来表示，指直
接引起一群受试动物的半数产生同一中毒效应所需的毒物剂量。ED_{50} 值越小，则受试物的
毒性越高，反之则毒性越低。半数有效量如以死亡作为中毒效应的观察指标，则称为半数致
死量（LD_{50}）或半数致死浓度（LC_{50}）。半数有效量是以数理统计方法计算出预期能引起
50％的动物出现同一生物学效应的受试物剂量。它有一定的误差，故常用"可信限"来表示
可能的变动范围。

环境污染物毒性根据半数致死量，一般分为 5 级，参见表 2-17。

表 2-17　急性毒性分级

毒性分级	大鼠一次经口的 LD_{50}[①]	6 只大鼠吸入 4h,死亡2～4 只的浓度/($\mu g/g$)	家兔经皮肤 LD_{50}[①]	对人可能致死估计量[②]
剧毒	<1	<10	<5	0.1
高毒	1	10	5	3
中等毒	50	100	44	30
低毒	500	1000	350	250
微毒	5000	10000	2180	>1000

① 受试动物每公斤体重所接受的受试物的毫克数。
② 指进入人体（60kg 体重）的受试物克数。

进入 20 世纪 80 年代后，环境问题出现了第二次高潮，突发性严重污染事故迭起，对人
体健康造成了严重的急性危害。自 20 世纪 80 年代初至 90 年代初，影响范围大、危害严重
的就有 60 多起。其中，既有大气污染和水污染事故，也有放射性污染事故。例如，1984 年
12 月 3 日，美国联合碳化物公司设在印度博帕尔市的农药厂因管理混乱，使储罐内剧毒的
甲基异氰酸酯压力升高而爆裂外泄，受害面积达 $40km^2$，死亡人数约 6200 人，受害人数超
过 10 万人。再如，1986 年 11 月 1 日，瑞士巴塞尔赞多兹化学公司的仓库起火，使大量有
毒化学品随灭火用水流进莱茵河，使靠近事故地段的河流变成了"死河"，生物绝迹。又如，
1986 年 4 月 26 日，位于前苏联基辅地区的切尔诺贝利核电站 4 号反应堆发生爆炸，泄露了
大量放射性物质，造成环境严重污染，使周围人群健康受到严重危害。

随着中国工业化进程的不断加速，中国环境污染事故也不断发生，1996 年全国 29 个
省、自治区、直辖市共发生事故性环境污染 65 起，其中由化学污染引起的有 28 起，由生物
污染引起的有 26 起，暴露污染中的人数达 51 万余人。2005 年 11 月，中石油吉林石化分公
司双苯厂因违规操作发生爆炸，除造成 8 人死亡、近 70 人受伤、数万群众紧急疏散的直接
损失外，还间接导致了松花江重大水污染事件，致使哈尔滨等城市发生连续数日严重的"水
危机"，沿岸数百万居民的生活受到影响。2010～2011 年仅 13 个月的时间，大连中石油就
发生 4 场爆炸事故，导致严重的生命财产损失。2009～2012 年全国仅重特大重金属污染事
件就发生了 30 多起。仅 2009 年环保部就接报了 12 起重金属及类金属污染事件，这些事件
导致 4035 人血铅超标，182 人镉超标，对中国国民的身体健康造成了巨大危害。2010 年，
儿童铅超标现象又在江苏大丰、四川隆昌、湖南郴州、湖北崇阳等地重现。同年 7 月，福建

省紫金矿业含铜废水渗漏，造成汀江流域铜污染重大事故。2015 年 8 月，天津港瑞海公司危险品仓库发生特大爆炸事故，造成 100 多人死亡，700 多人受伤，除了造成大气污染外，大量储存的氧化剂（硝酸钾、硝酸钠等）、有毒化学品（氰化钠、甲苯二异氰酸酯等）、腐蚀品（甲酸、磷酸、甲基磺酸、烧碱、硫化碱等）等泄漏，造成爆炸区域土壤受到严重污染。

2.5.2　慢性危害

环境污染物在人或动物生命周期的大部分时间，或整个生命周期内持续作用于机体所引起的损害为慢性危害。其特点是剂量较低和作用时间较长，而且引起的损害出现缓慢、细微、易呈现耐受性，并有可能通过遗传过程贻害后代。环境污染物对人体的慢性毒作用，既是环境污染物本身在体内逐渐蓄积的结果，又是污染物引起机体损害逐渐积累的结果。例如，由甲基 Hg 引起的"水俣病"和由 Cd 引起的"痛痛病"便是环境污染物慢性毒作用的两个例子。

低剂量环境污染物造成的损害，通常较为细微，其毒作用初期不易察觉。许多适用于急性毒作用的指标，对慢性毒作用往往不够灵敏。据目前所知，环境污染物对机体的影响，可能在行为、神经功能和免疫机能等方面有较早的和细微的表现。因此，可将它们作为慢性毒作用的观察指标。

人或动物对慢性毒作用易呈现耐受性。但是，污染物长时间作用于机体，往往会损及体内遗传物质，引起突变，给机体带来远期的危害。如果生殖细胞发生突变，后代机体在形态或功能方面会出现各种异常。如体细胞突变则往往是癌变的基础。因此，慢性毒作用对人体的损害可能比急性毒作用更加深远和严重。

2.5.3　远期危害

2.5.3.1　致畸作用

环境污染物通过人或动物母体影响胚胎发育和器官分化，使子代出现先天性畸形的作用，叫做致畸作用。生物体在胚胎发育和器官分化过程中，由于遗传、化学、物理、生物等因素以及母体营养缺乏或内分泌障碍等各种原因，都可引起先天性畸形或畸胎。这种畸形包括结构畸形和功能异常。

20 世纪 60 年代初，西欧和日本突然出现不少畸形新生儿，后经流行病学调查证实，主要是孕妇在怀孕后第 30～50 天期间，服用镇静剂"反应停"（化学名 α-苯肽戊二酰亚胺，又称塞利多米）所致。于是许多国家对一些药物、食品添加剂、农药、工业化学用品等，进行了各种致畸试验，并规定上述化学品经过致畸试验，方可正式使用。目前已肯定环境污染物中甲基 Hg 对人有致畸作用。从动物实验中发现，有致畸作用的还有四氯二苯、西维因、敌枯双、艾氏剂、五氯酚钠和脒基硫脲等。

一般认为，致畸作用的机理有以下几种可能：a. 环境污染物作用于生殖细胞的遗传物质（DNA），使之发生突变，导致先天性畸形；b. 生殖细胞在分裂过程中出现染色体不离开的现象，以致一个子细胞多一个染色体，而另一个细胞少一个染色体，从而造成发育缺陷；c. 核酸的合成过程受破坏引起畸形；d. 母体正常代谢过程被破坏，使子代细胞在生物合成过程中缺乏必需的物质，影响正常发育等。

2.5.3.2　致突变作用

致突变作用是指环境污染物或其他环境因素引起生物体细胞遗传物质和遗传信息发生突

然改变的作用。具有这种致突变作用的物质，称为致突变物，或称诱变剂。

突变本来是生物的一种自然现象，是生物进化的基础，但对大多数生物个体往往有害。哺乳动物的生殖细胞如发生突变，可以影响妊娠过程，导致不孕和胚胎早期死亡等。体细胞的突变，可能是形成肿瘤的基础。因此，环境污染物如具有致突变作用，即为一种毒性的表现。

常见的具有致突变作用的环境污染物有：亚硝胺类、苯并 [a] 芘、甲醛、苯、As、Pb、DDT、烷基 Hg 化合物、甲基对硫磷、敌敌畏、谷硫磷、百草枯、黄曲霉毒素 B_1 等。

2.5.3.3 致癌作用

环境中致癌物诱发肿瘤的作用称为致癌作用，在这里所指的"癌"包括良性肿瘤和恶性肿瘤。能诱发肿瘤的因素，统称为致癌因素。由于长期接触环境中致癌因素而引起的肿瘤，称为环境瘤。

致癌物是指能在人类或哺乳动物的机体诱发癌症的物质，可分为化学性致癌物如苯并 [a] 芘、2-萘胺等；物理性致癌物如 X 射线、放射性核素等；生物性致癌物如某些致癌的病毒。化学致癌物按其作用机理可分为 3 类：a. 不经过体内代谢活化就具有致癌作用的直接致癌物；b. 必须经过体内代谢活化才具有致癌作用的间接致癌物；c. 本身并不致癌，但对致癌物有促进作用的助致癌物。对人影响最大的是大气和水中的多环芳烃（PAH）类、石棉、As、氯乙烯和食物中的黄曲霉素等。各种致癌物和诱发肿瘤部分，参见表 2-18。

表 2-18 已发现的致癌物和诱发肿瘤部分

致癌物	诱发肿瘤部位
①化学因素	
多环芳烃类	
苯并[a]芘、苯并[a]蒽、苯并[b]荧蒽等,存在以下	皮肤、肺、阴囊
物质中：煤烟、煤焦油、杂酚油、蒽油、页岩油、矿物油、石油及润滑油、沥青、香烟、雪茄、烟斗烟	
芳香胺类	
2-萘胺、1-萘胺、联苯胺、4-氨基联苯、4-硝基联苯	膀胱
脂肪烃类	
异丙油、芥子气、双氯甲醚	肺、鼻窦、喉
氯气烯	肝
无机物、金属类	
As	皮肤、肺
Cr、Ni 及羰基 Ni	肺、鼻、鼻窦
石棉	肺、胸膜、腹膜
②物理因素	
电离辐射、X 射线、紫外线	皮肤
氡及其子体、镭、铀核裂变物	肺、骨
③生物因素	
霉菌毒素	
黄曲霉毒素	肝
寄生虫	
埃及血吸虫	膀胱

致癌作用的过程相当复杂，化学物质的致癌作用有两个阶段：第一是引发阶段，在致癌作用下，引发细胞基因突变；第二是促长阶段，主要是突变细胞改变了遗传信息的表达，致使突变细胞和癌变细胞增殖成为肿瘤。

参考文献

[1] 丁亦男，王帅．蚯蚓在土壤生态系统中的重要作用研究．现代农业科技，2010，(16)：281-282.

[2] 陈宝书，陈本建，张惠霞．罗俊强．蚯蚓粪营养成分的研究．四川草原，1998，(3)：22-24.

[3] 陈兴仁，陈富荣，贾十军，陈永宁．安徽省江淮流域土壤地球化学基准值与背景值研究．中国地质，2012，2：21-23.

[4] 成杭新，李括，李敏，杨柯，刘飞，成晓梦．中国城市土壤化学元素的背景值与基准值．地学前缘，2014，21(003)：265-306.

[5] 崔兆杰，宋善军，刘静．多氯联苯在土壤中的吸附规律及其影响因素研究．生态环境学报，2010，19 (2)：325-329.

[6] 方芳芳，由文辉．上海市外环绿地闵行段土壤动物和土壤有害动物的群落特征．安徽农业科学，2010，38 (17)：9116-9119.

[7] 郭旭晶，席北斗，何小松，于会彬，马文超．乌梁素海周边土壤溶解性有机质荧光特性及其与Cu(Ⅱ)的配位研究．环境化学，2010，29 (6)：1121-1126.

[8] 关伯仁等．环境科学基础教程．北京：中国环境科学出版社，2000.

[9] 龚自同．土壤环境变化．北京：中国环境科学出版社，1992.

[10] 国家环保局．环境背景值和环境容量研究．北京：科学出版社，1993.

[11] 黄冠星，王莹，刘景涛，张玉玺，张英．污灌土壤对铅的吸附和解吸特性．吉林大学学报（地球科学版），2012，42 (1)：220-225.

[12] 黄静，靳孟贵，程天舜．论土壤环境容量及其应用．安徽农业科学，2007，35 (25)：7895-7896.

[13] 林肇信，刘天齐等．环境保护概论．北京：高等教育出版社，2001.

[14] 刘天齐．环境保护，北京：化学工业出版社，2000.

[15] 龙光强，蒋瑀霁，孙波．长期施用猪粪对红壤酸度的改良效应．土壤．2012，44 (5)：727-734.

[16] 李玉双，胡晓钧，侯永侠，宋雪英，孙礼奇．利用白菜修复污灌区重金属污染土壤的螯合诱导植物修复技术．沈阳大学学报（自然科学版），2014，26 (1)：9-13.

[17] 犁田杰．土壤环境学．北京：高等教育出版社，1996.

[18] 牟树森，青长乐主编．环境土壤学，北京：中国农业出版社，1991.

[19] 裴希超．三江平原沼泽湿地土壤微生物多样性研究．硕士学位论文．东北林业大学，2009.

[20] 万莹，鲍艳宇，周启星．四环素在土壤中的吸附与解吸以及镉在其中的影响．农业环境科学学报，2010，29 (1)：85-90.

[21] 王玲，李昆，孟银萍，赵丽，李兆华．华中神农箭竹更新幼龄地下茎伸长规律研究．农业科学与技术，英文版，2012，13 (5)：1021-1027.

[22] 王宏康．环境土壤学基础研究进展．农业环境保护，1999，18：(12).

[23] 魏复盛等．中国土壤环境背景值研究．环境科学，1991，4，12-19.

[24] 魏复盛等．环境背景值和环境容量研究．北京：科学出版社，1993.

[25] 夏增禄等．土壤元素背景值及其研究方法．北京：气象出版社，1987.

[26] 夏增禄．土壤环境容量及其应用．北京：气象出版社，1988.

[27] 夏增禄．中国土壤环境容量．北京：地震出版社，1992.

[28] 夏立江，王宏康等．土壤污染及其防治，上海：华东理工大学出版社，2001.

[29] 熊毅等编著．土壤胶体．北京：科学出版社，1983.

[30] 徐仁扣．低分子量有机酸对可变电荷土壤和矿物表面化学性质的影响．土壤，2006，38 (03)：233-241.

[31] 胡红青，刘华良，贺纪正．几种有机酸对恒电荷土壤和可变电荷土壤吸附 Cu^{2+} 的影响．土壤学报，2005，42（02）：232-237.

[32] 徐明岗，季国亮．恒电荷土壤及可变电荷土壤与离子之间相互作用的研究Ⅲ．Cu^{2+} 和 Zn^{2+} 的吸附特征．土壤学报，2005，42（02）：225-231.

[33] 徐玉芬，吴平霄，党志．水溶性有机质对土壤中污染物环境行为影响的研究进展．矿物岩石地球化学通报，2007，26（3）：307-312.

[34] 杨喜田，宁国华，董慧英，李友．太行山区不同植被群落土壤微生物学特征变化．应用生态学报，2006，17（9）：1761-1764.

[35] 杨学义．环境中若干元素的自然背景值及其研究方法．北京：科学出版社，1982.

[36] 杨景辉．土壤污染与防治．北京：科学出版社，1995.

[37] 张山岭，杨国义，罗薇，郭书海．广东省土壤无机元素背景值的变化趋势研究．土壤，2012，44（6）：1009-1014.

[38] 张治伟，袁道先，傅瓦利，张洪，夏凯生．重庆金佛山地区土壤酸度分布特点及影响因素研究．中国岩溶．2006，25（1）：67-72.

[39] 赵萱，成杰民．白洋淀沉积物中溶解有机质荧光特性及其与铜的相互作用．农业环境科学学报，2012，31（6）：1217-1222.

[40] 中国环境监测总站．中国土壤元素背景值．北京：中国环境科学出版社，1990.

[41] 周密，王华东等．环境容量．长春：东北师范大学出版社，1987.

[42] Boht DG. Chemistry：Physical-chemistry model. New York：Elevier scientific publishing company. 1979.

[43] Guo X J，Zhu N M，Chen L，Yuan D H，He L S. Characterizing the fluorescent properties and coppercomplexation of dissolved organic matter in saline-alkali soils using fluorescence excitation-emission matrix and parallel factor analysis. Journal of soils and sediments，2015，15（7）：1473-1482.

[44] Giraud F，Guiraud P，Kadri M，Blake G，Steiman R. Biodegradation of anthracene and fluoranthene by Fung isolated from an experimental constructed wetland for wastewater treatment. Water research，2001，17：4126-4136.

[45] Jonathan R L. Microbial reduction of metals and radionuclides. FEMS Microbiology review. 2003，27：411-425.

[46] Joseph SJ，Hugenholtz P，Sangwan P，Osborne CA，Janssen PH. Laboratory cultivation of widespread and previously uncultured soil bacteria. Applied and environmental microbiology，2003，69：7210-7215.

[47] Lu Ping，Feng Qiyan，Meng Qingjun，Yuan Tao. Electrokinetic remediation of chromium- and cadmium-contaminated soil from abandoned industrial site. Separation and Purification Technology. 2012，98：216-220.

[48] Lu YF，Lu M，Peng F，Wan Y，Liao MH. Remediation of polychlorinated biphenyl-contaminated soil by using a combination of ryegrass，arbuscular mycorrhizal fungi and earthworms. Chemosphere. 2014，106：44-50.

[49] Nannipieri P，Aseher J，Ceccherini MT，Landi L，Pietramellara G，Renella G. Microbial diversity and soil functions．European Journal of soil science. 2003，54：655-670.

[50] Negroro S. Biodegradation of nylon oligomers. Applied microbial biotechnology. 2002，54：461-466.

[51] Torsvik V，Ovreas L，Thingstad TF. Prokaryotic diversity-magnitude，dynamics and controlling faetors. Science. 2002，296：1064-1066.

[52] Vasilevich R S，Beznosikov V A，Lodygin E D，Kondratenok B M. Complexation of mercury（II）ions with humic acids in tundra soils. Soil Chemistry Eurasian Soil Science. 2014，47（3）：162-172.

[53] Zhou Qixing，Xong xianzhe. Soil-environmental capacity and it application：A case study. Journal of Zhejiang Agricualtural University，1995，21（5）：539-545.

第 ③ 章 ➤➤ 土壤污染与可持续利用

3.1 土壤污染的产生

随着工农业生产的发展和乡村的城市化,土壤污染迅速蔓延,污染程度也逐渐加深。由于受自然及人为等因素的影响,土壤中化学物质的积聚有些已超出了土壤的承受能力,对作物生长及人畜健康产生了危害;有些虽目前尚未表现出危害,但当气候、土壤及人为活动等条件发生改变时,可能会导致某些化学物质的活化,对环境造成危害。

土壤污染是指人类活动所产生的污染物通过各种途径进入土壤,其数量和速度超过了土壤的容纳和净化能力,而使土壤的性质、组成及性状等发生变化,导致污染物质的积累过程逐渐占据优势,破坏了土壤的自然生态平衡,致使土壤的自然功能失调、土壤质量恶化的现象。土壤污染的明显标志是土壤生产力下降。

土壤污染是全球三大环境要素(大气、水体和土壤)的污染问题之一。土壤污染对环境和人类造成的影响与危害在于它可导致土壤的组成、结构和功能发生变化,进而影响植物的正常生长发育,造成有害物质在植物体内累积,并可通过食物链进入人体,以致危害人体健康。土壤污染还会导致农产品污染,同时亦影响地下水、地表水和大气环境质量,直接危害人体健康。如1955年,日本富山市居民因食用含Cd浓度过高的稻米而导致著名的"痛痛病"事件。事实上,中国有些稻米的含Cd浓度已超过诱发"痛痛病"的含Cd标准;某些大中城市污灌区的癌症死亡率也比对照区高10～20倍。土壤污染的最大特点是具有明显的滞后性和累积性,这主要包括两个方面:一方面,土壤一旦受到污染,特别是受到重金属或有机农药的污染后,污染物在短期内很难在环境中自行消除;另一方面,污染土壤的修复与治理需要较长的治理周期和费资巨大的投资成本,其危害与大气和水污染相比更难消除。因此,土壤污染作为一个制约人类社会可持续发展的基本问题正受到日益广泛的关注。

3.1.1 土壤污染物的种类

土壤中主要的污染物有重金属、有机物质、化学肥料、放射性元素以及有害微生物等。土壤污染物的种类繁多,既有化学污染物也有物理污染物、生物污染物和放射污染物等,其中以土壤的化学污染物最为普遍、严重和复杂。按污染物的性质,一般主要分为重金属污染物、农药污染物、化肥、放射性元素和病原微生物等。

一般的有机物容易在土壤中发生生物降解,无机盐类易被植物吸收或淋溶流失,两者在土壤中滞留时间较短。重金属和农药类污染物在土壤中易蓄积,残留时间长,因而成为土壤的主要污染物。重金属污染物进入土壤后,不能为土壤微生物所分解,易在土壤中积累并被作物吸收。还有一些重金属可以在土壤中转化为毒性更大的化合物，影响农作物的产量和质量，导致大气和水环境质量的进一步恶化。如 Hg 转化为毒性更大的甲基汞化合物，其通过食物链在食物与人体内蓄积，严重危害人体健康。

目前，世界上生产使用的农药已达 1300 多种，其中大量使用的约 250 多种，每年化学农药的产量约 $2.2 \times 10^6 t$。特别是农药，由于其化学性质稳定，在土壤中残留时间长，被作物吸收后，再经过各种生物之间转移、浓缩和积累放大，可使农药的残毒直接危害人体的健康。此外，绝大多数有机污染物通过挥发、扩散、淋溶、地表径流等形式进入空气和水体中，对生态系统和人类生命造成极大危害。

3.1.1.1 重金属元素

一般重金属元素相对密度均大于 5，如 Hg、Pb、As、Cd、Cr 等。多数重金属都具有一定毒性，稳定性强，一旦进入土壤很难排除。土壤中重金属含量高时，由作物根部吸收向茎、叶、果实输送，并产生毒害作用，有的表现为叶片失绿枯黄，生长发育受阻，有的虽不影响产量，但会以残毒形式影响作物质量。

3.1.1.2 农药

农药的品种很多，大致分为重金属制剂、有机磷、有机氯、氨基甲酸酯类杀虫剂和除草剂等。农药喷施后，小部分被作物吸收，大部分进入土壤，并通过土壤的理化作用和生化作用分解转化，但有机氯农药和重金属制剂分解缓慢，在土壤中残留时间长易造成土壤污染，进而污染农产品。一般农药对人畜都有害，有的损害中枢神经，有的累积在脂肪、肝脏、肾脏等组织中，造成蓄积中毒甚至诱发肿瘤。

3.1.1.3 化肥

长期大量或过量施用化肥会破坏土壤的团粒结构，造成土壤板结，物理性状变坏，且影响农产品的品质。另外，过量施用化肥还会造成部分营养成分的淋失，污染环境。化肥中氮素污染问题现正受到广泛重视。农田中氮肥利用率只有 40% 左右，其余的氮通过反硝化作用、氨挥发、淋失和径流损失掉。氮从土壤中渗析出来进入地下水和地表水，污染水体，导致水体富营养化，引起藻类大量繁殖，水中溶解氧缺乏，使得鱼类因缺氧而死亡。过量地施用氮肥会使饮用水、蔬菜、青饲料等累积大量硝酸盐，硝酸盐和亚硝酸盐含量高的蔬菜，食用后易在人体内转变成强致癌物质——亚硝胺，硝酸盐还能引起人体血红蛋白变性，危害人体健康。

3.1.1.4 放射性元素

放射性元素可通过食物链进入人体，主要来源于大气层核试验的沉降物，以及原子能和平利用过程中所排放的各种废气、废水和废渣。含有放射性元素的物质不可避免地随自然沉降、雨水冲刷和废弃物的堆放而污染土壤。土壤一旦被放射性物质污染后就难以自行消除，只能自然衰变为稳定元素，而消除其放射性。

3.1.1.5 病原微生物

土壤中的病原微生物，主要包括病原菌和病毒等。来源于人畜的粪便及用于灌溉的污水（未经处理的生活污水，特别是医院污水）。人类若食用被病源微生物污染的蔬菜和水果，将对健康造成危害。

3.1.2　污染物进入土壤的途径

3.1.2.1　工业"三废"及城市垃圾进入农田引起土壤污染

工业"三废"和城市垃圾污染已得到了世界各国政府的广泛重视。然而，中国目前仍有相当多的工厂并没有采取必要的防污染措施或缺少对污染源的处理技术，导致"三废"大量超标。污染物通过大气干、湿沉降，废水灌溉，固体废弃物及垃圾不合理堆放进入土壤。特别是石油化工、制革、印染、造纸、冶金等工业"三废"中含氧化合物、硫酸盐、油脂、苯、酚、氰、Cr、As、Ni、Pb、Cd、Hg 等重金属，一旦污染土壤则极难消除。若富集于农产品中，进入食物链将危害人畜健康，其影响极为深远和广泛。

3.1.2.2　肥料施用引起土壤污染

随着耕地面积减少和人口增加，通过增施肥料促进粮食增产来解决吃饭问题是主要途径之一。然而，施肥补充土壤中作物所需元素，同时也造成了土壤的污染，甚至使一些有害成分进入土壤。例如，氮肥的大量使用造成了农田土壤氮面源污染（侯彦林等，2008；杨蕊梅等，2011）。有机肥中含有较多的寄生虫卵、细菌、病原体，杂草种子等引起土壤污染；化肥中 KCl 的施用，在提高土壤 K 素的同时，也增加了土壤中 Cl$^-$ 含量，大量 Cl$^-$ 聚集土壤产生氯化物污染，发生氯害。含重金属 Cd、放射性元素和三氯乙醛等有毒有害物质的磷肥的施用，导致农田土壤重金属、放射性和有机物污染（杨建浩等，2011）。施用 K$_2$SO$_4$ 中 K 素也增加了 SO$_4^{2-}$，引起土壤酸化或硫化物、硫酸盐污染。硝态氮肥施用于土壤中，也增加了硝酸盐和亚硝酸盐的污染，它们还随地表径流、淋溶污染地表水和地下水，扩大了污染面，尤其超标的亚硝酸盐（NO$_2^-$）对人畜有毒害作用，一旦被吸收进入血液，就会和血红素反应，妨碍血液中氧的传递。现代医学证明，亚硝酸盐还能使人体发生各种癌变。化肥生产中，随矿源带来有害的痕量化学元素，如工业磷肥中的锡、砷、氟等，往往存在于产品中，长期大量施用，可使这些元素残留土壤造成污染。

3.1.2.3　农药及农膜的广泛施用引起土壤污染

各种作物从种到收，常受到病、虫、鼠、杂草侵害，进行化学防治是植保工作的重要措施。农药的使用虽然起到一定的防治效果，但也加重了对土壤乃至作物的污染。尽管高效、低毒、低残留的新农药品种不断涌现，也难免长期使用而不受污染，特别是有机氯类化合物和重金属（Pb、As、Hg）制剂因性质稳定，不易降解，必然会发生累积，引起土壤污染。

在农业生产中使用农膜提高温度和保水保肥，能达到增产的目的。但是，农膜是高分子有机物，不易降解，并具毒性，进入土壤会造成污染。土壤既是污染物的自然净化场所，又是污染物的载体，不论是那种途径引起的污染，如果超过土壤自然净化能力，必将污染水、空气、食物，危害人畜，这是农业环境保护的紧迫性所在，必须引起足够重视。

3.1.3　土壤污染的发生因素

土壤生态环境是一个复杂的多介质体系，包括土壤矿物质、有机质、水、各种植物及微生物，并与大气相联。土壤对化学物质的承受能力是一个变量，当环境发生较大变化时，其承受能力可明显改变，使得化学物质急剧活化，致使一般情况下不构成危害的土壤也会发生污染现象。土壤污染的发生因素可分为内因和外因两方面。

3.1.3.1 内因

化学物质在土壤体系中存在两个重要的化学过程，即吸附和解吸过程，沉淀和溶解过程。当体系中吸附和沉淀性能增强时，土壤对化学物质的固定作用即土壤的承受能力增大；相反解吸和溶解性能越强，则承受能力越弱。影响上述过程的因素主要涉及土壤阳离子交换量、有机质、土壤质地、pH 值、Eh 值和水盐运动等。

（1）土壤阳离子交换量

阳离子交换量是土壤胶体吸附性能的表现。交换量的大小与土壤黏土矿物及有机质含量有关。若黏土矿物以 2∶1 型的层状硅酸盐为主，这些矿物的胶体带较多的负电荷，其对阳离子的吸附能力就强；若以高岭石、三氧化物和二氧化物为主，则阳离子交换能力就弱。

（2）氧化还原电位（Eh）

土壤的氧化还原性质不仅影响着土壤本身化学物质的性质，也影响着外来化学物质的活性。如 Fe、Mn 在氧化条件下，以高价态存在，一般对作物生长无大影响；而在淹水还原条件下，低价 Fe、Mn 活性大大增强，常引起对水稻生长的毒害。

（3）土壤有机质

可分非腐殖物质和腐殖物质两大类。非腐殖物质中，一些分子量较小的有机成分可与重金属污染离子生成可溶性有机盐。腐殖物质中的胡敏酸、富里酸性质稳定，可吸附大量重金属离子和质子化的有机农药。

（4）土壤质地

土壤质地是土壤的基本性质之一。当土壤质地较细时，由于其比表面积大，对化学物质的吸附能力较强，反之则弱。

（5）pH 值

土壤酸碱度是影响土壤中元素活性的重要条件。当土壤 pH 值降低时，土壤胶体表面吸附的阳离子被氢离子取代，不仅影响土壤的保肥能力，同时也可导致土壤中重金属元素活化；而 pH 值增高时，土壤中氢离子浓度减少，土壤阳离子交换能力增强，使金属阳离子易于固定。

（6）水盐运动

地下水位高低直接影响盐渍化土壤中的水盐运行。在具有潜在盐渍化威胁的地区，若运用引、蓄、灌、排等水利技术措施不尽合理，可导致地下水位普遍上升，超过当地的地下水临界深度，引起土壤次生盐渍化。

3.1.3.2 外因

（1）气候因素

气候因素包括气温和降雨两方面。气温升高，可提高土壤中微生物的活性，加快化学反应速率；降雨量大小则可影响水体中溶质的浓度和土壤的氧化还原状况，也可改变工业污染物的传输速率。湖泊富营养化的爆发与气候关系较为密切，一些湖泊在干旱季节，水体蒸发量增大，营养物质浓度增大，可出现大面积的富营养化。

（2）土壤退化

首先是土壤侵蚀，它不仅对农业生产和生态环境造成破坏，而且可使土壤的质地变轻，表层有机质含量降低，从而导致土壤对外来化学物质的容量降低。其次是土壤沙漠化，它本身是一种自然灾害，可使土壤质地变粗，有机质含量降低，土壤的阳离子交换能力也随之降低。

（3）矿石开采与加工

金属矿山的开采和冶炼，在向环境排放大量重金属废料的同时，也排放大量还原性和强酸性物质，改变土壤的氧化还原性质和酸碱度，使土壤对重金属的承受能力减低。

总之，土壤污染的发生因素很多，它们之间相互影响，联合作用，所以在研究土壤污染过程中应从多方面综合分析。

3.1.4　土壤污染的影响和危害

3.1.4.1　无机污染物的影响

土壤长期施用酸性肥料或碱性物质会引起土壤 pH 值的变化，降低土壤肥力，减少作物的产量。土壤受 Cu、Ni、Co、Mn、Zn、As 等元素的污染，能引起植物的生长和发育障碍；而受 Cd、Hg、Pb 等元素的污染，一般不引起植物生长发育障碍，但它们能在植物可食部位蓄积。用含 Zn 污水灌溉农田，会对农作物特别是小麦的生长产生较大影响，造成小麦出苗不齐、分蘖少、植株矮小、叶片发生萎黄。当土壤中含 As 量较高时，会阻碍树木的生长，使树木提早落叶、果实萎缩、减产。土壤中存在过量的 Cu，也能严重地抑制植物的生长和发育。当小麦和大豆遭受 Cd 的毒害时，其生长发育均受到严重影响。

3.1.4.2　有机污染物的影响

利用未经处理的含油、酚等有机毒物的污水灌溉农田，会使植物生长发育受到阻碍。20世纪 50 年代，随着农业生产的发展，在北方一些干旱、半干旱地区，由于水资源比较紧张，为了充分利用污水的水肥资源，污水灌溉被大面积地采纳推广，这对促进当地的农业生产曾起到了积极的作用。然而，由于长期的污水灌溉，土壤-作物系统的污染逐渐暴露出来。例如，用未经处理的炼油厂废水灌溉，结果水稻严重矮化。初期症状是叶片披散下垂，叶尖变红；中期症状是抽穗后不能开花受粉，形成空壳，或者根本不抽穗；正常成熟期后仍在继续无效分蘖。植物生长状况同土壤受有机毒物污染程度有关。

3.1.4.3　土壤生物污染的影响

土壤生物污染是指一个或几个有害的生物种群，从外界环境侵入土壤，大量繁衍，破坏原来的微生物群落结构，对人体或土壤生态系统产生不良的影响。造成土壤生物污染的污染物主要是未经处理的粪便、垃圾、城市生活污水、饲养场和屠宰场的污物等。其中危险性最大的是传染病医院未经处理的污水和污物。

一些在土壤中长期存活的植物病原体能严重地危害植物，造成农业减产。例如，某些植物致病细菌污染土壤后能引起番茄、茄子、辣椒、马铃薯、烟草等百余种茄科植物的青枯病。某些致病真菌污染土壤后能引起大白菜、油菜、芥菜、萝卜、甘蓝、荠菜等 100 多种蔬菜的根肿病，引起茄子、棉花、黄瓜、西瓜等多种植物的枯萎病，以及小麦、大麦、燕麦、高粱、玉米、谷子的黑穗病等。此外，甘薯茎线虫，黄麻、花生、烟草根结线虫，大豆胞囊线虫，马铃薯线虫等都能经土壤侵入植物根部引起线虫病。

长期以来，人类不良的生产和生活行为，造成了比较严重的土壤污染，直接或间接地危及人类健康。因此，探索一条经济有效的污染防治途径势在必行。从宏观上来讲，要开展可能造成土壤污染的有害物质的调查，加强土壤中有害物质的危害程度和分布规律的研究，在此基础上，分析造成土壤污染的诸多因素，研究其活化条件和诱发因素。从微观上，应详细研究土壤的可能污染源、污染物的迁移途径，研究不同污染物在土壤中的吸附和解吸机理；根据土壤体系的动态和开放性特点，对土壤化学污染过程进行模拟，开展吸附动力学研究。

为了防治土壤污染，以下几个方面的研究亟待加强：a. 土壤点源和面源污染发生规律的研究；b. 各类污染物在土壤中迁移、固定、转化行为的研究；c. 污染治理方法特别是生态化学修复技术的研究；d. 土壤污染物生态毒性的研究；e. 土壤污染生态效应与食物安全的研究。

3.2 土壤环境质量标准

土、水、气是生物与人类生存必需的三大基本资源，又是生物与人类共同的生存环境。当人们比较容易直观地感受到水和空气质量已严重影响到生物多样性和人类本身的生存时，理所当然地也会对与人类食、衣、住、行密切相关，而且直接影响水和空气质量的土壤质量有高度的认识。

3.2.1 土壤质量的定义与关键科学问题

土壤是人类赖以生存和发展的物质基础。人类文明起源于成功地栽培植物、饲养牲畜和捕养水产品。农业生产的基本内容是从事生命体的生产活动，即利用微生物和植物把太阳能、水、二氧化碳和氮、磷、硫、钾、钙、镁和微量元素等 17 种生命必需元素转化成为更大、更复杂的初级生物产品的过程。土壤为农业生产提供了水、肥、气、热等物质和能量，同时也提供了相对固定的有机无机结合的多相多介质生命生产的最佳场所。农业生产离不开土壤，没有土壤便没有农业，没有高质量的土壤也不会有人类社会的持续发展。土壤质量（Soil Quality）这个名字早在 20 世纪 70 年代初就出现在土壤学文献中。

土壤质量与水和空气的质量一样对生物生产能力和生物与人的健康有强烈的作用与影响。因为水和空气是被生命直接吸收消化或呼吸消耗的，而土壤则只是其中的一些成分，有的可被生命体直接吸收消化，有的对生物的生命活动和健康有间接影响，或者这些成分受人为管理和其他条件的干扰而变化很大。土壤学界和农学界对土壤质量的定义和标准还不尽相同。中国土壤学界结合本国科学研究的实际情况，在参考了国际土壤学联合会秘书长 Blum 教授等阐明的土壤具备的六大功能以及 Doran Park 定义的基础上，对土壤质量的科学定义如下：土壤质量是土壤在一定的生态系统内提供生命必需养分和生产生物物质的能力；容纳、降解、净化污染物质和维护生态平衡的能力；影响和促进植物、动物和人类生命安全和健康的能力之综合量度。简言之，土壤质量是土壤肥力质量、土壤环境质量和土壤健康质量三个既相对独立而又有机联系的组分之综合集成。土壤质量是土壤支持生物生产能力、净化环境能力和促进动植物和人类健康能力的集中体现，是现代土壤学研究的核心。

针对中国土壤资源的多样性和高度集约化利用的国情，研究土壤质量演变的机理和时空变异规律；土壤圈内外的物质、能量交换及其环境和人类健康影响的机制；提出评估和监控土壤质量的指标体系和量化表征的理论；典型耕地土壤质量的保持与定向培育的理论等具有重大的社会效益和经济效益。

　　土壤质量研究的国家目标和工作内容是确保粮食安全和促进社会的可持续发展，它是社会经济活动的首要战略目标。土壤的贫瘠化、酸化、盐渍化、污染、缺水及沙漠化等原因导致的中低产田总量的大幅上升，同时不少地方土壤质量进一步恶化的趋势，对农业和经济的持续发展，对人民生活质量的进一步提高构成了严重威胁，这些问题都急待解决。作物育种的成功，使高产、超高产的品种相继问世，意味着要求土壤能提供更多的养分和水分，能抵御各种自然灾害，确保优质稳产和超高产品种的遗传潜力的发挥，这又对土壤学研究提出了新需求。农药的大量使用，工业和生活废弃物进入农田生态系统，导致了土壤的大面积农药污染、有机毒物和重金属污染等，使土壤失去生产力或者是产出的农产品安全性大大下降，构成了对人畜健康的威胁。如何修复这些被污染的土壤，确保土壤的持续利用也是社会对现代土壤学提出的新课题。

3.2.2　中国土壤环境质量分类和标准分级

3.2.2.1　土壤环境质量分类
根据土壤应用功能和保护目标，中国将土壤环境质量划分为三类。

　　Ⅰ类主要适用于国家规定的自然保护区（原有背景重金属含量高的除外）、集中式生活饮用水源地、茶园、牧场和其他保护地区的土壤，土壤质量基本保持自然背景水平。

　　Ⅱ类主要适用于一般农田、蔬菜地、茶园、果园、牧场等的土壤，土壤质量基本上对植物和环境不造成危害和污染。

　　Ⅲ类主要适用于林地土壤及污染物容量较小的高背景值土壤和矿产附近等地的农田土壤（蔬菜地除外）。土壤质量基本上对植物和环境不造成危害和污染。

3.2.2.2　标准分级
中国土壤环境质量标准主要分为三级：一级标准为保护区域自然生态，维持自然背景的土壤环境质量的限制值；二级标准为保障农业生产，维护人体健康的土壤限制值；三级标准为保障农林业生产和植物正常生长的土壤临界值。其中，Ⅰ类土壤环境质量执行一级标准；Ⅱ类土壤环境质量执行二级标准；Ⅲ类土壤环境质量执行三级标准。标准规定的三级标准值如表 3-1 所列（GB 15618）。

表 3-1　土壤环境质量标准值（GB 15618）　　　　单位：mg/kg

级别\项目	一级	二级			三级
pH 值	自然背景	＜6.5	6.5～7.5	＞7.5	＞6.5
Cd	≤0.20	≤0.30	≤0.30	≤0.60	≤1.0
Hg	≤0.15	≤0.30	≤0.50	≤1.0	≤1.5
As 水田	≤15	≤30	≤25	≤20	≤30
旱地	≤15	≤40	≤30	≤25	≤40
Cu 农田等	≤35	≤50	≤100	≤100	≤400
果园	—	≤150	≤200	≤200	≤400

续表

项目\级别	一级	二级			三级
Pb	≤35	≤250	≤300	≤350	≤500
Cr 水田	≤90	≤250	≤300	≤350	≤400
旱地	≤90	≤150	≤200	≤250	≤300
Zn	≤100	≤200	≤250	≤300	≤500
Ni	≤40	≤40	≤50	≤60	≤200
六六六	≤0.05	≤0.50	≤0.50	≤0.50	≤1.0
滴滴涕	≤0.05	≤0.50	≤0.50	≤0.50	≤1.0

注：1. 重金属（Cr 主要是三价）和 As 均按元素量计，适用于阳离子交换量＞5cmol（＋）/kg 的土壤，若≤5cmol（＋）/kg，其标准值为表内数值的半数。

2. 六六六为四种异构体总量，滴滴涕为四种衍生物总量。

3. 水旱轮作地的土壤环境质量标准，As 采用水田值，Cr 采用旱地值。

3.3 国内外土壤污染防治与修复相关法规

3.3.1 美国

3.3.1.1 美国土壤污染防治法律体系

从 20 世纪 30 年代开始，美国政府开始加强对土壤污染的关注。1935 年 4 月美国国会通过了《土壤保护法》，土壤保护正式确立为一项国家政策，并建立了专门的土壤保护机构——土壤环境保护署；其后美国政府又先后颁布了《联邦危险物质法》和《固体废物处理法》进一步对土壤保护进行了相关的规定；1976 年美国国会正式通过了《固体废物处置法》，又称为《资源保护回收法》（Resource Conservation and Recovery Act）；针对危险物质处置不当引起的土地污染和自然资源损害，1980 年美国通过《综合环境反应、赔偿和责任认定法案》（The Comprehensive Environmental Response，Compensation and Liability Act，CERCLA），并为实施这部法案提供相应的资金支持，建立了"超级基金"，所以这部法案又称为"超级基金法（Superfund Act）"。超级基金法成为美国土壤污染防治体系的一部基本法律。1980～1988 年美国国家环保局（USEPA）又先后颁布了《环境响应、补偿与义务综合法案》、《超级基金修正与授权法案》和《国家石油与有毒有害物质污染应急计划》作为响应污染物排放和突发污染事件的法律性文件，并制定了诸如《健康风险评价手册》、《场地治理调查和可行性分析指南》、《超级基金暴露评价手册》、《土壤污染筛选导则》等一系列风险评价导则，1984 年又对《固体废物处置法》进行了修正。至此，美国基本完成了包括法律法规、导则指南和技术文件在内的一整套完善的污染场地健康风险评价体系的构建。在超级基金法案的指导下，从环境监测、风险评价到场地修复，美国建立了完善的污染场地标准管理体系，该体系被多个国家借鉴和采用。1996 年美国国会再度通过了超级基金法的修订案，对相关责任方进行了例外规定。1997 年美国国会通过了《综合环境反应、赔偿和责任认定法案》的配套法律《纳税人减税法》。2001 年美国政府又签署并通过了配套法规《小企业责任减免与棕色地带复兴法》，即"棕色区域法"。2009 年 8 月美国国家环保局

（EPA）固体废物和应急响应办公室推出了"绿色清洁原则"（Principles for Greener Cleanups）的文件，2010 年 EPA 颁发《超级基金绿色修复策略》，2012 年出台了《理解和减少修复项目环境足迹的方法学指南》。经过几十年的立法和实践检验，现在美国已经形成了一整套比较完备的土壤污染防治法律体系。表 3-2 总结了 20 世纪美国有关土壤污染防治的法律法规。

表 3-2 美国有关土壤污染防治的法律

序号	法律名称	发布日期	主要内容
1	《土壤保护法》	1935 年颁布	美国关于土地保护的第一部法律
2	《固体废物处置法》	1976 年制定 1984 年修正	一部全面控制固体废物对土地污染的法律，重在预防固体物质危害人体健康和环境，修正案增补地下储存罐管理专章
3	《危险废物设施所有者和运营人条例》	1980 年颁布	详细规范了危险废物处理、储存和后续管理等各个环节，控制固体废物处理对土地的危害
4	《综合环境反应、赔偿和责任认定法案》	1980 年颁布	对包括土地、厂房、设施等在内不动产的污染者、所有者和使用者以追究既往的方式规定了法律上的连带严格无限责任
5	《超级基金修订和补充法案》	1986 年颁布	针对环境问题发展过程中出现的新情况，美国政府颁布的一些修正和补充法案
6	《纳税人减税法》	1997 年颁布	政府从税收优惠方面完善了超级基金法
7	《小企业责任减免与棕色地带复兴法》	2001 年颁布	该法案中阐明了责任人和非责任人的界限，给小企业免除了一定的责任，并制定了适用于该法的区域评估制度，保护了无辜的土地所有者或使用者的权力

3.3.1.2 美国土壤环境保护标准体系

在 20 世纪 90 年代以前，美国的土壤环境保护标准值主要采用全国通用的土壤中污染物最大允许浓度标准，1995～2000 年美国开展了土壤污染状况调查研究，建立了 1000 多个污染场地国家数据库，充分研究了土壤污染危害的区域性和场地性显著差异。此后，美国各不同地区基于风险评估方法确定相应的土壤环境保护目标，土壤环境保护遵循相关的通用导则。如 1996 年美国国家环局颁布了的土壤筛选导则。在该导则中，规定了用于保护人体健康的土壤筛选值（Soil Screening Level，SSL）。当污染场地用于或将来可能用于居住用地时，采用人体健康风险评估方法推导出各种污染物的浓度限值，推导过程假设各暴露参数取值满足大多数场地状况。SSL 主要用于污染场地管理的初期快速鉴定场地是否存在污染，当污染场地土壤污染物含量低于 SSL 时，一般认为不对人体健康造成危害，当污染物含量高于 SSL 时则需进一步针对具体场地进行风险评估来确定其风险。另一个指导值是在美国广泛使用的污染土壤初始修复目标值（Preliminary Remediation Goal，PRG）。在对污染场地初步调查完成后，进行修复方法选择时，初步设定一个修复目标值，该目标值即为 PRG。与 SSL 相似，基于 PRG 推导针对的是一般场地状况的暴露途径。但 PRG 在推导过程中暴露参数可依据实际状况重新设置，SSL 则采用满足大多数污染场地的保守取值；SSL 只适用于土地利用方式为居住用地或者将来拟用作居住用地的污染场地，PRG 还包括工业/商业用地，适用范围更宽。PRG 只能初步判定污染场地是否需要修复或者作为修复目标的初步设定值，它是在污染土壤管理前期信息并不充分的条件下为了后继工作的顺利开展而提出的初始目标值，并不能据此立即判定污染场地存在风险需要进行修复。在进一步开展风险评估或确定修复策略以后，对具体污染场地的 PRG 可根据场地具体风险评估结果或修复方法本身特点进行修正。

3.3.2 英国

英国依据 1998 年《未来社会计划》制定"棕色土地"政策，该政策通过约束或制止未开发土地的利用，重新开发棕色土地，从而达到政府所设定的新住宅增长目标。"棕色土地"包括已开发的土地、被污染的土地以及一些用于矿山冶炼、垃圾处理的土地。

在污染场地管理法律建设方面，英国目前主要有两大法律体系规范用于管理污染场地的治理和重新开发。《城镇和乡村规划法案 1990》和《规划政策导则第 23 条》这两部法律用于指导污染场地的重新开发和利用。地方规划部门在本区域的场地治理规划全过程中进行指导，考虑场地的污染或潜在的污染，并且在开发规划方案中体现出来。开发商遵循自愿自主的原则，依据《城镇和乡村规划法案 1990》对污染场地进行治理，治理过程中要遵循地方政府规划部门的规定，并且场地治理后应满足未来规划土地用途的要求。《环境保护法案 1990》和《环境法案 1995》用于场地治理过程控制和污染场地识别。《环境保护法案 1990》第一次给出了"污染场地"的法律定义，初步建立了对污染场地识别和治理的法律框架。该法案主要用于识别和治理污染场地，对土地的当前使用状态进行评估，预防对人类健康和周边环境可能带来的风险。污染场地的识别由相应管辖范围内的地方政府负责，一旦某场地被污染，地方政府有责任与污染责任人共同采取措施对污染进行治理。《环境法案 1995》对《环境保护法案 1990》做了全新的修正，该法案主要是对已污染场地进行咨询实践，确定责任归属，同时该法案第一次给出了对污染场地进行管理和控制的专用程序。该法案要求只有在处理危害人类健康或环境的不可接受的风险时才需要管理活动的介入，并且管理过程中需要考虑污染场地的使用性质和其周围的环境状态（刘志全，2005）。

3.3.3 荷兰

20 世纪 80 年代起，荷兰陆续制定和颁布了《土壤修复临时法》、《土壤修复导则》和《土壤保护法》，基本形成了较为完备的土壤保护和修复法律体系。在土壤环境标准方面，确定了评估土壤和地下水质量的目标值、干预值和严重污染指示水平值以及土壤清洁标准的背景值和最高值等。基于上述标准，针对土壤污染对人类、生态系统和周边扩散 3 种风险，建立了适应其国情的 Sanscrit 风险评估模型。荷兰住房、空间规划和环境部采用 2 种基于风险的目标值和行动值，土壤环境质量标准值用来表征土壤的污染程度及据此需要采取的措施。目标值与土壤环境背景值接近，土壤受到较严重污染时就会有发生不可接受的污染事件的潜在风险，这就叫行动值。此时，需要获得污染物的浓度值。筛选值是指当污染物浓度介于目标值和筛选值之间时，不需要采取进一步的风险评估措施；当污染物浓度介于筛选值和行动值之间时，则需要采取进一步的风险评估以确定是否需要进行修复。此外，荷兰还规定了全国的修复目标值。这就界定了在土壤修复后土壤中允许存在的污染物浓度值，该数值根据土地的不同利用方式略有不同。

3.3.4　加拿大

加拿大于 20 世纪 90 年代已构建较为完备的污染场地土壤环境管理体系。该管理体系主要基于大量详尽细致的指导文件，并建立起一整套环境管理流程，在实际管理工作中具有较强的操作性。加拿大对污染场地的定义为：场地上某物质的浓度超过背景水平并已经或有可能对人体健康或环境造成立即或长期的危害；或者场地上某物质的浓度超过法规政策规定的水平。加拿大通过一系列法规规定了污染场地环境管理的具体流程，这些法规见表 3-3。

表 3-3　加拿大污染场地管理法律法规统计表

《环境质量指导值》	《污染场地健康风险评估方法》	《生态风险评估框架:技术附录》
《污染场地管理指导文件》	《污染场地风险管理框架(讨论稿)》	《加拿大土壤质量指导值》
《生态风险评价框架导则》	《制定环境和健康土壤质量指导值草案》	《建立污染场地特定土壤修复目标值指导手册》
《保护水生生物沉积物质量指导值制定草案》	《场地环境评价第 1 阶段》	《污染场地地表水评估手册》
《污染场地采样、分析、数据管理手册Ⅰ:主要报告》	《污染场地采样、分析、数据管理手册Ⅱ:分析方法》	《污染场地国家分类系统》
《退役工业场地国家指南》	《污染场地临时环境质量标准》	

3.3.5　瑞典

在瑞典，污染土壤（点）是指垃圾填埋场，土壤、地下水或沉积物受到点源污染导致其浓度显著高于当地或区域背景水平的点（或区域）。污染点的健康与环境风险与污染物的危害性（取决于其物理和化学特性）、污染物的含量水平及其迁移能力（与土壤特征及地下水循环有关）、点的敏感性（污染物的人体暴露风险）和保护价值（周围地区有价值的自然地物的存在）有关。污染土壤（点）环境质量评价标准因此包括 4 个相互联系的组成部分：有害性评价、污染水平评价、迁移潜力分析、人体敏感性与保护价值评价。

3.3.5.1　有害性评价

在某一污染点，往往含有大量化学物质，它们之间的毒性或有害性有很大区别。第一步是确定污染物是否受到法规上的禁止或在应用上受到一定的限制，然后进行有害性分类，见表 3-4。

表 3-4　土壤污染物的有害性分类

危害水平	分类	标记/符号
低	对健康适度有害	（V）
中	对健康有害	（Xn）
	刺激	（Xi）
	对环境有害	无标记（—）
高	有毒的	（T）
	腐蚀性的	（C）
	对环境有害的	（N）
极高	极毒的	（T＋）
	商业上不允许买卖或逐渐淘汰的物质	

一些化学物质、产品和混合物的有害性分类如表 3-5 所列。其中，极为有害的化学污染物有 As、Pb、Cd、Hg、Cr（Ⅵ）、Na（金属）、苯、氰化物、杂酚油（老）、煤焦油、PAHs、二噁英、氯苯、氯酚、卤化溶剂、有机氯化合物、PCBs、四氯乙烯、三氯乙烷、三氯乙烯、杀虫剂/除草剂等。

表 3-5 一些化学物质、产品和混合物有害性分类

低	中	高	极高
Fe	Al	Co	As
Ca	金属废料	Cu	Pb
Mg	丙酮	Cr(当六价 Cr 不存在时)	Cd
Mn	脂肪烃	Ni	Hg
纸	木材纤维	V	Cr(Ⅵ)
木材	木料	氨水	Na(金属)
	Zn	芳香烃	苯
		酚	氰化物
		甲醛	杂酚油（老）
		乙二醇	煤焦油
		浓酸	PAHs
		浓碱	二噁英
		溶剂	氯苯
		苯乙烯	氯酚
		油灰	卤化溶剂
		石油产品	有机氯化合物
		航空燃料	PCBs
		民用燃料油	四氯乙烯
		废弃油	三氯乙烷
		润滑油	三氯乙烯
		过氧化氢	杀虫剂/除草剂
		涂料与染料	
		切削油	
		汽油	
		柴油	
		木焦油	

3.3.5.2 污染水平评价

瑞典国家环境保护局指出，即使中度有害物质如果在土壤中浓度很高，也会引起严重危害。因此，他们规定，污染点风险评价不仅要考虑污染物的基本性质，还要考虑其浓度水平。

瑞典政府把污染土壤现有条件按污染严重性分为 4 类（表 3-6）。测出的污染水平超出临界越多，表示风险越为严重。就最为敏感的土地利用类型而言，瑞典政府规定，污染土壤修复采用污染土壤指导值（表 3-7）进行衡量、评价。

表 3-6 现有条件评估指南

项目	分类	与指导值或相应值的关系
现有条件	不严重	＜指导值
	轻微严重	1～3 倍指导值
	严重的	3～10 倍指导值
	极为严重的	＞10 倍指导值

表 3-7　瑞典污染土壤指导值

类别	污染物	水平/[mg/kg(干重)]
重金属	As	15
	Pb	80
	Cd	0.4
	Co	30
	Cu	100
	Cr(当六价 Cr 不存在时)	120
	Cr(Ⅵ)	5
	Hg	1
	Ni	35
	V	120
	Zn	350
	PCBs(总)	0.02
其他无机污染物	氰化物(只是当有效态氰化物不存在时)	30
	有效态氰化物	1
有机污染物	酚＋甲酚	4
	氯酚总和(不包括五氯酚)	2
	五氯酚	0.1
	单氯苯和二氯苯之和	15
	三、四、五氯苯之和	1
	六氯苯	0.05
	PCBs(总)	0.02
	二噁英、呋喃、共面 PCBs(与 PCDD 等价)	10ng/kg(干重)
	二溴氯甲烷	2
	溴二氯甲烷	0.5
	四氯化碳	0.1
	三氯甲烷	2
	三氯乙烯	5
	四氯乙烯	3
	1,1,1-三氯乙烷	40
	二氯甲烷	0.1
	2,4 二硝基甲苯	0.5
	苯	0.06
	甲苯	10
	乙苯	12
	二甲苯	15
	致癌性 PAHs(7 个之和)	0.3
	其他 PAHs(9 个之和)	20
脂肪族烃	$C_6 \sim C_{16}$	100
	$C_{17} \sim C_{35}$	100
芳香烃	甲苯、乙苯和二甲苯之和	10
	$C_9 \sim C_{10}$	40
	$C_{11} \sim C_{35}$	20
其他	MTBE	6
	1,2-二氯乙烷	0.05

3.3.5.3　迁移能力分析

土壤污染物对人体健康和环境的风险，在很大程度上取决于污染物向周围扩散的程度、迁移能力以及速率。有必要考虑污染物从地下设施的扩散、在土壤和地下水中的扩散、向地表水的扩散、在地表水中的扩散以及在沉积物中的扩散（表3-8）。

表 3-8　污染物迁移风险

迁移类型	轻度	中度	大	极大
自地下设施的扩散	不扩散	年淋失<5%	年淋失 5%～50%	年淋失>50%
在土壤和地下水中	不扩散	<0.1m/a	0.1～10m/a	>10m/a
从土壤和地下水到地表水	周期>1000a	周期 100～1000a	周期 10～100a	周期<10a
在地表水中	无扩散或浓度太稀，可以忽略风险	<0.1km/a	0.1～10km/a	>10km/a
在沉积物中	不扩散	<0.1m/a	0.1～10m/a	>10m/a

因此，涉及污染物扩散与迁移所需要的信息包括：污染物现有分布情况、污染区域的地质学和水力学特征、土壤化学、地下设施（包括工艺装置）以及污染物环境行为。一般来说，在难渗透性、黏重土壤中，污染物的迁移能力较低，尤其当地下水平面的倾斜度很小或不存在排水系统中。

3.3.5.4　人体敏感性与保护价值评价

瑞典政府认为，土壤污染的人体健康风险取决于对污染暴露的程度以及污染影响人体健康的可能性，他们把人体敏感性分为低、中、高和极高 4 类（表 3-9）。与此同时，他们规定，从环境损害的风险角度来考虑自然保护价值。表 3-10 为其自然保护价值评价的基本框架。

表 3-9　人体敏感性评价框架

敏感性	区域类型
低	无人体暴露,例如有关区域没有工业或其他人类活动发生
中	工作环境较小暴露;地下水并不用于饮用
高	在工作时间例如办公场所存在污染暴露;对儿童暴露程度较轻;地下水或地表水用于饮用;土地用于种植谷物或饲养动物;经常用于户外娱乐的绿色带或其他区域
极高	永久性人居环境,例如居家、儿童中心和住宅区等;儿童广泛的污染暴露;地下水或地表水用于饮用

表 3-10　自然保护价值评价基本框架

保护价值	区域类型
小	重污染区;已被人类活动破坏的自然生态系统,如土地填埋、道路铺设地区域等
中	略有干扰的生态系统;通常一般区域生态系统,例如正常森林与农业土地
高	稀少的一般区域生态系统;被当地政府指定为具有较高保护价值的生物种或生态系统,并受污染影响,例如海岸线、敏感河道、娱乐区和城市公园等
极高	被当地、地区政府或国家指定为具有较高保护价值的生物种或生态系统,例如自然保护区、国家公园、天然保留地、海洋保留地、动物栖息地和其他形式的生境保护地;濒临危险物种以及已经被指定为国家级保护目的的地区

3.3.6　新西兰

在大洋洲，近年来一些国家相继出台了各种用于评估污染土壤（点）的修复与管理的标准。为了保护土壤不受污染，新西兰进行了大量的土壤资源保护研究。根据土地利用目的不同，土壤中污染物的浓度也有不同的限定值。例如，在保护植物生命、土壤生物、特殊树种方面都设定了不同的土壤标准值，即污染物的安全浓度（表 3-11）。

表 3-11　新西兰土壤环境修复标准

污染物	资料来源	基准或指导值 /(mg/kg)	土地利用	置信水平
As	ORNL1997	10	针对植物的基准	中等
	CCME1997	12	调查或修复指导值	完全⑥
	ANZECC1992	20	EIL⑤植物	
	MfE/MoH1997	30①,②	新西兰木材处理点临时土壤标准值	主要依据是保护人体健康,并
		500③,④		适度考虑了农业植物生长
Cr(总)	ORNL 1997	60	针对蚯蚓的基准	低
	ORNL 1997	0.4	针对蚯蚓的基准	低
	ORNL 1997	1	针对植物的基准	低
	ANZECC 1992	50	EIL 植物	N/A⑦
	CCME 1997	64①,②	调查或修复指导值	完全
		87③,④		
Cr(Ⅵ)	MfE/MoH 1997	4①	新西兰木材处理点土壤标准建议值	依据植物生命的保护
		9~25		
		360③,④		
	CCME 1997	0.4①,②	调查或修复指导值	临时的⑧
		1.4③,④		
Cu	ORNL 1997	60	针对蚯蚓的基准	低
	ANZECC 1992	60	EIL 植物	N/A
	MfE/MoH 1997	130	新西兰木材处理点土壤指导值	依据植物生命的保护
	CCME 1997	63①,②	调查或修复指导值	完全
		91③,④		
苯	ORNL 1997	100	针对植物的基准	低
	CCME 1997	0.05①	调查或修复指导值	临时的
		0.5②		
		5③,④		
	ANZECC 1992	1	EIL 植物	N/A
	MfE 1997	1.1~5.7①	土壤可接受标准,其给	依据人体健康的保护
		1.1~5.7②	定值的范围为<1m 的	
		3.0~28③,④	不同土壤类型	
乙苯	CCME 1997	0.1①	调查或修复指导值	临时的
		1.2②		
		20②,④		
	MfE 1997	48~2200①	土壤可接受标准,其给定值的范围为	依据人体健康的保护
		48~2200②	<1m 的不同土壤类型	
		170~7200③,④		
甲苯	CCME 1997	0.1①	调查或修复指导值	临时的
		0.8②~④		
	MfE 1997	68~2500①	土壤可接受标准,其给定值的范围为	依据人体健康的保护
		68~2500②	<1m 的不同土壤类型	
		94~7500③,④		
二甲苯	ORNL 1997	200	针对植物的基准	低
	CCME 1997	0.1①	调查或修复指导值	临时的
		1②		
		17③		
		20④		
	MfE 1997	48~1700①	土壤可接受标准,其给定值的范围为	依据人体健康的保护
		48~1700②	<1m 的不同土壤类型	
		150~5700③,④		

① 农业土地利用。
② 居住或公用场地（如公园）。
③ 指商业用地。
④ 指工业用地。
⑤ EIL 指环境调查水平。
⑥ "完全"指评价提供数据足以考虑环境健康的土壤质量指南。
⑦ N/A 指不能做出评估。
⑧ "临时的"指评价只考虑环境健康的临时土壤质量指南。

3.3.7 日本

在日本，自 1968 年由慢性 Cd 中毒引起"痛痛病"以来，农业土地的土壤污染问题就引起各方广泛的重视。1970 年，日本政府制定并颁布了农业土地的土壤污染防治法，并实施了污染土壤的修复。1975 年，日本东京部分地区发现了大量 Cr(Ⅵ) 污染的土壤，已经导致严重的社会问题。自那以后，许多所谓城市型（非农业）土壤污染问题在全日本迅速增加。这种增加一是由于许多工业企业用地被城市发展所加速征用；二是全面实施了水污染控制法所需要的地下水质监测，诊断、发现了这些污染土壤。

鉴于所谓的城市型土壤污染事故迅速增加，日本政府加大了对土壤环境保护的力度。他们一致认为，土壤环境在物质循环与生态系统正常功能维持方面起着重要作用，执行着水的净化、食物与木材的生产等功能，应该得到完整的保护。因此，1991 年 8 月日本政府颁布了防治土壤污染的环境质量标准，1994 年 2 月又做了增补。目前，日本土壤质量标准已对 25 种污染物做了限制（表 3-12）。在这个土壤环境质量标准中，大多是以土壤样品溶液（Sample Solution）中污染物的含量为限量的，但对以下 2 种情况不适用：a. 天然有毒物质存在的地方，如有毒矿物附近；b. 指定用于储存有毒物质的地方，如废物处置点。有资料表明，日本目前主要的污染企业是化工和电镀，主要污染物有 Pb、Cr(Ⅵ) 和三氯乙烯。显然，这个土壤环境质量标准对这些污染物做了较为严格的限制。

表 3-12　土壤污染环境质量标准（EQS）

物质	土壤质量目标水平[①]
Cd	样品溶液中 0.01mg/L，土壤（水稻土）中小于 1mg/kg
氰化物	样品溶液中不得检出
有机磷	样品溶液中不得检出
Pb	样品溶液中≤0.01mg/L
Cr(Ⅵ)	样品溶液中≤0.05mg/L
As	样品溶液中≤0.01mg/L
	农业土地（只是水稻田）土壤中＜15mg/kg
THg	样品溶液中≤0.0005mg/L
烷基汞	样品溶液中不得检出
PCBs	样品溶液中不得检出
Cu	农业土地（只是水稻田）土壤中小于 125mg/kg
二氯甲烷	样品溶液中≤0.02mg/L
四氯化碳	样品溶液中≤0.002mg/L
1,2-二氯乙烷	样品溶液中≤0.004mg/L
二氯乙烯	样品溶液中≤0.02mg/L
顺-1,2-二氯乙烯	样品溶液中≤0.04mg/L
1,1,1-三氯乙烷	样品溶液中≤1mg/L
1,1,2-三氯乙烷	样品溶液中≤0.006mg/L
三氯乙烯	样品溶液中≤0.03mg/L
四氯乙烯	样品溶液中≤0.01mg/L
1,3-二氯丙烯	样品溶液中≤0.002mg/L
福美双	样品溶液中≤0.006mg/L
西玛津	样品溶液中≤0.003mg/L
苯	样品溶液中≤0.01mg/L
硒	样品溶液中≤0.01mg/L
Thiobencarb	样品溶液中≤0.02mg/L

① 通过淋溶实验与容量（content）试验检验。

为了顺利实施以环境质量标准为依据的土壤及地下水污染情况的调查与防治对策的落实，1994 年 11 月日本政府还相应建立了土壤及地下水污染调查与防治对策的指导准则。在这些法规下，他们自愿地敦促对污染土壤进行修复与清洁。至 1997 年 10 月 31 日，在农业土地土壤污染政策计划框架下，在识别、修复超出土壤质量标准的点或污染现场（个数/ha）方面取得了进展（表 3-13）。尤其是，在总面积为 7140hm² 的污染土地中，大约有 76％ 的土地得到了修复。为了确保土壤污染修复得到法律保证，2003 年日本颁布了《土壤污染对策法》，对污染土壤的修复义务进行了明确规定。

表 3-13　日本污染土壤识别与修复进展

特定有害特质	细目①						
	A	B	C	D	E	F	G
Cd	92	57	34	18	57	57	41
	(6610)②	(6110)	(320)	(180)	(6030)	(4810)	(3640)
Cu	37	13	16	8	13	13	12
	(1430)	(1250)	(60)	(120)	(1250)	(1200)	(1140)
As	14	7	2	6	7	7	5
	(390)	(160)	(90)	(140)	(160)	(160)	(80)
总面积（大致）/hm²	129	66	49	31	66	66	48
	(7140)	(6260)	(460)	(420)	(6180)	(4950)	(3720)

① A 超出 EQS 的点；B 指定需要清洁的点；C 不受地方项目约束的已完成修复的点；D 正在调查中的清洁点；E 指定已计划修复的清洁点；F 项目已完成的点；G 从清单中已被划去的已清洁点。

② 括号内数字表示已识别污染土壤面积。

2011 年 3 月 11 日的大地震及因此引发的核电站泄漏事故使得放射性物质污染对日本的国土环境和国民健康造成极大威胁，因此日本政府颁布法律，正式开展了放射性污染物质的防治工作。以 2010 年《土壤污染防治法》的修订和 2011 年 8 月颁布的《防治因 2011 年 3 月 11 日东北地方太平洋地震引发核电站泄漏事故排放的放射性污染物质对环境造成污染的特别措施法》为标志，日本《土壤污染防治法》的修订从分析土壤污染源头和降低污染物质对环境和人类健康风险的角度出发，梳理了环境质量标准项目的分类和标准。

3.3.8　中国

1995 年颁布实施的《土壤环境质量标准》（GB 15618—1995）是中国土壤环境标准体系的核心，根据该标准共配套了监测标准 33 项，环境标准样品 270 项，并在此基础上制定了《食用农产品产地环境质量评价标准》（HJ332—2006）等一系列标准，是中国土壤环境调查、监测、评价和污染纠纷处理的重要依据。然而，《土壤环境质量标准》仅包括 As、Cd、Cr、Hg、Cu、Pb、Ni、Zn 8 种重金属元素以及六六六和滴滴涕两种难降解的有机污染物指标，未涉及其他典型的土壤污染物。随着经济社会发展和土壤污染不断加剧，污染物的种类和数量不断增多，该标准已明显不适应新形势下土壤环境状况的需求。

2004 年，随着《土壤环境质量标准》（GB 15618—1995）的修订，土壤环境质量标准的研究受到国内学者的广泛关注。在比较研究了欧美发达国家土壤环境标准（国外通称为土壤筛选值）的框架体系及制定方法学的基础上，国内学者提出采用生态风险评估和人体健康风险评估的方法学对中国土壤环境质量标准进行修订。2008 年我国完成了对《土壤环境质量标准》（GB 15618—1995）的修订，现行标准为《土壤环境质量标准》（GB 15618—2008）。同年，环境保护部印发了《加强土壤污染防治工作意见》（环发［2008］8 号），该意见突出强调污染场地土壤环境保护监督管理是土壤污染防治的重点工作之一。2009 年年底，环保部出台《污染场地风险评估技术导则》（简称技术导则）（征求意见稿），该技术导则对污染场地内人体健康风险评估的原则、程序、内容、方法、技术等进行了规定，编制单位参考了大量国外的暴露及迁移模型资料，制定了基于人体健康风险的居住和工业用地 100 种污染物的土壤环境基准，具有很好的参考性和实用价值。

为加强污染场地土壤环境监督管理，有效控制污染场地土壤对人体健康和生态环境的风险，国家环境保护部于 2010 年 3 月颁布了《污染场地土壤环境管理暂行办法》（征求意见稿），主要适用于污染场地土地利用方式或土地使用权人变更时，场地土壤环境调查评估和治理修复等活动的监督管理。该办法主要从管理角度出发，在责任人义务，场地调查与评估、治理与修复及监督管理等方面对中国污染场地管理的全过程进行了详细规范。2011 年北京市环境保护局颁布了《场地土壤环境风险评价筛选值》，编制单位采用 RBCA 软件工具包结合北京市的场地和暴露参数计算了公园、居住、工业/商业等用地类型 89 种污染物的土壤环境基准，经调整后制定了土壤筛选值。2014 年国家环境保护部发布了场地系列标准 HJ 25.1-4—2014，包括《场地环境调查技术导则》（HJ 25.1—2014）、《场地环境监测技术导则》（HJ 25.2—2014）、《污染场地风险评估技术导则》（HJ 25.3—2014）和《污染场地土壤修复技术导则》（HJ 25.4—2014），为落实《环境保护法》中第三十二条的规定提供了配套技术规范，部分解决了现行标准适用范围小、污染物项目少的问题。表 3-14 总结了中国有关土壤污染防治的法律法规。

表 3-14　中国有关土壤污染防治的法律法规

序号	法律名称	发布日期	主要内容
1	《土壤环境质量标准》	1995 年	土壤环境标准体系的核心
		2008 年修订	
2	《食用农产品产地环境质量评价标准》	2006 年	土壤环境调查、监测、评价和污染纠纷处理的重要依据
3	《污染场地风险评估技术导则》（征求意见稿）	2009 年	规定了场地污染土壤人体健康风险评估的相关内容及调整后的土壤筛选值
4	《污染场地土壤环境管理暂行办法》（征求意见稿）	2010 年	用于场地土壤环境调查评估和治理修复等活动的监督管理
5	场地系列标准:《场地环境调查技术导则》、《场地环境监测技术导则》、《污染场地风险评估技术导则》和《污染场地土壤修复技术导则》	2014 年	用于规范与指导污染场地调查、监测、评估及修复

3.4 土壤资源的可持续利用

人口、资源、环境是当今世界面临的三大热点问题，世界性的人口-资源-环境问题正成为各国政府和科学家们十分关注的重大问题。随着世界人口的持续增加以及人类活动对自然生态系统的扰动和破坏，土壤作为环境和环境的一个重要组成部分正面临着越来越严重的区域性和全球性人类活动的冲击。据估计，世界人口到 2050 年将达到 85 亿；世界将有 10 亿人遭受饥饿；占世界 1/4 近 $3.6 \times 10^9 \text{hm}^2$ 的土地，1/6 的地区将遭沙化；全球每年将有 $(6 \sim 7) 10^6 \text{hm}^2$ 农田遭侵蚀；有 2000 多万公顷灌溉土地遭盐渍化；全球气候变化将对现有农业模式产生破坏性影响。目前全世界拥有耕地 $7.3 \times 10^8 \text{hm}^2$，但每年平均却有 $5.0 \times 10^6 \text{hm}^2$ 的土地，由于退化而不能再生产粮食。按此速度估计，今后 20 年内将有 1/3 的可耕地丧失殆尽。如果人们不采取长期的保护措施，则土地退化将导致 117 个发展中国家的粮食产量平均减少 18%。

中国国土面积居世界第三，而人均耕地仅占世界人均量的 1/3。一方面由于工业、交通和城市建设及农村城镇化的进展，大量优良耕地被占用；另一方面，由于土地所承受的压力不断增加，土地退化非常突出，水土流失面积在 20 世纪 50 年代接近总国土面积的 1/6，目前仍在继续扩大，每年流失的土壤养分相当于现有全国化肥总产量的 1/2。

《中国环境状况公报》（2014）公布，中国现有土壤侵蚀总面积 $294.91 \times 10^4 \text{km}^2$，其中，水力侵蚀 $129.32 \times 10^4 \text{km}^2$，风力侵蚀 $165.59 \times 10^4 \text{km}^2$；化肥当季利用率只有 33% 左右，普遍低于发达国家 50% 的水平；中国是世界农药生产和使用第一大国，但目前有效利用率同样只有 35% 左右；每年地膜使用量约 $1.3 \times 10^6 \text{t}$，超过其他国家的总和，地膜的"白色革命"和"白色污染"并存。截至 2010 年，中国北方沙漠化土地达 $37.59 \times 10^4 \text{km}^2$，其中轻度沙漠化土地占 33.80%，中度沙漠化土地占 22.84%，重度沙漠化土地占 22.16%，严重沙漠化土地面积占 21.21%（王涛，2011）。北方草原退化面积有 $8.7 \times 10^7 \text{hm}^2$，每年以 $1.2 \times 10^6 \text{hm}^2$ 左右的速度在扩大，天然草场的产量已下降了 30% ~ 50%。各地每年排出的废水达 $3.6 \times 10^{10} \text{t}$，排放出的烟尘达 $1.445 \times 10^7 \text{t}$，受污染的耕地面积达 $6.7 \times 10^6 \text{hm}^2$。由于涝洼、盐碱、干旱、风沙等自然原因及耕作粗放，投入不足，有机肥用量相对下降等人为因素导致肥力下降，中低产田面积扩大，已占耕地的 2/3。综上所述，人类生存面临严重挑战，如何协调好土壤、人类和环境的关系是保持持续发展的关键问题。

土壤是最基本的生产资料，最宝贵的资源，保护土壤资源，创造良好土壤环境关系国计民生，造福子孙后代。随着城乡工业不断发展壮大，"三废"（废水、废气、废渣）污染越发严重，并由地市不断向农村蔓延，加之化肥、农药、农膜大量施用，土壤污染在所难免。因土壤污染，中国每年生产大量被污染粮食和蔬菜，直接危害人民健康。因此，防治和减少土壤污染已成为当前环境科学和土壤科学共同面临的重要任务。只有正确认识这个问题，避免或消除其污染，解决好"固本"与"开源"的关系，才能发挥土壤资源的持续生产作用。

3.4.1　土壤污染现状及引发的社会问题

3.4.1.1　农产品质量安全令人担忧，出口屡屡受阻

随着化肥、农药的过量和不恰当使用以及污水的任意灌溉等，土壤和农作物中毒害物质的残留问题日趋突出，农产品质量安全令人担忧。目前，全国大约 10% 的粮食，24% 的农畜产品和 48% 的蔬菜存在质量安全问题。更令人不安的是，许多低浓度有毒污染物的影响是缓慢和长期的，可能长达数十年乃至上百年。

（1）农药残留超标主要集中在粮食、蔬菜和果品等农产品

有机氯农药虽已禁用近 20 年，但各种农产品中仍有残留，通过食物链富集仍可对人体

健康产生威胁。由于有机氯农药的长期环境滞留性，且易于在生物体内富集，并在生态系统中随着食物链逐级传递，在其流动的每一个环节，都会产生生物放大作用，到了食物链的最高营养级，这些有机污染物的浓度往往比最初在环境中的浓度高出万倍以上，对生物体产生慢性毒害作用。2001 年 5 月，在瑞典斯德哥尔摩召开的关于持久性有机污染物采取国际行动公约的代表会议上，通过了《关于就持久性有机污染物采取国际行动的斯德哥尔摩公约》（简称 POPs 公约），DDT、毒杀酚、氯丹、六氯苯、七氯、灭蚁灵、艾氏剂、狄氏剂、异狄氏剂 9 种有机氯农药被定为在全世界范围内禁用或严格限用的化学品。POPs 是人类健康的大敌。研究表明，人类癌症患者 80%～90% 是由环境因素造成的，其中 90% 左右是由包括 POPs 在内的一些化学物质引起的。由于 POPs 对全球环境和人类健康的影响十分显著，已引起国际社会的广泛关注和重视。随着国际上残留限量标准的提高，农产品有机氯残留仍是影响出口创汇的主要因素之一。

(2) 农产品质量安全与绿色壁垒

随着全球经济一体化的发展，国际贸易竞争日益加剧，发达国家常利用自己的技术与经济优势，借产品标准与检测技术标准等为由，设置绿色壁垒。例如，将多种有毒物质的最大允许残留量定得很低，并扩大有毒物质的种类，借此来阻止国外产品进入。欧盟 2000 年 7 月 1 日实施的新标准中，茶叶农药检测项目由 6 种扩大为 62 种，最大残留限量一般下降 10～100 倍。截至 2000 年，国际食品法典委员会（CAC）制订了 197 种农药在谷物、蔬菜、水果、肉类、奶制品等不同农产品上的残留限量标准 3000 多项，并不断根据新的残留和毒理评价结果进行调整。到 2001 年，FAO/WHO 已颁布 200 种农药 3000 多项残留限量标准，德国已制订 200 种农药活性成分 3400 项最高残留限量标准。至 1999 年 8 月，美国已制订了 8100 多项最高农药残留限量标准。日本、韩国等国家也先后制订了几百种农药残留限量标准。

截至 2000 年 6 月，中国制订了 79 种农药在 32 类农副产品中的 197 项农药最高残留限量标准，加上 6 批农药合理使用准则国家标准，共计制订了 160 种农药在 19 种作物上的 351 项标准。从有毒物质种类和限量标准项数上来看，中国同国际上发达国家所制订的标准仍有相当差距。

3.4.1.2 土壤污染是影响农产品质量安全的重要源头因素

影响农产品质量安全的因素涉及产地环境、生产过程、加工与流通环节等。产地环境包括水、土、气等因子。在影响农产品质量安全的诸因素中，土壤污染及其导致的环境质量恶化是产生农产品质量安全问题的重要源头因素，但却是最易被人们忽视的因素。"万物土中生、食从土中来"，只有洁净的土壤，再加上生产过程和加工、流通过程的严格质量控制，才能生产出质量安全的农产品，才能保证食品安全。然而，与大气和水的污染不同，土壤污染具有隐蔽性、潜伏性和长期性，其严重后果通常只能通过对水环境质量、农产品质量，甚至通过食物链对人体健康产生危害才为人们所察觉。

由于自然地质和高强度的人为活动，中国陆地近四分之一的表层土壤受到多种有毒污染物不同程度的污染。尤其是近 20 年来，随着工业化、城市化、农业集约化的快速发展，大量未经妥善处理的工业"三废"和生活污水的任意排放，以及大量不合理的化肥、农药的施用，造成中国大面积水体和农田土壤环境的严重恶化。这已成为中国社会经济可持续发展所面临的重大问题，严重影响中国全面小康社会目标的实现。目前，中国农产品中的有机氯残留、重金属残留以及硝酸盐积累均与土壤污染有密切的关系。虽然有机氯农药已禁用了近20 年，土壤中的残留量已大大降低，但检出率仍很高。

3.4.2　土壤资源可持续利用的内涵

在人口、资源、环境和发展的关系中，土壤资源居于其他资源无法替代的核心地位。人类一方面利用土壤创造财富，另一方面改善环境，以满足自身生存的需要。所以土壤可持续利用包含了土地开发、利用、整治和保护的深刻内涵。土壤持续利用除保护土壤资源、保证其生产力的持续性外，还应调整各行业用地矛盾，使用地结构能保证整个社会健康、平稳地发展。所以，土壤持续利用可定义为："能够满足当前和未来人们粮食需求和社会协调、平衡发展的土壤利用结构和利用措施"。要实现土壤资源可持续利用，必须深入研究土壤圈与大气圈、水圈、生物圈、岩石圈等其他圈层之间的物质流、能量流的发生与发展过程。通过对物质流、能量流的研究，可以认识社会、经济的发展趋势及其对土壤资源持续利用的影响，认识物质流、能量流、人流及载荷的信息流之间的相互关系，有助于理解土壤资源持续利用的本质。人类认识土壤资源演变规律的过程，实质上是不断获得土壤资源信息并对其进行加工处理的过程；而人类保育土壤资源的过程，则是把经过加工处理的目的、计划和策略信息反作用于土壤资源，来规范自己的行为和引导土壤资源朝着持续、稳定和协调方向发展。

信息技术（IT）是指卫星遥感（RS）、全球定位系统（GPS）、地理信息系统（GIS）、数字传输网络等一系列现代技术的统称。随着现代 IT 的发展及其相互间的渗透，逐渐形成了以 GIS 为核心的集成化技术系统，为解决范围更广、复杂性更高的区域土壤资源问题提供了全新的分析方法和技术保证。21 世纪的土壤资源研究趋势主要集中在以下几个方面。

3.4.2.1　建立土壤资源持续利用与管理的指标体系

当前，国际上还没有建立起统一标准和规范的土壤资源持续利用指标体系，很难衡量和比较资源的可持续性程度，也不便于信息传播和共享。因此，迫切需要综合考虑区域人口、资源、环境与经济四个方面的影响因素，建立可持续性指标体系与评价标准。

3.4.2.2　采取定量研究、长期定位实验和原位测定方法

土壤资源研究正在从定性描述向定量化、指标化的方向发展，长期定位试验研究的结果正是这些数据的综合，原位测定既保持样品的原状又使测定结果与事件同步，还可直接输入便携式计算机，快速转化为信息资源，这样产生的理论更符合土壤历史自然体的变化规律，因而更具有指导意义。

3.4.2.3　宏观与微观协同发展

土壤资源研究的宏观方面包括土壤资源的合理利用、生产潜力的开发、生态环境的保护、水土保持及污染治理等。在微观领域，土壤科学今后在植物营养、根际界面、水热变化、微型态、微结构和微区系等几个方面向更纵深发展，更为重视土壤胶体表面的微观反应机制的研究。卓有成效的宏观研究是当前"农业-生态-环境-人口"发展的需要，是土壤资源微观研究的目的，而微观研究是宏观研究的基础。只有两者协同发展才能更好地辅助人类合

理利用和管理土壤资源。

3.4.2.4　对新技术的依赖性越来越大

不管是在宏观及微观领域，新技术的应用使土壤资源研究充满了生机，它可拓宽评价土壤管理的空间和时间尺度，提高土壤资源利用和管理的潜力，增强人的认识能力，深化对土壤本身物质和运动规律的认识。

3.4.2.5　多学科综合交叉发展

土壤资源研究正在向多学科协同的方向发展，包括土壤各分支学科的综合以及与其他学科的交叉。土壤各分支学科的综合尤其表现在土壤肥力及管理方面，与其他学科联合则表现在土壤资源合理利用、环境生态保护和植物营养方面。

3.4.3　土壤资源可持续利用存在的障碍

3.4.3.1　自然障碍

中国土壤资源类型复杂多样，土壤及其环境的组成与结构特征各异。许多地区的土壤资源衰退现象是自然界难以抗衡的规律。如南方地区的氧化土壤、干旱地区的旱成土壤、多数后备土地资源等，即使不受人为的干预，其肥力也会自然衰退，土壤积盐度也会加大，水蚀、风蚀等现象依然存在。如果缺少人们的重视和保护，处于这些地区的土壤更易受侵蚀。在这种情况下，政府应采取特殊政策加以扶持，鼓励经营者因地制宜实施保护措施，用养结合，尽量减少人为因素对土壤生态系统的损伤和破坏；通过区域治理，如修筑堤坝、植树造林、修筑梯田以及采用其他方法来改善自然条件，逐步恢复生态平衡，克服资源保护中的自然障碍。

3.4.3.2　经济障碍

经营者是否采取土壤保护措施，取决于其对土壤保护问题的认识，取决于其对土壤保护的需要迫切与否，取决于其对可供选择的保护方案预期收入的估计情况，取决于其资金状况，取决于其时间偏好率或者是否愿意用相当长的时间来使其保护投资得到补偿，以及取决于其是否愿意接受持续发展和保护资源的意识。

经营者对保护措施缺乏了解和预见性，是当前中国土壤资源长期合理利用的一个主要障碍。经营者常常不能接受保护措施与其没有意识到保护土壤资源会使其在整个资源的利用过程的收益最大化具有直接关系。为此，在这方面应加强教育，使经营者了解有关保护措施的可能收益与成本的对比情况。

在采取土壤保护措施中，经营者还会遇到另外一种情形，即经营者若采用保护措施，就必须有一定的投入，同时又必须为了土壤资源保护而减少目前收入，这就使土壤保护决策过程复杂化。此时，计划期长短和预期收益的折现率大小就会对经营者是否愿意采用土壤保护措施产生很大影响。计划期较短或目光短浅的经营者可能会继续掠夺式地利用。此时，教育、示范、补贴和其他有利于经营者考虑较长计划期和采用较低贴现率的手段，都可用作保护重要性的信息传递。国内外的经验表明，采用保护措施从一个较长的时期来看，经济上往往是可行的。

土壤保护的第二个主要经济障碍是经营者缺乏资金。在许多情况下，特别信贷优惠可以帮助经营者有足够的资金采取保护措施。信贷对帮助经营者渡过收入减少的时期具有积极作用，也可以制订投资补偿计划，促使个人采取对社会有利的保护措施。

经济的不稳定是采取保护措施的第三个主要经济障碍。许多经营者采取短的计划期和高的折旧率，原因是他们觉得自己不能够预测未来的成本、价格和市场条件。如果采用旨在减少不确定性、稳定经济体制和减少经济波动的宏观措施，这种情况就会改善。由于中国农业利益比较低下，建立市场价格保证体制、或社会与个人分担保护的成本和收益的体制，也是促进土壤资源保护的必要措施。

在国家资源管理中缺乏"资源核算"的概念是第四个主要经济障碍。目前，国民收入、国民生产总值和国民生产净值的计算都不能反映资源消耗与经济发展的情况。如果对资源变化的情况不清楚，资源管理就会带有盲目性。因此，必须在发展经济中充分考虑自然资源发展或退化的情况。国民收入账户应包括土壤资源和其他自然资源的减少。目前国民所得核算只计算财富的增加而不计算资源的减少，实际上夸大了收入的水平。如果国内投资总值比资源枯竭的价值还小，则国家与其说是建设还不如说是在消耗它的自然财富，这是一种管理失败的表现。

3.4.3.3　制度障碍

保护决策还会受制度因素的影响，如社会的相对稳定、明晰的土地产权、对资源保护的管理等。在土壤保护中经常存在个人利益和社会利益不一致的情况，为此需要社会行为加以干预。个人往往会趋于采用高的时间偏好率和较短的计划期，而社会一般采用较长的计划期和较低的贴现率，因为社会要着眼于后代的福利，并且有以较低利率借款的能力。当保护措施对个人经济收益不利，但对社会经济有利的时候，应明确政府职能，采取促进保护的社会行动，制止有害的个人行为。

政府机构代表社会利益。然而，由于中国长期处于人地关系紧张的状态中，对粮食生产、经济发展与土壤资源保护之间相互制约和相互依存的关系，缺乏统一研究和改进措施，有时强调保护，而有时又片面强调粮食产量和经济增长。采取消耗资源的方式促进粮食产量和国民生产总值的增加，这种依存关系的正效应未能很好地发挥出来，制约的负效应却严重地影响着农业和整个国民经济的可持续发展。因此，各级政府机构行为同样应受到制度的约束，依法治国，依法保护资源显得更为重要。中国目前的土地产权状况也对土壤保护不利，导致对资源的掠夺式经营。承包权的产权不明晰、有限期、承包地频繁变动，使经营者对于采用低折旧率、长计划期的保护措施往往没有多大兴趣。不合理的税费、经营面积不能达到适度的规模，加上缺乏合适的信贷条件，是导致资源掠夺的另外一些重要原因。

3.4.3.4　技术障碍

土壤资源利用和保护往往受现有技术条件的制约，而利用技术的过程也会带来许多问题。对于技术能否解决我们未来资源利用和保护的问题，目前还不能做出完全肯定的回答。但很显然，技术能够在保证和增加土壤资源的供给方面起重要的作用。

当前，许多传统的技术问题仍困扰着当前的农业生产，而另一些问题，如土壤环境污染问题又对技术提出了新要求。目前对技术的需求主要可归纳为以下几个方面。

① 需要技术指明土壤保护措施的改进方向　如根据土壤类型、作物习性及土壤中存在的问题，制定相应的管理方案，进行合理耕作、轮作、增施有机肥料及人工结构改良剂的应

用等。这就需要建立土壤保护的技术信息系统，科学地进行土壤分类和评价，在不同的土壤上设立观测站，为保护和合理利用土壤提供最佳方案。

② 需要技术指明有关土壤环境污染及防治措施　土壤既是污染物的载体，又是污染物的天然净化场所。进入土壤的污染物，与土壤物质和土壤生物发生复杂的反应，在一系列反应中，有些污染物在土壤中蓄积起来，有些被转化而降低或消除了活度和毒性，特别是微生物的降解作用可使某些有机污染物最终从土壤中消失。所以，土壤是净化水质和截留各种固体废物的天然净化剂。但污染物进入量超过土壤的天然净化能力，则导致土壤的污染，有时甚至达到极为严重的程度。尤其是重金属和一些人工合成的有机农药等产品，土壤尚不能发挥其天然净化功能。要防治土壤污染，只有了解污染物的来源、数量、价态、形态、转化、迁移、累积和消失的规律，探索各种污染物对生物产生毒害的临界含量水平等，才能找到有效的防治途径和措施。

③ 需要技术指明农业可持续发展的途径　农业的可持续发展要求粮食数量的持续供给和粮食质量、生态环境的保证，这都取决于土壤的持续生产能力和土壤体的净化。实践表明，传统的有机农业可以使食物的质量得到保证，但产量不易提高，仍然是低水平的。相反，无机农业，包括化学、机械在农业中的大量使用，开始时可以使产量提高很快，但农产品污染逐渐加剧，最终产量又会停滞不前，质量受到影响。如何寻求新的途径，避免两方面的弊端，集两者所长，并逐渐改善目前已被破坏的农业生态环境问题，是对科学家们提出的一个重大课题。

3.4.4　实现土壤可持续利用的途径

土壤资源保护的内涵随着社会经济的发展、人口的增加和全球性的土地生态环境危机而不断深化。土壤资源保护可以区分为三种渐进的活动：第一种是维持土地资源生产力的活动；第二种是进一步开发、提高其生产力的活动；第三种是治理土壤环境污染，保持土壤与生物的生态平衡，促进人类社会可持续发展的活动。当强调维持意义上的活动时，土壤资源保护可以定义为在假设生产技术等条件不变的前提下，为防止既定劳动和资本投入在既定土地面积上未来生产水平下降而采取的措施。当将土壤开发和改良也列入其中时，土壤资源保护是指在土地本身生产能力基础上，为使生产力水平最高而同时又不破坏土壤，而采用的对达到最大现实生量和最大收入有利的方法。随着现代环境问题的日益严重，土壤作为自然环境系统要素（大气、水、土壤、岩石、生物）之一，受到人们越来越多的关注，土壤资源保护可进一步定义为：从可持续发展目标出发，合理利用土地，防止土壤各种形式的退化和破坏，恢复受侵蚀、污染和能力衰竭土壤的生产力，采用目前已知的最好方法，并建立相应的利用和管理体制，将所有必要措施以最恰当的形式结合起来，以维持和提高土壤生产力，保持土壤内部以及土壤与生态系统达成的生态平衡，使之持续而有效地生产充足、无污染的产品。

实现土壤可持续利用的途径主要包括以下几个方面。

① 大力宣传和严格贯彻执行《中华人民共和国农业法》、《中华人民共和国土地管理法》和《基本农田保护条例》，进一步稳定耕地面积，强化耕地保护措施，实现耕地总量动态平衡。实施耕地总量动态平衡还应建立一个具有抑制占有耕地和促进耕地总量动态平衡的经济补偿制度，以确保耕地总量的可持续利用。

② 注重"用"、"养"结合。中国种植业历史悠久，作物复种指数高，但长期以来，一直"用"重于"养"，对土壤的投入不足，而农田土壤的有机质每年都在矿化释放养分，大大削弱了土地的生产潜力。为此，要切实转变观念，增加对土地的投入，保证有机质和地力的平衡，可采用稻草还田和绿肥翻耕等措施，以确保土壤生态系统内部的能量平衡。

③ 提高土地综合生产力，进一步搞好中、低产田改造；农田水利建设；吨粮田工程建设；现代农业示范区和商品粮基地建设，增强抗御自然灾害，特别是洪涝灾害的能力，促进土地综合生产能力的提高。

④ 种植结构改"二元"为"三元"。合理开发利用土壤资源，实现农业可持续发展，必须增加土壤肥力，而增施有机肥是一项切实有效的措施。有机肥来源很大程度上依赖于畜牧业的发展。畜牧业生产离不开饲料，所以应逐步实现粮食作物、经济作物的"二元"种植模式向粮食作物、经济作物、饲料作物的"三元"种植结构转变，使资源更加合理使用。

⑤ 土地开发利用和生态环境建设相结合。中国人均耕地资源有限，并低于耕地警戒线。为满足当代人乃至后代人的需求，土地深度开发势在必行。但深度开发要具有生态观点，即应用生态系统原理，在充分认识和掌握自然规律的基础上，合理开发利用土地资源，挖掘土地生产潜力，促进农业稳定持续发展。

⑥ 加强农田生态环境综合治理，加强环保执法力度，依法整顿有污染的工业企业，特别是制革、印染企业，严格控制工业"三废"排放。对排污企业可采用"关、停、并、转"等措施来治理。就农业生产本身而言，应通过合理施用农药、化肥，调整农药、化肥结构，改变剂型，控制使用总量，讲究使用技术，大力发展农业生物技术，研究推广可降解农膜，逐步提高化肥利用率，降低化学农药使用总量和土壤中残膜量等措施，来减少农业生产本身对土壤所产生的污染，保护耕地质量。

⑦ 大力发展生态农业。农业增长要走高产、稳产、优质、高效、低耗的可持续发展之路，必须转变传统的农业生产观念，大力发展生态农业，优化农业结构，实现农业产业化，全面提高农业资源的利用率。要大力提高科学技术转化率，推广农田林网化和立体种植等生态农业技术。

3.4.5　加强土壤资源质量管理

（1）开展全国土壤环境质量调查与评价，建立长期性的全国土壤环境质量监测网络

目前，中国农产品质量安全问题，已引起各级政府的高度重视。但是，当前土壤环境污染尚未得到有效控制和修复，已形成具有长期潜在危险的"化学定时炸弹"。虽然有一些局域的研究资料，但对全国农产品产地土壤环境质量总体状况基本不清楚。

随着中国农业由数量型向质量型的转变，摸清土壤环境质量的现状日益重要。这些基础信息不仅是国家和地方进行农业结构调整以及无公害农产品、绿色食品和有机食品生产的需要，也是进行环境治理和土地可持续利用规划的需要。目前，国家有关部门正在推动与土壤环境质量有关的全国性调查工作，如国土资源部的农业地质环境调查、国家环境保护总局的土壤污染调查、农业部的地力调查与质量评价以及中国科学院的土壤质量研究等。这些试点性的初步工作表明，土壤环境质量问题已引起了社会各界的广泛关注。从目前需求和长远需要来看，中国应逐步、分区、分阶段地开展基于农产品质量安全的全国性耕地土壤环境质量调查与评价工作，并建立长期的动态监测网络。

（2）重视土壤中环境激素类或内分泌干扰物的研究和监测，修订土壤环境质量与农产品质量标准，建立基于污染物生物有效性的环境质量标准体系与评价方法

美国、德国、英国、荷兰等西方国家对土壤和农作物中的污染状况均进行过普查，并且对多氯联苯、多环芳烃、二噁英等对人体健康威胁最大的有机污染物（内分泌干扰物或环境激素）也制订了有关的质量控制标准。中国颁布的无公害农产品有关标准中仅规定了农药残留、重金属和硝酸盐含量控制标准，还没有考虑多氯联苯、多环芳烃、二噁英等的控制。在土壤环境质量标准中，有机污染物也仅考虑了六六六和 DDT。因此，要加强土壤中持久性毒害污染物如内分泌干扰物或环境激素类物质的监测和研究，制定和修订有关环境标准和农产品质量标准，尽快与国际接轨。此外，现行的土壤环境质量标准中重金属、六六六和 DDT 是以土壤中的总量为标准，而不同的土壤和环境条件下这些污染物的生物有效性差异较大，即使同一土壤，对不同的作物其污染物生物有效性也不相同。因此，要科学地评价土壤的环境质量，必须与农产品质量安全联系起来，建立一套基于污染物生物有效性的环境质量标准体系及相应的风险评价方法。

（3）制订土壤质量修复和保护规划，加强规模化和标准化农产品生产示范基地的建设

利用土壤环境质量调查与评价的结果，制订土地质量修复和保护规划，包括质量安全农产品发展的生产基地布局、结构调整、污染防治、污染土壤修复、农业清洁生产规划等，加强污染土地整治与修复的资金投入。同时在长江三角洲、珠江三角洲、胶东半岛、京津塘和东北等地区进行规模化和标准化农产品生产示范基地建设，逐步在全国建成一批安全、优质（营养、保健）的特色农产品生产基地，不断提升市场竞争力和出口创汇能力。

（4）完善土地资源质量保护与管理法律法规，实现土地资源由数量管理向数量与质量管理并重的战略转变

土壤环境质量的安全是中国生态系统安全、农业生产安全、农产品质量安全以及人民健康安全的重要保障，也是中国人口-资源-环境-经济-社会协调与可持续发展的根本保证。因此，在进一步做好土地资源质量管理宣传和教育，以提高人们对土地质量保护意识的同时，应加强有关立法工作，如研究制订土地质量保护法等。其次，要进一步建立、健全与市场经济和环境管理相适应的各项制度，如土地资源资产管理制度、土地资源有偿使用与更新补偿制度、土地资源使用权（产权）流转制度等。此外，土地管理、环保、农业等部门应更加高度重视土地质量的管理，切实加强部门之间的沟通和协调，实现土地资源数量与质量管理并重的战略转变。

（5）加强地力培养，提高农田土壤质量，建立可持续的土壤管理体系

农田土壤具有较高的肥力水平、生物学活性和深厚肥沃土层，是提高农田生产力水平和物质投入效率，发挥农作物品种生物学潜力的基础，也是提高农作物抗逆能力、保持高产稳产和优良品质的必要条件。高肥力的土壤通常应具有较高的有机质含量，即土壤养分库保有一个较为丰裕的、存取方便的有机库存，这就必须有足够数量的常年有机物料投入。提高农田土壤质量的现代概念，其核心是培育一个有利于农作物及其根系健康生长发育的土壤生态系统，土壤中应具有适宜的生物多样性组成，为农作物创造良好的土壤环境特别是生物学环境和根际环境，促进有机物及养分转化吸收，抑制有害微生物的发展。中国目前常见的高投入低效率现象，在很大程度上是土壤肥力跟不上，土壤生物学活性较差。此外，弥补中国当前农作物现实产量水平与潜在产量水平之间的差距，也有赖于把品种改进和土壤质量提高这

两个基本方面更好地结合起来。

参考文献

[1] 北京市环境保护局 . 场地土壤环境风险评价筛选值 . 2011.

[2] 曹志洪 . 解译土壤质量演变规律，确保土壤资源持续利用 . 世界科技研究与发展，2000，23（3）：28-32.

[3] 丁勇，周淑芹，陈颖 . 土壤污染的来源与治理 . 现代化农业，1997，（2）：10-11.

[4] 董元华，张桃林 . 基于农产品质量安全的土壤资源管理与可持续利用 . 土壤（Soils），2003，35（3）：182-186.

[5] 傅泽强，蔡运龙 . 世界食物安全态势及中国对策 . 中国人口·资源与环境，2001，11（3）：45-49.

[6] 高永强 . 迎接"蓝色浪潮"保障食物安全 . 中国渔业经济，2001，（6）：7-8.

[7] 韩青，潘建伟 . 中国食物安全状况的实证研究 . 农业技术经济，2002，（5）：12-16.

[8] 韩纯儒 . 中国的食物安全与生态农业 . 中国农业科技导报，2001，3（5）：17-21.

[9] 侯彦林，周永娟，李红英，赵慧明 . 中国农田氮面源污染研究：I 污染类型区划和分省污染现状分析 . 农业环境科学学报，2008，27（4），1271-1276.

[10] 贾建业，汤艳杰 . 土壤污染的发生因素与治理方法 . 热带地理，2003，23（2）：115-119.

[11] 卢良恕，孙君茂 . 中国农业发展新形势新阶段与食物安全 . 农产品加工，2003，（2）：4-5.

[12] 刘彦随，吴传钧 . 中国水土资源态势与可持续食物安全 . 自然资源学报，2002，17（3）：270-275.

[13] 李飞 . 污染场地土壤环境管理与修复对策研究 [M] . 北京：中国地质大学，2011.

[14] 骆永明，夏家淇，章海波 . 基于风险的土壤环境质量标准国际比较与启示 . 2011，32（3）：795-802.

[15] 李法云，付宝荣，商照聪等 . 对土壤可持续利用的探讨 . 辽宁大学学报，1998，25（3）：277-281.

[16] 李勇涛，吴启堂 . 土壤污染治理方法研究 . 农业环境保护，1997，16（3）：118-122.

[17] 刘志澄 . 漫谈食物安全 . 中国食物与营养，2002，（6）：4-5.

[18] 李道亮，傅泽田 . 中国可持续食物安全的实证研究 . 中国农业大学学报，2000，5（4）：11-14.

[19] 刘恩才 . 中国食物安全现状、问题与发展对策 . 农业经济，2003，（6）：2-3.

[20] 刘青松 . 土壤污染的类型及危害 . 环境导报，2003，（5）：5-6.

[21] 田应兵，陈芬，宋光煜 . 中国湿地土壤资源及其可持续利用 . 国土与自然资源研究，2002，（2）：27-29.

[22] 王涛，宋翔，颜长珍，李森，谢家丽 . 近 35 年来中国北方土地沙漠化趋势的遥感分析 . 中国沙漠，2011，31（6）：1351-1356.

[23] 王秀英 . 浅议土壤的污染与防治 . 青海农技推广，1997，4：61-62.

[24] 温志良，莫大伦 . 土壤污染研究现状与趋势 . 重庆环境科学，2000，22（3）：55-57.

[25] 吴亚梅 . 生态环境危机对 21 世纪中国食物安全的威胁 . 社会科学研究，2000，（3）：153-155.

[26] 姚士桐 . 合理开发利用土壤资源 . 促进我市农业可持续发展 . 上海农业科技，2000，（6）：7-8.

[27] 严有望，晏萍 . 21 世纪的食物安全 . 国外医学社会医学分册，2000，17（2）：79-81.

[28] 杨蕊梅，于天富 . 肥料及农药的使用对农田的影响 . 内蒙古农业科技，2011，（1），107-108.

[29] 杨建浩，韩晓日，刘勇涛，吴昊 . 我国磷资源和磷肥施用中存在的问题及对策 . 辽宁农业科学，2011，（6），36-40.

[30] 应蓉蓉，林玉锁，段光明 . 土壤环境保护标准体系框架研究 . 环境保护，2015，DOI：10.14026/j. cnki. 0253-9705.

[31] 于伟 . 中国土壤资源保护问题研究 . 中国农村经济，2000，（1）：67-71.

[32] 周勇，李学垣，贺纪正 . 土壤资源持续利用与信息技术 . 中国人口·资源与环境，2001，（11）：135-136.

[33] 周启星，宋玉芳 . 污染土壤修复原理与方法，北京：科学出版社，2004.

[34] 周启星 . 环境基准研究与环境标准制定进展及展望 . 生态与农村环境学报，2010，26（1）：1-8.

[35] 中国环境保护部 . 中国环境状况公报 . 2014.

[36] 中国环境保护部 . 污染场地土壤环境管理暂行办法 . 2010.

[37] 中国环境保护部 . 污染场地风险评估技术导则 . 2009.

［38］ 陈婧. 中美土壤污染修复法律制度比较研究［M］. 西南大学. 2014.

［39］ 朱荫湄，周启星. 土壤污染与中国农业环境保护的现状、理论和展望. 土壤通报，1999，30（3）：132-135.

［40］ Cary M，Pierzynski G M，Vance G F at al. Soils and environmental quality. 2nd Edition. London：CRC Press，2003.

［41］ Lal R. Soil quality and soil erosion. london：CRC Press，1998.

［42］ United States Environmental Protection Agency. Methodology for Understanding and Reducing a Project's Environmental Footprint. 2012.

［43］ United States Environmental Protection Agency. Superfund Green Remediation Strategy. 2010.

［44］ Wiebe K. Land quality and degradation：implications for agricultural productivity and food security at farm，regional，and global scales. Edward Elgar Publisher，2003.

［45］ Wu Yanyu，Tian Junliang，Zhou Qixing. Study on the proposed environmental guidelines for Cd，Hg，Pb，and As in soil of China. Journal of Environmental Sciences，1992，4（1）：66-73.

［46］ Wu Yanyu，Zhou Qixing. Interim environmental guidelines for cad，mium and mercury in soil of China. Journal of Water，Air，and Soil Pollution，1991，57-58：733-743.

［47］ Zhou Qixing. 1996. Sooil-quality guidelines related to combined pollution of chromium and phenol in agricultural environments. Human and Ecological Risk Assessment，1996，2（3）：591-607.

［48］ Zhou Qixing，Zhu Yinmei，Chen Yiyi. Food-security indexes related to combined pollution of Chromium and phenol in soil-rice systems. Pedosphere，1997，7（1）：15-24.

 污染物在土壤环境中的
化学行为及其生态效应

4.1 重金属在土壤中的化学行为及其生态效应

4.1.1 土壤重金属来源及其危害

土壤重金属元素污染的主要来源有自然污染源和人为污染源。自然污染源主要来自于重金属富集的工业矿床和含重金属元素岩石风化而成的地表土壤。在环境污染研究领域，重金属主要是指 Hg、Cd、Pb、Cr 以及类金属 As 等生物毒性显著的元素，还包括具有一定毒性的一般重金属 Zn、Cu、Co、Ni、Sn 等元素。土壤重金属污染是指人类活动将重金属加入到土壤中，致使土壤中重金属含量明显高于原有含量、并造成生态环境质量恶化的现象。许多重金属矿床或富含重金属的岩石，即使埋深达到 200～300m 或被百余米厚的土壤覆盖，仍可成为地表生态系统中某些重金属污染的深部来源。这些矿物中重金属与非金属元素之间常共存，往往矿床周围土壤重金属含量严重超标（魏树和和周启星，2004）。

人为污染源主要为人类各种生产和生活活动使得重金属元素大量"活化"。重金属元素从大气中沉降总量也相当惊人，大气中沉降的重金属也归纳为人为污染源之一。例如，工业中燃烧的煤使得煤中 Ce、Cr、Pb、Hg、Ti 等元素大量地释入大气，最后沉入土壤。运输业中各类交通工具所释放出的 Cu、Pb、Zn、Cd 给大气及道路两旁土壤构成极大的威胁（周国华，2003）。此外，人为污染源的主要途径还表现在：农田农药肥料的大量使用、富含重金属元素废弃物的丢弃、未经处理的工业废水废气的排放（Wu 等，2011）。据统计，全世界平均每年排放 Hg 约 1.5×10^5 t、Pb 5.0×10^6 t、Cu 约 3.4×10^6 t、Ni 约 1.0×10^6 t、Mn 约 1.5×10^7 t。因而，由重金属带来的土壤污染问题在未来相当长的时间内都应给予高度重视。

各种不同的重金属在土壤中存在的形态及分布也有较大差异，并随周围环境的变化而变化。土壤中重金属本身所存在的形态看可分为水溶态、有机质结合态、碳酸盐结合态、Fe-Mn 氧化物结合态以及包含于矿物晶格中的残渣态。这 5 种形态的生物可利用性和化学活性由高到低依次为：水溶态＞碳酸盐结合态＞有机质结合态＞Fe-Mn 氧化物结合态＞残渣态。从植物的可利用性角度，重金属形态又可分为可吸收态、交换态、难吸收态。重金属的游离离子及螯合离子易被植物所吸收，残渣态的难被植物吸收，介于两者之间的则为交换态。

4.1.2 土壤理化性质与重金属的关系

重金属在土壤环境中的行为取决于重金属元素自身的化学行为和土壤的化学条件。在不

同的土壤条件下（如土壤类型、土地利用方式、土壤的物理化学性状等），重金属元素的存在形态有所不同，其中土壤物理化学性状的改变会直接影响到重金属在土壤环境中的行为，即重金属在土壤环境中的行为受土壤理化性质的制约。因此，在研究土壤中重金属污染危害时，不仅应注意其总量水平，还必须重视其各种形态的含量。

4.1.2.1 土壤氧化还原电位

土壤氧化还原电位 Eh 是影响重金属元素行为的关键因子。土壤中重金属的形态、化合价和离子浓度都会随土壤氧化还原状况的变化而变化。进入土壤环境中的重金属，开始可能以可溶态存在于土壤溶液中，在还原条件下，S^{2-} 可使重金属以难溶硫化物的形式沉积，或者在还原条件下，难溶的重金属氢氧化物转化为更难溶的硫化物。在氧化条件下，铁离子和锰离子则以氧化难溶物的形式沉积。例如，在淹水土壤这种强还原状态下，土壤中的硫化合物便会在微生物细菌分解作用下，生成 H_2S 和金属硫化物（Hg、Cr、Pb、As 都是亲硫元素，具有较强亲和力），而在含 H_2S 的还原环境中，Zn^{2+}、Cd^{2+} 便转化成难溶性的 ZnS、CdS 存在于土壤中，使土壤溶液中 Zn^{2+}、Cd^{2+} 的浓度大大降低。当土壤风干（通气状况良好）时，土壤吸收氧气的能力增强，则难溶性的 ZnS、CdS 会被氧化成可溶性的 $CdSO_4$ 和 $ZnSO_4$ 或 S^{2-} 被氧化成 H_2SO_4，使土壤 pH 值降低，ZnS、CdS 的溶解度增加，Zn^{2+}、Cd^{2+} 大量游离于土壤溶液中，加重对土壤环境的污染。齐雁冰等（2008）对不同氧化还原条件下水稻土中重金属形态变化的研究表明，在 Eh 值升高时，Cu、Ni 和 Cd 的残渣态比例显著提高，有机结合态和氧化物结合态比例降低。总之，由于氧化还原作用的结果，使得重金属在不同条件下的土壤中以不同的价态存在，而价态不同，其活性与毒性也不同。于童等（2012）以重金属离子 Cd、Cu、Zn 为研究对象，分析了不同氧化还原电位对 Cd、Cu、Zn 在土壤中运移的影响，结果表明，高 Eh 值能明显促进 Cu 在土壤中的迁移；还原条件下，低 Eh 值会抑制 Cu 的迁移，抑制程度与还原剂浓度无关，与原土（氧化还原电位 240mV）相比，氧化性土壤中 Zn 运移较快，表现为相对浓度峰值较高，而不同的还原条件对 Zn 的迁移影响并不明显。在研究土壤氧化还原电位与硫化物形成时，得出随土壤氧化还原电位降低和硫化物形成，土壤溶液中重金属离子浓度相应下降。在 Cu 污染的水田中使用有机肥降低土壤氧化还原电位至还原性硫出现的临界电位（8mV）以下时，可减少重金属的可溶性。因此，通过调节土壤氧化还原电位（Eh），调节重金属化合物在土壤溶液中的溶解度，可以起到降低重金属污染的目的。

4.1.2.2 土壤 pH 值

土壤 pH 值是影响重金属元素化学行为的又一关键因子，它主要是通过影响重金属化合物在土壤溶液中的溶解度来影响重金属元素的行为。当 pH 值发生变化时，重金属的吸附位、吸附表面的稳定性、存在形态和配位性能等均会相应改变，导致土壤中重金属化学形态的变化。pH 值对重金属形态转化影响机理与其存在的化学形态有关，化学形态不同机理也不同（杨凤等，2014）。通常，在碱性条件下，进入土壤环境中的重金属多呈难溶态的氢氧化物，也可能以碳酸盐和磷酸盐的形式存在，它们的溶解度都比较小，因此土壤溶液中重金属离子的浓度也较低。土壤 pH 值的降低通常会导致土壤可溶性成分增加、土壤溶液总离子量升高，甚至在极端 pH 值条件下会使得土壤颗粒解体（Kumar 等，2013），这都是在污染土壤的修复中需要尽量避免出现的。小山雄生（1975）从理论上研究了土壤中 Cu、Cd、

Zn、Pb 等重金属氢氧化物的溶解度或沉淀受土壤 pH 值影响情况，得出土壤溶液中 Cu、Cd、Zn、Pb 等离子浓度随土壤 pH 值的上升而下降，但 Cu(OH)₂、Zn(OH)₂ 在强碱性环境中又会溶解而使土壤中 Cu 离子和 Zn 离子浓度再升高。同时，伊藤秀文（1975）等在水稻盆栽试验中用石灰调节土壤 pH 值，有效控制了土壤溶液中的 Cd 离子浓度。所以，重金属污染土壤的修复可以通过调节土壤 pH 值，促使重金属元素以难溶或难迁移的形态存在，从而降低土壤重金属污染（Zeng 等，2011）。

4.1.2.3　土壤胶体的吸附作用

土壤中含有丰富的无机和有机胶体，其中腐殖质的作用不容忽视。土壤中腐殖质占土壤有机质总量的 85%～90%，这些天然有机化合物对于某些不溶性盐类、金属阳离子和矿物颗粒具有延缓沉淀作用，促使这些物质发生一定距离的迁移。腐殖质对金属离子的迁移作用主要表现为，有机胶体对金属离子具有强烈的表面吸附与离子交换吸附以及螯合作用。土壤胶体对金属离子的吸附能力与金属离子的性质及胶体种类有关。同一类型的土壤胶体对阳离子的吸附与阳离子的价态有关。阳离子的价态越高，电荷越多，土壤胶体与阳离子之间的静电作用力就越强，吸引力也越大，故结合强度也越大。具有相同价态的阳离子，则主要取决于离子的水合半径，即离子半径较大者，其水合半径较小，在胶体表面引力作用下，较易被土壤胶体表面所吸附。此外，土壤胶体的结构及其电荷密度分布均对阳离子吸附作用产生影响。另外，溶液的浓度不同，或土壤中有络合剂时，将会打乱胶体对阳离子吸附的顺序。总之，金属离子被土壤胶体所吸附，是其从液相转入固相的重要途径。胶体的吸附，特别是有机胶体的吸附，在很大程度上决定着土壤中重金属的分布和富集。金属元素若被吸附在黏土矿物表面，则较易被交换，若被吸附在晶格中，则很难释放，而被固定。所以，通过向受重金属污染的土壤施加有机肥，增加土壤有机质（腐殖质），可以固定土壤中多种重金属，从而在一定程度上缓和土壤重金属污染。

4.1.2.4　土壤的配位（络合）作用

重金属在土壤环境中除了吸附作用以外，还存在着络合、螯合作用。一般认为，当金属离子浓度高时，以吸附交换作用为主，而土壤溶液中重金属离子浓度低时，则以络合、螯合作用为主。土壤中的重金属可与土壤中的各种无机、有机配位体发生配位作用。在无机配位体中，目前重视较多的是重金属与羟基和氯离子的络合作用；在有机配位体中，重要的是土壤中的腐殖质，因其具有很强的螯合能力，具有与金属离子牢固螯合的配位体，如氨基、亚氨基、酮基、羟基、羧基及硫醚等基团。例如在土壤表层的土壤溶液中，Hg 主要以 HgOH 和 HgCl 的形态存在，而在氯离子浓度高的盐碱土中则以 HgCl 形态为主。根据对 Hg²⁺ 及 Cd²⁺、Pb²⁺、Zn²⁺ 的研究表明，重金属元素的羟基配合及氯配合作用，可大大提高难溶重金属化合物的溶解度，同时减弱土壤胶体对重金属的吸附，因而影响重金属在土壤中的迁移转化。这种影响取决于所形成配位化合物的可溶性，如在腐殖质组成中胡敏酸和重金属形成的胡敏酸盐，除一价碱金属外一般是难溶的，而富里酸与金属形成的配合物一般是易溶的，能有效地阻止重金属难溶盐的沉淀。因此，可以通过改变土壤溶液的络合、螯合作用的条件，进而改变重金属化合物的活性，达到降低重金属污染土壤的目的。

4.1.3　重金属在土壤中的化学行为

重金属元素进入土壤后与土壤中的有机物、微生物及矿物质发生复杂的生物物理化学作用，表现出各自特殊的环境化学特性。其中所涉及的重金属元素是指 Cu、Pb、Zn、Cd、Hg、Cr、Se、Mn 等，它们在土壤中的形态分布、迁移转化、富集累积因自身的化学性质及土壤性质和作物的差异而具特性（张杨珠等，1999，2000）。

4.1.3.1　形态分布与迁移转化

重金属在土壤中的形态是其所处能量状态的反应。重金属与土壤中的其他物质结合而以一定的形态存在，它的迁移与传输就是在一定的形态下进行的。当重金属进入土壤后与土壤中的矿物质（主要是黏土矿物和硅酸盐矿物）、有机物（主要是植物生理代谢的产物，如腐殖酸等）及微生物发生吸附、络合和矿化作用，伴随着能量的变化，导致重金属元素的赋存形式改变以及时空迁移变化。重金属元素 Cu、Pb、Zn、Cd、Cr 在土壤中主要以可溶态、可交换态、碳酸盐态、铁锰氧化态、有机态及残渣态的形态存在。土壤本底中不同重金属的形态分布的百分比不同。当外源重金属进入土壤之后，其形态会不断地发生转化。可溶态重金属进入土壤后转化为可交换态，其浓度迅速下降；交换态和碳酸盐态重金属先微弱上升，然后迅速下降；铁锰氧化态重金属先上升，达到最大值，然后迅速下降，之后又微弱上升；有机态重金属不断上升；残渣态重金属或变化不大，或先上升后逐步稳定。水稻田中的重金属主要是以铁锰氧化态、有机态及残渣态进行积累。这种重金属形态的转化主要受植物的生理生长情况、土壤类别及作物种类影响，并伴随着迁移性和生物有效性的变化。研究表明，可溶态和可交换态重金属生物有效性最强，重金属形态在土壤中存在着一个向碳酸盐态、铁锰氧化态等形态转化的过程；同时，土壤中作物根系的分泌物不断溶解碳酸盐态、铁锰氧化态重金属，使金属的迁移性和有效性增强。

土壤中的 Hg 主要以金属 Hg、无机化合态 Hg 和有机化合态 Hg 的形式存在；有机化合态的 Hg 主要是有机 Hg（甲基 Hg 和乙基 Hg 等）和有机络合态的 Hg，且有机 Hg 中的甲基 Hg 易被植物吸收；土壤中的无机 Hg 则很难被吸收；进入土壤中的 Hg 除一部分能被土壤迅速吸附或固定，还有一部分可通过土壤侵蚀、淋溶、植物吸收及元素 Hg 的形式发生水、气、生物迁移。重金属元素进入农田生态系统后，Pb、Cd、Hg 大部分积累于耕作层土壤，易被作物吸收，很难向包气带迁移；而 Cr 等则部分积累于耕作层，其余部分向包气带和含水层迁移，有可能污染地下水。如图 4-1 所示，进入土壤的重金属在土壤-作物系统中的迁移转化不仅受重金属形态的影响，还受灌溉水质、土壤性质、作物根系性质等的影响。

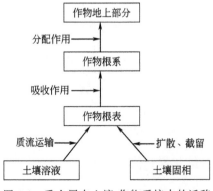

图 4-1　重金属在土壤-作物系统中的迁移

4.1.3.2　根际环境重金属化学行为研究

根际环境（Rhizosphere）是指与植物根系发生紧密相互作用的土壤微域环境，是植物在其生长、吸收、分泌过程中形成的物理、化学、生物学性质不同于土体的、复杂的、动态的微型生态系统。从环境科学角度来说，根际环境是重要的环境界面，因而成为当前土壤与环境科学研究中的一个热点。

根际环境由于植物根系分泌作用的存在致使其 pH 值、Eh 值、微生物等组成一个有异于非根际的特殊生境，根系分泌物、根际微生物间存在着复杂的相互关系。采用 $^{14}CO_2$ 连续标记研究表明，植物光合产物的 40% 以上通过根释放到土壤，也这一过程也称为根际沉降（Rhizo-deposition）。这些供微生物代谢利用的根系分泌物，包括自由生活的微生物，及其与植物共生的根瘤菌与菌根真菌。早已证明，根系分泌物会影响土壤中微生物的数量及群落组成，群落特征也随着根系分泌物的类型而变化。根际环境中的细菌密度比非根际土壤通常大 2～4 个数量级，并表现出范围更广泛的代谢活性。植物根系分泌物明显影响根际微生物群落结构，根系分泌物中的有机成分是引起根际新的细菌群落发展的潜在机制。

重金属在根际环境中的地球化学形态通常划分为五态，即可交换态、碳酸盐结合态、铁锰氧化物结合态、有机物结合态和残渣态。由于植物根系的存在，Zn、Pb、Cu 等在根际沉积物中主要分布于残渣态中，而在非根际沉积物中，它们主要以几种可迁移的化学形态存在。菌根环境对土壤中交换态和有机结合态有较大的影响；与非菌根相比较，其必需元素 Cu、Zn 交换态含量增加，非必需元素 Cd 交换态含量减少；同时，Cu、Zn、Pb 的有机结合态的含量在菌根际中都高于非根际。水稻根际有机结合态 Cd 远远大于非根际；高浓度 Cd 处理条件下，由于根际中铁锰氧化物结合态几乎为非根际的 2 倍，根际可能存在交换态、碳酸盐结合态向铁锰氧化物结合态转化的机制。

根系活动能活化根际中的重金属，促进其生物有效性。研究结果表明，随着小麦根际的酸化或碱化，根际 Cd 的可提取性相应增加或减少，说明根际 pH 值的变化一定程度上调节着植物对重金属的吸收。不同土壤类型其根际土对重金属的吸附-解吸特征不同，土壤 pH 值对其产生明显的影响。随着黄棕壤根际 pH 值的提高，或红壤根际 pH 值的下降，根际土对 Cd 的吸附亦相应地增强或减弱，解吸则相反。根际环境中的氧化还原电势与溶解氧水平不同于非根际，因而使一些变价重金属如 Cr、Hg、As 等发生氧化还原反应，由于不同价态离子的生理生态毒性不同，研究变价重金属离子在根际环境中的氧化还原反应显得非常重要。在细菌作用下的氧化还原是很有潜力的有毒废物的生物修复系统，例如，土壤细菌对无机与有机 Hg 化合物的还原与挥发，Cr 酸盐的还原与亚 As 酸盐的氧化。有些真菌也有氧化还原重金属的能力。

根际微生物的分泌物可与金属离子发生络合作用。根际微生物与重金属具有很强的亲和性，有毒金属可储存在细胞的不同部位或被结合到胞外基质上，通过代谢过程，这些离子可被沉淀或被螯合在可溶或不溶性生物多聚物上。根系分泌物各组分（黏胶、高分子、低分子分泌物）均可与重金属发生络合作用，高分子与低分子的络合物可能有助于重金属向根表的迁移，而黏胶包裹在根尖表面，可认为是重金属向根迁移的"过滤器"。一般来讲，有机小分子促进 Zn、Cd 等重金属的移动性，研究发现，植物根系使重金属污染土壤中的 Zn、Cd 等在土壤渗滤液中浓度升高，而对 Pb 的影响不大。

4.1.3.3 作物分布及生理生态效应

重金属元素进入土壤以后只有具有迁移性的可溶态和可交换态具有生物有效性，并在植物体内运输和重新分布，与植物体内的特定物质反应，从而引起相应的生理生态效应，表现出一定的器官选择性、生长适应性和种属特异性。研究高岭矿、Cu、Zn 矿废弃尾矿堆放区的植物分布时发现，两矿含有 Cu、Zn、Cr、Mn 等重金属元素，高岭土矿土仅生长狼把草，偶见一些金狗草，Cu、Zn 废弃尾矿上仅生柔枝莠竹和稗草两种植物，尾矿堆积区植物种类少，长势弱，说明这些重金属元素能抑制植物生长而形成了植物的选择生长。这些元素进入植物体内主要分布在植物的地下部分，狼把草主要累积 Zn、Mn，柔枝莠竹则可富积 Zn、Cu、Mn 等。研究铀冶炼厂附近水稻、白菜、茶叶及柑橘食用部分中重金属含量时发现，Mn、Cd、Cr、Pb 在四种作物中的含量及生物学转移参数具有种属性差异。研究 Cr 污染对植物生长影响时发现，Cr 能抑制乔木生长，而对车前、地肤等野生植物能形成超量累积选择性生长，Cr 在这些植物根部的含量与其在土壤中的浓度显著相关。

重金属元素在作物中的分布累积具有剂量-效应关系和组织器官差异性；低剂量时累计系数高，相反，高剂量时累计系数低，但累积的绝对量随剂量的增大而增大。大多数作物不同器官含量水平差异大，通常是根＞茎叶＞籽实。多种重金属元素共存于土壤-植物系统时还会表现出一定的协同拮抗效应，与土壤中植物根系分泌物、微生物及其分泌物等造成的土壤溶液中重金属元素的生物有效迁移态有关。农作物中 Pb 的含量具有种属差异性，并且有的农作物茎叶中 Pb 的含量高于根，而有些农作物根中 Pb 的含量高于茎叶。此外，还发现低浓度的 Pb 能促进植物的正常生长，作物茎叶内硝酸还原酶活性、可溶性糖含量、叶绿素含量均有不同程度的增加，但随着 Pb 离子浓度的增加，其促进作用变为抑制作用，高浓度的 Pb 严重阻碍作物的生理活动。从细胞和器官水平研究药用植物中 Pb 的形态和分布，结果发现 Pb 的形态和分布规律与其在植物体内的迁移过程有关，与体内的细胞壁、维管的壁、蛋白质、多肽、有机酸及无机离子的化学反应有关。研究还发现，蚯蚓能富集硒和 Cu 元素，可以将蚯蚓用作土壤重金属的监测指示物。

4.1.4 土壤环境重金属污染的特征

4.1.4.1 重金属在土壤环境中的空间分布特征

重金属作为构成地壳的元素，多赋存于各种矿物与岩石中，其含量大都低于 0.1%，属微量元素。经过岩石风化、火山喷发、大气降尘、水流冲刷及生物摄取等过程，构成其在自然环境中的迁移循环，并在土壤环境中积累。此外，成土母岩、母质、成土过程等因素的空间特征的分布，重金属在土壤环境中的背景值也存在着空间分异的特征。

4.1.4.2 重金属污染的化学特性

重金属多属于过渡性元素，具有独特的电子层结构，使其在土壤环境中的化学行为具有如下特点。

① 过度元素有可变价态，能在一定幅度内发生氧化还原反应。同时，同一种重金属的价态不同，呈现的活性和毒性也差异很大。

② 重金属在土壤环境中易发生水解反应，生成氢氧化物，也可以与土壤中的 H_2S、H_2CO_3、H_3PO_4 等反应生成硫化物、碳酸盐、磷酸盐等，这类化合物多属于难溶物质，在

土壤中不易发生迁移，使重金属的污染危害范围变化小，但使其污染区域内危害周期变长，危害程度加大。例如，堆放城市工业和生活固体废弃物的城郊垃圾场、利用工业污水进行农业灌溉的农场等都呈现这种重金属的污染特征。

③ 重金属作为中心离子能接受多种阴离子和简单分子的独对电子，生成配位络合物；并且还可以与部分大分子有机物如腐植酸、蛋白质等生成螯合物。难溶性的重金属盐形成络合物、螯合物后，其在水中的溶解度可能变大，在土壤中易发生迁移，增大其污染危害范围。

4.1.5　土壤中重金属的生态效应

4.1.5.1　重金属对土壤微生物群落的影响

重金属进入土壤后，首先影响土壤细菌、真菌、放线菌等微生物的种群数量。土壤受 Hg、Cd、Pb、Cr、As 等重金属污染后，不但其细菌数目明显降低，而且还能对固氮菌、分解磷细菌、纤维分解菌、枯草杆菌、木霉等其他菌类起抑制作用。

重金属在影响土壤微生物数量和质量的同时，土壤微生物对重金属化合物具有分解转化的反作用。重金属在土壤有机化过程中，土壤微生物起了非常重要的作用，如 Hg 在环境中存在多种价态（元素 Hg、无机 Hg 离子、有机 Hg 化合物），有机 Hg 化合物的形成除人工合成的有机 Hg 制剂外，细菌也具有合成甲基 Hg 的能力。在有甲基钴胺等条件下，细菌可使 Hg^{2+} 形成 CH_3Hg^+ 或 CH_3HgCH_3。Hg 在土壤中的迁移转化见图 4-2。

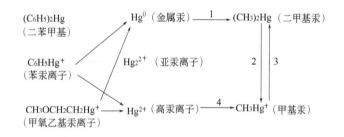

图 4-2　汞在土壤中的转化模式

1—酶的转化（厌氧条件）；2—酸性环境；3—碱性环境；4—化学转化（需氧条件）

（引自戴树桂. 环境化学. 高等教育出版社. 2006）

土壤微生物种群结构是表征土壤生态系统群落结构和稳定性的重要参数之一。通常情况下，重金属污染对微生物有两个明显效应：一是不适应生长的微生物种数量的减少或绝灭；二是适应生长的微生物数量的增大与积累。近年来采用较为先进的碳素利用法、脂肪酸甲基酯分析法及核酸测定法研究了土壤微生物功能多样性和结构多样性。用 BIOLOG 微平板反应系统评价了 Cd、Cu、Zn 污染土壤微生物的功能多样性。还有碳素利用法研究 Cu、Ni、Zn 等重金属污染土壤的微生物组成，结果得出高 Cu 污染土壤中微生物种群类型比 Ni、Zn 污染的土壤中微生物种群类型少，重金属严重污染会减少能利用有关碳底物的微生物量的数量，降低微生物对单一碳底物的利用能力，减少了土壤微生物群落的多样性。另有采用核糖体 DNA 限制性分析法研究土壤微生物对外源 Cu 的反应，表明两种土壤中的微生物数量、种类均发生一定变化。采用磷脂脂肪酸法（即 PLFA 法）研究森林土壤和农用耕地对外源

Zn 污染的反应，结果表明：两种土壤的总磷脂脂肪酸均随 Zn 浓度的增加而下降，脂肪酸所占比例随着浓度的加大而上升。不同类群微生物对重金属污染的耐性也不同，通常为：真菌＞细菌＞放线菌。重金属胁迫对土壤微生物种群结构会产生一定程度的影响。

4.1.5.2　重金属污染对土壤微生物生物量的影响

土壤微生物生物量代表参与调控土壤中能量和养分循环以及有机质转化的微生物的数量，且土壤微生物量碳或氮转化速率较快，可以很好地表征土壤总碳或总氮的动态变化，是比较敏感的生物学指标。大量研究表明：重金属污染的土壤，其微生物生物量存在不同程度的差异。在 Cu、Zn、Pb 等重金属污染矿区，土壤的微生物生物量受到严重影响，靠近矿区附近土壤的微生物生物量明显低于远离矿区土壤的微生物生物量。张彦等（2007）对张士灌区农田土壤微生物生物量、活性和种群与土壤中重金属污染状况进行了分析，研究结果表明，土壤微生物生物量、微生物商、土壤脱氢酶活性以及自生固氮菌均受到不同程度的抑制，且这些指标随土壤重金属含量增加而下降，土壤重金属含量变化是影响微生物参数变化的主要因素，在微生物参数中微生物商和代谢商对重金属污染最敏感。此外，不同重金属及其不同浓度对土壤微生物生物量的影响效果也不一致。当重金属浓度达到欧盟制定的标准土壤重金属环境容量的 2~3 倍时，才表现出对微生物生物量的抑制作用。低浓度的重金属能刺激微生物的生长，增加微生物生物量碳；而高浓度重金属则导致土壤微生物量碳的明显下降。土壤环境因素也影响重金属污染对土壤微生物生物量的大小。比如，重金属污染对不同质地土壤的微生物生物的影响是不同的，对砂质、砂壤质土壤的微生物生物量的抑制作用比壤质、黏质土壤大得多。

4.1.5.3　土壤重金属对土壤酶活性的影响

重金属对土壤酶活性有较为明显的影响。这种影响一方面是重金属对土壤酶活性产生直接作用，使酶类活性基团空间结构受到破坏，从而降低其活性。另一方面，重金属能抑制土壤微生物的生长繁殖，减少微生物体内酶的合成和分泌量，最终导致土壤酶活性降低。重金属及其化合物对土壤的氧化还原酶、脲酶、碱性磷酸酶、蛋白酶、多酚氧化酶、酸性磷酸酶等土壤酶类的活性都有不同程度的抑制作用。

4.1.5.4　重金属对土壤的生化过程的影响

（1）重金属对土壤有机残落物降解作用的影响

土壤有机残落物的降解主要是通过土壤有机质矿化，土壤有机物氨化、硝化与反硝化等作用完成的。相当多种类的重金属能抑制土壤有机残落物的降解，如 Cr 能抑制土壤纤维素的分解，当 Cr 浓度大于 40mg/kg 时，纤维分解在短时间内全部受到抑制。Cr 的价态不同，毒性差别较大，Cr^{6+} 的毒性大于 Cr^{3+}。

（2）重金属对土壤呼吸代谢的影响

土壤中的重金属对土壤呼吸强度有一定的抑制作用，其中 As 对呼吸抑制作用最强。研究证明，土壤呼吸作用强弱意味着该土壤系统代谢旺盛与否。呼吸作用的强弱与微生物数量有关，也与土壤有机质水平、N 和 P 的转化强度、pH 值、中间代谢产物等因素有关。

（3）重金属对土壤氨化和硝化作用的影响

土壤中的重金属能抑制土壤的氨化和硝化作用。试验表明，土壤中 Cd 的浓度越高，土壤氨化和硝化作用越弱。当 Cd 加入量达 30mg/kg 时，对硝化作用有显著抑制作用；当 Cd 加入量达 100mg/kg 时，对氨化作用才有显著抑制效应。

4.1.6　有毒重金属在土壤中的迁移转化及其危害

4.1.6.1　Cd 元素

Cd 随污水灌溉或污泥进入土壤中，被土壤吸附的 Cd 一般在 0～15cm 的土壤表层积累，15cm 以下显著减少。Cd 在土壤中的存在形式，一般当 pH<8 时为简单的 Cd^{2+}，当 pH=8 时，开始生成 $Cd(OH)^+$，土壤对 Cd 的吸附力较强；在 pH=6 时，大多数土壤对 Cd 的吸附率在 80%～95%。

Cd 是作物生长的非必需元素，并易为作物所吸收，植物体内的 Cd 含量与土壤中的 Cd 含量成正相关性。土壤中过量的 Cd，不仅能在植物体内残留，而且也会对植物的生长发育产生明显的毒害，Cd 破坏叶片的叶绿素结构，降低叶绿素含量，使叶片发黄，生长缓慢，植株矮小，根系受到抑制，作物生长受阻，产量降低。进入植物体内的 Cd 很容易通过食物链进入人体内，危害人体健康。如 Cd 污染引起的疼痛病，就是因为食用含 Cd 废水灌溉的稻米。

4.1.6.2　Pb 元素

土壤中的 Pb 主要以 $Pb(OH)_2$、$PbCO_3$、$Pb_3(PO_4)_2$ 等难溶形式存在，在土壤溶液中可溶性 Pb 含量极低，进入土壤中的 Pb 主要积累在土壤表层。土壤中的 Pb 较容易被有机质和黏土矿物所吸附，其吸附强度与有机质含量呈正相关。

土壤 pH 值对 Pb 在土壤中的存在形态影响较大，当土壤呈酸性时，土壤中固定的 Pb，尤其是 $PbCO_3$ 容易释放出来，使土壤中水溶性 Pb 含量增加，可促进土壤中 Pb 的迁移。作物从土壤中吸收的 Pb 主要是土壤溶液中的 Pb^{2+}，作物吸收的 Pb 绝大部分积累于根部，而向茎叶、籽实中迁移的量很少。Pb 在植物组织中的累积可导致氧化过程、光合过程和脂肪代谢过程强度减弱。另一方面，Pb 可使水的吸收量减少，耗氧量增大，阻碍植物生长，甚至引起植物死亡。当动物食用含 Pb 3mg/kg（按干重计）的饲料时，在其组织中就会有 Pb 积累。Pb 毒害影响在反刍动物上表现最为严重，因为 Pb 长时间停留在胃内，从而提高其吸收量。因此，对于动物和人来说，Pb 是一种危害很大的蓄积性有毒元素。

4.1.6.3　As 元素

As 主要以正三价态和五价态存在于土壤中。水溶性部分多以 AsO_4^{3-}、AsO_3^{3-} 等阴离子形式存在，一般只占总 As 的 5%～10%。这是因为进入土壤中的水溶性 As 很容易与土壤中的 Fe^{3+}、Al^{3+}、Ca^{2+}、Mg^{2+} 等形成难溶性的 As 化合物。土壤中的 As 大部分与土壤胶体结合，呈吸附状态。

As 是植物强烈吸收积累的元素。植物对 As 的吸收量取决于土壤中的 As 量。作物吸收的 As 部分积累在根部，其次是茎叶，籽实中的含量最少。说明作物从土壤中吸收的 As 大部分积累在根和茎叶等生长的部位，向营养物质储藏器官种子转移的很少。土壤中 As 含量达到有害浓度时，对作物的生长产生危害。As 中毒阻碍作物生长的症状首先表现在叶上，受害叶片脱落，其次是根部伸长受到阻碍，致使植物的生长发育受到显著抑制。

4.1.6.4　Hg元素

土壤中的 Hg 按其化学形态可分为金属 Hg、无机化合态 Hg 和有机化合态 Hg。在各种 Hg 化合物中，以烷基 Hg 化合物（如甲基 Hg、乙基 Hg）的毒性最强。Hg 进入土壤后，95%以上能迅速被土壤固定。一般土壤中腐殖质含量越高，土壤吸附 Hg 的能力越强。当土壤有机质增加 1% 时，Hg 的固定率可提高 30%。土壤中 Hg 的化合物可转化成甲基 Hg。Hg 的甲基化速度和土壤温度、湿度、质地有关。一般在水分较多、质地黏重的土壤中，甲基 Hg 的含量比水分少而砂性的土壤多。

Hg 是危害作物生长的元素。在土壤中含 Hg 过量时，不但能在作物体内积累，还会对作物产生毒害。作物的不同部位对 Hg 积累的量不同，一般是根＞茎叶＞籽实。土壤中的甲基 Hg 通过吸收、迁移而进入各种农作物，在肉类、蛋类中积累，食用后进入人体造成危害。

4.1.6.5　Cr元素

Cr 在植物体内的迁移能力比 Hg、Cd 弱得多。Cr 几乎在所有生物中都呈微量存在，对动物和人来说，Cr 是必需的微量元素。植物体中 Cr 的一般含量为 0.01～1mg/kg。当土壤环境中 Cr 超过一定含量时，则对植物产生危害。高浓度的 Cr 对植物产生严重的毒害作用，抑制植物的正常生长发育。土培的水稻若用 5mg/L 的 Cr 溶液灌溉，对生长发育无影响，用 10mg/L Cr 溶液灌溉，生长稍受影响；用 25mg/L Cr 溶液灌溉，出现褪绿无分蘖，叶鞘灰绿色，细胞组织开始溃烂，生长受到严重影响；用 50mg/L Cr 溶液灌溉，叶片枯黄，叶鞘发黑腐烂，水稻生长受到严重危害。

4.2　土壤中有机污染物的化学行为及其生态效应

土壤是一种包括矿物质、有机质、生物种群、水和空气等组分的多介质体系，具有复杂的化学和生物学性能，可被粗略划分成空气、水溶液、固体、生物体四相，有机污染物在土壤中的行为受到它在这四相之间分配趋势的制约。土壤中的有机污染物可能挥发进入大气；随地表径流污染附近的地表水；吸附于土壤固相表面或有机质中；随降雨或灌溉水向下迁移，通过土壤剖面形成垂直分布，直至渗滤到地下水，造成其污染；生物或非生物降解；作物吸收。这些过程往往同时发生，互相作用，有时难以区分，并受到多种因素的影响。图 4-3 给出了土壤中有机污染物的行为及其主要影响因素。

有机污染物在土壤中主要以挥发态、自由态、溶解态和固态 4 种形态存在，绝大多数有机污染物都属于挥发性有机污染物。这些有机物主要来源于固体废物填埋场、地下密封储存的有害污染物的事故性泄漏及用于农业的除草剂、杀虫剂等，其类型多为卤代烃类化合物、芳香类烃类化合物及各种杀虫剂。在土壤环境中，一系列的机制控制着污染物的运移：a. 地下水流决定了污染物的运动方向和速率；b. 扩散使污染物产生纵向及横向的转移；c. 污染物与土壤颗粒中有机质及矿物质之间的吸附解吸、污染物在土壤包气带水气界面处的物质交换使污染物的运移受到阻滞作用；d. 由于具有挥发性，污染物还随气体迁移和扩散；e. 土壤中的生物与化学作用使污染物降解，生成无害物质或其他有害物质。要预测污

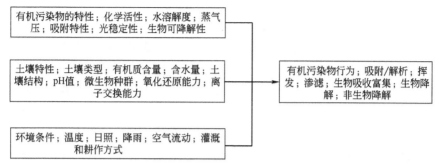

图 4-3　土壤中有机污染物的行为及其主要影响因素

染物的运移和其归宿，必须对土壤-水-空气这一复杂的系统及污染物在其中的诸多迁移机制有充分理解。这些挥发性有机污染物通过挥发、淋浴和由浓度梯度产生扩散等在土壤中迁移或逸入空气和水体中，或被生物吸收迁出土体之外，进而对大气、水体、生态系统和人类的生命造成极大的危害。

有机污染物对生态环境的污染，是当前环境保护研究中的重要课题之一。有机污染物被释放出来后，就会进入土壤或水体（地表水及地下水）等环境介质中去；进入大气中的有机污染物也会以某种形式进入土壤-水系统中去。在土壤-水体系中，虽然水是流动介质，但污染物并不随水的流动而立即消失，它们以某种形式进入土壤或河流、湖泊等水体的底部淤泥并残留下来，然后再缓慢释放，成为长期的二次污染源，危害环境。所以，必须重视有机污染物在环境中的行为和归宿。土壤-水体系中吸收有机污染物的土壤物质类型、进入的方式、土壤对有机污染物的吸收容量、污染程度及对生物影响的评估等，已成为当前环境科学研究中的热点问题。

4.2.1　有机污染物在土壤中迁移转化

有机污染物在土壤中的迁移转化问题实质上是水动力弥散问题。一般情况下，水动力弥散是由于质点的热动力作用和因流体对溶质分子造成的机械混合作用而产生的，即溶质在孔隙介质中的分子扩散和对流弥散共同作用的结果。由于孔隙系统的存在，使得流体的微观速度在孔隙的分布上无论其大小还是方向都不均一，这主要有三方面的原因：一是由于流体的黏滞性使得孔隙信道轴处的流速大，而靠近信道壁处的流速小；二是由于信道口径大小不均一，引起信道轴的最大流速之间的差异；三是由于固体颗粒的切割阻挡，流线相对平均流动方向产生起伏，使流体质点的实际运动发生弯曲。

有机污染物进入地下水系统要经过三个阶段：通过包气带的渗漏；由包气带进一步向包水带扩散；进入包水带中污染地下水。有机污染物进入包气带中使土壤饱和后在重力作用下向潜水面垂直运移。在向下运移的过程中，一部分滞留在土壤的孔隙中，对土壤环境构成污染。有机污染物通过包气带运移时，在低渗透率地层上易发生侧向扩散，而在渗透率较高的地层中原油会在重力作用下垂直向下运移至毛细带顶部。到达毛细带的原油在毛细力、重力作用下发生侧向及垂向运移，在毛细带区形成一个污染界面。部分有机污染物进入包水带对地下水构成污染，部分有机污染物滞留在毛细带附近。随着降雨的淋溶作用，滞留在包气带及毛细带的原油会进一步进入地下水中，导致地下水污染。有机污染物进入地下环境后，它在多孔介质中的运动属于多相渗流问题，即有机污染物-水-气三相共存的状态。在以往的研究过程中往往忽略了气相的作用，其根据为当空气不能自由排出时，以泡沫的形式存于水中，气体被压缩压力增大，增加了水的流动阻力，从而降低了水的渗透率；另一方面，空气在水的驱动下，水气同时流动，由此产生了对水流的阻滞作用。

近几年来，许多研究人员从实验得出结论，当两种不溶混流体同时存在多孔介质时，由于孔隙空间中两种流体黏性不同引起它们之间相互干扰，加上湿润流体饱和度增加时，在非湿润流体信道中还留着孤立的残余非湿润流体，使湿润流体的渗透率大大小于单向流体饱和时的渗透率，因此，水在非饱和带内流动过程实质是多孔介质中水气两相互不相容混流体相互驱替的过程，这个过程不仅有水的流动，而且还有气体的运动。一方面，当空气不能自由排出时，以泡沫的形式存于水中，气体被压缩压力增大，增加了水的流动阻力，从而降低了水的渗透率；另一方面，空气在水的驱动下，水气同时流动，由此产生了对水流的阻滞作用。

4.2.2 土壤中有机污染物的化学行为

4.2.2.1 吸收有机污染物的土壤物质类型

土壤（包括水体底泥）的成分很复杂，既有矿物又有有机物，它们都可能成为有机污染物的吸收载体。土壤有机质的成分变异很大，其中既有未分解的或半分解的有机残体，又包括多种分子量不同、聚合程度不同的腐殖物质（如胡敏素、胡敏酸及富里酸等）。无机矿物中，既有粗粒石英、长石、白云母等（它们一般不具有吸附功能），又有胶体的黏土矿物（如高岭石、蒙脱石、伊利石、无定形三氧化二铝、三氧化二铁等）。而且，不同类型土壤的组成又有所不同，从而使得对有机污染物在土壤中行为的研究面临很大的困难。

通过大量研究发现，由于无机矿物具有较强的极性，矿物与水分子之间强烈的极性作用，使得极性小的有机分子很难与土壤矿物发生作用，它们对有机污染物的吸收量微不足道，由此确认土壤有机质是土壤-水体系中吸收有机污染物的主要成分。

4.2.2.2 有机污染物进入土壤有机质的方式

有机污染物进入土壤有机质的方式并不是通常所认为的通过土壤有机质对有机污染物的吸附作用而进行的。应用高分子溶液化学理论，将有机污染物进入土壤有机质的过程定义为分配（Partition）过程，并通过实验证实了这一方式（图4-4）。图4-4显示，当用1,3-二氯苯和1,2,4-三氯苯的混合溶液进行试验时，土壤有机质对两种混合物质的吸收量与分别用两者单组分溶液进行试验时的吸收量一致，说明土壤有机质对有机污染物的吸收不是吸附作用，而是一种非竞争性的吸入作用，也就是分配（Partition）作用。

4.2.2.3 有机污染物对土壤有机质吸收量的影响

有机污染物种类繁多，找出它们被土壤有机质吸收的规律十分重要。研究表明，土壤有机质吸收有机污染物的量与有机污染物的分子极性有关。这一发现找到了有机污染物在土壤中行为的共同特性，从而可以从整体上对有机污染物的行为进行研究，避免了对单个有机污染物分别进行烦琐的研究，是对有机污染物在环境中行为研究工作的一个极为重要的突破。表4-1列出了几种有机污染物在土壤-水体系和辛醇-水体系中的分配系数。随着有机污染物的摩尔体积（V）的增大，其水溶性（$\lg S$）减小，表现出有机污染物在土壤-水和辛醇-水

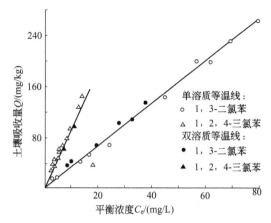

图 4-4　20℃时 Wood turn 粉壤土中，单溶质及双溶质溶液在土壤-水体系中的平衡等温线

体系中的分配系数（K_{om}、K_{ow}）增大，即从水中进入土壤有机质和辛醇中的有机污染物增加。由于水是极性溶剂，所以有机物在水中的溶解度与其极性强弱有关，一般是极性越强则溶解度越大，反之则小。由此可知，随着有机污染物的极性减小（即水溶性减小），它们在土壤-水体系中的分配系数增大，也就是土壤有机质越容易吸收并保留它们，释放的速度也就越慢，它们在环境中的残留时间也就越长。这些残留在土壤有机质中的有机污染物会在以后的时间内逐渐向水体中释放（释放浓度和速率与其分配系数有关），形成长期的二次污染源。

表 4-1　有机物在辛醇-水和土壤有机质-水体系中的分配系数

有机物	lgS①	V/(L/mol)	lgSV	lgK$_{ow}$③	lgK$_{om}$③
苯	−1.64	0.0894	−2.69	1.26	2.13
苯甲苯	−1.85	0.109	−2.82	1.30	2.11
氯苯	2.36	0.102	3.35	1.68	2.84
乙基苯	−2.84	0.123	−3.75	1.98	3.15
1,2-二氯苯	−2.98	0.113	−3.98	2.27	3.38
1,3-二氯苯	−3.04	0.114	−3.98	2.23	3.38
1,4-二氯苯	(−3.03)	0.118	−3.96	2.20	3.39
1,2,4-三氯苯	−3.57	0.125	−4.47	2.70	4.02
2-聚氯联苯	(−4.57)	0.174②	−5.33	3.23	4.51
2,2′-聚氯联苯	(−5.08)	0.189	−5.57	3.68	4.80
2,4′-聚氯联苯	(−5.28)	0.189	−5.97	3.89	5.10
2,4,4′-聚氯联苯	(−5.98)	0.204	−6.67	4.38	5.62

① S 指 20～25℃时的溶解度，以 mol/L 计，括号内数据是根据有关公式推算出来的。
② 聚氯联苯摩尔体积是根据有关公式推算出来的。
③ K_{ow} 和 K_{om} 分别为辛醇-水和土壤有机质-水的分配系数。

4.2.2.4　土壤有机质成分对有机污染物吸收的影响

世界各地的生物气候条件、土壤类型都有很大差异，所以土壤有机质的成分也各不相同，而这种差别会影响其对有机污染物的吸收。研究证实，土壤有机质成分对有机污染物吸收的影响也可用极性的强弱来加以解释。

表 4-2 列出了几种有机质与有机污染物吸收量之间的关系。随着有机质中碳含量的降低和氢、氧、氮含量的提高，有机质吸收苯和四氯化碳的量和分配系数（K_{om}）下降，吸收极限值（质量或体积）也下降。硫的含量变化与这一趋势没有明显相关，这与表征这些元素极性的电负性是紧密相关的（电负性：氧 315、氮 310、硫 214）。对土壤有机质而言，含碳量的增加和氢、氧、氮含量的降低意味着有机质成分中木质化程度高、活性基团少和极性较弱，反之则极性较强。所以，常用 C/O 和 C/N 来表示土壤有机质活性和极性的强弱，C/O、C/N 之比值低，则土壤有机质极性较强，反之则极性较弱。表 4-2 和表 4-3 数据显示，弱极性土壤有机质对有机污染物吸收量较大，而强极性土壤有机质则吸收量小。同时，表 4-2、表 4-3 还反映出有机物表面积与其对有机污染物的吸收量之间没有相关性，这也从另一个方面说明了土壤有机质吸收有机污染物不是由吸附作用引起的。

表 4-2　有机质样品的表面积和元素含量

有机质	表面积/(m²/g)	元素含量/(g/kg)					
		C	H	O	N	S	灰分
浸提泥炭①	—	640	44.0	289	23.6	2.7	150
泥炭	1.5	571	44.9	339	36.0	6.5	136
腐熟有机肥	0.8	531	49.0	375	37.7	4.8	185
纤维素②	2.3	444	62.0	494	—	—	—

① 浸提泥炭用 0.1mol/L NaOH 溶液反复振荡离心，重复浸滤 50 次，用去离子水清洗所得。

② 纤维素成分由分子式推算，故没有列出 N、S 和灰分量。

表 4-3　土壤有机质对苯和四氯化碳的分配系数和极限溶量

有机质	苯			四氯化碳		
	K_{om}/(L/kg)	Q_{om}^0/(mg/g)	Q_{om}^1/(mL/kg)	K_{om}/(L/kg)	Q_{om}^0/(mg/g)	Q_{om}^1/(mL/kg)
浸提泥炭	20.8	37.1	42.2	73.5	58.8	36.9
泥炭	12.5	22.0	25.1	44.6	35.6	22.3
腐熟有机肥	7.67	13.7	15.5	27.8	22.2	13.9
纤维素	0.56	1.00	1.13	1.75	1.40	0.88

注：Q_{om}^0、Q_{om}^1 分别为质量比和体积与质量比。

4.2.3　典型有机污染物在土壤中的化学行为及其生态效应

4.2.3.1　石油污染物

（1）石油污染物的来源与组成

石油主要是由烃类化合物组成的一种复杂混合物，碳链长度不等，最少时仅含一个碳原子（如甲烷），最多时可超过 24 个碳原子（如沥青）。石油中的烃类化合物一般可分为饱和烃、芳香烃、沥青质和胶质四类。沥青质包含苯酚类、脂肪酸类、酮类、酯类、扑啉类等化合物；胶质则包含吡啶类、亚砜类、喹啉类、卡巴肼类和酰胺类等化合物。因此，石油是由气体、液体和固态烃类化合物组成的混合物。石油可以分离出天然气、汽油、柴油、挥发油、煤油、润滑油、石蜡、沥青等多种成分。这些石油产品和原油造成的环境污染都属于石油污染的范畴，包括石油产品的分解产物所引起的污染也归于此类。除烃类化合物之外，石油还含有少量的氧、氮、硫等。总的来说，对环境有污染的石油类物质可以分为以下几类：a. 含氧的烃类衍生物，包括环烷酸、酚类、脂肪酸等；b. 含硫的烃类衍生物，包括硫醇、硫醚、二硫化物、噻吩等，这些含硫的有机物在石油加热到 75℃ 则分解产生硫化氢；c. 含氮的烃类衍生物，包括六氢吡啶、吡啶喹啉、吡咯等，石油中氮含量一般为 $0.03\%\sim2.17\%$；d. 石油中的胶质、沥青质，它们含有氧、硫、氮等多种物质，是黑色的固体，主要集中于重质油中，约占石油总质量的 20%。石油中各组分从气体、液体到固体，理化性质相差很远，生物可降解性也相差很大，有的组分具有很好的可生物降解性，但有的则很难被降解，进入环境中可残留很长时间，造成长期的污染。

石油组分的复杂性，决定了石油类物质的物理、化学性质的复杂性和多变性。表 4-4 列出了一些石油主要组分的物理化学性质（史红星，2001）。

表 4-4　石油主要组分的理化性质

化学物质	分子量 /(g/mol)	熔点 /℃	沸点 /℃	密度 /(g/cm³)	溶解度 /(g/m³)	蒸汽压 /Pa	lgK_{ow}
正戊烷	72.15	−129.7	36.1	0.614	38.5	68400	3.62
正辛烷	114.2	−56.2	125.7	0.700	0.66	1880	5.18
环戊烷	70.14	−93.9	49.3	0.799	156	42400	3.00
甲基环己烷	98.19	−126.6	100.9	0.770	14	6180	2.82
苯	78.1	5.53	80.0	0.879	1780	12700	2.13
甲苯	92.1	−95.0	111.0	0.867	515	3800	2.69
三甲基苯	120.2	−44.7	164.7	0.865	48	325	3.58
萘	128.2	80.2	218.0	1.025	31.7	10.4	3.35
蒽	178.2	216.2	340.0	1.283	0.041	0.0008	4.63
菲	178.2	101.0	339.0	0.980	1.29	0.0161	4.57
苯并[a]芘	252.3	175.0	496.0		0.0038	7.3×10^{-7}	6.04

注：1. K_{ow} 为正辛醇-水分配系数。

2. 引自史红星. 石油类污染物在黄土高原地区环境中迁移转化规律的研究. 西安建筑科技大学. 2001。

根据烃类成分的不同，原油可分为石蜡基石油、环烷基石油和中间基石油三类。石蜡基石油含烷烃较多最易燃烧；环烷基石油含环烷烃、芳香烃较多；中间基石油介于二者之间。目前我国已开采的原油以低硫石蜡基居多，其主要特点是含蜡较多，凝固点高，硫含量低，镍含量中等，钒含量极少。除个别油田外，原油中汽油馏分较少，渣油占 1/3。大庆等地原油均属此类。其中，最有代表性的大庆原油，硫含量低，蜡含量高，凝点高，能生产出优质煤油、柴油、溶剂油、润滑油和商品石蜡。胜利原油胶质含量高（29%），密度较大（0.91 左右），含蜡量高（15%~21%），属含硫中间基。汽油馏分铅性好，且富有环烷烃和芳香烃。辽河油田是我国主要的稠油生产基地。在我国，稠油是指地层原油黏度大于 50MPa·s（地层温度下脱气原油黏度大于 100MPa·s），原油密度大于 0.92g/cm³ 的重质油。重质油的一般性质（陈国华，2002）主要包括以下 6 点。

① 轻质馏分很低，胶质沥青质含量很高。一般随着胶质沥青质含量增加，油的密度及同温度下黏度随之增高。常规原油（稀油）中沥青质含量一般不超过 5%，而稠油中可达

$10\%\sim30\%$，个别特稠油、超稠油可达 50% 或更高。

② 随着密度增加黏度增高。

③ 烃类组分低。陆相稀油，烃的组成一般大于 60%，最高达 95%，而稠油一般小于 60%，最低者在 20% 以下。随着烃类和沥青质含量的增加，稠油密度增大。

④ 含蜡量低。大多数稠油油藏原油含蜡量在 5% 左右。

⑤ 凝固点低。稠油油藏原油凝固点一般低于 $10\,℃$，有的可达 $-7\,℃$。

⑥ 金属含量低。我国陆相稠油与国外海相稠油相比，金属元素如镍、钒、铁及铜含量很低。

我国主要大型油田所产原油的主要性质列于表 4-5 中，按密度将原油分成轻质油、中质油、重质油三个类别，我国轻质油的产量约为 3.568×10^7 t，占总产量的 20.4%，中质油的产量约为 8.485×10^7 t，占总产量的 48.5%，重质油的产量约为 5.446×10^7 t，占总产量的 31.1%。从总体分析，我国原油具有普遍偏重，轻质油收率少，蜡含量高，硫含量低，镍含量比钒含量高等特点。

表 4-5　我国主要油田原油性质及其组成

原油分类	油田名称	密度(20℃)/(g/cm³)	API	酸值/(mgKOH/g)	残炭(质量分数)/%	硫含量(质量分数)/%	氮含量(质量分数)/%	镍含量/(μg/g)	钒含量/(μg/g)	蜡含量(质量分数)/%	<350℃收率(质量分数)/%
轻质油	吐哈	0.8167	40.9	0.07	1.50	0.07	0.07	1.30	3.70	11.12	57.25
	惠州	0.8247	39.3	0.06	2.21	0.07	0.12	2.78	0.32	21.67	50.67
	延长	0.8404	36.1	0.06	1.80	0.07	0.14	1.60	0.39	11.58	49.84
中质油	长庆	0.8466	34.9	0.03	2.31	0.12	0.12	1.30	0.41	15.57	43.88
	青海	0.8530	33.7	0.40	3.22	0.36	0.20	10.30	0.60	18.52	38.53
	江苏	0.8569	32.9	0.44	3.82	0.27	0.25	10.90	0.12	27.00	31.56
	吉林	0.8614	32.1	0.06	3.10	0.09	0.15	1.96	0.15	28.58	31.56
	大庆	0.8619	32.0	0.04	3.10	0.10	0.11	3.03	0.23	29.70	31.10
	中原	0.8636	31.6	0.22	5.10	0.74	0.38	2.12	1.20	15.30	38.09
	江汉	0.8642	31.5	0.17	4.67	0.77	0.29	12.10	0.73	19.32	37.62
	玉门	0.8643	31.5	0.12	4.90	0.11	0.25	13.00	1.05	11.74	41.80
	塔里木	0.8649	31.4	0.16	5.10	0.70	0.28	5.15	15.60	2.69	48.11
	河南	0.8761	29.3	0.60	4.66	0.11	0.29	13.20	0.68	28.58	29.60
	华北	0.8784	28.9	0.11	4.96	0.33	0.34	12.46	0.80	15.18	31.02
	冀东	0.8863	27.5	0.97	5.10	0.14	0.19	4.61	0.30	15.54	36.98
重质油	大港	0.8954	25.9	0.84	5.10	0.14	0.52	15.00	0.40	18.36	27.95
	胜利	0.9079	23.8	0.98	6.77	0.85	0.35	15.05	2.20	16.84	24.04
	辽河	0.9517	16.7	3.35	9.00	0.34	0.51	46.80	1.54	3.38	16.69
	渤海	0.9589	15.6	3.61	9.37	0.34	0.42	44.70	1.07	2.78	21.30

（2）石油类污染物在土壤中的迁移与转化

　　石油类污染物进入土壤后，由于石油的疏水性，土壤中绝大部分石油类物质吸附在固体表面。在土壤环境条件下，石油的吸附是干态或亚干态吸附。在这种情况下，土壤的湿度会影响平衡吸附量，因为湿度越大，石油类物质越倾向于在土壤有机质上吸附，所以，在较大的湿度条件下，土壤有机质含量是影响平衡吸附量的一个重要因素。除了吸附态以外，石油类物质在土壤中还有两种存在形式：一是存在于水相中，二是逸散于气态环境中。水、气中的分配比例与物质的溶解度、饱和蒸汽压、温度、地表风速有关。石油类物质的溶解度、饱和蒸气压等不是一个确定的值，在应用中应根据不同的油品、不同的地域而变化。溶解态的石油类物质随水流可以相对自由地向土层深处迁移或发生平面的扩散运动；逸散在大气中的部分石油类物质可由空气携带飘移，飘移过程中易于吸附在大气的粉尘上，随着粉尘的降落而进入远离污染源的地表土壤，使污染物发生长距离的迁移。而吸附于颗粒物上的部分在土层未被破坏的情况下，基本不发生明显迁移。从这个意义上讲，可以把水和空气中的部分石油类物质称为"迁移部分"；把颗粒物上的部分称为"滞留部分"。

　　石油污染物在土壤中的环境行为主要有迁移、吸附和降解。

　　① 石油污染物在土壤中的迁移　石油在土壤中的迁移形式主要是扩散和质体流动。当土壤中石油污染物浓度较大且小分子石油烃类含量较高时，部分石油污染物可以迁移到地下水中。石油类污染物还可以在重力作用下向土层深处发生迁移或在毛细力的作用下进行平面扩散，这些扩散运动受石油本身的结构性质、土壤孔隙度、水分和温度等的因素影响。石油类污染物在土壤中的迁移还包括径流、挥发、淋溶和作物吸收等过程。土壤颗粒的吸附量有限，大量未被吸附的石油存在于土壤孔隙中，在降水作用下，部分石油类污染物随入渗水流向土壤深层渗透，经过较长时间，在水力、重力等因素作用下，经过扩散和混合，会逐渐形成更加稳定的状态。

　　石油类污染物在环境中主要以两种形式迁移，即原油和含油污废水。两种形态的污染物性质不同，影响迁移转化的一系列因素也不尽相同。以原油形态迁移的影响因素主要有：原油的密度、黏滞性、吸附性、挥发性、流动性、温度、风速等因素。而以含油污水形态迁移的主要影响因素有：吸附、解吸、对流、扩散、挥发、生物降解、温度等。原油形态的污染物主要是生产运输过程中的落地原油和事故漏油，其中油为主体相，水为杂质相，其产生后直接落于土壤表面或河海水面。落于土壤表面的原油，一方面向大气中挥发（蒸发），另一方面向土壤中入渗，被土壤吸附。在大气降水时，土中的油不仅在径流条件下向水中释放，随流迁移；而且在水动力驱动下向更深土层入渗。进入土壤环境后，由于石油类物质流动性差，其污染土壤的方式是含油固体物质与土壤颗粒的掺混。落地原油在重力作用下发生沿土壤深度方向的迁移，并在毛细力作用下发生平面扩散运动。由于石油的黏度大，黏滞性强，在短时间内形成小范围的高浓度污染。往往是石油浓度大大超过土壤颗粒的吸附量，过量的石油就存于土壤孔隙中。这时，如果发生降雨并产生径流，则一部分石油类物质在入渗水流的作用下大大加快入渗的速度；一部分随径流泥沙一起进入地表径流。在径流中，由于水流的剪切作用，土壤团粒结构被破坏，分布在土壤颗粒孔隙中的石油类物质被释放出来。石油类物质一般水溶性很差，而且其密度比水小，所以释放出来的物质很快浮于水面上，并且相互结合形成大的石油团块。这就是在有油井分布的地区，洪水期往往河流水面上有块状浮油出现的原因之一。落地原油经过较长时间，在水力、重力等作用下，经过扩散和混合，逐渐形成更加稳定的状态。

② 土壤对石油污染物的吸附作用   土壤的吸附作用是影响石油类污染物在土壤中环境行为的重要因素之一。石油污染物容易跟土壤有机质结合，被吸附于土壤颗粒上，因此，一般石油在土壤中的迁移能力较弱。黏附于土粒表面的石油类污染物倾向于黏附更多的石油类污染物。因此，土壤中石油主要存在于表层土壤中，一般集中在地表之下 20～30cm 的范围内，向深部按指数规律迅速降低，有 90% 以上的石油残留在 10cm 以上的土层内。石油在土壤颗粒的吸附主要是物理吸附，但是也有少量的化学吸附起作用。因为石油是一种高黏度的疏水性物质，在水中的溶解度非常小，多是以细小的微粒状态存在，其与固体颗粒表面之间的力主要来源于分子间力和静电引力；但是土壤中有的有机质可以促进污染物溶解，所以也有分配作用。影响土壤对石油类污染物吸附作用的因素主要有土壤有机质、土壤粒径、土壤pH 值、土壤温度（申圆圆，2012）。

1）土壤有机质的影响。土壤有机质是一种非常复杂的天然高分子化合物的混合体，含有多种疏水性、亲水性的官能团，对石油类污染物的吸附过程起着重要作用，有机质凭借疏水作用和氢键组成规则的集合体区域是土壤的最佳吸附位。因为土壤对石油类污染物的吸附主要是在有机质上进行的，大量研究表明，土壤吸附量和有机质含量呈正相关，土壤中有机质含量越高就越容易吸附石油类污染物。

陈虹（2009）研究了土壤有机质含量和黏土含量对石油烃在土-水体系中分配作用的影响（图 4-5），结果表明，土壤有机质含量越高，其对石油烃的表面吸附量越大，而黏土含量与石油烃的吸附不存在明显关系。土-水分配系数与土壤有机质含量具有很好的正相关性，这表明有机质是石油烃吸附的来源，是土壤上分配作用的媒介。因此，有机质决定着石油烃在土壤上的吸附，与黏土矿物含量无关。此外，陈虹等（2009）还研究了石油烃在不同类型土壤上的吸附平衡（图 4-6）和不同类型土壤对石油烃的吸附参数（表 4-6）。吸附平衡用吸附等温线来表示，随着平衡浓度的增加，吸附量呈直线增加，采用线性模型对吸附等温线进行拟合，结果显示线性模型能较好地拟合土壤对石油烃的吸附，即石油烃在土壤中的吸附由线性分配过程主导。

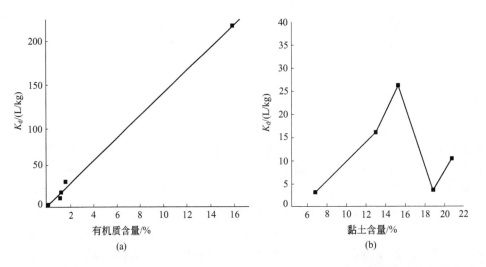

图 4-5   土壤石油烃的土-水分配系数（K_d）与有机质含量（a）和黏土含量（b）之间的关系

（引自陈虹. 石油烃在土壤上的吸附行为及对其他有机污染物吸附的影响. 大连理工大学. 2009）

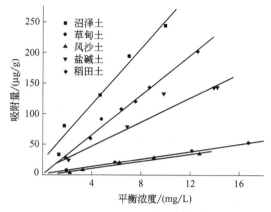

图 4-6　石油烃在不同类型土壤上的吸附等温线

（引自陈虹. 石油烃在土壤上的吸附行为及对其他有机污染物吸附的影响. 大连理工大学. 2009）

表 4-6　稻田土和黑土对石油烃的吸附参数

土壤	固液比/(g/L)	Freundlich			Linear		
		n	$\lg K_f^s$	r^2	K_d^s/(mL/g)	K_{oc}/(mL/g)	r^2
稻田土	10.0	1.09	1.29	0.996	24.4	1.59×10^3	0.994
	20.0	1.10	1.22	0.978	21.3	1.38×10^3	0.983
	50.0	1.04	1.18	0.984	16.0	1.04×10^3	0.991
	75.0	1.03	1.11	0.999	13.7	8.92×10^3	0.999
黑土	2.50	1.10	2.21	0.998	214	1.34×10^3	0.995
	5.00	0.99	2.28	0.995	187	1.18×10^3	0.995

注：1. K_f^s 是由 Freundlich 方程得到的吸附系数；K_d^s 是由线性方程得到的吸附系数；K_{oc} 是有机碳标准化分配系数，$K_{oc}=K_d^s/OC$。

2. 引自陈虹，石油烃在土壤上的吸附行为及对其他有机污染物吸附的影响. 大连理工大学. 2009。

2）土壤粒径的影响。土壤颗粒表面与石油类污染物表面都具有相同的双电层结构，两者相遇时形成公共反离子层，如果二者粒径和质量相差较大，公共反离子层对其吸引力足以使石油颗粒黏附于土壤颗粒表面。土壤粒径越小，其比表面积越大，土壤的吸附量就越大。冯新等（2010）通过静态吸附实验研究了兰州地区黄土对含油废水中石油类污染物的吸附作用，研究结果表明，土壤颗粒粒径越小，对处于土壤颗粒表面的分子吸引力就越大，吸附的石油也越多，所以颗粒越细其吸附量越大（图 4-7）。

3）土壤 pH 值。土壤 pH 值对石油类污染物吸附的影响与土壤的结构和组成有关，pH 值可影响土壤胶体的电荷数量、石油类污染物物理化学形态。土壤吸附量随 pH 值的增大有减小的趋势，土壤中有机质的主要成分是腐殖质，腐殖质在结构上的显著特点是除含大量苯环外，还含有大量羧基、醇羟基和酚羟基等。如 pH 值较高，羟基和羧基大量离解，构型伸展，亲水性强，导致污染物的吸附量减小，同时石油类污染物还能与腐殖质中的羧基和酚羟基形成氢键，而 pH 值升高引起羧基和酚羟基的电离，从而削弱了这种氢键作用。冯新等（2010）的研究结果表明，土壤对饱和石油溶液的吸附量随温度和溶液 pH 值的升高而降低，因此二者升高不利于土壤对含油污染物的吸附（图 4-8）。

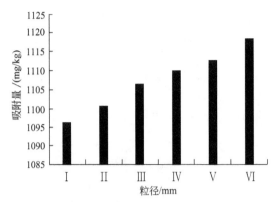

图 4-7　土壤粒径对黄土中油分吸附量的影响

(引自冯欣等. 黄土对含油废水的吸附作用研究. 水文地质工程地质. 2010)

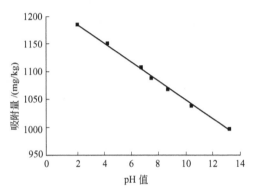

图 4-8　pH 值对黄土中油分吸附量的影响

(引自冯欣等. 黄土对含油废水的吸附作用研究. 水文地质工程地质. 2010)

4）土壤温度。温度是影响石油类污染物乳化程度、黏滞系数、水溶性的主要因素。一般来讲，在相同的吸附条件下，随着温度增高，单位质量的土壤平衡吸附量有略微减小的趋势。发生这种现象有两方面的原因：一方面，吸附是放热过程，温度升高一般会对吸附产生抑制作用，从而减少固相吸附量；另一方面，石油类污染物是黏性疏水物质，溶解度是影响吸附的重要因素之一，温度越高溶解度越大，相应地土壤上吸附量越小。

③ 石油污染物在土壤中的降解　石油类污染物进入土壤环境后，可通过三种自然途径转化和降解，即挥发进入大气，自氧化作用及降解作用，降解作用主要包括生物降解作用、光解作用和机械降解作用等。石油污染物的自然降解是一个非常缓慢的过程，其中生物降解是石油污染物的主要降解过程。石油可作为微生物的营养物质被吸收转化分解，自身被微生物氧化分解成简单的有机或无机物质，如甲烷、二氧化碳和水等产物。在各组分中，饱和烃最易降解，其次是分子量较低的芳香族烃类化合物，高分子量的芳香族烃类化合物、树脂和沥青质则极难降解。在饱和烃部分中，直链烷烃比支链烷烃易降解，烷烃支链越多越大，被微生物降解的难度越大。在芳香烃中，低环化合物较容易被降解，含有 4 个环以上的高环芳香烃降解较难。含有焦油、沥青质组分的石油生物降解速度更慢，这些物质大量残留在生物降解的最终产物中，形成了降解后的主要残留物质（张学佳，2012）。

石油中的芳香类物质对人和动物的毒性较大，尤其是以双环和三环为代表的多环芳烃毒性更大，且为致癌物质。在石油污染场地以及一些加工炼制石油产品中，最常见的芳香类污染物质为苯、甲基苯、乙基苯和二甲基苯四种，合称为 BETX。它们常被当作石油芳香类污染的代表物质。

石油进入土壤后影响土壤的通透性。因石油类的水溶性一般很小，土壤颗粒吸附石油类物质后不易被水浸润，不能形成有效的导水通路，透水性降低，透水量下降。能集聚在土壤中的石油烃大部分是高分子组分，它们黏附在植物根系上形成一层黏膜，阻碍根系的呼吸和吸收功能，甚至引起根系腐烂。而且，土壤吸附的石油烃会随着雨水、灌溉用水慢慢下渗到地下含水层中，从而污染地下水，影响地下水的使用。

石油类污染物还对生长于土壤中的植物产生作用。孙宗连等（2011）采用皿培的方法研究了植物种子在不同浓度石油污染土壤中的出芽率，结果发现，低浓度石油污染土壤（0.5%）对植物种子萌芽和植株生长均有一定的促进作用，中高浓度（1%~3%）石油污染土壤对种子萌芽和植株生长具有抑制作用。花苜蓿受石油浓度影响不明显，其出芽率随石油污染浓度升高而规律性递减，高羊茅受石油抑制作用较强，出芽率低，狼尾草萌发时间较长，在石油浓度 2% 的条件下，出芽率高，之后随石油浓度升高而降低，生长状况受石油影响明显。王春丽等（2005）通过模拟石油污染土壤环境发现，在石油和盐分的胁迫下，无论接种与否，玉米的生长均受到抑制，叶片细胞膜透性增加，叶绿素含量减少，过氧化氢酶活性降低。湿地环境对土壤中的石油污染有明显的降解作用，芦苇等挺水植物的生长量与积水深度呈正相关，土壤中少量含油并不构成对湿地植物生长的威胁。

4.2.3.2　农药

土壤生态环境的优劣是关系到国家财富的重要组成分之一。众所周知，持续农业发展的土壤生态环境是土壤生产力的文明象征。在过去的一个世纪里，尽管人们早就认识到农药化学物质对农业生产的巨大贡献，但是由于农药化学物质的性质特殊性，如果技术上使用不合理就会造成过分依赖农药及化肥，使生态环境中的生物对农药抗性增强。因而，毋庸置疑，向土壤生态环境中包括作物中增加农药的使用量，造成对农作物、人、畜、土壤环境的危害是不可估量的。

农药对土壤的污染是指土壤环境中的农药超过其自净能力，而导致土壤环境质量降低，以至于影响土壤生产力并危害环境生物安全的现象。农药对土壤的污染与施用农药的理化性质，农药在土壤环境中的行为及施药地区自然环境条件密切相关。农药的理化性质是农药对土壤污染的重要因素之一。建国初期至 20 世纪 70 年代，中国使用的无机类、有机氯农药的性质极稳定，不易分解，尤其是有机氯农药水溶性高、脂溶性低，表现高残留、易迁移的特性，致使此类农药在禁用近 20 年后在全国大部分地区土壤中仍有残留。换代产品如有机磷、氨基甲酸酯类、有机氮类杀虫剂和磺酰脲类除草剂的使用，相对缓解了土壤污染的程度，但污染范围却由于农药使用范围的扩大而扩大，污染形势亦不容乐观。

施用农药的 80%~90% 最终将进入土壤环境，其行为包括：被土壤胶粒及有机质吸附；被作物及杂草吸收；随地表水径流或向深层土壤淋溶；向大气扩散、光解；被土壤化学降解或微生物降解。农药进入土壤，土壤颗粒及有机质对农药分子具有较强的吸附力，使农药成分在土壤颗粒表面的土壤溶液界面上的浓度较高，这种吸附力使得农药在土壤中的移动性减弱，同样也使其生物活性受到影响。土壤吸附是指在土壤作用力下使农药聚集在土壤胶粒表面，使土壤颗粒与土壤溶液界面上的农药浓度大于土壤本体中农药浓度的现象。土壤吸附是导致农药在土壤中残留污染的主要行为，吸附会降低农药的活性，影响药效的发挥，同时也阻滞了农药在土壤中的迁移和挥发。吸附作用受土壤颗粒组成、土壤溶液中农药浓度、pH值、有机质含量等多因素影响。土壤对农药的吸附作用可以分为物理结合、静电结合、氢键结合和配位键结合 4 种形式。通常吸附作用大小用吸附系数 K_d 或者用土壤有机碳-水分配比（或称吸附常数 K_{oc}）表示，吸附系数是指定在一定土水比的平衡体系中，土壤吸附农药量与水中农药浓度的比值。

$$K_d = \frac{C_s}{C_e}$$

或
$$K_{oc} = \frac{K_d}{土壤有机碳} \times 100$$

式中　C_s——农药吸附在土壤中的量，mg/kg；

　　　C_e——农药在土壤溶液中的浓度，mg/L；

　　　K_{oc}——吸附常数。

对于不同的土壤环境，土壤颗粒组成及土壤有机质含量的差异很大，因此不同土壤对农药的 K_d 值差异很大，用 K_d 描述土壤对农药的吸附性能有时缺乏可比性。分析土壤的一些重要性质，如 pH 值、颗粒组成、有机质含量等，发现对农药吸附性能影响最大的是土壤有机质含量，并以有机碳含量代替有机质含量，用吸附常数来表示。这个吸附常数 K_{oc} 描述了单位有机质对农药的吸附能力。

解吸作用是农药吸附作用的逆过程，当土壤溶液中农药的浓度达到一定量时，两过程达到动态平衡。

农药进入土壤环境中，与土壤微生物相互作用，使其发生降解。这便是农药环境行为的一个特殊过程。农药在土壤中的降解则是农药在成土因子、自然与耕作因素、生物因素等作用下，由农药母体大分子逐步降解成小分子，最终变为 H_2O 和 CO_2，并失去毒性和生物活性的过程。农药在土壤中的降解有氧化、还原、水解、裂解等多种过程。

（1）土壤对化学农药的吸附作用

农药施于土壤或落在土壤上，虽然有部分可以挥发进入大气中或在表面受光解作用而分解，但大部分迅速被土壤粒子所吸附。残留农药在土壤溶液中可解离成有机阳离子，也可解离为有机阴离子，分别被带负电荷和带正电荷的土壤胶体所吸附。许多农药如林丹、西玛津等大部分吸附在土壤有机胶体上。

化学农药本身的性质和组成对吸附作用的影响也不同，在农药的分子结构中凡带有—$CONH_2$、—OH、—NH_2COR、—NH_2、—OCOR、—NHR 功能团的农药吸附能力比较强，特别是带有—NH_2 的化合物，吸附能力更强。在同一类型的农药中，农药的分子越大，则土壤对它的吸附能力就越强。土壤 pH 值对农药的吸附作用也有很大影响。如 2,4-D 在 pH=3～4 的条件下，解离成有机阳离子，而在 pH=6～7 的条件下，则解离为有机阴离子，前者为带负电荷的土壤胶体所吸附，后者则被带正电荷的土壤胶体所吸附。化学农药被土壤吸附后由于存在形态的改变，其迁移转化能力和生理毒性也随之而变化。例如，除草剂类的百草枯和杀草快被土壤黏土矿物强烈吸附后，它们在土壤溶液中的溶解度和生理活性就大大降低。所以土壤对农药的吸附作用，从某种意义上就是土壤对有毒污染物的净化和解毒作用。土壤的吸附能力越大，农药在土壤的有效度越低，净化效果就越好。但这种净化作用是相对不稳定的，也是有限度的。当被吸附的农药被其他离子重新交换出来时，便又恢复了原有的性质。如果进入土壤中的农药量超过了土壤的吸附能力时，土壤就失去了对农药的净化作用，从而使土壤遭受农药污染。因此，土壤对农药的吸附作用，只是在一定条件下起净化作用和解毒作用。其主要的作用还是化学农药在土壤中进行积累的过程。

（2）化学农药在土壤中的挥发、淋洗

进入土壤中的农药，在被土壤固相吸附的同时，还通过气体挥发和随水淋溶而在土壤中扩散移动，被生物吸收或移出土体之外，从而导致大气、水体和生物污染。各种农药的挥发性及由此而逸入大气中的难易程度差别很大，这主要取决于农药本身的溶解度和蒸汽压、土壤湿度、温度以及影响土壤孔隙状况的质地和结构条件。某些土壤熏蒸消毒剂，如甲基溴等，其蒸汽压很高，因而它们可以渗透到土壤孔隙中与生物接触而杀死有害生物。同时也正是因为其蒸汽压很高，在施到土壤后的短时间内即会很快挥发而逸入大气。

农药的挥发受到很多因素的影响，例如农药本身的蒸汽压、扩散系数、水溶性、土壤的吸附作用、农药的喷撒方式以及气候条件等。挥发性农药通过分子扩散，从土壤表面穿过滞留的空气层到达湍流边缘，空气流速决定了滞留空气层的厚度，从而也决定了挥发速率。对照表面施喷和地下种子处理两种施药方式，测定林丹的挥发速率，发现地表施喷的林丹大量挥发，而种子处理的林丹则挥发速率很低，但假如第二年进行耕地深翻，林丹被带出地表，则残留的林丹很快就会挥发。

农药的挥发与它在土壤中的浓度也有很大的关系。同一种农药在土壤中的浓度越高，则它的挥发度越大。易挥发农药的挥发一开始就使表面的农药挥发完，接下来的挥发是由土壤内部的农药向土表的扩散过程。

以前人们认为，农药在土壤中消失即说明已完全分解，这一认识并不正确。因为逸入大气中的农药微粒因自由沉降于地面或溶于雨水中又回到土壤或地表水中而未分解，其污染源的地位并未改变。农药在土壤中的淋洗与土壤对农药的吸附作用密切相关。被土壤有机质和黏土矿物强烈吸附的农药，特别是难溶性农药在一般情况下不易在土体内随水向下淋移，相反，在有机质和黏土矿物含量较少的砂质土壤中则最易发生淋洗，尤其是一些水溶性农药。大量实验表明，除草剂往往比杀虫剂或杀菌剂更易移动。而且在移动性最大的 61 种农药中，有 58 种是除草剂。而在移动性最小的 29 种农药中有 19 种是杀虫剂或杀菌剂。

（3）化学农药在土壤中的降解

① 化学降解　进入土壤中的农药在有氧或无氧的情况下就会发生氧化还原反应，例如，特丁磷、甲拌磷、异丙胺磷和涕灭威在土壤氧气充足时候很快氧化；对硫磷、杀螟磷、氯硝醚在厌氧条件下能很快分解。农药的氧化-还原反应是与土壤中的氧化还原电位密切相关的。当土壤透气性好时其 Eh 值高，有利于氧化反应进行，反之则利于还原反应进行。在好氧条件下，单甲脒在水稻土中的半衰期为 3.69d，而在厌氧条件下，半衰期为 5.56d，说明单甲脒在厌氧条件下比在好氧条件下降解慢。

土壤的组分对于农药的化学降解有着直接的影响，农药在各种不同的土壤中的降解速率也各不相同。土壤含水量的多少影响了土壤的透气性能，进而影响了土壤中的氧化还原电位的大小，从而决定了农药化学降解的快慢。好氧条件有利于杀虫双的降解，厌氧条件则不利于它的降解。

② 光解　由于农药中一般含有 C—C、C—H、C—O、C—N 等键，而这些键的离解正好在太阳光的波长范围内，因此农药在吸收光子之后，就变成为激发态的分子，导致上述等化学键的断裂，发生光解反应。

土壤湿度的变化影响光解速率的可能机制为：当湿度变大的时候，溶于水中的农药量也随之增加，而且水中的 OH^- 等氧化基团因光照也随之增加，从而使农药的氧化降解速率加快。各种农药对光化学反应的敏感性说明，光解对于降解土壤中的农药有着重要作用，在农药光解的初期阶段，农药分子分裂成不稳定的游离基，它可与溶剂、其他农药分子和其他反应物发生连锁反应，因此，光化学反应可能是异构化、取代作用和氧化作用的合成结果。

③ 水解　阿特拉津吸附催化水解模式的理论基础是氢键可以有相似于 H^+ 催化氯化均三氮杂苯水解的机制来催化水解。环上与氯原子结合的碳原子被负电性的氯和氮原子包围着，因而易受 OH 的影响而水解。它主要有两种类型，一种是农药在土壤中由酸催化或碱催化的反应；另一种是由于黏土的吸附催化作用而发生的反应。扑灭津的水解是由于土壤有机质的吸着作用催化的。吡虫啉在酸性介质和中性介质下稳定性很好，在弱碱条件下吡虫啉缓慢水解，随着碱性的增大，吡虫啉的水解速率也增大，说明吡虫啉的水解属于碱催化。

农药的水解受土壤 pH 值的影响。嗅氟菊醋农药的水解速率随 pH 值的增大而加快，在 pH 值为 5、7、9 的溶液中，其水解半衰期分别为 15.6d、8.3d、4.2d。但并非所有的农药都能很快水解，如丁草胺在纯水中黑暗放置 30d，发现丁草胺的浓度并无变化，说明该农药在水体中的稳定性很高，而且污染地下水的贡献也很大。

④ 农药的微生物降解　农药的微生物降解作用实际上是酶促反应，大多数农药的微生物降解途径已经明了。综合来说，农药微生物降解的途径，主要包括氧化、还原、水解、脱卤缩合、脱羧、异构化等。微生物降解是一些农药在土壤中迁移转化的主要方式，如 DDT、对硫磷、艾氏剂等的主要消失途径是通过微生物降解。影响微生物降解的主要因素有温度、微生物的菌属、土壤的含水量、有机物含量等。温度影响微生物降解速度的主要原因是温度影响了微生物的活性，从而影响了降解速度。在微生物适宜温度 35℃ 范围内，土壤的含水量、有机物含量、微生物的组成可能极大地改变了微生物降解速度。例如，二嗪农在厌氧条件下（水淹）的土壤中能很快被降解，可能是由于降解二嗪农的细菌属（黄杆菌属、链霉属等）属于厌氧菌，在水淹条件下能大量繁殖，从而加速了二嗪农的微生物降解。

土壤水中的有机碳浓度影响着微生物的生长，有机碳的浓度越高，则残留除草剂的降解越易。土壤中含水量的增加也能使微生物的生长加快，从而加快农药微生物降解的速率。在农药的微生物降解过程中，微生物数量的多少决定了该农药被降解的程度和速度。如果在同一地区连续施用同一种农药，会引起降解该农药的微生物富集，假如再施该农药，则会使该农药的降解加快，使农药的效力降低。

(4) 化学农药在土壤中的残留

农药在土体中经挥发、淋溶、降解而逐步消失，但仍有一部分残留在土体中。农药在土壤中的残留期是由农药本身的理化性质和其他影响因素，比如土壤质地、土壤含水量、土壤微生物等共同决定的。例如，有机磷酸盐昆虫杀伤剂只能在土壤中存在几天；使用广泛的 2,4-D 在土壤中能存在 2~4 周。在各类农药中，含 Pb、As、Cu、Hg 类农药半衰期最长可达 30 年，有机氯类农药次之，其半衰期最长可达 15 年。某些有机磷农药半衰期最少只有 1d。

（5）植物对土壤中农药的吸收

土壤中的残留农药，有些可被作物吸收而在作物体内积累。作物对农药的吸收，受多种因素的制约，除农药在土壤中的物理、化学和生物过程，土壤中腐殖质和黏土矿物的数量、性质等特性外，还与农药的种类、施用量、施用时间等有关。此外，因作物种类的不同亦有很大差别。有研究表明，马铃薯、胡萝卜和萝卜等根菜类作物的根表皮可直接吸收农药，并在体内残留；黄瓜、莴苣等吸收农药后，在叶、茎、果实等食用部分残留。从对农药的吸收能力看，一般根菜类大于叶菜类大于果实类。

（6）农药使用中存在的问题

① 使用技术落后　在农药的使用上存在着农药品种和数量搭配不科学，使用器械落后等一些问题。农民缺乏科学知识和相应的农药使用管理措施。出现了滥用农药，随意加大用药量等现象，从而造成了包括农药对土壤污染在内的一系列污染问题。

② 农药使用的品种结构不合理　在中国使用的农药中，杀虫剂的比例较大，而除草剂的用量较小，这一现象虽然近年来有了较大的改善，但除草剂的应用比例仍只有 15％左右，而发达国家在 80％左右。中国农药使用的方向无疑是加大除草剂的用量，因此在防治农药污染方面应充分考虑到这一点。

③ 农药质量问题较突出　调查表明，在农药市场上，就农药产品的活性成分而言，有 1/3 以上的农药商品不符合国际规定，这是造成农药对土壤污染问题的重大隐患之一。

④ 缺乏农药的安全性评价　中国目前几乎没有关于农药商品安全性方面的控制措施，这与发达国家有很大的差距。德国、法国、加拿大、荷兰、瑞典、丹麦等国家都在所使用的农药安全性方面有严格的控制措施。例如德国在广泛使用的 300 余种农药中，通过试验等手段进行安全性筛选，并对其中 2/3 安全性有问题的农药做出了严禁使用的限制。

（7）农药对农田土壤的污染

① 农药对土壤理化性质的影响　农药施用后，很大一部分都落到土壤上，大气残留的农药和附着在作物上的农药经雨水冲刷等也有相当一部分落入土壤中，造成土壤的农药污染。被农药长期污染的土壤将会出现明显的酸化，土壤养分（P_2O_5、TN、TK）随污染程度的加重而减少。同时，土壤孔隙度也变小，从而造成土壤结构板结。

② 农药对土壤生物的影响　土壤动物的丰度是沃土的重要标志。残存于土壤中的农药将对土壤中的微生物、原生动物以及其他节肢动物如步甲、虎甲、蚂蚁、蜘蛛，环节动物如蚯蚓，软体动物如蛞蝓以及线形动物如线虫等产生不同程度的危害。研究表明，乐果施用后 10d 能显著降低土壤微生物的呼吸作用，乐果、抗蚜威和 Fenpropimorph 三种杀虫剂对土壤原生动物自然种群具有消极影响。有机磷农药污染的土壤中，土壤动物的种类及数量都显著减少。

③ 对作物的影响　残存于土壤中的农药对生长的作物有着不利的影响，尤其是除草剂，由于使用不合理或用除草剂含量过高的废水进行农田灌溉造成的土壤污染往往也对作物造成严重的危害。对某种或某一类农药具有较强抗性的作物，对于污染土壤中的农药不表现出受害症状，但在农产品中却积累了大量的农药，一旦食用后将严重威胁人体的健康，这是更为可怕的。

（8）农药对农田土壤生态的影响

① 土壤中农药的迁移　进入土壤的农药，除了被吸附外，还可通过挥发、扩散的形式

迁移进入大气，引起大气污染或随水迁移和扩散而进入水体，引起水体污染。农药在土壤中的移动性与农药本身的溶解度密切相关，一些水溶性大的农药，则直接随水流入江河、湖泊；一些难溶性的农药，如 DDT，吸附于土壤颗粒表面，随雨水冲刷，连同泥沙一起流入江河。农药在土壤中的移动性与土壤的吸附性能有关。农药在吸附性能较小的砂质土壤易随水迁移，而在黏质和富含有机质的土壤中则不易随水移动。

② 农药对土壤微生物群落的影响　不同农药对土壤微生物群落的影响不完全相同，同一农药对不同微生物类群影响也不相同。如 3mg/kg 的二嗪处理 180d 后，土壤细菌和真菌数并没有改变，而放线菌增加了 300 倍。5mg/kg 浓度的甲拌磷处理使土壤细菌数量增加，而用椒菊酯处理则使细菌数量减少。施加草甘膦会刺激土壤微生物的活性，但不会影响微生物的数量（Haney 等，2009）。

Eisenhardt（1975 年）发现辛硫磷显著降低了根瘤菌的固氮作用；VlassaK 等（1976年）报道了地乐醇在低浓度时对土壤固氮作用有明显抑制作用。部分农药对土壤微生物呼吸作用有明显的影响。Bartha 等的研究表明，当土壤用常规用量的茅草枯、毒莠定和阿米酚处理时，8h 后 CO_2 的生成量就降低了 20%～30%。这表明土壤微生物呼吸受到了抑制。

③ 农药对土壤硝化作用的影响　某些杀虫剂会对土壤硝化作用起到长期显著的抑制作用。如异丙基氯丙咪灵在 80mg/kg 时完全抑制硝化作用。五氯酚钠、克芜踪、氟乐灵、丁草胺和禾大壮 5 种除草剂分别施入土壤后，对硝化作用的抑制影响较为明显。

④ 农药在农作物体内的代谢和残留　农药施入农田后，一部分洒落在农作物表面而残留下来，或者是渗入植物体内移动，并随作物一起被人或动物摄取，另一部分农药直接落在土壤中。落在土壤中的农药，除挥发和径流损失外，其余可被农作物直接吸收，在作物的体内残留，这条途径是农药进入植物体的主要途径。

植物根系对农药的吸收与农药的结构特性和土壤性质有关。一般植物根系对分子量小于 500 的有机化合物易于吸收。如果分子量大于 500，根系能否吸收取决于这类化合物在水中的溶解度，溶解度越大、极性越大者，越容易为植物所吸收，也越容易在植物体内转移。分子量较大的非极性有机农药只能被根表面吸收，而不易进入组织内部。如 DDT 为非极性农药，在水中的溶解度又很小（1.2μg/L），因此多附着于根的表面。

进入植物体的农药，可在酶的作用下分解代谢，在植物体内逐渐减少。农药在植物体内的分解包括水解、氧化、还原、脱烷基、脱氯、脱氢、环裂解作用等。一类农药如有机磷等，在植物体内能彻底分解，所以残留量低、残留期短；另一类农药如有机氯等，通过代谢形成与其相似的产物，并与植物体内的有机物相结合，残留在植物体内。

⑤ 农药对农产品质量的影响　使用农药可造成农产品中硝酸盐、亚硝酸盐、亚硝胺、重金属和其他有毒物质在农产品中大量积累，造成农药在动植物食品中的富集和残留，直接威胁人体健康。农药的使用使农产品质量与安全性降低。在中国，由于农药污染的不断加剧，以致出现农产品中农药超标而使农产品的国际竞争力大大下降。以苹果为例，中国苹果产量居世界第 1 位，而目前中国苹果出口量仅占生产总量的 1% 左右，出口受阻的主要原因是农药残留超标。中国橙优质率仅为 3% 左右，而美国、巴西等柑橘大国橙类的优质品率达 90% 以上，原因是中国橙的农药残留量等超标。1989 年中国出口到日本的绿茶因农药残留超标而被退回。中国加入世贸组织后，加强农药对农产品的污染控制极为迫切。

农药对农作物污染程度与作物种类、土壤质地、有机质含量和土壤水分有关。砂质土壤要比壤土对农药的吸附弱，作物从中吸收的农药较多。土壤有机质含量高时，土壤吸附能力强，作物吸收农药较少。土壤水分因能减弱土壤的吸附能力，从而增加了作物对农药的吸收。根据日本各地对污染严重的有机氯农药进行的调查，马铃薯和胡萝卜等作物的地下部分被农药污染严重，大豆、花生等油料作物污染也较严重，而茄子、西红柿、辣椒、白菜等茄科类、叶菜类一般污染较少。

⑥ 农药对人和动物的危害　农药进入土壤后，使土壤性质、组成及性状等发生了变化，并对土壤微生物有抑制作用，使农药在土壤中的积累过程逐渐占据优势，破坏了土壤的自然动态平衡，导致土壤自然正常功能失调、土质恶化，影响植物的生长发育，造成农产品产量和质量下降，并通过食物链危害人类。如某些杀虫剂对豆子、小麦、大麦等敏感植物产生影响，妨碍其根系发育，并抑制种子发芽。喷过六六六的蔬菜、水果，化学药物通过植物的根或块茎吸收，或渗透到果核里而无法除去。用各种方式施用的农药，通过土壤、大气、水体在生物体内富集，残留在生物体内。有机氯农药随着食物链的不断积累，危害也不断增加，毒性也就逐渐增大。生物体级数越高，浓缩系数越大。人是生物体的最高形式，因而必将通过食物链危害人类。

有机氯农药难降解、易积累，直接影响生物的神经系统。如 DDT，主要影响人的中枢神经系统；狄试剂除急性作用外，还有长期的后遗影响，使人健忘、失眠、做噩梦、直至癫狂。有机磷农药易降解、残留期短，但其毒性大，虽在生物体内分解不易蓄积，然而它有烷基化作用，会引起致癌、致突变作用。有机磷农药以一种奇特的方式对活的有机体起作用，毁坏酶类，危害有机体神经系统。当它与各种医药、人工合成物、食品添加剂相互作用时，其危害更大。氨基甲酸酯类农药，在土壤中残留时间短，被微生物作用而降解，但经研究表明，它是一种强烈的致畸胎毒剂。

随着进入土壤环境中的农药日益增多，研究土壤环境中农药降解的规律及其影响因素，以及深入定量描述土壤性质和农药降解之间的关系显得尤为重要。农药在土壤中的环境行为首先是由其自身性质决定的，如农药的蒸汽压影响了它的挥发性，水溶解度影响农药在土壤中的吸附、移动及降解等。此外，环境因素如土壤的组成、结构、微生物、温度、水分等也会产生重要的影响。因此，通过研究土壤性质或其他环境因素对农药降解的影响，寻求农药快速降解的最适条件，将对制定安全合理使用农药的相应措施和防治土壤污染等具有重要的意义。化学除草剂应用后的不良影响，已引起社会各界人士的广泛关注。随着对环保的日益重视及农业可持续发展战略的要求，对除草剂的开发应用提出了更高要求，高效、低毒、对环境友好的新型除草剂是今后发展的方向。

4.2.3.3　除草剂的土壤化学行为

当一种除草剂进入土壤环境时出现的第一个过程就是吸附，从而导致除草剂在吸附态和溶解态之间的分配。存在于溶液中的除草剂是生物可利用的，并发生诸如降解、挥发和渗漏等各种过程。但吸附态除草剂难以发生这些过程。然而，由于吸附态除草剂与溶解态除草剂之间处于动态平衡之中，因而当土壤溶液中除草剂的浓度减少时，吸附态的除草剂将被部分地解吸。因此，土壤对除草剂的吸附将间接地决定该除草剂的有效剂量以及在土壤中的持久性。

（1）吸附机理

土壤中的黏土胶体物质或悬浮有机物这样的细小颗粒物（$0.2\mu m <$颗粒直径$< 2\mu m$），由于它们的比表面积大，胶体物质具有较高的吸附容量，可以作为具有低溶解度强吸附有机污染物的良好吸附剂。

除草剂在土壤中的吸附机理是非常复杂的。在吸附的形成过程中，存在着离子键、氢键、电荷转移、共价键、范德华力、配体交换、疏水吸附和分配、电荷-偶极和偶极-偶极等作用力。由于化合物和土壤的性质不同，其吸附机制亦不同。在溶液中呈阳离子态或可接受质子的除草剂，一般都可以通过离子键机制吸附。在土壤中，许多非离子极性除草剂可以与土壤有机质形成氢键而被吸附。非离子非极性除草剂会在吸附剂的一定部位通过范德华力实现吸附，其作用力随着除草剂分子与吸附剂表面距离的减小而增大。

对于某种特定化合物在土壤上的吸附过程，往往是多种作用力共同作用的综合结果，只不过是其中一种作用力起着支配地位而已。在实际开放性土壤环境单元中，大多数有机除草剂的吸附是非平衡的。这种吸附的非平衡可能出现在除草剂在土壤中的迁移期间。当有机除草剂很快地通过土壤单元时，吸附还来不及达到平衡就被迁移出去，或者土壤对某些除草剂的吸附非常强时，溶液中除草剂的迁移不足以补充被土壤吸附的量。这两种情况都会使系统总是处于一种非平衡的吸附状态。一般认为，非平衡吸附对于被土壤强烈吸附的除草剂是十分重要的。因此，吸附的非平衡是影响某些有机除草剂在土壤中迁移的重要因素。引起除草剂非平衡吸附的过程既有物理的，也有化学的。物理的非平衡吸附主要是土壤中径流的变化；化学的非平衡吸附则主要涉及被吸附除草剂在土壤有机质中的扩散过程。

在土壤-水体系中，非极性或弱极性疏水有机化合物的吸附动力学所涉及的时间周期可以从几天到几周、几个月甚至若干年。对于具有中等到高含量有机物的土壤，已有的研究将非极性或弱极性疏水有机化合物的慢吸附动力学与被土壤有机物的慢吸收相连接，以及将慢吸附与土壤有机物的压缩区活性孔填充过程相连接，或者与该区域的慢扩散穿透过程相联系。在这些理论中，目前尚存在一些不同的看法，即造成土壤或沉积物中疏水有机化合物慢吸附的主要原因，究竟是微孔矿物质结构还是土壤有机物造成的，尚不十分清楚，有关机理尚有待于进一步研究。

影响除草剂在土壤中的吸附因素较多，现简要概述如下。

① 温度的影响　因为有机物从溶液中被吸附到土壤上所引起的熵变要比从溶液中缩合所需要的热量大，所以吸附过程会放出大量的热量来补偿反应中熵的损失，因而吸附行为与温度有很大的关系。在慢吸附阶段，有机除草剂在土壤有机物结构孔间的扩散是一个活化过程，它可以用 Arrhenius 方程表示其对温度的依赖关系。在快吸附阶段，因为短时间内吸附熵近似为零，所以有机物从溶液到快速变化的土壤相的迁移被认为是未活化的，并与熵变无关。

② 土壤有机质的影响　土壤有机质不仅对有机农药有溶解作用，而且由于土壤有机质的腐殖酸结构中具有能够与有机农药结合的特殊位点，所以对有机农药还具有表面吸附作用。如三嗪类除草剂与土壤腐殖酸之间存在络合机制，对于具有高酸性官能团的腐殖酸和低碱性的三嗪类除草剂，这种络合作用主要是通过质子迁移机制实现的；而对于具有低酸性官能团的腐殖酸和高碱性的三嗪类除草剂，其络合作用主要是通过电子迁移机制实现的。

一般认为，土壤有机物具有一种类似聚合物的结构。这种聚合物的网格由橡胶区和玻璃区组成。前者由于结构单元之间的作用力相对较弱，所以呈柔性；而后者的结构比较紧密而呈刚性。对有机物的吸附在橡胶区要比玻璃区快。这可能解释在两个不同的吸附阶段（快阶段和慢阶段）的疏水有机物与土壤有机物的相互作用现象。在慢吸附阶段，溶液相浓度在很长时间内的变化很小。由于分析误差，这种变化也许难于识别。

（2）环境行为

① 在土壤中的行为　土壤中的吸附和解吸被认为是除草剂在土壤环境中的重要行为。当除草剂被土壤吸附以后，其生物活性和微生物对它的降解都会被减弱。在土壤里参加吸附的不仅有土壤中的有机质，而且还有黏土矿物。影响吸附的因素有土壤酸度、温度、湿度和土壤溶液的组成。土壤中有机质含量越高，对除草剂的吸附越强。如土壤表层比深层的吸附能力强，这是土壤表层有机质含量较下层为高的缘故。未被土壤吸附的除草剂可以通过挥发、粒子扩散迁移入大气，引起大气污染；或随水迁移、扩散（包括淋溶、渗透和水土流失）进入水体，引起水体污染。除草剂在土壤环境中的迁移速度主要取决于除草剂的蒸气压和环境的温度。此外，还与土壤的孔隙度、质地、结构、水分含量等因素有关。除草剂经大气可扩散到几千公里之外，但在土壤中的移动性却较弱，一般多存于上部 30cm 的表层土，渗透到土体深处的却很少。

暴露于土壤表面的除草剂能发生光解。如嘧黄隆在水溶液中和土壤表面会迅速光解而消失。除草剂的光解是除草剂及其中间体在环境中的一种重要的降解途径。光解产物有的具有致突变性，有的毒性降低。那些毒性更大的光化学产物，在土壤环境中可继续通过其他的途径被不断地分解成无毒或低毒的产物。化学降解是除草剂降解的另一种重要途径，其中以水解和氧化最为重要。大部分除草剂在酸性条件下较稳定，而在碱性条件下易水解。除碱性催化外，某些金属离子或金属离子与某些螯合剂结合的螯合物也能催化水解。如哌草丹在水环境中如果存在酸性金属离子（如 Fe^{3+}、Cu^{2+} 等）易发生水解，产物为硫化氢、六氢吡啶及 2-苯基丙烯等。无机金属离子除能促进除草剂的水解外，还可促进某些氧化还原反应的进行，如铁元素对乙酰氯苯胺类除草剂草不绿和丙草胺具有脱氯作用。

土壤微生物对除草剂的降解，是土壤环境对除草剂最重要、最彻底的净化。除草剂的结构和性质不同，其分解过程也会不同。除草剂的降解过程很复杂，影响其降解速度的因素也很多。如在土壤有机质含量较高而且微生物增殖活跃的土壤中，除草剂的降解速度就较快。然而，在含有重金属的下水道污泥的复合污染中，有机质含量的增加却不能引起除草剂生物降解的提高，这是因为重金属抑制了微生物对除草剂的降解。微生物对某一除草剂的降解有一个驯化的过程，而且在重复使用某种除草剂时，停止使用后，田间土壤中仍有降解该除草剂的细菌。

② 植物体内运输和代谢　除草剂进入植物体内主要有 2 条途径：a. 附着于植物表面的除草剂，经植物表皮向植物组织内部渗透；b. 残留于土壤中的除草剂被植物根系吸收。脂溶性的除草剂能溶于植物表面的蜡质层，经表皮渗入植物组织内部。植物根系对除草剂的吸收与除草剂的特性和土壤性质有关。一般说来，分子量越小、溶解度越大、极性越强者，容易被植物根系所吸收，也易在植物体内转移。进入植物体内的除草剂，一部分可通过植物的呼吸作用从气孔中散失；一部分在体内酶的作用下进行分解代谢，在植物体内逐渐减少。如 2,4-D 可发生脱羧作用，而阿特拉津在植物体中的分解反应是和谷胱甘肽生成可溶于水的结合体。被植物吸收的除草剂在植物体内的残留一般不会造成对食物的污染。

（3）生态毒性效应

① 对土壤生物的毒性　除草剂对土壤中的微生物、动物和土壤酶都有影响。如敌草隆的降解产物对亚硝酸细菌和硝酸细菌有抑制作用；苯氧羧酸类除草剂可通过影响寄主植物而抑制共生固氮菌的生长和活动。2,4-D 和甲基氯苯氧乙酸对土壤中蓝细菌的光合作用有毒性作用；阿特拉津能杀死水中的节肢动物。除草剂对土壤微生物的抑制作用一般是在高浓度情况下发生的，而低浓度下影响则不大，而且对土壤微生物活性也不会产生长期的有害影响。土壤中积累了大量的酶，凡是能影响土壤微生物和植物的污染物必然会影响土壤酶。但实验证明，施用正常剂量的除草剂对土壤生化活性影响不严重。土壤酶活性可能被抑制或增强，但影响是暂时的，以后能恢复到原来的水平。

② 对植物的毒性效应　抑制植物的光合作用是大部分除草剂的作用机制，但每种除草剂抑制的靶目标不同，而且抑制的程度也不同。除草剂的浓度对光合作用也有较大的影响，高浓度的拿捕净强烈抑制大豆叶片的光合作用。除草剂 Isoxaflutole 水解后的衍生物 Diketo-nitrile 能引起敏感植物的叶片脱绿而影响光合作用。2,4-D 能以多种方式影响细胞分裂，低浓度时能够强烈促进细胞生长，当浓度超过一定限度之后其促进作用下降，并转而强烈抑制细胞生长。除草剂对植物吸收的影响主要表现在破坏植物的根系，使其难以吸收，以及对不同元素的吸收表现出选择性。如用含有高浓度的莠去津和乙草胺的河水灌溉水稻，在水稻苗期会发生根由白变黑，不生新根，接着腐烂的毒害现象。除草剂对植物的生长发育及生理生化过程均有一定的影响，主要表现在能抑制种子的萌发和根、茎的伸长；改变种子萌发的几种酶的活性，以及种子萌发时根间细胞有丝分裂频率的变化。

（4）除草剂与其他污染物的交互作用

① 与有机污染物的交互作用　除草剂与有机污染物的交互作用主要表现在对吸附位点的竞争上。土壤中有机质的碳链结构构成的憎水微环境对除草剂和有机污染物的吸附起着非常重要的作用。极性的除草剂与有机污染物在土壤中的吸附系数存在差异，二者在环境中的同时出现势必导致其吸附过程的相互制约。除草剂与有机污染物对植物的毒性也表现出差异。如除草剂敌草隆与灭菌丹的复合污染对浮萍生长的抑制和叶绿素含量的变化仅仅取决于敌草隆的变化。

② 与重金属污染的交互作用　土壤中的重金属元素的毒性和生理活性与其存在的形态密切相关。土壤理化因素的变化都能引起土壤中重金属元素存在形态的变化，进而影响到作物对重金属的吸收以及重金属对作物的毒性。除草剂在土壤中会离解成各种络离子，与重金属发生络合作用，改变土壤中的沉淀、络合平衡。有的除草剂本身就是强酸，加进土壤以后破坏了土壤的酸碱平衡，从而改变了重金属的生理活性。实验证明：在受 Ni 和 Cd 污染的土壤中，施加 2,4-D 会增加玉米幼苗对 Ni、Cd 的吸收，使重金属对植物的毒性增加。除草剂敌草隆在与 Cu 的复合污染中也表现出拮抗作用。

（5）影响除草剂在土壤中分解速度的因子

① 土壤微生物　很多除草剂，特别是在土壤中残留时间长的西玛津、阿特拉津、取代脲类等除草剂都可被很多微生物分解。微生物活动受到土壤有机质多少、团粒结构好坏、气温高低、水分、矿质营养、空气等状况影响。一般在温度 25℃ 左右，潮湿、矿质养料多、土壤中有机含量高、土质肥沃时微生物生长得好，除草剂施到这种土壤中分解就较快。反之，在天气冷、过干、土壤贫瘠的情况下分解就慢。另外，pH 值也能影响土壤的微生物活动，细菌、放线菌适宜于 pH 值中性到碱性时生长，当 pH 值在 5.5 以下时，它们的活动能

力就显著降低，而 pH 值在 5.5 以上时，对真菌活动不利，往往被细菌、放线菌繁殖所排挤。一些好气性的细菌，在有氧的条件下活动较好，但厌气性的细菌则相反。

据报道，除草剂施入土壤中对土壤微生物的影响不大。一般来讲，在苗圃常用量的情况下，微生物的变化范围不是很大的。在除草剂降解以后，很快恢复到正常情况。在使用降草剂时应采用残留不超过半年的较好，以免影响微生物生长繁殖。根据有关单位试验，长期使用有机除草剂后，土壤中分解除草剂的微生物数量增多，分解除草剂的能力提高。

② 化学分解　除草剂施入土壤以后，可经过氧化、还原、水解等化学反应降解成中间体而失去除草作用。例如茅草枯可被水解成为无活性物质，草甘膦可被土壤中的铁离子络合而失效。

③ 土壤团粒的吸附　土壤团粒有较大的比表面积。据计算，大约 $1in^3$（1.64×10^{-5} m^3）的土壤，团粒占 $200 \sim 500ft^2$（$0.093m^2$）的表面积，土壤颗粒和含有丰富腐殖质的土壤团粒，具有很强的吸附能力。土壤吸附能力和离子交换能力大小与土壤颗粒大小和有机质含量多少有关，概括起来有以下几点：a. 有机质含量多的土壤，吸附除草剂的能力大，被吸附的除草剂不易被杂草根系吸收，因此在使用除草剂灭草隆和敌草隆时一般用量要增加些；b. 黏土吸附力比沙土强，因此，在黏质土壤中施药，其用量也要适当增加；c. 有机质含量较高的土壤或黏质土壤，保持除草剂的持久力较沙土强，故除草剂被吸附后释放得慢，不易消失，可逐渐释放，对杂草发生作用的时间长。

④ 淋溶　土壤中的物质，由于降雨引起该物质随着土壤水向土壤下层渗透的现象，叫做淋溶。除草剂的淋溶可以决定除草剂的选择性和活性。苗前土壤处理的除草剂施于土表，由淋溶作用把它淋入上层土壤，正好杀死在这层土壤中发芽的杂草幼苗，而大量的树种子都播于这个有一定浓度除草剂以下的土层，比较安全。因此，在播种时，应尽量能考虑将种子播在药层的以下为好。除草剂的淋溶程度和苗木的安全关系很大。有些除草剂做土壤处理，如淋溶量大，药剂在土壤中渗透层深，碰到树木种子时，易发生药害，故掌握好淋溶的规律，也是安全有效地应用除草剂的关键之一。研究表明，除草剂的淋溶受以下几个因素的影响大。

1）溶解度，即溶解度大的除草剂，易被雨水渗入下土层，淋溶层深，淋容量大；反之，溶解度小的除草剂，就不易渗入下土层。

2）土壤渗透的水量，特别是和降雨量有较大关系。雨水多、雨量大的地区和季节，淋溶量大时，除草剂在土中渗透层深；反之，雨水少的地区和季节，就很少淋溶，除草剂多数留在土表。

3）土壤的吸附能力。肥沃有团粒结构的土壤，吸附性状好，药剂不易被雨水冲淋，使用时比较安全；反之，在贫瘠的沙土中除草剂的淋溶量大，比较危险。如非草隆、灭草隆水溶性较大，它们的溶解度较大，淋溶层深。如果在砂质土壤或贫瘠的土地上使用，再加上多雨时，其淋溶量会更大，在土层中也渗透得更深，有可能引起药害。在这种情况下，如果改用敌草隆，由于它在水中溶解度很小，淋溶层浅，淋溶量小，就可以减轻或避免产生药害。

⑤ 光解　光强度对除草剂的分解有一定影响。除草剂施入土表后，在无雨情况下，主要通过光解降解。

⑥ 挥发　除草剂挥发后，减少了其在土壤中的含量，直接影响除草剂的药效和药害。

同时，除草剂的挥发气体能毒害植物体，特别是这种气体对敏感植物具有杀伤作用。例如，2,4-D丁酯是一类挥发性很强的物质，它的挥发气体可以伤害棉花、大豆、西红柿等阔叶作物，所以在林业苗圃使用这类除草剂时，必须注意附近是否有作物。一般来说，在这种情况下，尽量不用这类除草剂。

有些除草剂如氟乐灵等是通过挥发的气体进入土壤气隙，杀死草芽或杂草种子，这类除草剂在施药后，应立即耙地，使药液进入土层，以减少挥发，保持一定的药效。此外，随着土壤中土表水分蒸腾作用，也可带去一部分除草剂。

⑦ 杂草、苗木的吸收　除草剂施到苗圃中后，一部分被杂草、苗木吸收，另一部分被土壤吸附，这都会大量减少土壤中除草剂残留量，降低除草剂的药效，杂草、苗木越多，这种现象越显著。因此，凡是苗木、杂草密度大的苗圃，无论于苗前、苗后施药，都应适当增加用药量，才能保证有较好的除草效果。

（6）除草剂对土壤产生的生态效应

迄止目前，世界上至少已有100种以上杂草对多种类型的除草剂产生了抗性，现已发现50种以上杂草产生了抗性生物型，杂草的抗性增加了杂草的防治困难。单一除草剂品种的大量应用势必促进杂草抗药性的发展。

除草剂的残毒造成土壤及农产品严重污染，不仅损害人和动物的健康，而且引起土壤微生物大量死亡，使微生物种群数量急剧减少。据波兰科学家研究证明：使用化学除草剂后，每克土壤中可减少细菌78万个，放线菌8万多个，真菌4万个左右，从而使土壤成分贫瘠化，导致土壤肥力不断下降而造成减产。化学除草剂在应用中，除植物吸收少量药剂外，大部分进入生态环境，造成生态环境的污染。对于挥发性除草剂，使用不当极易挥发，致使附近对污染敏感的作物及树木受害，也会造成空气的污染。某些除草剂本身对人畜无毒，但代谢产物却具有毒性。如酰胺类除草剂中的疏草灭，在土壤中水解成3-氯4-甲基苯胺，进而转变为3,3,4-三氯-4-甲基偶氮苯，这种偶氮苯化合物具有致癌作用。

（7）部分除草剂种类及其污染实例

① 甲磺隆　甲磺隆是一种磺酰脲类除草剂，广泛用于麦田，其 pK_a 为3.3，熔点为163~166℃，在水中溶解度随pH值升高而加大（离子强度0.1），不同pH值对甲磺隆水溶解度的影响较大，这也反映了不同地区土壤中甲磺隆的环境行为及降解将会有较大的差异。甲磺隆用量极低，一般用药量为 $4～8g/hm^2$，经估算，甲磺隆的田间施用浓度约为0.01mg/L，但除草剂不均匀的施用往往会造成土壤中局部浓度过高。由于甲磺隆具有极高的活性和极强的选择性，极低的残留量即可造成土壤污染，对后茬敏感作物产生药害。围绕这一农业生产问题，人们对甲磺隆除草剂在土壤中的残留、降解、迁移等行为，及其受土壤性质和环境因素的影响开展了大量研究，进一步探讨了土壤性质对甲磺隆降解的影响，为土壤环境中甲磺隆快速降解和合理用药提供理论依据。

② 苄嘧磺隆　苄嘧磺隆又称苄磺隆、亚磺隆，商品名为农得时（Londax）。苄嘧磺隆是20世纪80年代中期美国杜邦公司开发的一种新型磺酰脲类除草剂，具有高效、广谱、低毒及低用量等优点，是目前广泛用于稻田杂草防治的主要除草剂之一。

苄嘧磺隆适用于水稻插秧田和直播田防除阔叶杂草，如鸭舌草、眼子草、节节菜、陌上菜、矮慈姑等及莎草科杂草如牛毛草、异型莎草、水莎草、碎米莎草、萤蔺等。对禾本科杂草防效差，高剂量下对稗草有一定的抑制作用。

苄嘧磺隆使用方法灵活，可用药肥、药土、药砂、喷雾、浇灌等方法，用量 20～30g/hm²，可与丁草胺、杀草丹、优克稗、禾大壮、甲磺隆、乙草胺等剂混用，是我国水稻田中使用面广、时间长、量大的一种除草剂。

③ 苯氧羧酸类　苯氧羧酸类除草剂是一类重要除草剂，它在 20 世纪 50 年代开始投入生产应用，由于其价格低廉、除草速度较快、除草谱较宽、无残留等优点，在生产中一直发挥重要作用，广泛用于小麦、玉米和水稻田防除阔叶杂草。然而，该类除草剂对作物的安全性受环境条件、作物生育期的影响较大，应用不当可能会产生较重的药害；同时，该类除草剂对阔叶作物敏感、飘移和挥发性强，易于对周围作物阔叶发生药害。

苯氧羧酸类除草剂可以通过茎叶，也可以通过根系吸收，茎叶吸收的药剂与光合作用产物结合沿韧皮部筛管在植物体内传导，而根吸收的药剂则随蒸腾流沿木质部导管移动。叶片吸收药剂的速度取决于三方面的因素：叶片结构，特别是蜡质厚度及角质层的特性；除草剂的特性；环境条件，高温、高湿条件下有利于药剂的吸收和传导。苯氧羧酸类除草剂导致植物形态的普遍变化是：叶片向上或向下卷缩，叶柄、茎、叶、花茎扭转与弯曲，茎基部肿胀，生出短而粗的次生根，茎、叶褪色、变黄、干枯，茎基部组织腐烂，最后全株死亡，特别是植物的分生组织如心叶、嫩茎最易受害。苯氧羧酸类除草剂属于激素类除草剂，几乎影响植物的每一种生理过程与生物活性，其对植物的生理效应与生物化学影响因剂量与植物种类而异，即低浓度促进生长，高浓度抑制生长。苯氧羧酸类除草剂的选择性问题比较复杂，因使用剂量和植物种类不同而有较大差异。

苯氧羧酸类除草剂的具体药害症状表现在以下几个方面。禾本科作物，幼苗矮化与畸形。禾本科植物形成葱状叶，花序弯曲、难抽穗，出现双穗、小穗对生、重生、轮生、花不稔等。茎叶喷洒，特别是炎热天喷洒时，会使叶片变窄而皱缩，心叶呈马鞭状或葱状，茎变扁而脆弱，易于折断，抽穗难，主根短，生育受抑制。双子叶植物叶脉近于平行，复叶中的小叶愈合；叶片沿叶缘愈合成筒状或类杯状，萼片、花瓣、雄蕊、雌蕊数增多或减少，形状异常。顶芽与侧芽生长严重受抑制，叶缘与叶尖坏死。受害植物的根、茎发生肿胀，可以诱导组织内细胞分裂而导致茎部分地加粗、肿胀，甚至茎部出现胀裂、畸形。花果生长受阻。受药害时，花不能正常发育，花推迟，畸形变小；果实畸形，不能正常出穗或发育不完整。植株萎黄。受害植物不能正常生长，敏感组织出现萎黄、生长发育缓慢。

4.2.3.4　多氯联苯

在众多的环境问题中，持久性有机污染物（POPs）除了其直接急性毒性外，其高残性、高富集性以及对生态群落乃至人类健康的影响也日益引起人们的忧虑。其中多氯联苯（Polychrollnated Biphenyls，PCBs）是最具有代表性的一类。

多氯联苯是以联苯为原料在金属催化剂作用下，高温氯化生成的具有两个相联苯环结构的氯代芳烃化合物（见图 4-9），1881 年首次在德国合成，分子式为（$C_{12}H_{10}$）$_nCl_n$，根据氯原子取代数和取代位置的不同共有 209 种同类物。因其具有良好的化学惰性、抗热性、不可

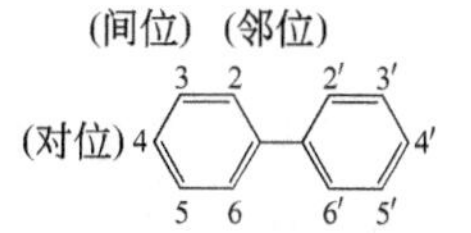

图 4-9　PCBs 结构图

燃性、低蒸气压和高介电常数等优点，曾被作为绝缘介质、热交换剂、润滑剂、增塑剂、石蜡扩充剂、黏合剂、有机稀释剂、除尘剂、燃料分散剂、农药延效剂、切割油、压敏复写纸和阻燃剂等重要的化工产品，广泛应用于电力工业、塑料加工业、化工和印刷等领域。目前各国已普遍减少使用或停止生产多氯联苯。但是，多氯联苯在使用了近 40 年的过程中，通过废物排放、储油罐泄露、挥发和干湿沉降等途径进入环境，造成了一定的污染。

多氯联苯对脂肪具有很强的亲和性，进入生物体后，易在脂肪层和脏器堆积而几乎不被排出或降解，进而通过食物链浓缩造成对人体的潜在危害，产生积累性中毒。研究表明，PCBs 对皮肤、肝脏、胃肠系统、神经系统、生殖系统、免疫系统的病变甚至癌变都有诱导效应。PCBs 还是一类典型的环境雌激素，可引起白细胞增加症。它的毒性主要取决于 Cl 的数量和 Cl 在苯环上的位置，Cl 原子的取代数越少，毒性就越小。PCBs 是一种典型的持久性有机污染物（POPs），通过生物链富集、浓缩和放大进入动物体和人体，造成巨大的危害。

在工业发达国家，PCBs 污染已经形成了社会公害，如 1968 年发生在日本北部九州县的米糠油事件，1600 人因误食 PCBs 污染的米糠油而中毒，其中 22 人死亡；1979 年我国台湾也重演了类似的悲剧。美国、英国等许多国家都已在人乳中检出一定量的 PCBs。PCBs 分布极为广泛，国内外有关 PCBs 在土壤及底泥中的污染情况报道较多。在未直接受污染的土壤中，PCBs 的含量一般在几个毫克/千克至几十个微克/千克。在工业污染区可高达十几个毫克/千克，在日本，生产电器元件的工厂附近土壤中甚至高达 510mg/kg。在中国西藏，未受直接污染的土壤中 PCBs 含量在 0.625～3.501mg/kg。在沈阳市检出其含量在 6～15mg/kg。更有研究表明：在极地动物，如北极熊和海豹的肝脏中以及南极贼鸥和企鹅的蛋中都可以检测到一定量的 PCBs。

环境中的 PCBs 由于受气候、生物、水文、地质等因素的影响，在不同的环境介质间发生着一系列的迁移转化，最终的储存所主要是在土壤、河流和沿岸水体的底泥中。由于它的自净能力很小，在环境中的降解性有赖于联苯的氯化程度，持久性也随着氯化程度的增加而增加。因此，随着 PCBs 的不断应用，它在环境中的积累不断增加，到 20 世纪 60 年代末至 70 年代初污染达到最高峰。之后随着 PCBs 的限制和禁用，大气、土壤、水体和动物体内等各种介质中的 PCBs 含量开始出现大幅度降低，但是其降解速度却在逐渐减缓。值得注意的是，生产的 PCBs 仍有 2/3 在被使用，或者被填埋，这些残留物作为一个潜在的污染物将可能给几代人带来不良影响。近几年来，国内外对 PCBs 的研究较多，国内的研究主要集中在其在水、土和沉积物中的环境化学行为。在处理、处置方法上主要采用封存填埋、高温焚烧、化学方法和微生物方法。其中，微生物降解方法是目前研究的热点问题。

PCBs 主要通过大气沉降和随工业、城市废水向河、湖、沿岸水体排放等方式进入水体。PCBs 是一种疏水性化合物，所以除一小部分溶解外，大部分都是附着在悬浮颗粒物上，并且最终将在底泥中沉积。因此，底泥中的 PCBs 含量一般要较上面的水体高一、两个数量级以上。

除挥发外，底泥沉积一般也被认为是去除 PCBs 的有效途径。但若比较湖水中的沉淀通量和底泥的积累量就会发现，真正通过底泥沉积去除的 PCBs 仅占底泥表面通量的一小部分，颗粒束缚的 PCBs 大部分参与到再循环过程中，因此使得 PCBs 在环境中的转移问题变得更加复杂。

地球上河流、湖泊和海洋的底部几乎全部被沉积物所覆盖，它们构成了地球表层系统中的一个重要圈层即沉积层。土壤像一个大仓库，不断地接纳由各种途径输入的 PCBs。土壤中的 PCBs 主要来源于颗粒沉降，有少量来源于作肥料的污泥、填埋场的渗漏以及在农药配方中使用的 PCBs 等。据报道，土壤中的 PCBs 含量一般比上面空气中的含量高出 10 倍以上。实验结果表明，PCBs 的挥发速率随着温度的升高而升高，但随着土壤中黏土含量和联苯氯化程度的增加而降低。对经污泥改良后的实验田中 PCBs 的持久性和最终转移的研究表明，生物降解和可逆吸附都不能造成 PCBs 的明显减少，只有挥发过程最有可能是引起 PCBs 损失的主要途径，尤其是对高氯取代的联苯更是如此。

PCBs 污染物进入土壤环境后，受到自然环境的影响，其组成会发生明显的变化。首先是 PCBs 中不同的化合物在常温下具有不同的挥发性。从 1Cl 到 10Cl 取代 PCBs，其挥发性相差 6 个数量级，因此这些化合物存在于空气中，具有较高挥发性的 PCBs 容易随气流转移。其次，不同 PCBs 具有不同的水溶性。各 PCBs 同族物在土壤中的吸附能力也由于其 Cl 取代位置的不同而有可能相差很大。因而，进入土壤中的 PCBs 将按其在水中溶解性的不同和吸附性能的不同而以不同的速率随降雨、灌溉等过程随水流流失，造成其组成和污染源的明显不同。进入环境中的 PCBs 还受到自然环境中其他因素的影响，虽然 PCBs 的光解作用很小，但自然界中的各种微生物对 PCBs 的降解有一定的影响，各种生物体对 PCBs 的迁移也具有不同的作用。

化合物在环境介质中的转化过程是多介质环境的重要行为，对化合物的跨介质迁移会产生重要影响。微生物是环境中化合物生物降解的最重要组成部分。虽然一些高等生物如植物和动物也能代谢某些化合物，但它们对 PCBs 在环境中的转移作用甚微。

PCBs 是一类稳定的化合物，一般不易被生物降解，尤其是高氯取代的异构体。但是，在优势菌种和其他适宜的环境条件下，PCBs 的生物降解不但可以发生而且速率也会大幅度提高。有关 PCBs 的生物降解在实验室进行得较多，它也是近几年的研究热点。Flanagan 等在受 PCBs 污染的底泥中检出代谢中间产物氯苯甲酸，充分证明了环境中 PCBs 有氧降解的存在。

理论上，通过无氧-有氧联合处理 PCBs 有可能完全降解成 CO_2、H_2O 和氯化物等。然而，实际环境是一个开放的复杂环境，由于受光、温度、菌种、酸碱度、化学物质及其他物理过程的影响，PCBs 的生物转化速度很缓慢，相对于其他转化过程几乎可以忽略不计，因此 PCBs 的污染难以从根本上消除，它的污染会给整个生态环境带来长期影响。

4.2.3.5　三氯乙烯

氯代烃作为一种重要的化工原料和有机溶剂广泛应用于各种现代工业中，由于储存及处置不当等一些原因，使其通过挥发、泄露、废水排放等途径进入地下水环境，成为地下水有机污染中最普遍的污染物，其中最常见的主要是三氯乙烯和四氯乙烯。三氯乙烯（TCE）无色透明，有氯仿气味，其主要的物理化学性质如表 4-7 所列。TCE 可用作溶剂，是苯和汽油的代用品，也可用作金属清洗剂，电镀油漆前的清洁剂，金属的脱脂溶剂，脂肪油石蜡的萃取剂，农药杀虫剂，以及医药和有机化工的原料。由于 TCE 的广泛应用和早期对该物质危害性认识的不足，导致大量的 TCE 进入环境。TCE 在环境中易迁移，通过挥发、容器泄漏、废水排放、农药使用及含氯有机物成品的燃烧等途径进入环境，严重污染了大气、土

表 4-7   TCE 的理化特性

分子量	131.39	熔点/℃	−86.4
相对密度(20℃/4℃)/(g/cm³)	1.4649	K_{OW}/(mg/g)	240
溶度(25℃)/(g/L)	1100	分布系数	$1.509×10^{-4}$
沸点/℃	87.19	扩散/(cm²/s)	$8.434×10^{-6}$

壤、地表水和地下水，同时其降解产物二氯乙烯（Dihcloroethylnee，DCE）和氯乙烯（Vinyl-Chioride，VC）也是有毒致癌物质。TCE 在环境中有持久性，对生物的毒作用很强并具有致癌性。目前 TCE 污染治理已经引起了世界各国的普遍重视。TCE 的工业生产废料作为"有毒废料"处理，含 TCE 的固体废料以"危险废料"处理。美国已于 20 世纪 80 年代初期就确定 TCE 为重点污染物，并限定了饮用水中 TCE 的最高允许浓度。世界卫生组织（WHO）确定饮用水中限定含量指导值为不超过 0.07mg/L。

当人体摄入 TCE 含量高的水时，会发生呕吐、腹痛或一时的神志意识不清等症状。吸入过量酚三氯乙烯蒸气会使人的中枢神经系统病变，如产生麻醉感、头痛、昏迷，甚至脑水肿，严重时将危及生命。慢性接触还可能损害实质器官，主要影响肝、肾和心脏。TCE 及其主要代谢物的体内外实验表明：它可引起癌变、突变、畸变等免疫毒性作用等。TCE 动物实验证明，TCE 有致癌性，可引起小鼠的肝癌、肺癌，以及大鼠的肾癌，长期接触 TCE 的人可能引起肾癌。

由于氯代烃是比水重的非水溶相液体且化学性质非常稳定，一旦进入包气带和地下水，其污染调查和恢复治理的难度非常大。TCE 的密度（1.462kg/L）比水大，水溶性好，溶解度为 1000mg/L，其在环境中易迁移，但却有很高的稳定性，因而由它引起的土壤和地下水污染是一个长期以来普遍存在的环境问题。TCE 存在的异构体包括（1,1-二氯乙烯，顺-1,1-二氯乙烯和反-1,2-二氯乙烯）。虽然氯乙烯是最稳定的，但二氯乙烯的结构是最不稳定的。在日本，1982 年调查表明，许多地下水被高浓度的 TCE 污染，此浓度远高于环境质量标准（0.03mg/L），而且受污染的井数仍在增加。同时，TCE 及其降解产物二氯乙烯（DCEs）和氯乙烯（VC）是有毒的致癌物质，特别是 VC 对人类的健康已造成很大的威胁。吸附作用是影响三氯乙烯（TCE）在土壤环境中迁移、归趋的主要过程。李荣飞（2013）研究了不同土壤类型和环境温度对 TCE 吸附的影响，结果表明，不同深度的土壤对 TCE 的吸附主要受有机质含量的影响，有机质含量越高，土壤对 TCE 的吸附量越大；对于不同类型的土壤，除有机质含量影响外，土壤粒径可能也会影响土壤对 TCE 的吸附；以上两种因素都会影响土壤对 TCE 吸附方程。温度也会影响土壤对有机物的吸附，随着温度的升高，三种土壤对 TCE 的吸附量都减少。

4.2.3.6 多环芳烃

多环芳烃（Polycyclic Aromatic Hydrocarbons，PAHs）是一类分子结构包含有两个或两个以上苯环，以线状、角状或簇状排列的稠环型化合物。它们的熔点和沸点较高，具有疏水性，蒸气压小，辛醇-水分配系数高，在环境中普遍存在。

PAHs 进入环境主要有两个途径：其一，作为工业品，特别是作为化工工业常用物质，PAHs 以多种途径进入到环境中；其二，化石能源（如石油和煤）的消耗，在石油和煤中大量含有各种 PAHs，随着石油和煤的消耗，其中所含的 PAHs 以及在消耗过程中所产生的 PAHs 便被释放到环境中。也有自然释放 PAHs 的过程，如森林植被和微生物代谢等。近年来的调查研究表明，空气、土壤、水体、生物体等都受到了多环芳烃的污染。作为一种全球性的环境污染物，多环芳烃因其分布广、稳定性强、生物富集率高、致癌性强，而对环境和人类健康构成了极大的威胁，已引起了环境科学工作者的极大关注。美国国家环境保护局（USEPA）把 16 种未带分支的多环芳烃，确定为环境中的优先污染物，中国也把多环芳烃列入环境污染的黑名单中。

在污染源附近，PAHs 浓度较大，在大气、水和土壤中多处于吸附态。高温过程形成的 PAHs 大都随着烟尘废气排放到大气中，并和其他各种类型的固体颗粒物和气溶胶结合在一起，通过干湿沉降转入湖泊、海洋，最终主要累积在沉积物、生物体和溶解的有机物质中。PAHs 由于化学惰性而成为环境中的持久性污染物，它在环境中转化的主要途径是光化学分解和生物转化。PAHs 在紫外光（300nm）照射下很易光解和氧化，成为醌式结构，但要进一步降解则较难。研究表明，蛤和贻贝主要从水中累积 PAHs，虾、多毛类主要从受污染的沉积物中累积 PAHs。对一种动物来说，PAHs 的苯环数越多，结构越复杂，其生物累积问题越严重。朱必风等对鲫鱼组织富集 PAHs 的研究表明，鲫鱼各器官组织对 PAHs 有很强的生物浓缩能力，肝的富集达 1200 倍，胆中浓度达到 20000 倍。在富集和释放的可逆过程中，PAHs 不断被亲和性大的脂肪组织摄取而积累，最终可能通过食物链进入人体，危害人体健康。

PAHs 的结构非常复杂，且以苯环为基本结构，因而具有许多特别的理化性质。PAHs 从苯环与苯环之间的结构关系看，有两种情况：一种是孤立多环芳烃，如二联苯、三联苯，苯环与苯环之间具有相对的独立性；另一种是稠环多环芳烃，或称稠环芳烃，这一类 PAHs 中的苯环与苯环之间通过两个或两个以上的碳原子紧密结合而成，如萘、蒽、菲、苯并芘等。多个苯的分子结构均具有非常稳定的特性，在环境中可以残留很长时间。结构上，苯环呈非线性排列时，其稳定性比苯环呈线性排列时更高。PAHs 在水中的溶解度非常低，且其溶解性还会随着苯环数量的增加而降低，PAHs 的挥发性与苯环的多少也具有相同的相关性。PAHs 分子中的苯环数量还决定它在环境中的衰减或降解的量，普遍规律是苯环越多，衰减和降解越慢，环境滞留时间越长，毒性致癌性越强，环境危害越大。

此外，研究还发现 PAHs 的水溶解度（S_w）与其土壤/沉积物的吸附系数（K_{oc}）、生物富集系数（Bioconcentration factor，BCF）之间有较好的相关性。PAHs 的溶解度与其致癌活性有关，这是因为 PAHs 的溶解度影响了其向 DNA 的传输，那些水溶性较低的 PAHs 较容易富集于生物体内，然而 PAHs 的致癌作用不仅是在生物体内富集，还必须与细胞核里的 DNA 发生作用。PAHs 的毒性还表现在对微生物生长有强抑制作用，其抑制机理可能是其进入微生物体后，与多功能氧化酶相互作用，使酶的活性受到了抑制。

中国的 PAHs 污染主要体现在土壤、大气、江河沉积物等方面。土地的污水灌溉是造成土壤污染的主要原因。刘期松等报道，辽宁省沈抚灌区的抚顺三宝屯四队水稻田，因持续 30 多年的石油污水灌溉而成为重污染农区，1982 年测得 PAHs 总量高达 631.9mg/kg（表层土 0～20cm）、602.95mg/kg（底层土 20～35cm）。广泛分布于大气颗粒物（气溶胶）中的 PAHs，其含量也逐渐增加。例如，珠江三角洲经济区大气气溶胶中的 PAHs 在冬春季节时其最高含量，1999 年测定结果为：南海 $36.18ng/m^3$、广州 $55.49ng/m^3$、珠海 $25.63ng/m^3$、香港 $14.88ng/m^3$、澳门 $41.70ng/m^3$。由于长期水资源污染，江河沉积物中的 PAHs 含量也在增加，据 1998 年测定的结果，长江南京段沉积物 PAHs 总量在 $213.8\sim550.32ng/g$，辽河新民段沉积物总量在 $27.45\sim198.26ng/g$。

4.2.3.7 五氯酚

五氯酚（Pentachlorophennl，PCP）是世界上广泛使用的有毒性、难降解的有机化合物，主要用于木材防腐剂、杀虫剂、除草剂、杀菌消毒剂等化工生产中。PCP 是一种环境内分泌干扰物，可干扰生物体正常的内分泌功能，并具有致畸、致癌、致突变作用，曾被作为杀虫剂、防腐剂在世界范围内广泛使用，因此造成了严重的环境问题。PCP 引起的环境污染已受到全球性的关注；美国国家环境保护局（USEPA）和中国环境监测总站均将该类化合物列为优先控制的污染物。

环境中 PCP 96.5% 分布于土壤中，2.5% 分布于水中，1% 分布于沉积物中，分布于空气、悬浮物和生物区系中的不到 1%。PCP 在环境中的来源包括：a. 土壤直接使用杀菌剂；b. 经 PCP 处理木材产生的沥滤液或挥发物；c. 污水厂的污水在用氯气处理过程中合成的 PCP；d. 来自工厂的废气和废水中的 PCP。

4.2.3.8 全氟化合物

多氟烷基化合物（PFASs）是一类人工合成的新型污染物，由不同链长的疏水性烷基基团和亲水性官能团组成，结构通式为 $F(CF_2)_nR$，通常将此类化合物分子中与碳相连的氢原子全部被氟原子取代的化合物称为全氟化合物（Perfluorinatedcompounds，PFCs）。环境中常见的典型 PFCs 见表 4-8。PFCs 是一类新型持久性有机污染物，近年来，短链 PFCs 被用作长链化合物的替代品而被广泛应用，C_4 和 C_6 等短链化合物在环境水体、沉积物、大气、生物体的检出率和浓度呈现逐年增高的趋势（周萌，2013）。短链 PFCs 的环境行为以及对生物体的潜在毒性越来越受到关注。

表 4-8 环境中常见的典型 PFCs

名称	缩写	名称	缩写
全氟丁烷羧酸	PFBA	4-2 氟调醇	4-2 FTOH
全氟戊烷羧酸	PFPeA	6-2 氟调醇	6-2 FTOH
全氟己烷羧酸	PFHxA	8-2 氟调醇	8-2 FTOH
全氟庚烷羧酸	PFHpA	10-2 氟调醇	10-2 FTOH
全氟辛烷羧酸	PFOA	N-甲基全氟辛基磺酰胺	N-MeFOSA
全氟壬烷羧酸	PFNA	N-乙基全氟辛基磺酰胺	N-EtFOSA
全氟丁烷磺酸	PFBS	N-甲基全氟辛基磺酰胺乙醇	N-MeFOSE
全氟己烷磺酸	PFHxS	N-乙基全氟辛基磺酰胺乙醇	N-EtFOSE
全氟辛烷磺酸	PFOS		

注：引自周萌. 不同碳链长度全氟化合物在水-土壤-植物间的迁移. 南开大学. 2013。

污泥肥料是土壤中 PFCs 污染的重要来源。市政污水处理厂出水中的 PFCs 是环境中 PFCs 的重要来源，而活性污泥吸附了污水中大量的 PFCs。美国污水处理厂活性污泥样品中，PFCs 的总浓度达到 176～3390ng/g（Higgins，2005），中国上海污水处理厂活性污泥中，PFCs 含量为 126～809ng/g（Yan，2012）。水体沉积物中，PFCs 浓度低于活性污泥，辽河沉积物中 PFCs 浓度为 0.26～1.1ng/g，太湖沉积物中为 0.20～1.3ng/g（Yang，2011）。大沽排污河和海河沉积物中 PFCs 浓度较高，分别为 1.6～7.7ng/g 和 7.1～16ng/g，PFOA 和 PFOS 是沉积物中主要的污染物（Li 等，2011）。在许多国家，活性污泥作为肥料用于农业生产，导致大量 PFCs 进入土壤中造成污染。据报道，2008 年中国活性污泥的产量为 1.3×10^6t，并以每年 10% 的速率增加，这些活性污泥有 45% 用于农田（Yang，2008）。

用含 PFCs 的污水或污染河水灌溉农田，大气沉降等过程也是 PFCs 进入土壤的重要途径。近几年在世界各地土壤样品均检测到了不同浓度的 PFCs。其中中国上海地区土壤中 PFCs 浓度为 141～237ng/g，三氟乙酸（TFA）是最主要的污染物，浓度为 93～188ng/g，其次为 PFOA 和 PFOS，而且短链 PFCs（$<C_8$）的检出率高于长链 PFCs（Li 等，2010）；天津地区土壤中 PFCs 含量低于上海地区，PFOS 含量为 0.023～2.4ng/g。对全球不同国家土壤中 PFCs 的监测结果表明，土壤中 PFCs 浓度分布为美国＞墨西哥＞日本＞挪威＞希腊＞中国（Strynar 等，2012）。

PFCs 在植物体内含量较低。土壤中的 PFCs 会被植物的根系吸收，并在植物体内发生富集，造成农作物和蔬菜 PFCs 的污染。研究表明，植株中 PFCs 浓度随土壤中 PFCs 浓度的增加而升高，相同浓度下春小麦、燕麦、玉米和黑麦草植株中 PFOA 浓度要高于 PFOS，而马铃薯块茎中 PFOS 浓度要高于 PFOA。与储藏器官相比，PFCs 更容易被营养器官吸收和富集。另外，除了根系直接吸收外，空气中气态和颗粒态 PFCs 沉降到叶片蜡质表皮或通过气孔进入植物体，也会增加植物体内的 PFCs 含量。不同种类蔬菜对 PFCs 的富集能力不同，生菜中 PFOA 和 PFHxA 的含量最高，浓度分别为 1.8pg/g 和 0.98pg/g，马铃薯中各种 PFCs 浓度均高于生菜和胡萝卜，其中 PFHxA、PFOA、PFNA、PFDA、PFDoDA 浓度均高于 3pg/g。长链的 PFCAs 和 PFSAs 具有一定的生物富集性，可通过食物链传递和放大。PFOA 和 PFOS 对斑马鱼有明显的毒性作用，能够抑制胚胎发育，导致畸形甚至死亡，高浓度（＞240mg/L）的 PFOS 会损伤细胞膜，导致胚胎分裂中的细胞自溶而衰亡（叶露等，2009）。PFOS 广泛使用于纺织、皮革、农药、涂料等行业中，具有分布广、难降解、毒性大等特点，通过食物链的富集浓缩作用，最终在食物链高位生物体内蓄积，全球范围内许多动物组织和人体内均有 PFOS 的检出。PFOS 能够对哺乳动物的胚胎发育造成影响，在交配前期一段时间内连续摄入 PFOS 的雌性大鼠，即使在孕期停止摄入，也会对胚胎的正常发育造成影响，导致胚胎畸形，成活率下降。怀孕母鼠在胚胎器官形成期连续每日摄入一定剂量的 PFOS（＞5mg/kg），还会导致新生仔鼠体重下降、甲状腺肿大、脏器畸形、骨骼变形或成熟迟滞。研究表明，PFCs 暴露会造成动物繁殖能力降低、基因表达被破坏、细胞膜结构改变、影响线粒体的功能及代谢、干扰体内酶活性、对免疫系统产生抑制、造成甲状腺功能的改变、肝细胞损失，还会影响胎儿的发育、造成疾病感染，严重者会造成死亡。研究表明，PFOS 可影响小麦幼苗的生长，低剂量 PFOS 能够刺激叶绿素和可溶性蛋白的合成，促进小麦幼苗发育，但高剂量（＞10mg/L）PFOS 对小麦的生长产生显著的抑制作用（Qu 等，2010）。

PFCs 在土壤中迁移取决于化合物的性质以及土壤自身的吸附能力。研究表明，PFCs

在土柱中的渗透率受到目标物链长、官能团的种类、土壤有机质含量和其他吸附质存在的影响。实验条件下，短链 PFCs 容易随水流迁移，污染地下水。淋出液中没有检测到 C>8 的 PFCs，表明碳原子数大于 8 的 PFCs 被土壤强烈吸附而不发生淋溶（Gellrich 等，2012）。目前对于环境因素对 PFCs 淋溶行为的影响研究尚属空白。

4.3 重金属复合污染

4.3.1 土壤中重金属的种类和形态

重金属对农作物的毒害程度，首先取决于土壤中重金属的存在形态，其次才取决于该元素的数量。不同种类的重金属，由于其物理化学行为和生物有效性的差异，在土壤-农作物系统中的迁移转化规律明显不同。

重金属在土壤中的含量和植物吸收累积量：Cd，As 较易被植物吸收，Cu，Mn，Se，Zn 等次之，Co，Pb，Ni，V 难于被吸收，Cr 极难被吸收。Cd 是强积累性元素，而 Pb 的迁移性则相对较弱，Cr、Pb 是生物不易累积的元素。

相同的土壤类型对不同的重金属离子的吸附力明显不同，如砖红壤表面的吸附顺序是 $Cu^{2+}>Zn^{2+}>Co^{2+}>Ni^{2+}>Cd^{2+}$，红壤黏粒对 Co、Cu、Pb、Zn 的吸附强度为 $Co^{2+}>Cu^{2+}）Pb^{2+}>Zn^{2+}$。

从总量上看，随着土壤中重金属含量的增加，农作物体内各部分的累积量也相应增加。而不同形态的重金属在土壤中的转化能力不同，对农作物的生物有效性亦不同。按 Tessier 的连续提取法，重金属的存在形态可分为交换态、碳酸盐结合态、铁锰氧化物结合态、有机结合态和残渣态。交换态的重金属（包括溶解态的重金属）迁移能力最强，具有生物有效性，在有些研究中将其称为有效态。

4.3.2 重金属复合污染的表征

4.3.2.1 复合污染概念

真正的关于复合污染的研究开展于 20 世纪 70 年代。当时，Patterson（1970）认为植物对某一金属元素的吸收是在其他金属元素相互作用下进行的，它们之间可以相互促进，也可以彼此抑制。复合污染（Combined pollution）的概念是近年提出的，也称为相（交）互作用（Interactive effect）。任继凯（1982）使用了"复合污染"一词，Macnical（1985）也使用了"联合毒性效应"（Joint toxic effect）和"复合毒性效应"（Combined toxic effect）的提法。

4.3.2.2 复合污染的表征方法

复合污染的表征，基本上是以 Bliss（1939）提出的表征方法进行的，将多元素之间的相互作用分为以下 3 种形式：a. 加和作用（Additive），可用 $\sum T=T_1+T_2+\cdots+T_n$ 表示；b. 拮抗作用（Anatagonism），可用 $\sum T<T_1+T_2+\cdots+T_n$ 表示；c. 协同作用（Synergism），可用 $\sum T>T_1+T_2+\cdots+T_n$ 表示。

式中，$\sum T$ 为复合污染综合效应；T_1、T_2、$\cdots$、T_n 为各污染物单独污染效应。

　　Manical 在植物组织内重金属的研究中提出了与之相似的表征方法，他认为两种元素的毒性效应还存在着独立作用（Independent），即与共存元素无交互作用，以及 lg[A×B] 和 lg[A＋B] 两种加和形式的相互作用，见图 4-10。Kabata（1984）提出了若干元素在植物体、根内相互作用的形式图。在重金属复合污染中，目前主要有以下几种表征形式。

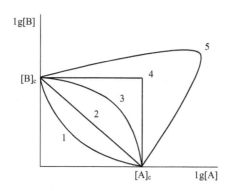

图 4-10　两共存元素复合毒性效应形式示意图

1—协同作用；2—加和作用 lg[A×B]；3—加和作用 lg[A＋B]；4—独立作用；
5—拮抗作用；图中[A]$_c$、[B]$_c$ 分别为 A、B 两元素毒性临界值。各曲线与 lg[A]、
lg[B]轴所包围面积为 A、B 共存时的作物正常产量区。

　　（1）Zn 当量（Zinc Equivalent，ZE）

　　Leeper 等（1977）提出了"Zn 当量（ZE）"的概念，他们认为土壤中，Zn、Cu、Ni（有效态为 0.1mol/LHCl 提取）对植物毒性的比为 1∶2∶8，故其综合影响又可以折算为相当于 Zn 的毒害浓度，ZE＝（Zn^{2+} $\mu g/g$）＋2（Cu^{2+} $\mu g/g$）＋8（Ni^{2+} $\mu g/g$），并提出金属元素的总和不得超过原 pH 6.5 土壤 CEC 值的 5％，并依此计算了最高安全 Zn 当量（即施入农田环境的各类重金属离子总量的最大值）。这种方法可以定量地得到 Zn、Cu、Ni 在土壤中的安全容纳量。实际上，美国国家环保局（EPA）在 1973 年就提出污泥农田施用的控制标准，使用的也是 Zn 当量的概念。污泥施用总量［t（干重）/ha］＝32700×CEC_{Zn}＋2Cu＋4Ni－200÷0.404，计算该土壤最大施用允许容量 Q＝ZE×150，并由此推出每年该土壤的最大污泥施用量＝Q×ln÷ZE（n 为计划年限），该方法对于特定的 Zn、Cu、Ni 复合污染的表征具有较大的现实意义。

　　（2）毒性污染指数（Toxic Pollution Index，TPI）

　　Macnicol 推荐使用了毒性污染指数（TPI）来表征重金属在植物体内的复合毒性效应，表达为：

$$I = \sum_{i=1}^{n} \left[\frac{t_i - t_{xi}}{t_{ci} - t_{xi}} \right]^{c_i}$$

式中　t_i——第 i 种元素的植物组织内的浓度；

　　　t_{xi}——第 i 种元素在植物组织内的阈值浓度（≥1/2 临界浓度上限）；

　　　t_{ci}——第 i 种元素植物组织内的临界浓度，其中 c_i 为第 i 种元素毒性线斜率。

　　（3）元素比（Elemental Concentration Ratio）

这种表征方法适用于两种元素之间联合作用，在特定的污染组合研究中，以元素比表征很能说明这种联合作用的变化趋势，为污染的评价、控制提供有价值的信息。Vinogradov（1954）在分析了许多资料后得出了土壤中正常 Zn/Cd 比值为 180～12000（平均 1400）的结论。此后，人们还发现了自然界中具有一些固定 Zn/Cd 比的现象，可见这种元素比之间具有一些相关现象。对土壤-水稻系统 Cd-Zn 复合污染进行了研究，结果发现，水稻生物产量与糙米中 Zn/Cd 比有一定相关关系，与复合污染的 Zn/Cd 有较高的相关性，而与单因子污染的 Zn/Cd 相关性较低，说明了用 Zn/Cd 比值表征 Cd、Zn 复合污染的可能性。而且，在复合污染中，Zn 为 100mg/kg 时，$r=0.9437$，而 Zn$>$200mg/kg 时，$r=0.9204$，这也说明了在 Zn 加入浓度为 100mg/kg 时，Zn、Cd 为协同作用使产量降低，而 Zn$>$200mg/kg 时，Zn、Cd 为拮抗作用使产量增加，清楚地表明了复合污染元素之间的作用类型。周启星（1994）年对玉米、大豆的研究表明，玉米籽实中 Zn/Cd 受土壤中 Zn/Cd 调控，而大豆却与 Zn/Cd 无关。因此以元素比表征重金属复合污染有待于进一步研究。

（4）离子冲量（Ionic Impulsion）

Apipiazu 等（1986）推荐以"离子冲量"来评价重金属的复合污染效应。这是一个与共存离子浓度和氧化数有关的量，其定义为：

$$I = \sum C_i^{1/n}$$

式中　C_i——每种离子的浓度，mmol/g；

　　　　n——每种金属离子的氧化数。

以此为基础的，评价植物、土壤的污染指数可表示为：

$$植物（土壤）污染指数 = \frac{I_{微量} - I_0}{I_c - I_0} \times 100$$

式中　$I_{微量}$——植物体（土壤）内微量金属离子的冲量；

　　　　I_c——微量金属离子使植物中毒（表现为产量降低），植物（土壤）内临界离子冲量；

　　　　I_0——无毒栽培时，对照植物（土壤）的离子冲量。

王宏康认为，该评价指标比单纯以现状测定值/环境标准值表示要好，因为它使污染地区和非污染地区污染指数的差距变大了，更便于比较或评价。

土壤添加元素（Pb、Cd、Cu、Zn、Ni）、植物地上部、根的离子冲量及根/地上部的相对离子冲量对水稻产量作一元回归，发现均为显著负相关，以相对离子冲量相关最好，表明可用其来控制污染元素的总量。在对土壤-水稻体系中重金属（Pb、Cd、Cu、Zn）的迁移及其对水稻的影响的研究中发现，水稻产量除与稻草、糙米中离子冲量呈极显著相关外，还与土壤 DTPA 浸提态离子冲量呈现显著相关，故也可以用于评价重金属的有效性。罗厚枚（1994）对土壤中 Cu、Ni、Pb、Zn 的离子冲量和有效态离子冲量对大豆、水稻的相对产量进行了回归分析，也得出了有效态优于总量的结论。余国营（1995）在离子冲量的基础上，提出了以相对离子强度来定义土壤复合污染的指标，他定义离子强度为：

$$I = k \sum_{i=1}^{n} C_i Z_i^2$$

式中　C_i——离子浓度，mmol/L；

Z_i——离子的氧化数。

该方法由于综合了各种离子的综合影响，能比较客观地反映农业生态系统中重金属复合污染的综合效应。然而，相对离子强度仅考虑了各种污染物浓度及价态的影响，而未考虑不同金属在不同土壤环境中的行为和作物对不同重金属的敏感性，因此该方法还有待于进一步完善。所以如果能解决在各种元素之间、不同浓度范围内各元素在离子冲量或离子强度中的加权问题，就能更好地表征重金属复合污染效应，为重金属污染、评价和控制打下基础。

（5）多元回归分析法

该方法目前广泛采用。主要研究若干种共存的污染重金属元素的各种存在形态（有效态、全量或其他形态）与作物某些指标（产量、生物量等）之间存在的相关关系。土壤中重金属污染的临界水平可以通过系列不同水平重金属的土壤对作物进行栽培，取其植物生长因受重金属抑制、毒害或可食部分组织重金属浓度达到食品卫生标准时的土壤，用选定方法测其有效浓度即为临界浓度。目前应用该种方法均采用产量下降 $10\% \sim 15\%$，或重金属含量达到食品卫生标准而计算出土壤中重金属的控制总量。这种方法对于土壤环境容量研究，农田生态环境中重金属的控制及污水污泥的合理施用具有较大的现实意义。

应当指出的是，考虑回归分析时，不能以产量或重金属含量等指标仅与共存元素进行回归分析，由于重金属之间的某些联合作用，因此考虑交互作用更为现实。当研究 Pb、Cd、Cu、Zn 复合污染时，在水稻吸收 Cd 模型中引入交互作用，效果较好。

$y = -3.91 - 0.0085(\text{Pb}) + 1.19(\text{Cd}) + 0.044(\text{Cu}) + 0.038(\text{Zn})$

$r^2 = 0.76(P < 0.001)$

$y = -0.32 - 0.000041(\text{Pb} \times \text{Zn}) + 0.0084(\text{Cd} \times \text{Zn}) + 0.00025(\text{Cu} \times \text{Zn})$

$r^2 = 0.86(P < 0.001)$

由此可知，研究重金属复合污染不应采取单因子变化，而应采用正交试验法更能说明问题。

（6）其他表征方法

周启星（1995）在研究 Cd、Zn 复合污染对水稻影响时，提出了下列评价公式：

$$P_d = f \left[\frac{X_{\text{Cd}} + k_1 X_{\text{Zn}}}{k_2 y} \right]$$

式中　P_d——土壤-植物系统的污染严重程度；

k_1、k_2——比例系数；

　y——水稻的生物产量；

X_{Cd}、X_{Zn}——糙米中 Cd、Zn 含量。

该式应用于上述研究的最简式为

$$\begin{cases} I_c = (X_{\text{Cd}} + X_{\text{Zn}} - 20.0)/y & (X_{\text{Zn}} \geqslant 20\text{mg/kg}) \\ I_c = X_{\text{Cd}}/y & (X_{\text{Zn}} < 20\text{mg/kg}) \end{cases}$$

由此得出，$I_c \geqslant 3.586$ 时，Cd、Zn 复合污染趋于明显的结论。该式由于综合了生物产量、糙米内浓度的影响，因而对于作物受 Cd-Zn 复合污染的评价与表征具有较大意义。

4.3.3　重金属复合污染的生态效应

土壤重金属污染常常是两种或两种以上元素同时作用形成的复合污染，如污泥土地利用、污水灌溉等往往是多元素同时进入土壤-植物系统。元素间的联合作用对作物的产量及元素在作物体内的再分配有着至关重要的影响。同时，多元素的联合作用是一个相当复杂的过程。重金属的联合作用分为协同、竞争、加和、屏蔽和独立作用。Cd-Pb、Cd-Cu、Cd-Zn、Cd-As 复合污染对植株体内重金属积累的影响，不仅取决于元素的浓度，而且与作物部位及元素的组合有关，并不是单纯的加和或拮抗效应。多元素相互作用产生的生态效应受多种因素的影响，诸如作物的种类、元素的不同组合、元素浓度等。土壤中 Cd、Pb、Cu、Zn、As 不同元素间复合污染对作物生长发育的影响、复合污染物的交互作用及生态效应，具有十分重要的现实意义。两两元素之间的复合污染与重金属单元素污染对作物生长、发育、产量和籽实中污染物含量的影响是有所不同的，揭示复合污染及其生态效应机理，对评价环境质量及采取污染防治措施都具有重要的意义。

（1）农作物对土壤中的重金属的富集规律

从农作物对重金属吸收富集的总趋势来看，土壤中重金属含量越高，农作物体内的重金属含量也越高（Lietal，2003）。土壤中的有效态重金属含量越大，农作物籽实中的重金属含量越高。不同的作物由于生物学特性不同，对重金属的吸收积累量有明显的种间差异，一般顺序为豆类＞小麦＞水稻＞玉米。重金属在农作物体内分布的一般规律为，根＞茎叶＞颖壳＞籽实。例如，Hg 在土壤-植物系统中的残留和吸收，结果表明，小麦各器官中 Hg 的吸收呈现，根 Hg＞茎叶 Hg＞麦粒 Hg 的规律。

（2）重金属在土壤剖面中的迁移转化规律

进入土壤中的重金属大部分被土壤颗粒所吸附，通过土壤柱淋溶试验，发现淋溶液中的 Hg、Cd、As、Pb 95％以上被土壤吸附。在土壤剖面中，重金属无论是其总量还是存在形态，均表现出明显的垂直分布规律。在张士灌区 86.6％土壤中的 Cd 累积在 30cm 以内的土层，尤以 0～5cm、5～10cm 内含量最高，即使在长期污灌条件下，也很少向下淋溶，从而使耕层成为重金属的富集层。土壤中的重金属有向根际土壤迁移的趋势，且根际土壤中重金属的有效态含量高于土体，主要是由于根系生理活动引起根-土界面微区环境变化而引起的，可能与植物根系的特性和分泌物有关。

（3）复合污染对作物体内重金属吸收和迁移的影响

就元素本身的特性来看，Cd、Pb、As 为植物非必需元素，Cu、Zn 为植物生长发育过程中的必需元素。因此，作物不同部位对重金属的吸收也表现出差异。从吸收重金属污染物的表现来看，根部吸收较多，而向地上部迁移的量较少。进入土壤中的复合污染物由根吸收向作物体内运移，并在作物体内进行再分配。因此，作物不同部位对重金属的吸收也表现出差异。从吸收重金属污染物的表现来看，根部吸收较多，而向地上部迁移的量较少。进入土壤中的复合污染物由根吸收向作物体内运移，并在作物体内进行再分配。

通过根系吸收重金属并进行再分配，Cd 分别与 Pb、Cu、Zn 复合后根系分配量比单元素的分配量低，而茎叶、籽实分配量增加，说明复合污染后重金属易向地上部迁移。Cd-As 复合和 Cd 与 Pb、Cu、Zn 分别复合的分配结果恰好相反。与空白比较，单元素、复合元素根系分配量增加，而茎叶、籽实的分配量相对减少。作物吸收土壤中的重金属，大部分积累在根部，而向地上部的迁移量较少。

单元素与复合元素吸收系数比较而言，复合元素的迁移能力大于单元素的迁移能力，复合污染后促进了作物对重金属元素的吸收。5 种元素迁移能力比较表明，Zn、Cd 迁移能力最强，Cu、As 次之，而 Pb 的迁移能力最弱。土壤吸持 5 种重金属的大小顺序为 Pb＞As＞Cu＞Zn＞Cd。复合污染处理株高要低于单元素处理的株高，两两元素复合协同作用可抑制作物株高的生长。产量大小也受到相应的影响。两两元素交互作用结果表明，Cd-Zn、Cd-Cu、Cd-Pb、Cd-As 同时存在时，Cd 浓度一定时，随着 Pb、Cu、Zn、As 浓度的增加，作物体内 Cd 吸收量相应增加。Pb、Cu、Zn、As 的存在对吸收 Cd 表现为协同作用。当 Pb、Cu、Zn、As 浓度一定时，随着 Cd 含量的增加，根、茎叶 Pb、Cu、Zn 吸收量下降，而籽实吸收值增加。对 As 元素而言，根吸收量增加，茎叶、籽实吸收量下降。复合污染后，重金属的迁移能力强于单元素的迁移能力。5 种元素的迁移能力大小依次为 Zn、Cd＞Cu＞As＞Pb。

4.3.4 重金属之间的联合作用

重金属复合污染的机制十分复杂，在复合污染状况下，影响重金属迁移转化的因素涉及污染物因素（包括污染物的种类、性质、浓度、比例及时序性）、环境因素（包括光、温度、pH 值、氧化还原条件等和生物种类、发育阶段及其所选指标等）。在其他条件相同，仅考虑污染物的情况下，某一元素在农作物体内的积累，除元素本身性质的影响外，首先是环境中该元素的存在量，其次是共存元素的性质与浓度的影响。元素的联合作用分为协同、竞争、加和、屏蔽和独立等作用。

在土壤-植物系统中，重金属的复合效应使得重金属的迁移转化十分复杂，受试验条件和所选择重金属种类的差异，不同的学者得出的结论不尽相同。有的研究表明，活性硅能显著增加土壤对 Cd 的吸附量，而活性 Fe、Pb、Mn 含量的增加，将显著地减少土壤对 Cd 的吸附量。土壤中的 Zn 有促进水稻籽实累积 Cd 的机能，而 Cd 有抑制水稻籽实累积 Zn 的功能。高浓度 Pb 可抑制 Cd 向植物体迁移。有的研究发现在复合污染时，Pb、Cd、Zn 表现出一定的协同、拮抗等作用，Zn 增加了 Pb 在烟叶中的浓度。在重金属复合污染对小麦的影响中，发现随土壤中 As 浓度的增加，小麦体内的 Cu，Cd 含量增加；而土壤中 Pb 的增加，降低了 As 的生物活性，因为 As 与 Pb 能形成砷酸铅沉淀，整体考虑 Pb、Cd、Cu、As 的联合作用，4 种元素联合表现为屏蔽作用。

在重金属复合污染中，重金属浓度不同，复合效应亦不同。土壤中 Zn 的浓度不同，Cd，Zn 的联合作用亦不同，当土壤中 Zn 含量为 100mg/kg 时，生物量因 Cd 增加而增加，Cd-Zn 之间存在协同效应；当 Zn 含量为 200mg/kg 和 400mg/kg 时，生物量随 Cd 增加而减少，Cd-Zn 之间存在拮抗效应。

4.3.4.1 土壤中的交互作用对土壤中元素化学行为的影响

重金属对养分在土壤中化学行为的影响是土壤重金属污染危害的一个重要方面，它是隐蔽的、长期的，也是导致土壤生产力下降的本质原因。

(1) 养分的吸附与解吸作用

土壤养分的吸附解吸过程在某些养分的生物有效性方面起着重要作用。K 吸附动力学研究发现，添加 Cu、Cd 明显地降低了土壤对 K 的吸附，添加量越高，降低程度越大。而且 Cu 对 K 吸附的抑制作用大于 Cd。K 的缓冲容量也因 Cu、Cd 加入量增加而下降，其下降率

分别为 $20\%\sim32\%$ 和 $7\%\sim20\%$。

（2）养分的形态与转化

元素在土壤中的存在形态及其转化与多种因素有关，当其他条件不变时，外加某物质必将对其产生影响。据报道，加入重金属（Cu、Zn、Cd、Ni）的硫酸盐，使土壤中 Al、P、Fe 含量下降。但其机理尚不清楚。

（3）养分的迁移性

养分的迁移性既反映其向植物体的转移性（生物有效性），也表征其在土壤剖面中的垂直移动性。Cu、Cd 加入引起土壤溶液中 K、Mg 和 Ca 的活度增加，且可提取态 K、Mg 也有增加，Cu 的这一影响比 Cd 大。重金属污染后引起土壤 Ca、Mg、K 下移。然而，研究发现，土壤受重金属 Cu、Ni、Pb、Zn 等污染后，磷的可提取性明显低于未受污染的土壤，表明重金属污染导致土壤对阳离子养分的保持力减弱、淋溶增加，而使磷的有效性降低。

4.3.4.2 养分对重金属在土壤中化学行为的影响

（1）金属的吸附与解吸作用

交换性 Ca、Mg 离子明显降低土壤对 Zn、Cu 的吸附，而且 Zn 吸附降低率大于 Cu，K 离子对 Zn、Cu 吸附影响甚微。土壤对 Cu、Cd 的吸附作用也因磷的施用而减少。Ca^{2+}、Mg^{2+} 不仅使红壤 Cd 吸持量降低，而且解吸量增加。据报道，施磷使富含氧化物的可变电荷土壤对 Zn、Cu 的吸附增加，而使恒电荷土壤对 Zn 的吸附降低，所以磷对重金属行为的影响与土壤性质关系甚大，有待于进一步研究。

（2）复合污染下 Cd 化学行为的影响

在土壤-植物体系中，元素迁移与土壤对元素的吸附有着十分密切的关系。针对草甸棕壤 Cd、Pb、Cu、Zn、As 元素相互作用及其对吸附解吸特性研究，该土壤对元素吸附量大小顺序为 Cd>Zn>Cu>As>Pb，而吸持能力大小顺序为 Pb>As>Cu>Zn>Cd。共存元素对 Cd 吸附和解吸均有影响，Pb、Cu、Zn、As 浓度增大有利于土壤 Cd 的解吸，有 70% 以上的吸附 Cd 可以为解吸液解吸下来，进入土壤溶液。至于复合污染下植物吸收 Cd 的影响，Cd-Pb 交互作用 Pb 可能会夺取 Cd 在土壤中吸附位而提高土壤中 Cd 的有效性或者取代根中吸附的 Cd，促进根中滞留的 Cd 的活性，而进一步向茎叶中迁移。水培研究结果表明，当 Cd-Zn 离子共存时，Zn 有促进 Cd 向地上部分转移的作用。

（3）重金属的形态与转化

养分进入土壤后可以引起重金属存在形态的变化。施 P 可明显降低中性及微酸性土壤 Zn、Cd、Cu 的碳酸盐态、有机态及晶质氧化铁态含量，而增加其交换态及无定形氧化铁态比例，残留态 Zn、Cd、Cu 则不受影响。P 肥的施入也引起了 Mn 由难溶形态（晶质氧化铁和残留态）向中度可溶形态（无定形氧化铁锰态）转化。这是由于 P 肥降低了周围土壤 pH 值和 P 与氧化物反应的缘故。看来，P 似乎有助于重金属由难溶态向易溶态转化，这意味着 P 可促进重金属的生态危害性。然而，有报道指出，酸性土壤中施磷使土壤 Zn 的交换态、有机态比例降低，而残留态和无定形氧化物态 Zn 比例增加。这是因 P 可提高土壤负电荷而增加了 Zn 的吸附。可见，P 对土壤中重金属形态与转化的效应受土壤性质的制约。

（4）重金属在土壤中的迁移性

土壤重金属迁移性大小决定了它对生物和生态环境的危害大小，P 能有效地促进土壤 As 的释放与迁移，这是由于 P、As 具有相似土壤环境化学行为而产生竞争作用的结果，同时施磷可增加土壤可提取态 Zn 的含量。

4.3.4.3　植物体中的交互作用

（1）交互作用对植物生长和产量的效应

植物是一个复杂的有机整体，其中某一成分的改变（增加或减少）会影响其他成分功能的发挥，最终反映在植物生长发育和产量上。据报道，当 Pb 的浓度为 $100\sim200\text{mg/L}$ 以下时，施 P 处理提高了植株幼苗根生长。土壤 Ni 添加浓度分别为 12.5mg/kg、25mg/kg 和 50mg/kg，植株体内 Ni 浓度分别是 63mg/kg、92.5mg/kg、112.5mg/kg，这表明施 N 能缓解 Ni 的植物毒性；相反，过量 Ni 则降低 N 肥的增产作用。

（2）重金属对植物吸收养分及分配的影响

重金属作为一种离子或者与养分元素竞争植物根系吸收位，或者影响植物生理生化过程，从而引起植物对养分吸收性能及转运特征的改变。Cd 使玉米植株 N、K 浓度上升但吸收量却下降，但使 P 浓度及其吸收量都下降。有试验表明，施 Zn 使植物 P 浓度降低，但 Cd 在 Zn 存在时可增加植物 P 浓度，而无 Zn 时却又降低 P 浓度。Zn 浓度增加，降低了植物 Ca、Mg、K、Na 浓度以及 Ca/Zn 比。当重金属（Cu、Ni、Co）污染土壤后，生长于其上的植物地上部硝酸盐有明显积累现象。莴笋中 Cu、B 与 Ca 间，Zn、Mn 与 P 间，Zn、Mn 与 Mg 以及 Zn 与 K 间存在拮抗作用。过量重金属不仅降低了植物对养分的吸收，也干扰了养分在植物体内的分配，重金属 Cd、Mn、Mo 使牛豆中 Ca 向地上部的转移明显降低。

（3）养分对植物吸收重金属与分配的影响

养分是影响植物吸收重金属的重要因素，有些已成为调控重金属植物毒性的途径与措施。研究表明，植物生长在 NH_4^+-N 溶液中，其 Cd 浓度和吸收量都大于在 NO_3^- 溶液中生长的植物，N 形态对植株 Zn 浓度的影响也与此类似，但 Cd 在植株体内的分布则不受 N 形态的影响。液培中 NH_4^+-N 增加单子叶植物对 Fe、Al、Cu 及 Zn 的吸收，但 NO_3^--N 则恰恰相反，这可能是植物对 NH_4^+-N 吸收引起 H^+ 分泌造成根系表面环境酸化，而 NO_3^--N 吸收则引起 OH^- 分泌使根系环境碱化。不同种类 N 肥在促进植物吸收土壤 Cd 方面的大小顺序为，$(NH_4)_2SO_4 > NH_4NO_3 > Ca(NO_3)_2$，其作用机理一方面可能是盐基阳离子对 Cd 的置换作用，另一方面可能是肥料降低周围土壤 pH 而增加 Cd 的溶解度。

土壤施 P 通常降低旱地植物体内重金属的含量，但 P 施用量需达到一定水平才有明显降低植物体内重金属含量的作用。然而，水稻吸收 Cd 却随施 P 而增加。施 K 可明显降低小麦 Zn 的浓度及吸收量。土壤 Ca、K 含量升高使大豆幼苗中 Cd 浓度显著减低，但大豆幼苗干物质量却没有明显受到影响。

4.3.5　交互作用的影响因素

4.3.5.1　土壤性质与交互作用

已有研究表明，不同类型土壤中，交互作用的特性是不同的，显然，土壤性质影响着交互作用的性质与特征。

4.3.5.2 植物对交互作用的影响

不同植物对元素的吸收能力及对重金属的耐受能力是不一样的，且不同生育阶段也大不一样，需要研究不同植物类型及生育阶段的交互作用特征。

4.3.5.3 陪伴离子对交互作用的效应

同一元素在陪伴离子不同时，其环境化学行为很不相同，因而，陪伴离子在影响交互作用方面不容忽视。

4.3.5.4 环境条件的影响

土壤水分、温度等环境条件也会对交互作用性质产生一定的影响，这些研究也有助于进一步阐明交互作用的机理。

4.4 有机污染物-重金属复合污染

土壤是环境的重要组成部分，它位于自然环境的中心位置，承担着环境中大约90%的污染物质。目前，人们已经初步认识到，要做好大气和水环境的保护工作，必须同时做好土壤环境的防治与研究，因为整个生态环境的质量依赖于土壤环境的改善和提高。近些年来，随着工农业生产的不断发展，环境污染也日趋严重。污染物质在环境中的累积、迁移和转化，导致环境质量恶化，严重危害土壤圈。

4.4.1 有机污染物-重金属复合污染研究的重要性

在自然界中，单个污染物质构成的环境污染虽时有发生，但事实上绝对意义上的单一污染是不存在的，污染多具伴生性和综合性，即多种污染物形成的复合污染。单个污染物在土壤-水-植物系统中的行为必然在某种程度上受制于其他共存的污染物。所以，研究复合污染物在土壤-水-植物系统中的迁移、转化、累积以及经农作物和食物链危害人体健康的途径和过程，具有非常重要的科学意义和实践价值。近年来，国内外已相继开展了重金属-重金属以及有机物-有机物复合污染方面的研究工作，并取得了富有成效的理论和实践成果。可是，对于有机污染物与重金属复合污染的研究，由于其工作难度较大，所以开展得相对较少。

事实上，土壤中有机污染物-重金属复合污染是非常普遍的，例如，污水处理厂的污泥、城市生活垃圾以及工业废水等造成的污染大都为有机-无机复合污染。加强有机污染物和重金属复合污染的研究，对正确评价复合污染条件下污染物质迁移转化的行为，帮助人们采取合理的诊治措施等都具有非常重要意义。

4.4.2 有机污染物-重金属在土壤中交互作用的形式及其特点

有机污染物-重金属在土壤中的交互作用主要包括三种形式：第一，有机污染物-重金属在土壤中吸附行为的交互作用；第二，有机污染物-重金属在土壤中化学作用过程的交互作用；第三，有机污染物-重金属在土壤中微生物过程的交互作用。

4.4.2.1 吸附行为的交互作用

有机污染物在土壤中的吸附点位主要是土壤中的腐殖质部分。土壤中有机质的碳链结构所构成的憎水微环境，对有机污染物质的吸附起着非常重要的作用。有机化合物通过在这些憎水微环境与水界面上的分配而被吸附在土壤表面。疏水性的有机污染物在土壤中的吸附系数往往与土壤中有机碳的含量相关。可是对于疏水性较差的极性有机污染物，例如，许多极性农药，它们在土壤中的吸附系数较之疏水性强的有机污染物要小得多，这些物质往往通过土壤或黏土矿物表面发生静电作用以及形成氢键等方式产生一定量的吸附。随着平衡溶液酸度的改变，极性化合物在溶液中以分子和离子两种形态共存，但不同形态的化合物在土壤-水界面上具有不一样的吸附能力。通常，由于有机污染物的离子形态较之分子形态在土壤表面具有相对小得多的吸附系数而被忽略。

重金属在土壤中吸附行为的影响因素较多，概括起来主要有土壤的阳离子交换容量、黏土矿物组成、有机质质量分数、重金属离子本身的电荷性质、价态、水合半径以及平衡介质的酸度等。重金属的存在通常不会影响有机污染物（特别是分子形态存在的有机物）在土壤上的吸附，它本身在土壤有机质上的吸附主要是通过与有机质官能团之间的络合作用而产生的，其中 Hg、Cu、Ni 和 Cd 等具有比较强的络合能力，其络合点位主要为羧基、羟基以及氨基等；而极性有机污染物可以通过静电作用以及在土壤中的黏土矿物上形成氢键等方式被吸附在土壤表面，从而与重金属发生竞争吸附。带负电荷的重金属，例如，铬酸根和砷酸根，在矿物、土壤以及次生黏土矿物上的吸附经常会受到共存阴离子（如根际分泌物）的干扰，而阳离子的存在对其影响很小。小分子有机酸阴离子直接地竞争吸附点位，间接地改变土壤表面的净电荷，从而影响其他阴离子在表面上的吸附。无论是对吸附点位的竞争还是对土壤表面净电荷的影响，都与介质的酸度和吸附物质在吸附剂表面上的亲和力有关。金属离子的存在对有机酸在矿物表面上的吸附行为有影响，随离子电荷数的增加，其影响效果愈加明显。综上所述，有机污染物-重金属在土壤中可能存在对吸附点位的竞争，它们在环境中的同时出现势必导致其吸附过程的相互制约。

4.4.2.2　化学过程的交互作用

从化学角度来考虑，重金属-有机污染物在土壤中的交互作用过程主要包括络合、氧化还原以及沉淀等，这些过程的发生对其在土壤中的交互作用有非常重要的影响。有机污染物通常与重金属共存，其直接的结果就是可能形成重金属-有机络合物，这些络合物将显著改变重金属以及有机污染物在土壤中的物理化学行为，从而使得土壤表面对重金属的保持能力、水溶性、生物有效性等发生一系列的影响。另外，一些重金属还能与有机污染物作用而导致有机化，例如，Hg、Sn 等可与有机污染物发生作用而生成毒性更大的金属有机化合物（甲基 Hg、三甲基锡等）。当然，也可以利用部分外源有机酸对重金属的增溶作用而实现土壤中重金属污染的修复。络合剂（EDTA、2,2-联吡啶、有机酸等）均能够与具有配位能力的重金属产生络合作用，从而影响重金属离子在土壤-水界面的分配。这种作用可表现为土壤对重金属吸附的增加、阻碍或没有影响，主要视体系所处的化学环境，包括土壤的种类、化学物质的理化性质，水土比例以及介质酸度等而定。如果配体与重金属形成一个不在土壤表面吸附的配合物，那么这种配体将与土壤表面对重金属产生竞争反应，从而阻止土壤对重金属的吸附。但是，如果配体能够在土壤表面发生强吸附，那么重金属将通过配体形成一个三元的配合物；当然，这种三元配合物也可以通过重金属，或者重金属和配体一起来形成。重金属六价铬、五价砷、五价锰等和有机污染物（如苯酚类、苯胺类）在土壤中共存时，在一定条件下它们之间将会发生氧化还原反应；同时土壤中含有非常丰富的金属氧化物（例如，氧化铁、氧化锰及氧化铝），这些金属氧化物还能对这些氧化还原反应起催化作用。

4.4.2.3　土壤中生物过程的交互作用

污染物质在土壤中的作用不仅包含物理的和化学的过程，同时也包含生物过程。由于土壤中微生物的普遍存在，因此考虑重金属-有机污染物的交互作用必须要同时考虑微生物在其中扮演的角色。从目前所掌握的材料来看，这一部分的研究工作还相当缺乏，因此以后应逐步加强。有机污染物-重金属复合污染对土壤生物学过程的作用，主要是通过影响酶的活性从而间接影响有机污染物的降解。另一方面，它们也通过改变土壤的氧化还原能力从而影响对有机污染物-重金属的交互作用。通常，重金属污染容易导致土壤中酶活性的降低，呼吸作用减小，氮的矿化速率变慢，有机污染物降解半衰期延长等。当然，重金属对土壤中微生物活性的影响，也与重金属种类以及土壤类型、有机污染物的结构等有关。例如，Cd 的存在对污泥的分解有非常明显的减缓作用，可是它对葡萄糖、纤维素的作用就非常小，原因是 Cd 的加入导致它在有机质上的吸附，从而使有机质的分解速度变慢。

参考文献

[1]　陈虹. 石油烃在土壤上的吸附行为及对其他有机污染物吸附的影响 [D]. 大连理工大学. 2009.

[2]　陈国海. 除草剂的残留、残效与残毒. 林业实用技术，2003，5：41-42.

[3]　丛艳国，魏立华. 土壤环境重金属污染物来源的现状分析. 现代化农业，2002，(1)：18-20.

[4]　戴树桂. 环境化学. 北京：高等教育出版社，2006.

[5]　丁应祥，朱琰. 有机污染物在土壤-水体系中的分配理论. 农村生态环境，1997，13 (3)：42-45.

[6]　丁园，宗良纲. 不同土壤重金属复合污染的有效态离子冲量表征. 环境污染与防治，2003，25 (3)：173-176.

[7]　方晓航，仇荣亮. 农药在土壤环境中的行为研究. 土壤与环境，2002，11 (1)：94-97.

[8]　方晓航，仇荣亮. 有机磷农药在土壤环境中的降解转化. 环境科学与技术，2003，26 (2)：57-61.

[9]　冯欣，韩志勇，罗维刚，李伟，鹿玲. 黄土对含油废水的吸附作用研究. 水文地质工程地质，2010，37 (6)：121-125.

[10]　郭观林，周启星. 土壤-植物系统复合污染研究进展. 应用生态学报，2003，14 (5)：823-828.

[11]　郭斌，任爱玲. 含 Cr(Ⅵ) 污水对地下水、土壤污染的研究. 城市环境与城市生态，1998，11 (1)：11-13.

[12]　郭学军，黄巧云. 微生物对土壤环境中重金属活性的影响. 应用与环境生物学报，2002，8 (1)：105-110.

[13]　龚平，孙铁珩. 重金属对土壤微生物的生态效应. 应用生态学报，1997，8 (2)：218-224.

[14]　和文祥，朱铭莪. 土壤酶与重金属关系的研究现状. 土壤与环境，2000，9 (2)：139-142.

[15]　黄河，熊治廷. 除草剂在土壤-植物系统中的环境行为与毒性效应. 湖北农学院学报，2002，22 (3)：282-285.

[16]　胡永梅，王敏健. 土壤中有机污染物迁移行为的研究方法. 环境科学进展，1998，6 (4)：44-55.

[17]　金茜. 农药在土壤中的吸附、降解及对土壤生态系统的危害. 遵义师范高等专科学校学报. 2000，3 (2)：89-90.

[18]　蒋先军，骆永明. 重金属污染土壤的微生物学评价. 土壤，2000，(3)：130-134.

[19]　廖海秋，周世伟. 化学农药对土壤生态环境的影响. 引进与咨询，2002，3：8.

[20]　李俊莉，宋华明. 土壤理化性质对重金属行为的影响分析. 环境科学动态，2003，(1)：24-26.

[21]　李海华，刘建武. 土壤-植物系统中重金属污染及作物富集研究进展. 河南农业大学学报，2000，34 (1)：30-34.

[22]　李荣飞. 三氯乙烯在土壤中的迁移及过硫酸钠原位化学修复研究 [D]. 华南师范大学，2013.

[23]　孟昭福，薛澄泽. 土壤中重金属复合污染的表征. 农业环境保护，1999，18 (2)：87-91.

[24]　马毅红，易筱筠. 污染土壤中重金属的可萃取性与生物可利用性. 华南理工大学学报，2002，30 (12)：93-96.

[25]　莫争，王春霞. 重金属 Cu Pb Zn Cr Cd 在土壤中的形态分布和转化. 农业环境保护，2002，21 (1)：9-12.

[26] 牛世全，宁应之. 重金属复合污染土壤中原生动物的群落特征. 甘肃科学学报，2002，14（3）：44-48.

[27] 潘根兴. 土壤-作物污染物迁移分配与食物安全的评价模型及其应用. 应用生态学报，2002，13（7）：854-858.

[28] 彭胜，陈家军. 挥发性有机污染物在土壤中的运移机制与模型. 土壤学报，2001，38（3）：315-323.

[29] 齐雁冰，黄标，Darilek J. 氧化与还原条件下水稻重金属形态特征的对比. 生态环境，2008，17（6）：2228-2233.

[30] 邱小香. 化学农药在土壤中的动态分析. 渭南师范学院学报，2002 年增刊：8.

[31] 邱廷省，王俊峰. 重金属污染土壤治理技术应用现状与展望. 四川有色金属，2003，（2）：48-52.

[32] 邵涛，刘真. 油污染土壤重金属赋存形态和生物有效性研究. 中国环境科学，2000，20（1）：57-60.

[33] 尚爱安，刘玉荣. 土壤中重金属的生物有效性研究进展. 土壤，2000，（6）：294-301.

[34] 申圆圆，王文科，李春荣. 不同介质中石油污染物吸附过程的动力学及热力学研究. 安徽农业科学，2012，40（9）：5442-5445.

[35] 史红星. 石油类污染物在黄土高原地区环境中迁移转化规律的研究. 西安建筑科技大学. 2001.

[36] 司友斌，张瑾. 除草剂苄嘧磺隆在环境中的降解转化研究进展. 安徽农业大学学报，2002，29（4）：359-362.

[37] 尚爱安，党志. 两类典型重金属土壤污染研究. 环境科学学报，2001，21（4）：501-503.

[38] 宋书巧，吴欢. 重金属在土壤-农作物系统中的迁移转化规律研究. 广西师院学报，1999，16（4）：87-92.

[39] 孙宗连，肖昕，张双，吴国良，王倩. 不同植物对石油污染的耐受性研究. 环境科学与管理，2011，36（5）：130-132.

[40] 滕应，黄昌勇. 重金属污染土壤的微生物生态效应及其修复研究进展. 土壤与环境，2002，11（1）：85-89.

[41] 涂从，郑春荣. 土壤-植物系统中重金属与养分元素交互作用. 中国环境科学. 1997，17（6）：526-529.

[42] 王秀丽，徐建民. 重金属 Cu、Zn、Cd、Pb 复合污染对土壤环境微生物群落的影响. 环境科学学报，2003，23（1）：22-27.

[43] 王秀丽，徐建民. 重金属 Cu 和 Zn 污染对土壤环境质量生物学指标的影响. 浙江大学学报（农业与生命科学版），2002，28（2）：190-194.

[44] 吴燕玉，王新. 重金属复合污染对土壤植物系统的生态效应 I. 对作物、微生物、苜蓿、树木的影响. 应用生态学报，1997，8（2）：207-212.

[45] 汪海珍，徐建民. 农药与土壤腐殖物质的结合残留及其环境意义. 生态环境，2003，12（2）：208-212.

[46] 王春丽，史衍玺，孔凡关. 石油和盐分胁迫下接种 AM 真菌对玉米生长和生理的影响. 农业环境科学学报，2005，24（2）：247-251.

[47] 王亚平，鲍征宇. 土壤及沉积物中重金属的环境地球化学研究. 环境科学与技术，1998，（2）：18-21.

[48] 汪海珍，徐建民. 土壤环境中除草剂甲磺隆降解的研究. 应用生态学报，2003，14（1）：79-84.

[49] 王新，梁仁禄. 土壤-水稻系统中重金属复合污染物交互作用及生态效应的研究. 生态学杂志，2000，19（4）：38-42.

[50] 薛强，梁冰. 有机污染物在土壤中迁移转化的研究进展. 土壤与环境，2002，11（1）：90-93.

[51] 徐嵩，冯流. 三氯乙烯在天然土壤中的吸附行为及其影响因素. 农业环境科学学报，2006，25（z1）：32-38.

[52] 杨志新，刘树庆. 重金属 Cd、Zn、Pb 复合污染对土壤酶活性的影响. 环境科学学报，2001，21（1）：60-63.

[53] 俞慎，何振立，黄昌勇. 重金属胁迫下土壤微生物和微生物过程研究进展. 应用生态学报，2003，14（4）：618-622.

[54] 杨元根. 城市土壤中重金属元素的积累及其微生物效应. 环境科学，2001，22（3）：44-48.

[55] 杨凤，丁克强，刘廷凤. 土壤重金属化学形态转化影响因素的研究进展. 安徽农业科学，2014，42（29）：10083-10084.

[56] 余国营，吴燕玉. 土壤环境中重金属元素的相互作用及其对吸持特性的影响. 环境化学，1997，16（1）：30-36.

[57] 于童，徐绍辉，林青. 不同初始氧化还原条件下土壤中重金属的运移研究 I，单一 Cd，Cu，Zn 的土柱实验. 土壤学报，2012，49（4）：688-697.

[58] 叶常明. 除草剂在土壤中的吸附行为研究. 环境污染治理技术与设备，2002，3（5）：1-6.

[59] 叶露，吴玲玲，蒋雨希，张超杰，陈玲. PFOS/PFOA 对斑马鱼（Danio rerio）胚胎致毒效应研究. 环境科学，2009，30（6）：25-28.

[60] 张杨珠，刘学军，李法云，袁正平，肖永兰，黄运湘，周清. 耕型红壤和红壤性水稻土铜的化学行为及施铜效应研究Ⅱ. 土壤中铜的化学形态及施铜效应. 湖南农业大学学报. 1999, 25 (4)：296-299.

[61] 张杨珠，刘学军，李法云，黄运湘，周清，袁正平. 耕型红壤和红壤性水稻土铜的化学形态及其有效性. 土壤通报. 2000, 31 (5)：209-212.

[62] 张太平，潘伟斌. 根际环境与土壤污染的植物修复研究进展. 生态环境，2003, 12 (1)：76-80.

[63] 张玉聚，张德胜. 苯氧羧酸类除草剂的药害与安全应用. 农药，2003, 42 (1)：41-43.

[64] 张彦，张惠文，苏振成，张成刚. 长期重金属胁迫对农田土壤微生物生物量、活性和种群的影响. 应用生态学报，2007, 18 (7)：1491-1497.

[65] 张学佳. 石油在土壤中的环境行为及其危害性分析. 化工中间体，2012, 12：55-60.

[66] 赵旭，全燮. 表层土壤中有机污染物的光化学行为. 环境污染治理技术与设备，2002, 3 (10)：6-9.

[67] 郑世英. 农药对农田土壤生态及农产品质量的影响. 石河子大学学报（自然科学版），2002, 6 (3)：255-258.

[68] 郑喜坤，鲁安怀. 土壤中重金属污染现状与防治方法. 土壤与环境，2002, 11 (1)：79-84.

[69] 周东美，王慎强. 土壤中有机污染物-重金属复合污染的交互作用. 土壤与环境，2000, 9 (2)：143-145.

[70] 张辉，刘光民. 农药在土壤环境中迁移转化规律研究的现状与展望，世界地质，2000, 19 (2)：199-205.

[71] 张乃明. 土壤-植物系统重金属污染研究现状与展望. 环境科学进展，1999, 7 (4)：30-33.

[72] 张学佳，纪巍，康志军，孙大勇，单伟，那荣喜. 石油类污染物在土壤中的环境行为. 油气田环境保护，2009, 19 (3)：12-16.

[73] 周萌. 不同碳链长度全氟化合物在水-土壤-植物间的迁移 [D]. 南开大学，2013.

[74] 周以富，董亚英. 几种重金属土壤污染及其防治的研究进展. 环境科学动态，2003, 1：15-17.

[75] Almas AR，Singh BR. Plant uptake of Cademium-109 and Zinc-65 at different temperature and organic matter levels. Journal of Environmental Quality，2001, 30：869-877.

[76] Gellrich V，Stahl T，Knepper T. Behavior of perfluorinated compounds in soils during leaching experiments. Chemosphere，2012, 87 (9)：1052-1056.

[77] Haney R，Senseman S，Hons F，Zuberer D. Effect of glyphosate on soil microbial activity and biomass，2009.

[78] Kumar V，Chithra K. Removal of Cr(Ⅵ) from spiked soils by electrokinetics. Research Journal of Chemistry and Environment，2013, 17 (8)：52-59.

[79] Higgins C P，Field J A，Criddle C S，Luthy R G. Quantitative determination of perfluorochemicals in sediments and domestic sludge. Environmental Science & Technology，2005, 39 (11)：3946-3956.

[80] Li Fayun，Okazaki，Masanori，Zhou qixing. Evaluation of Cd uptake by plant estimated from total soil Cd，pH and organic matter. Bulletin of Environmental Contamination and Toxicology，2003，71：714-721.

[81] Li F，Sun H，Hao Z，He N，Zhao L，Zhang T，Sun T. Perfluorinated compounds in Haihe River and Dagu drainage canal in Tianjin，China. Chemosphere，2011, 84 (2)：265-271.

[82] Li F，Zhang C，Qu Y，Chen J，Chen L，Liu Y，Zhou Q. Quantitative characterization of short-and long-chain perfluorinated acids in solid matrices in Shanghai，China. Science of the total environment，2010, 408 (3)：617-623.

[83] Libiao Y，Guoyuan Z，Lijuan Z，Qiang Z，Jipei L. Progress in Research on Agricultural Application of Sewage Sludge. Chinese Agricultural Science Bulletin，2008, 1：420-424.

[84] M. Khan，J. Scullion. Effect of soil on microbial response to heavy metal contamination. Environmental Pollution，2000, 110 (1)：115-126.

[85] P. J. Ralph，M. D. Burchett. Photosysthetic response of Halophila ovalis to heavy metal stress. Environmental Pollution，1998, 103 (1)：91-102.

[86] Qu B，Zhao H，Zhou J. Toxic effects of perfluorooctane sulfonate (PFOS) on wheat (Triticum aestivum L.) plant. Chemosphere，2010, 79 (5)：555-560.

[87] S. Monni，G. Uhlig，E. Hansen. Ecophysiological responses of empetrum nigrum to heavy metal pollution. Environmental Pollution，2001, 11 (2)：121-130.

[88] Strynar M J，Lindstrom A B，Nakayama S F，Egeghy P P，Helfant L J. Pilot scale application of a method for the analysis of perfluorinated compounds in surface soils. Chemosphere，2012, 86 (3)：252-257.

［89］ Vassiler T Tsoner. Physiligical response of barley plants（Hordeum vulgaer）to cadmium contamination in soil during ontogenesis. Environmental Pollution，1998，103（2）：287-294.

［90］ Yan H，Zhang C J，Zhou Q，Chen L，Meng X Z. Short-and long-chain perfluorinated acids in sewage sludge from Shanghai，China. Chemosphere，2012，88（11）：1300-1305.

［91］ Yang L，Zhu L，Liu Z. Occurrence and partition of perfluorinated compounds in water and sediment from Liao River and Taihu Lake，China. Chemosphere，2011，83（6）：806-814.

［92］ Zeng F，Ali S，Zhang H，Ouyang Y，Qiu B，Wu F，Zhang G. The influence of pH and organic matter content in paddy soil on heavy metal availability and their uptake by rice plants. Environmental pollution，2011，159（1）：84-91.

［93］ Zhou qixing，Rainbow P S，Smith B D. Comparative study of the tolerence and accumulation of the trace metals zinc，copper and cademium in three population of the polychaete Nereis diversicolor. Journal of the Marine Bilogical Association of the united Kindom，2003，83（1）：65-72.

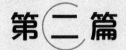

第二篇

生物修复的原理

第5章 —》 有机污染物微生物修复

在自然界，无论在水表、海底还是在土壤中都存在着丰富的微生物种群，它们在环境污染净化中起着不容忽视的重要作用。微生物由于自身的生理特性，可以通过遗传、变异等生物过程适应环境的变化，使之能以各种污染物尤其是以有机污染物为营养源，通过吸收、代谢等一系列反应，将环境中的污染物转化为稳定无害的无机物。正是微生物对环境污染的这种降解作用保证了自然界正常的物质循环。人们利用并强化微生物的这一功能，营造出了适宜微生物生长的环境，使之充分发挥其降解功能，处理环境污染物，称为污染物的微生物处理或污染物的微生物修复。当今，在环境治理中，污染物微生物修复技术因其投资少、处理效率高、运行成本低、二次污染少等优点而越来越得到广泛的应用。

5.1 有机污染物微生物降解概述

5.1.1 微生物摄取有机污染物的方式

微生物对有机物的降解需要酶的参与。依据参与降解酶的不同，微生物降解有机污染物有两种方式：一是在微生物分泌的胞外酶的作用下，在细胞外降解有机污染物；二是有机污染物被微生物吸收到细胞内后，在胞内酶的作用下降解。微生物从细胞外环境中吸收摄取物质的方式主要有主动运输、被动扩散、促进扩散、胞饮作用等。

5.1.1.1 主动运输

微生物在生长过程中所需要的各种营养物质主要以主动运输（Active transport）的方式进入细胞内部。这一过程需要消耗能量，可以逆浓度梯度进行，同时也需要载体蛋白的参与，对被运输的物质有高度的结构专一性。主动运输所消耗的能量因微生物的不同而有不同的来源。在好氧微生物中，能量来自呼吸能；在厌氧微生物中，能量来自化学能 ATP；而在光合微生物中，能量来自光能。

5.1.1.2　被动扩散

被动扩散（Passive transport）就是不规则运动的营养物质分子通过细胞膜中的含水小孔，由高浓度的胞外向低浓度的胞内扩散。尽管细胞膜上含水小孔的大小和形状对做被动扩散的营养物分子大小有一定的选择性，但这种扩散是非特异性的，物质在扩散运输过程中既不与膜上的分子发生反应，本身的分子结构也没有任何变化。扩散的速率取决于细胞膜两侧该物质的浓度差，浓度差大则速率大，浓度差小则速率小，当细胞膜内外两侧的物质浓度相同时，达到动态平衡。因为扩散不消耗能量，所以通过被动扩散而运输的物质不能进行逆浓度梯度的运输。细胞膜的存在是物质扩散的前提。膜主要由双层磷脂和蛋白质组成，并且膜上分布有含水膜孔，膜内外表面为极性表面，中间有一疏水层。因此影响扩散的因素有：被吸收物质的相对分子质量、溶解性（脂溶性或水溶性）、极性、pH 值、离子强度、温度等。一般情况下，分子量小、脂溶性小、极性小、温度高时，物质容易被吸收；反之则不容易被吸收。扩散不是微生物吸收物质的主要方式，水、某些气体、甘油、某些离子等少数物质是以这种方式被吸收的。

5.1.1.3　促进扩散

促进扩散（Accelerative diffusion）在运输过程中不需要消耗能量，也不能逆浓度梯度运输，物质本身在分子结构上也不会发生变化，运输速率取决于细胞膜两侧物质的浓度差。但促进扩散需要借助于位于细胞膜上的一种载体蛋白参与物质的运输，并且每种载体蛋白只运输相应的物质，这是该方式与被动扩散方式的重要区别，即促进扩散的第一个特点。促进扩散的第二个特点是对被运输物质有高度的立体结构专一性。载体蛋白能够加快物质的运输，而其本身在此过程中又不发生变化，因而类似于酶的作用特性，所以有人将此类载体蛋白称为透过酶。微生物细胞膜上通常存在各种不同的透过酶，这些酶大都是一些诱导酶，只有在环境中存在需要运输的物质时，运输这些物质的透过酶才合成。促进扩散方式多见于真核微生物中，例如通常在厌氧的酵母菌中，某些物质的吸收和代谢产物的分泌就是通过这种方式完成的。

5.1.1.4　胞饮作用

胞饮作用（Pinocytosis）就是疏水表面突出物的作用把有机污染物吸附到细胞表面，或通过孔和沟穿透坚硬的酵母细胞壁，而聚集在细胞质表面，再转移到细胞内的氧化部位，如内质网、微体和线粒体。

5.1.2　微生物降解有机污染物的途径

微生物降解有机污染物的途径主要包括好氧降解和厌氧降解。

在微生物的生命活动过程中，微生物不断地从环境中吸收营养物质，同时又不断地向环境中排泄废物，以维持其生命的生长、发育、繁殖、运动等，实现生命的新陈代谢。新陈代谢过程一方面将吸收的营养物质进行分解，从而获得生命活动所需的能量和物质，另一方面，又将分解的物质合成为细胞生长发育所需要的物质，同时也将部分能量储存起来，如氨基酸的合成和脂肪的合成等。分解和合成是代谢过程两个不可分割的部分。合成反应中所需的物质和能量由分解代谢过程提供，分解代谢的物质基础又由合成代谢提供，从而维持生物体内物质与能量的动态平衡。

生物氧化是生物体内最主要、最基本的能量供应方式（还有其他可以产生能量的方式如水解、发酵等反应）。生物体通过吸收 O_2，为体内的生物氧化过程提供电子受体，经过一系列的电子传递过程将有机物氧化成 CO_2，再将 CO_2 排出体外。一个代谢过程如果包括以氧作为电子受体的生物氧化过程，则这种代谢就是好氧代谢。好氧代谢不是每一个过程都需要氧的参与，而只是电子传递的最终受体是氧。就微生物而言，也存在着无氧氧化的现象，这种无氧氧化不利用分子氧，而是利用其他形式的氧，如 SO_4^{2-}、NO_3^- 等。在生物体内，好氧代谢与无氧代谢常常是联合进行的。但作为工程手段，依据微生物对有机物的代谢方式的不同，污染物微生物降解分为好氧降解和厌氧降解两个不同的过程。

微生物好氧降解是利用好氧微生物在有氧条件下将复杂的有机物分解成二氧化碳和水。这一过程需要在一定的处理构筑物内完成，其重要条件是保证充足的氧气供应、稳定的温度和水质。如生物膜法、活性污泥法等，就是根据微生物的代谢活动原理以及微生物对污染物质的降解作用发展起来的污水好氧处理工艺。

微生物厌氧降解是将复杂的有机物首先降解成游离糖、乙醇、挥发性脂肪酸（Volatile fatty acid，VFA）、H_2 和 CO_2，然后，乙醇和挥发性脂肪酸被氧化成乙酸和 H，最后乙酸和 H 被转化成 CH_4，这三步之间有着严格的相互协调作用。产酸菌把复杂的有机物水解或分解成 VFA 后，生长速率变慢。VFA 被氧化成乙酸、H_2 和 CO_2，这些是产甲烷菌合适的生长底物。VFA 的浓度与厌氧发酵效率的关系，一直是人们关注的焦点。因为 VFA 是厌氧发酵中重要的中间产物，如果浓度过高，会形成菌体压力，使 pH 值降低，最终导致发酵的失败。利用在无氧条件下生长的厌氧或兼性微生物的代谢作用处理，其主要降解产物是 CH_4、CO_2 和 N、P 无机化合物等。该方法广泛应用于处理生活垃圾，不仅因为它有很高的处理效率，而且可以获得甲烷等能源气体。厌氧处理也需要在一定的处理构筑物内完成，一般需要保证温度、无氧或低氧浓度。

5.1.3 共代谢

有机污染物的降解可分为单一微生物的降解与混合微生物的共代谢降解（Co-metabolism）。

早在 20 世纪 60 年代，人们就发现一株能在一氯乙酸上生长的假单胞菌能够使三氯乙酸脱卤，而不能利用后者作为碳源生长。除草剂毒莠定在土壤中能被微生物群体所降解，但迄今仍未分离出能利用毒莠定为唯一能源的微生物。当把毒莠定当作补充能源与其他化合物一起加入营养基后，它就能被各种微生物所降解。微生物的这种不能利用基质作为能源和组分的有机物转化方式称为共代谢，又称为共氧化。

Wackett（1996）认为共代谢是关键酶以及辅酶的底物不专一性和诱导不专一性造成的。能够在反应中产生既能代谢转化生长基质，又能代谢转化目标污染物的非专一性酶（关键酶）是微生物共代谢反应的关键所在（李政，2012）。因此，可以说共代谢作用的机理即是非专一性关键酶的产生和作用的机理。关键酶的一个重要特点是共诱导性。根据酶诱导理论（沈同等，1981），酶的诱导性生成是在调节基因的产物阻遏蛋白的作用下，通过操纵基因来控制结构基因的转录来而完成的，加入目标污染物的类似物是针对酶的可诱导性而设计的，通常只有在一定程度的诱导基质存在时微生物才能合成并释放关键酶。有些污染物（非生长基质）不能作为微生物的唯一碳源和能源，其降解并不导致微生物的生长和能量的产生，它们只是在微生物利用生长基质（例如甲烷）时，被微生物产生的酶降解或转化成为不完全的氧化产物，这种不完全氧化的产物进而可以被别的微生物利用并彻底降解。也就是说，在污染物完全被氧化成二氧化碳和水的过程中有多种酶或微生物参与。因此，所谓共代谢是指利用一种容易降解的物质作为支持微生物生长繁殖的营养物质，而同时降解另一种物质，但后一种物质的降解和转化并不能使参与代谢的其他微生物获得能量、碳源或其他的任何营养物质。

共代谢过程的主要特点可以概括为：a. 微生物利用一种易于摄取的基质作为碳和能量的来源，此基质被称为共代谢基质或第一基质；b. 有机污染物作为第二基质被微生物降解；c. 污染物与营养基质之间存在竞争现象；d. 污染物共代谢的产物不能作为营养被同化为细胞质，有些对细胞有毒害作用；e. 共代谢是需能反应，能量来自营养基质的产能代谢（杨智临等，2014；李岩等，2014）。

许多微生物都有共代谢的能力，各种各样的底物都可能被利用。因此，微生物不能依靠某种有机污染物生长并不一定意味着这种污染物能够抵抗微生物的攻击，因为当存在其他底物时，这种污染物就会通过共代谢作用而生物降解。在自然环境条件下，以共代谢方式，难降解的有机污染物经过一系列微生物的协同作用而得到彻底分解。微生物这种共代谢降解方式对一些难降解污染物的彻底分解起着重要的作用，是烃类和农药生物降解中常见的现象。

图 5-1 表明，DDT 的共代谢产物被另外的微生物降解。第二种菌可以在 DDT、对硫磷和环己烷的共代谢产物上生长。例如甲烷氧化菌产生的甲烷单加氧酶（Methane monooxygenasem，MMO）是一种非特异性酶，可以通过共代谢降解多种污染物，包括 TCE、1,1-DCE 和 PCE 等。

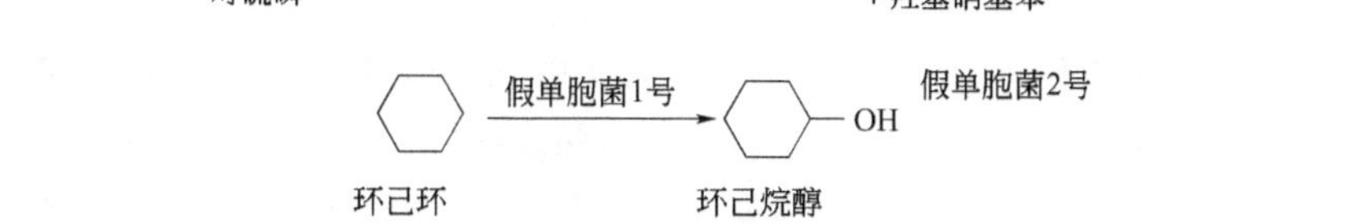

图 5-1　DDT、对硫磷和环己烷的共代谢

(引自沈德中，污染环境生物修复，北京：化学工业出版社，2002)

图 5-2 表明，多环芳烃苯环的断开主要靠加氧酶的作用，加氧酶能把氧原子加到 C—C 键上形成 C—O 键，再经过加氢，脱水等作用而使 C—C 键断裂，苯环数减少。

近来研究发现，某些微生物能共代谢降解氯代芳香类化合物，而且在氯代芳香类化合物的共代谢氧化中，开环和脱氯往往同时进行。目前已发现的能够参与共代谢的微生物名称及其拉丁名列于表 5-1 中。

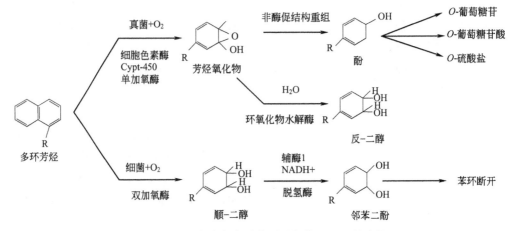

图 5-2 微生物在加氧酶作用下氧化 PAHs 的途径

(引自吕雪峰，王坚.2013.污染土壤生物修复的共代谢机制研究进展.科技创新导报.)

表 5-1 能够进行共代谢的微生物

微生物名称	拉丁名	微生物名称	拉丁名
无色杆菌	*Achromobacter* sp.	微杆菌	*Microbaterium* sp.
节杆菌	*Arthrobacter* sp.	红色诺卡氏菌	*Nocardiaerythropolis*
黑曲霉	*Asperqillus niger*	荧光假单胞菌	*Pseudomonas fluorescence*
固氮菌	*Azotobacter vinelandii*	青梅	*P Methanica*
巨大芽孢杆菌	*Bacillus megaterium*	恶臭假单胞菌	*P Putida*
芽孢杆菌	*Bacillus* sp.	假单胞杆菌	*Pseudomonas* sp.
短杆菌	*Brevibacterium* sp.	红色链霉菌	*Streplomyces aureofaciens*
黄色杆菌	*Flavobacterium* sp.	绿色木霉	*Trichoderma virida*
氢假单胞菌	*Hudrogenomomas*	弧菌	*Vibrio* sp.
红色微球菌	*Micrococcus cerificams*	黄假单胞菌	*Xanthomonas* sp.

5.1.4 有机污染物的化学结构对微生物降解的影响

有机污染物的化学结构特性决定了污染物的溶解性、分子排列和空间结构、化学功能团、分子间的吸引和排斥等特征，并因此影响有机污染物能否为微生物所获得，即污染物的生物可利用性，以及微生物酶能否适合污染物的特异结构，最终决定污染物是否可生物降解以及生物降解的难易和降解的程度。

5.1.4.1 各类有机化合物的微生物降解

一般地，结构简单的有机物比结构复杂的有机物先降解，分子量小的有机物比分子量大的有机物易降解。聚合物和高分子化合物之所以抗微生物降解，因为它们难以通过微生物细胞膜进入微生物细胞内，微生物的胞内酶不能对其发生作用，同时也因其分子较大，微生物的胞外酶也不能靠近并破坏化合物分子内部敏感的反应键。除此之外，已探明了有机污染物的化学结构、物理化学性质与生物降解性之间的一些定性关系和规律。

（1）烃类化合物的微生物降解

链烃比环烃易被生物降解，链烃、环烷和杂环烃比芳香族化合物易被生物降解。脂环烃的生物降解与参与环的碳原子数有较大关系，在 $C_5 \sim C_7$ 的范围中，环庚烷最难被生物降解。

单环烃比多环芳烃易被生物降解，有 4 个以上稠环的高稠环芳香族化合物和环烷类化合物，大部分是抗生物降解的。

长链比短链易降解，脂肪族的饱和烃类中，碳链长在 $C_{10} \sim C_{18}$ 比碳链长在 C_6 以下的烃容易降解。一般微生物正常生长是在从正辛烷到正二十烷的基质中，而几乎没有或很少有利用从正戊烷到甲辛烷的微生物。石油组分中，$C_{10} \sim C_{12}$ 范围内的正烷烃、正烷基芳烃和芳香族化合物的毒性最小，最易被生物降解。$C_5 \sim C_9$ 范围内的正烷烃、烷基芳烃和芳烃有较高的溶剂型膜毒性，它们在浓度很低时就可以被某些微生物降解，但在部分环境中，却是通过挥发作用而不是通过生物降解清除的。气态正烷烃（$C_1 \sim C_4$）可被生物降解，但只能被范围很窄的特殊降解细菌利用。C_{22} 以上的正烷烃、烷基芳烃和芳香族化合物毒性很小，但因其在水中的溶解度极低，以至于生理温度下呈固态出现，这些因素都不利于生物降解的转化作用。土壤微生物接触长链单核芳烃比短链单核芳烃要快。随着 ABS 碳键的增加，其生物降解性增加（只限于 $C_4 \sim C_{12}$，大于 C_{12} 则不适用）。通常情况下，芳香族烃类的降解性较脂肪族烃类差，但苯较容易被降解。

不饱和烃比饱和烃易被生物降解，不饱和脂肪族化合物（如丙烯基和羧基化合物）一般是可以被生物降解的，但有的不饱和脂肪族化合物（如苯代亚乙基化合物）有相对的不溶性，会影响其生物降解程度。

一般情况下，有机物的碳支链对代谢作用有一定的影响，支链越多，越难被降解，如伯醇、仲醇非常容易被生物降解，而叔醇则能抵抗生物降解。苯酚上带有直链的烃比苯酚上带有支链的烃更易被生物降解；直链烷基苯的直链烷基部分容易被氧化降解，但烷基为支链状时则难以被生物降解。支链烷基苯磺酸盐比直链烷基苯磺酸盐更难被生物降解。这是因为微生物的酶须适应链的结构，在其分子支链处裂解，其中最简单的分子先被代谢。叔碳化合物有一对支链，就要将分子作多次裂解，故而生物降解过程减慢。

$C_{10} \sim C_{12}$ 范围内的支链烷烃和环烷烃同相应的正烷烃、芳香烃相比，是不易被生物降解的。支化作用形成叔碳原子和季碳原子，它们能够阻碍 β-氧化作用。环烷烃的生物降解需要两种或两种以上微生物的合作。C_{10} 和 C_{10} 以下的环烷烃有高度溶剂型膜毒性。支链烷烃的微生物氧化降解受正烷烃氧化作用的抑制。一些能分解正烷烃的微生物，不能氧化支链烷烃可能是由于下列原因：支链烷烃的毒性，缺乏支链烷烃传输系统，支链烷烃不能诱导烷烃氧化作用或者烷烃氧化酶不能利用支链等。微生物细胞对支链烷烃的氧化受到异构末端的严重限制，并受到反异构末端的阻碍。

酸、脂肪酸和 ABS 中烃基的氢被甲基取代则降低化合物的生物可降解性，原因在于增加了化合物支链的数量。

（2）醇、酚、醛、酸、酯、醚、酮的微生物降解

醇类一般容易被降解，但三级醇与正醇类相比，其降解性能很差。三级丁醇、戊醇、五赤鲜糖醇属于难降解性的化合物，而乙二醇较易被生物降解，甲醇也容易被降解。

酚类中的一羟基或二羟基酚、甲酚通过驯化作用可得到很高的降解性，但卤代酚非常难被生物降解。

醛类与相应的醇类相比，其生物降解性低。通常，在醛类中对生物有毒性的较多，所以即使在高浓度时反复驯化，也没有明显的效果。

有机酸和酯类化合物比醇、醛容易被降解。

因醚类虽然不易被微生物降解，但只要进行长时间的驯化就能提高其降解性。如二苯醚虽然与多数有机物相比，其降解速度很慢，但它也能被生物降解。与醇、醛、酸、酯相比，酮类难于被生物降解，但比醚容易被降解。

（3）胺、腈化合物的微生物降解

胺类化合物中仲胺、叔胺和二胺均难被降解，但通过驯化方法有可能进行降解。三乙醇胺、乙酰胺、苯胺在低浓度时可以被生物降解。

有机腈化物经过长时间的驯化后有可能被降解，腈类被分解成氨，进而被氧化成硝酸。

（4）其他

表面活性剂中，阳离子表面活性剂的苯基位置越接近于烷基的末端，其生物降解性越好；同时，烷基的支链数量越少，其生物降解性也越好。此外，苯环上的磺酸基和烷基位于对位比位于邻位的生物降解性要好。在非离子表面活性剂中，聚氧乙烯烷基苯乙醚的微生物降解性受氧化乙烯（EO）链加成物质的量以及烷基的直链或立锥结构的影响。例如 C_{13} 的微生物降解性能好，而 C_9 以下的短链烷基的微生物降解性差。另外，直链烷基的置换位置也有影响，邻位的远不及对位的微生物降解性好。聚氧乙烯烷基酸的微生物降解性也受氧化乙烯（EO）链的加成物质的量以及烷基的直链或侧链结构的影响。EO 的物质的量较小时（6～10mol），其微生物降解性几乎没有差别，但 EO 高达 20～30mol 时，其微生物降解性就很差。C_{10}～C_{16} 的直链型的降解性几乎相同，但 EO 链越接近于末端，其生物降解性能就越高。阴离子表面活性剂中的 LAS 的生物降解速度随磺基和烷基末端间距离的增大而加快，在 C_6～C_{12} 范围内，间距较长者降解速度快，支链化的影响与非离子型表面活性剂的规律相似。

有机化合物主要分子链上除碳元素外，还有其他元素（碳元素被其他元素取代）时，会增加对生物氧化的抵抗力（如醚类、饱和对氧氮六环等）。即主链上的其他原子常比碳原子的生物可利用度低，其中氧的影响最显著，其次是硫和氮。每个碳原子至少保持一个碳氢键的有机化合物，对生物氧化的阻抗较小，而当碳原子上的氢都被烷基或芳香基所取代时，就会形成对生物氧化和降解的阻抗。微生物菌株驯化的条件有时会使化合物的微生物降解性与化合物结构的关系变得比较复杂。例如，用 2-氯酚培养驯化的污泥对几种氯酚的微生物降解由易到难的顺序为，2-氯酚、4-氯酚、2,4-二氯酚、3-氯酚、2,5-二氯酚、2,6-二氯酚、2,3-二氯酚。用 3-氯酚作为基质培养驯化的污泥，对上述各类酚的微生物降解由易到难的顺序为，3-氯酚、2,5-二氯酚、中氯酚、3,4-二氯酚、2-氯酚、2,3-二氯酚、2,5-二氯酚。而对于用 4-氯酚为基质驯化的活性污泥，微生物降解的顺序却为，4-氯酚、3-氯酚、3,4-二氯酚、2-氯酚、2,5 二氯酚。较高级的氧化物和卤代化合物在好氧条件下难于进一步被微生物降解，而在厌氧条件下易于被微生物降解。有机化合物的极性越强，越易被生物降解。有机化合物的离子化有助于生物降解过程的进行。在脂肪酸的 α 碳上引入卤原子或苯基会降低生物降解速度。一些取代基若被氯置换，则化合物的微生物降解性降低。如甲氧基被氯置换，其微生物降解性降低。对苯二酚中的羟基被氯取代，其微生物降解性也降低。苯的甲基或乙基取代比苯基取代的化合物易于被微生物降解。苯胺的 N-甲基或 N-乙基取代比苯胺易于被微生物降解。溴基取代比氨基取代难微生物降解。

5.1.4.2　化学基团对微生物降解的影响

（1）功能团对微生物降解的影响

羧基、羟基或氨基取代至苯环上，新形成的化合物（苯酚和苯胺）比原来的化合物（苯）易被降解，但在芳香环上的甲基、硝基和氯取代基使化合物的生物降解性能较苯环降低。卤代作用能降低化合物的生物可降解性，尤其是在间位取代的苯环，抗微生物降解更明显。相对于被羧基和烃基取代的苯，一氯苯和二氯苯则难被降解，而作为土壤杀菌剂的五氯硝基苯根据其结构就可以判定它将是一种极难被降解的农药，事实上也的确很难分离到能使五氯硝基苯生物降解的微生物。一般地，带有氯、醚、氰、酯、磺酸、甲基等化学基团的化合物比带有羧、醛、酮、羟、氨、硝、巯基等化学基团的化合物难生物降解。醇、醛、酸、酯、氨基酸比相应的烷、烯烃酮、羧基酸和氯代烃易被降解。

（2）代基对微生物降解的影响

① 取代基位置的影响　甲酚的邻、间、对取代物中，对位取代的甲酚较容易被微生物降解。氯代苯酚邻、间、对取代物中，邻位取代的氯酚较容易被微生物降解，间位取代的氯酚在初期对微生物有一定的抑制作用，经过特定的时间适应后可以降解直至完全矿化，而对氯酚在相同的条件下，不仅不能被生物降解，反而有较强的抑制作用。硝基取代的三种硝基酚中，厌氧状态下生物降解从易到难的顺序为邻、间、对硝基酚，但好氧条件下对、间硝基取代物的生物降解性大于邻位取代物。

对邻、间、对二甲苯三种异构体生物降解性进行比较，间和对二甲苯的降解难易程度相近，而邻二甲苯则表现得很难被降解，即使在低浓度 10mg/L 左右时，仍需要 300h 的驯化期；浓度 40mg/L 时，则在试验的 543h 内几乎无降解，表现出相当强的抗生物降解性。Gibson 等指出，在环境中，特别是土壤中能分离出降解间、对二甲苯的菌株，却很难找到能降解邻二甲苯的菌株。Baggi 和 Schraa 等于 1987 年首次报道了邻二甲苯的完全降解，他们认为间、对二甲苯与邻二甲苯不能被同种细菌降解。国内学者的研究结果也证明，在一般环境或人工处理的废水环境中存在能分解间、对二甲苯的菌群，但很少存在能分解邻二甲苯的菌株。此外还发现，两个氯取代基若处于同一苯环的邻位（也就是 2,6-）或是两个苯环的同一位置（也就是 2,2'-）也难于被生物降解。氯原子取代基在同一苯环上要比在两个苯环上容易被生物降解。

② 取代基数量的影响　取代基的种类和数量越多，生物降解难度越大。在多氯取代的芳香族化合物中，随着氯原子取代基数量的增加，其生物降解性降低，例如多氯联苯中含有超过 4 个氯原子时几乎不能被生物降解。苯、甲苯、二甲苯和三甲苯这四种化合物中，取代基的数量逐渐增加，除苯外，甲苯、二甲苯（邻二甲苯除外）和三甲苯比较，苯环上甲基的取代个数越多，生物降解越困难。苯是最简单的芳烃化合物，由于苯分子的对称性和稳定性，使其不易发生氧化，而在甲苯分子中，由于苯环上连接了有供电性的甲基，使得苯环上的电子云密度增加，因此，甲苯较苯容易进行亲电反应，表现出比苯容易被氧化。这是因为在氧化酶的催化下，甲苯将分子氧组合入化合物分子中，形成含氧的中间产物，有利于进一步降解。因此，与苯相比，甲苯由于甲基的引入提高了化合物的可生物降解性。与甲苯相比，二甲苯和三甲苯的生物降解性随甲基数量的增加而逐渐降低。显然芳香族化合物中，如

果芳环上存在有取代基会加速生物降解的速度，但对脂肪族来说，取代基的存在，反而对其生物降解有不利的影响。

③ 取代基碳链的影响　取代基的碳链长短对化合物的生物降解性有较大的影响。以甲苯和乙基苯为例，在 10mg/L 时，甲苯几乎不需要驯化期，而乙基苯的驯化期长达 300h 以上。甲苯的平均降解速率也大大高于乙基苯。由此可知，取代基碳链越长，生物降解越困难。

5.1.4.3　有机物结构影响微生物降解性能的原因

(1) 空间阻碍

某些化合物的分子太大以至于微生物胞内酶难以接触到其分子中心易降解的部分，从而不易起到降解作用，如邻苯二甲酸二异辛酯和邻苯二甲酸二丁酯就是这种情况。另外，两个相邻的被氧基取代的碳原子可能会阻碍苯环的分步降解。这两种物质由于其难以被生物降解的稳定结构，已被美国环保局列为优先污染物。

(2) 毒性抑制

有些硝基苯类化合物，如硝基酚类、硝基苯酸类在不同 pH 值条件下呈现不同的状态。pH 值较低时主要以化合态存在，而在 pH 值较高时主要以游离态存在。一般认为，游离态硝基苯类化合物的毒性比化合态更大，所以可生物降解性能降低。

(3) 增加反应步数

支链的增加会降低化合物的生物降解。

(4) 有机物的生物可得性下降

有机化合物由于其结构的变化使得其理化特性（包括溶解性能、吸附能力和跨膜运输能力）也发生一些改变，使其生物可得性下降。

5.1.5　有机污染物微生物降解的条件

改变微生物的活性或者污染物的生物可利用性能够调控有机污染物微生物降解。

5.1.5.1　影响有机污染物微生物降解的非生物因子

影响有机污染物微生物降解的非生物因子有温度、湿度、pH 值、溶解氧、营养物质、共存物质（盐分、毒物、其他基质等）。

(1) 温度

微生物生长的温度范围为 $-12 \sim 100\,^{\circ}\mathrm{C}$，大多数微生物生活在 $30 \sim 40\,^{\circ}\mathrm{C}$ 的温度范围内。任何一种微生物都有一个最适生长温度。在一定的温度范围内，随着温度的上升，该微生物生长速率加快。

如图 5-3 所示，这是一个化合物在两个温度下的降解情况，其关系可以用阿仑尼乌斯 (Arrhenius) 方程式来描述：$y = A\mathrm{e}^{-E_a/RT}$，式中，$y$ 为温度校正生物降解速率常数；A 为与反应有关的特性常数，又称指前因子或频率因子；E_a 为反应活化能；R 为通用气体常数；T 为热力学温度。这说明生物反应速率在微生物所能容忍的温度范围内随着温度的升高而逐渐增大。

根据微生物对温度的依赖，可以将它们分为嗜冷性微生物（$<25\,^{\circ}\mathrm{C}$）、中温性微生物（$25 \sim 40\,^{\circ}\mathrm{C}$）以及嗜热性微生物（$>40\,^{\circ}\mathrm{C}$）。$25\,^{\circ}\mathrm{C}$ 时，中温性的假单胞菌的石油降解速率为

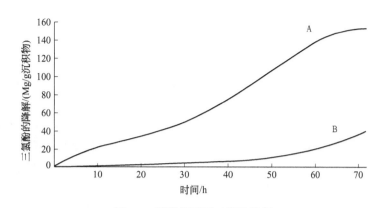

图 5-3　两种温度下三氯酚降解

A—22℃；B—10℃，两种温度的三氯酚起始浓度均为 2.5μg/g 沉积物

（引自金志刚等，污染物生物降解，上海：华东理工大学出版社，1997）

0.96mg/(L·d)，15℃时为 0.32mg/(L·d)，5℃时为 1mg/(L·d)。而从北阿拉斯加的水土中分离的嗜冷性石油降解菌在－1.1℃，菌体浓度为 10^8 个/L 时，石油降解速率仍可达 1.2mg/(L·d)。

温度影响有机污染物生物降解的原因除了改变微生物的代谢速率外，还影响有机污染物的物理状态，使得一部分污染物在自然生态系统温度变化范围内发生固-液相的转换。另外，温度也影响污染物的溶解度，这一点对于溶解度低的有机污染物如石油烃类污染物的生物降解特别重要。

（2）pH 值

研究发现，在 pH 值为 3.7 的天然酸性土壤中，烃的生物降解作用很弱。随土壤 pH 值增大，烃类的生物降解作用增强。在 pH 值为 4.5 的酸性灰壤中，瓦斯油生物降解作用很弱。将 pH 值调到 7.4 后，饱和化合物和芳香化合物的利用率均得到提高，在同时施加氮肥和磷肥的条件下能获得最佳的生物降解效果。施加肥料而不调节 pH 值，并不能明显促进瓦斯油的生物降解。实践证明：在细菌生长允许的范围内，适当提高 pH 值有利于硝基苯类化合物的生物降解。可见，pH 值对有机污染物生物降解的影响很大。不同土壤的酸碱度变化较大，且大部分土壤稍偏酸性，虽然某些土壤可以通过碳酸盐-碳酸氢盐系统而缓冲酸化作用，但绝非全部土壤都是这样的。有时，由各种代谢过程产生的有机酸或无机酸能使土壤的酸碱度降到很低的水平。尽管真菌较能抗酸，但大部分细菌对酸性条件的耐性是很有限的。因此，土壤的 pH 值往往决定何种微生物能够参与烃类生物降解过程。一般认为，微碱性条件下的生物降解总速率要高于酸性条件下的总速率。在一种盐沼沉积物中，正十八烷微生物降解在 pH 值为 8.0 时达到最高水平（与 pH 6.5 和 pH 5.0 比较）。在酸性土壤中，大部分烃类的生物降解是由真菌实现的，但在低 pH 值条件下，烃类化合物的总速率要低于细菌和真菌混合群落在中性或微碱性 pH 条件下可达到的速率。

（3）氧气（O_2）

在许多环境条件下，大量基质的降解如烃类等几类化合物的降解，只有在好氧条件下才能发生转化作用或只有专性好氧菌才能进行最迅速的转化作用。当氧气扩散受到限制时，原油和其他烃类的降解速率就受到影响。受汽油或石油污染的地下水，水相中的氧气会迅速消耗，导致降解变缓，最后停止。因此，典型的修复策略是增加氧气的供应量，供纯氧或添加过氧化氢等。

（4）营养物质

恰当的各种必需营养物质的比例，是降解过程顺利进行的必要条件，其中最重要是 C∶N∶P（质量比）的比例关系。

在土壤、沉积物或水体中，通常含碳（C）量很高（1%），但是，许多碳以微生物不可利用的或缓慢利用的络合形式存在，经常出现碳源是微生物生长限制因子的情况。如果进入环境的有机污染物浓度较高，碳源不会成为生长的限制因子，但若浓度较低时仍可能是限制因子。由于共代谢有机化合物的细菌和真菌需要生长基质，所以向环境中添加有机物或单一化学品经常可以促进降解。添加有机物或单一化学品促进基质降解的例子见表5-2。有时加入有机质后会引起氧气耗竭，结果发生厌氧反应。表5-1中所列的有机基质与微生物生长有关，有的是添加的有机物参与共代谢过程，如加入联苯以后可以促进PCBs的转化属于共代谢。但并不一定都是参与共代谢过程，如MCPA、间甲酚和中氯苯酚与共代谢无关。

表 5-2　加入单一化合物或复杂有机物后对基质降解的促进作用

基质	环境	添加基质	基质	环境	添加基质
BHC	土壤	蛋白胨	MCPA	土壤	稻草
间甲酚、4-氯苯酚	湖水	氨基酸	茶	土壤	水杨酸
DDT	污水	葡萄糖	PCBs	土壤	联苯
DDT、七氯	淹水土壤	植物残茬	TCE	含水层	甲烷
2,6-二氯苯胺	土壤	苯胺	TCE	生物反应器	酚
马拉硫磷	土壤	十七烷			

注：引自沈德中，污染环境的生物修复，北京：化学工业出版社，2002。

微生物的生长需要氮（N）、磷（P）。例如1kg有机碳矿化，如果30%的基质碳被同化，即形成300g生物量碳，假设细胞的C∶N和C∶P分别为10∶1和50∶1，那么就需要30g氮和6g磷。这样粗略的计算可以方便地预测基质全部分解所需要的氮磷总量。

以前，一般认为在任何一段时间内只有一种营养元素起限制作用。当一种限制因子的限制作用解除以后，另一种因子才变为限制因子。现在，人们认识到了两种营养物可以同时限制微生物生长，经常发现几种无机营养物一起加入比单独加入促进降解的作用更大。在海洋浮游生物系统中低浓度的氯酚类，在湖水中低浓度的酚类以及2,4-D等的生物降解率很低，都受无机养分的供应限制，如果增加无机养分它们就会迅速降解。

（5）基质物质

自然环境或污染环境下经常是多种基质在一起，其浓度可以高到使微生物中毒，也可以低到不能支持微生物生长。多种微生物和多种化合物共同存在下的生物降解与一种微生物对一种化合物的生物降解有很大不同。多种有机质可以同时被利用，经常是一种基质可以促进第二种基质的降解速率。例如，甲苯可以促进假单胞菌对苯和二甲苯的降解；添加葡萄糖可以促进污泥反应器中PCP的厌氧转化。石油污染的沉积物和海水中的海洋细菌可以同时降解直链烷烃$C_{16} \sim C_{30}$；活性污泥中的葡萄糖代谢速率受正在进行的乙酸盐降解的影响；混合培养物可以同时降解2,4-D和2-甲-4-氯丙酸；恶臭假单胞菌可以同时代谢苯酚和葡萄糖等。有许多假说解释一种化合物促进另一种化合物的降解，但是大多缺少实验证据。许多情况是添加大量基质促使生物量大量增加，如果产生的微生物可以很容易地利用这两种基质，第二种基质引起的生长将会促进第一种基质的分解。如果一种基质是共代谢物，它会因为另一种基质的添加而明显受益。有的微生物是营养缺陷型，第一种基质的微生物种群所分泌的生长因子会明显地促进第二种基质的营养缺陷型菌的生长。还有诱导作用，即一种化合物诱导出分解其他化合物的酶。如果两种化合物有一种浓度很低，低于生长阈值，另一种化合物可以提供能源而促进痕量污染物的降解。

关于一种化合物抑制另一种化合物降解的研究很多，归纳其产生机理如下。

第一，在重污染区，由于一种化合物的毒性很高，抑制微生物生长而造成另一种化合物的降解缓慢；也可能两种化合物单个毒性都不高，但组合在一起的毒性超过微生物的耐受程度。

第二，一种化合物生成的产物不利于作用于第二种化合物的微生物群体，如假单胞菌的4-硝基苯酚代谢产物抑制其他细菌的酚氧化。

第三，在两种微生物分别降解两种基质时，由于微生物对低浓度磷的竞争作用，使得一种化合物或两种化合物的生物降解速率均下降。两种微生物竞争供应不充分的其他限制因子（如在氧或其他电子受体不能满足微生物需要时），也会发生这种竞争。

第四，如果有两种基质存在，将使细菌细胞数目增加，其中较大的群体会促进捕食的原生动物增加，结果是被另一种微生物降解的另一种基质的降解速率或降解程度将降低。

第五，如果一种微生物对两种基质的生物降解起作用，抑制作用来自于第一种基质分解代谢产生的中间代谢物对另一种基质分解代谢所需要酶的合成的阻抑（分解代谢产物阻抑），或者可能对已经存在的酶的活性抑制，或者是一种基质的吸收干扰、抑制另一种基质的吸收。

5.1.5.2　影响有机污染物微生物降解的生物因子
（1）微生物的协同作用

无论在最初的转化反应还是在以后的矿化作用中，有机污染物微生物降解往往需要多种微生物的合作，这种合作称为微生物的协同作用。协同作用分不同的类型，一种情况是单一菌种不能降解，混合以后可以降解；另一种情况是单一菌种都可以降解，但是混合以后降解的速率超过单个菌种的降解速率之和。如假单胞和节杆菌混合后才可以降解除草剂2,4,5-涕丙酸；两种混合菌在一起比单一菌株可以迅速降解表面活性剂十二烷基-L-葵乙氧基化合物。

协同作用的机制主要表现在以下几方面。

1）一种或几种微生物向其他微生物提供维生素 B、氨基酸或其他生长因子。如分泌维生素 B_{12} 的菌对在三氯乙酸上生长和脱氯的细菌很必要。

2）一种微生物可对某种有机物进行不完全降解，第二种微生物则使前者的产物矿化。图 5-4 表明，第一种微生物转化最初的化合物，如果没有第二种微生物，产物就会积累，如果有第二种微生物就可以加速分解。

3）分解共代谢产物。一种微生物参与共代谢有机物，但形成的代谢产物要依靠另一种微生物分解。

4）分解有毒产物。第一种微生物产生的产物对自身有毒害作用，但是另一种微生物可以解除这种毒害，并将其作为碳源和能源利用。例如，代谢硝基化合物的微生物经常产生对自身有毒的亚硝酸盐，但是许多细菌和真菌能够分解亚硝酸盐，使之转化为氨、氮氧化物、氮气和硝酸盐。

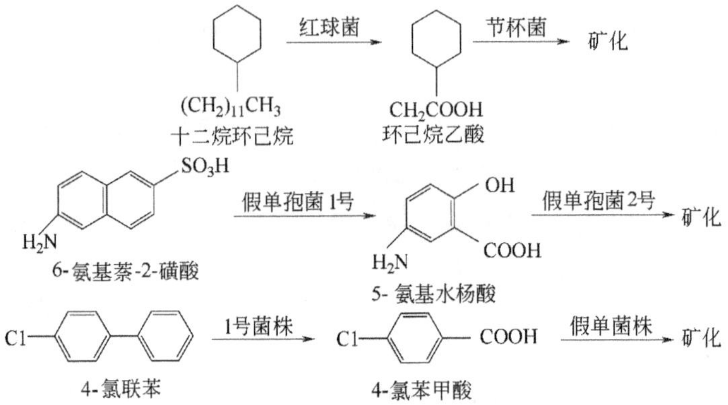

图 5-4　协同作用导致完全分解

（引自沈德中. 污染环境生物修复. 北京：化学工业出版社，2002）

（2）微生物的捕食作用

环境中存在有大量的捕食、寄生、裂解微生物，它们常促进或抑制细菌和真菌的生物降解作用。在土壤、沉积物、地表水和地下水中发现的捕食和寄生微生物有原生动物、噬菌体、真菌病毒、坚弧菌属（Bdellotyibrio）、分枝杆菌、集胞黏菌（Acrasiales）和能分泌分解细菌、真菌细胞壁酶的微生物。原生动物是典型的以细菌为食的微生物。在环境中有大量原生动物时，细菌数目显著下降。原生动物还可以促进有限的无机营养（特别是磷和氮）循环并分泌出必要的生长因子。在有大量原生动物活动的环境中，原生动物的影响取决于捕食速率和降解速率（细菌繁殖速率）。如果捕食速率高，导致生物降解的特殊微生物的生长繁殖速率低，原生动物的影响会很大。在原生动物捕食时仍会有足够的细菌存活下来，当捕食期结束后，有代谢能力的细菌又可生长并分解化合物。原生动物有时也可以刺激微生物活动。例如纤毛虫、豆形虫（Colpidium colpoda）可以促进混合细菌分解原油。环境中氮、磷浓度很低限制了微生物的生长，氮、磷被各种微生物同化后，缺少氮、磷供降解菌利用，所以影响了转化速率。原生动物捕食了一些生物量并排出无机氮、磷以后，这部分氮、磷可供生物降解菌再利用。这种氮、磷再生或氮、磷矿化过程在土壤、淡水和海洋生态系统中都很重要。原生动物消化细菌的同时，可以分泌生长因子，促进维生素、氨基酸营养缺陷型菌的生物降解作用。

5.2 石油污染物的微生物降解

在石油勘探与开发过程中，钻井、井下作业和采油等环节以及井喷、泄漏等事故所导致的土壤污染现已成为国内外普遍关注的重要问题之一。以油田为例，每口油井污染土地面积为 $200 \sim 500 m^2$，以目前全国油井 2×10^5 口计算，由此估算石油烃土壤污染面积可达 8×

$10^7 m^2$（刘五星等，2007；郑昭贤等，2011）。对东北地区大庆油田、辽河油田的调查表明，在油田的重污染区，土壤原油含量高达 $1.0 \times 10^4 mg/kg$，是临界值（500mg/kg）的 20 倍（谯兴国等，2006，2008）。石油污染物主要包括烷烃、环烷烃、芳香烃、苯系物等有机化合物，其中环境优先控制污染物可达 30 种，且具有致癌、致畸和致基因突变的"三致"作用，严重破坏土壤生态系统功能并威胁人类健康（刘五星等，，2007；Dandie 等，2010）。一方面，石油烃类污染物具有在土壤环境中化学性质稳定、持久性强、难降解等特点，使得对其进行生物修复难度大。另一方面，石油类污染物进入土壤环境中后，直接破坏土壤原有结构，致使土壤通透性降低、含氧量及含水率下降、土壤 C/N 失衡、营养物质循环受阻、微生物群落变化及活性降低，阻碍植物根系与外界物质交换而导致植物死亡，进而显著影响石油烃的生物降解（Dandie 等，2010）。如不同的原油，饱和烃、芳香烃、胶质和沥青质含量的不同，以及饱和烃中正构烃含量的不同都会导致它们降解程度的不同。通常微生物对烷烃的氧化是从低碳到高碳，从烷烃到芳烃逐级进行的。烷烃中直链烷烃比支链烷烃、环烷烃更易氧化；多环芳烃中环的数量与排列特征都影响着多环芳烃的稳定性，其稳定性大小排列为，环形＞角形＞线形，而生物可降解性则与此相反。Chaineau 等（2004）用微生物处理被石油烃污染的土壤，经过对残留油成分分析发现，饱和烃中的正构烷烃和支链烷烃在 16d 内几乎全部被降解，22％的环烷烃未被降解，71％的芳香烃被降解，一些多环芳烃很难被降解，沥青质则被完全保留了下来。Duarte 等（2005）采用从原油污染土壤中筛选出的菌株，对荧蒽、菲、芘等多环芳烃进行降解研究，发现三环化合物较四环易降解。取代基的类型对有机物的生物降解性能也有很大的影响，如羟基、氨基等取代基能够提高芳香烃的可降解性，但氯取代基和硝基却会产生相反的影响。取代基的数量和相对位置也可造成芳香族有机物生物降解性能的差异，如氯取代基数量越多，芳香化合物的生物降解性越差；邻位、间位、对位 3 种氯取代芳香化合物的生物降解性能依次降低（Yagafarova 等，2001）。吴丹等（2010）针对石油开采对土壤的污染问题，采用从辽河油田石油污染土壤中筛选出的石油烃优势降解菌降解土壤中苯、甲苯、乙苯和二甲苯（BTEX）。结果表明，土壤含油量对菌株降解石油烃效果的影响最大，青霉属（*Penicillium* sp.）的 F3 菌株对苯、甲苯、乙苯和二甲苯的降解效率最高，真菌曲霉属（*Trichoderma* sp.）的 F3 菌株对 BTEX 降解效果最好，适宜的菌株降解石油烃的 pH 值为 7。

5.2.1　石油污染物的微生物降解过程

石油类物质作为微生物的碳源参与微生物细胞内的代谢。石油类物质在微生物细胞内经过三种同化作用（好氧呼吸、厌氧呼吸和发酵作用）被降解。简单来说，这一过程可用下面的式子表示：

$$石油类物质 + 生物 + O_2 + N 源 \longrightarrow CO_2 + H_2O + 副产物 + 细胞体$$

石油类物质的可降解性是由其化学组成决定的。例如，$C_{10} \sim C_{24}$ 中等长度的链烃降解速率相当快；而更长链的烷烃则不易被降解，当分子量超过 500～600，一般不能作为微生物的碳源。

在土壤中，降解石油多种烃类的微生物共计 100 余属、200 多种，分属于细菌、放线菌、霉菌、酵母等。细菌有假单胞菌属、黄杆菌属、棒状杆菌属、无色杆菌属、节细菌属、不动杆菌属、弧菌属的某些种。放线菌有诺卡氏菌属和分枝杆菌属，以前者为最突出，但对烃类降解常不彻底，有中间产物积累。霉菌有灰绿葡萄孢菌，能使石蜡降解；还有曲霉属、青霉属、枝孢霉属的某些种。酵母有假丝酵母属（$Candida$）、红酵母属（$Rhodotorula$）、球拟酵母属（$Torulopsis$）、酵母菌属（$Saccharomyces$）的某些种，而以假丝酵母最为广泛，在 500 种酵母中，55 种能降解石油的几乎全为假丝酵母。

5.2.1.1　烷烃、烯烃和炔烃的降解

石油所含的各种烃类多达上千种，所以其降解速率难以有效预测。研究表明，石油类污染物的降解与其化学结构的关系极为密切，烷烃、芳香烃中的 $C_{10} \sim C_{22}$ 最易被降解；$C_1 \sim C_6$ 一般挥发较快，在环境中主要以气体形式存在，而且短链烃由于其结构比较稳定，只有少量的微生物对其有降解作用；C_{22} 以上的烃类水溶性很差，一般情况下是固体，微生物对其降解作用非常有限。

对于烷烃类，生物降解过程可由下式表达：

$$烷烃 \rightarrow 酒精 \rightarrow 乙醛 \rightarrow 脂肪酸 \rightarrow 乙酸盐类 \rightarrow CO_2 + H_2O + 细胞体$$

烷烃降解的生化机理是 β-氧化和充氧作用。目前，有关正烷烃的降解途径研究较多。如图 5-5 所示，通常情况下，正烷烃的生物降解最初是由与甲烷一氧化酶类似的复杂的一氧化酶系统酶促进行的。在这一过程中，烷烃氧化成伯醇。伯醇在 β-氧化酶、丁基脱氧酶和硫酸酯酶三者的共同作用下，经由醛而转化成羧酸。

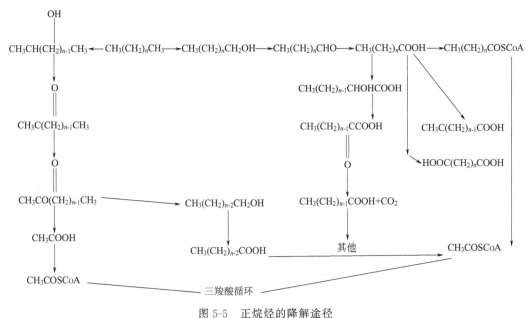

图 5-5　正烷烃的降解途径

（引自丁克强，骆永明. 生物修复石油污染土壤. 土壤，2001.）

Mckenna 等研究认为，羧酸很容易通过 β-氧化，降解成少两个碳链长度的乙酰基 CoA，然后进入三羧酸循环，最终分解成 CO_2 和 H_2O，并释放出能量。在这方面，关于烷烃降解过程中的链烯是否为中间产物的问题，目前意见仍存在差异。Pareck 等研究发现，嫌气细菌能将十六烷转化成相应的醇和烯，而且该过程在好气条件下亦能进行。有的微生物还可以通过亚终端氧化，使烷烃先生成酮，经氧化酶酶促生成酯、而后水解、再氧化为酸的途径来降解烷烃。

目前，对烯烃和炔烃的降解过程了解较少。有的细菌如 *mycobacterium vaccae* 能将它们代谢为不饱和脂肪酸并产生某些双键的位移或产生甲基化，形成带支链的饱和脂肪酸。终端烯很容易被许多微生物降解。正烷烃一氧化酶能使烯酶促生成环氧化物。一些学者研究认为，离不饱和键较远一端甲基处的酶解，对这类化合物的降解可能具有更重要的意义。

对异构烷烃的代谢研究得很少。因为 β-氧化酶一般不能酶促支链烷的氧化，所以绝大多数能降解正烷烃的微生物不能降解异构烃。单支链烷烃的氧化多从离支点最远的甲基处开始。但其降解的中间产物可能累积起来而不被进一步降解。

5.2.1.2　芳烃和脂环烃的降解

在脱氢酶及氧化还原酶的共同作用下，苯与短链烷基苯经二醇的中间过程代谢成邻苯二酚和取代基邻苯二酚，后者可在邻位或间位处断裂，形成羧酸。

具有脂环结构的饱和烃在自然界中广泛存在。不仅原油中有，植物也能合成大量萜烯类烃。这类化合物相对说来虽较难降解，但土壤及天然水中却很少见其累积，说明它们还是能被生物降解的。其降解机理大多认为是，共代谢作用首先将环烷烃变成相应的醇和酮，后者再进一步被氧化。烷烃取代的脂环烃比不含取代基的母体更易被降解。Beam 等人发现，能利用长链环乙烷的微生物只能氧化侧链 C 原子数为奇数的环。环氧化的途径有二：一是嫌气条件下饱和环不加氧的断裂；二是环的芳香化。萜烯的氧化，最初也是在环或取代甲基上进行的，其分解途径与简单脂环烃类似。

5.2.2　石油类物质在土壤中微生物降解的影响因素

土壤的性质和环境条件等很多因素都会影响微生物的降解过程。影响的主要因素如下。

5.2.2.1　土壤酸碱度

同大多数微生物相同，能降解石油类物质的土壤微生物生长繁殖的适宜 pH 值为 6～8，最优 pH 值为 7～7.5。一般情况下土壤为偏酸性，pH 值大多在 6～6.5；而且土壤微生物在降解过程中产生的酸性物质往往在土壤中有积累效应，会导致 pH 值进一步降低。所以，为了提高微生物降解石油类物质的速率，可以在土壤中添加一些农用酸碱缓冲剂调整土壤的 pH 值。

5.2.2.2　土壤温度

生物反应符合一般的化学反应速率的规律，即温度越高，反应速率越快。考虑到充分发挥生物酶的降解活性和石油类污染物的溶解度和挥发特性，一般认为石油类物质适宜的降解温度为 15～30℃。谯兴国等（2006，2008）和李素玉等（2008）研究了辽河油田所在中国北方低温地区冻融作用对土壤微生物及石油烃微生物降解过程的影响，结果表明，低温地区石油污染土壤中石油降解微生物的多样性较低，冻融作用对中重度污染土壤中过氧化氢酶和脲酶的活性有促进作用，但对土壤微生物量碳影响不大，水溶性有机碳受冻融作用影响较大，且土壤中总石油烃含量越高，水溶性有机碳变化越大，中重度石油污染土壤经过冻融处理后，其石油烃含量较之恒温处理减少明显，而对于高度石油污染土壤来说，冻融作用则可能不利于石油烃的降解。

5.2.2.3　土壤湿度

有机物必须为水溶态时才能被微生物所利用，所以石油类生物降解需要水。但是，过高的土壤湿度对降解不利。大量实践表明，使土壤湿度保持在 70%～80% 可达到较好的降解效果。

5.2.2.4 营养物质

研究表明，C∶N∶P 比例接近 25∶1∶0.5 时对石油类物质的降解比较合适。

5.2.3 微生物降解在修复石油污染土壤上的应用

应用生物降解来处理与修复石油污染土壤主要包括土壤的原位（in-site）处理技术和土壤的异位（ex-site）处理技术。

5.2.3.1 土壤的原位（in-site）处理技术

污染土壤不经搅动，在原位或易残留部位进行处理称为土壤的原位处理技术（图 5-6）。最常用的原位处理方式是进入土壤饱和带的污染物生物降解。采取添加营养，供氧（加 H_2O_2）和接种特异工程菌等措施来提高其降解力，并通过一系列贯穿于污染区的井，直接注入配好的溶液来完成。亦可采用把地下水抽至地表，进行生物处理后，再注入土壤中进行再循环的方式来改良土壤。由于氧交换的需要，该法适于渗透性好的不饱和土壤的治理。

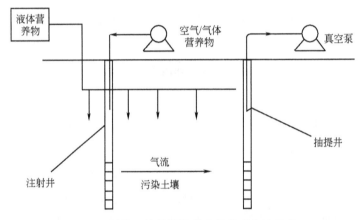

图 5-6　污染土壤的原位微生物处理方法示意

Balba 等报道了一个炼油厂土地及地下水石油污染的生化治理去除率达 86%。设地下水积水管收集可能受到污染的下渗水流，经过处理后加上适量的 N、P 等营养物质，再由布水系统投加到污染土层，以保持土层的湿度和营养平衡。系统设置穿孔进气管，以有效补充系统的需氧量。在土层中埋设积气管并用空气抽吸设备帮助排放代谢产物中的气体，在污染土层内的气压平衡作用下可更有效地增加氧气供应量。集水井、进气井、排气井均可采用造价较低的 PVC 管材、镀锌管或聚乙烯管。处理系统实施之前应进行室内的准备性试验，以确保微生物降解的可行性和现场处理的有效性。

土壤气抽提法是通过机械作用使气流穿过土壤去除其中挥发性或半挥发性的石油烃类。但此法受土壤条件的制约大，只适合处理低渗透性的含油土壤。美国哥伦比亚南卡罗来那大学一些学者等对土壤气抽提方法在节能方面提出了革新，将连续操作和间歇操作进行比较，在土著微生物自然降解过程中采用间歇操作使能源消耗减少，但石油类的去除率并没有降低。

土耕法是把石油污染土壤覆盖在土地上利用土壤微生物降解的一种强化方法，它能从根本上利用和发挥土壤的自净能力以及土壤酶的活力，达到除油的功效。

5.2.3.2　土壤的异位（ex-site）处理技术

该工艺是将受污染的土壤和沉积物移离原地，在异地进行处理的方法。主要有土地耕作法、堆肥和生物堆层法。

生物堆积处理技术（Biopile）是一种对生物耕作法的改良技术。通常是将石油污染的土壤堆积成条状，中间留有"田埂"。该技术的特点是，在堆起的土层中铺有管道，提供降解用水，并在污染土层以下设有多孔集水管，收集渗滤液。系统还可设有送气管和空气泵，以稳定氧的补给。各种均匀布水或滴灌技术均可应用于这种系统中。而且系统可以是完全封闭的，使系统的温度更加稳定、二次污染更少、处理效率更高。

生物反应器处理石油污染土壤是人工强化微生物降解的过程。这是一种很有潜力的处理技术，适用于处理表层土壤污染，很大程度上取决于反应器的构造和功能。聚氯乙烯反应器已经得到实际应用，该反应器的规格为 $0.45\text{m} \times 0.28\text{m} \times 0.31\text{m}$，装有 768kg 含油污染土壤，经 28d 生物降解，$C_{14} \sim C_{26}$ 直链烷烃去除率分别为 $35.3\% \sim 88.3\%$，支链烷烃去除率达 $59.4\% \sim 100\%$。

堆肥是一种与土地处理技术相似的生物处理方法。这种方法的最大特点是通过添加土壤改良剂为微生物的生长和石油类物质的降解提供能量。该方法适宜对高挥发、高浓度石油污染土层的处理与修复。添加的改良剂主要有树枝、树叶、秸秆、稻草、粪肥、木屑等。改良剂增大了土壤的通透性，提高了氧传递效率，而且还提供了快速繁殖大量微生物群落所需的基本能源。微生物既消耗改良剂，又消耗石油类物质作为能源和碳源。堆肥过程自身可以产生热量，使系统温度保持在较高的水平。

近年来，一些学者开始探索利用生物炭修复石油烃污染土壤。研究表明，生物炭对土壤中石油烃污染物的作用形式主要包括其对环境中污染物的迁移转化、生物有效性、污染物吸附-解吸效果等（Reid et al.，2013；朱利中等，2012）。此外，生物炭在石油污染土壤修复周期中的添加时间也对不同种类烃类物质的降解率产生明显影响。生物炭的多孔结构可为微生物的生存提供附着点位和适宜的栖息场所，在土壤中添加不同性质的生物炭，有利于特定功能类群微生物的富集和生物活性增强（Luo et al.，2015；Gomez-Eyles et al.，2011）。生物炭表面的官能团、易解碳源和氮源有助于提高微生物活性，影响微生物的生长、发育和代谢。通过生物炭生物固定不同功能特性微生物，可强化土壤中一些营养物质的释放、提高污染物的降解效率（Mohanty et al.，2014）。此外，低温地区冻融作用对石油烃等有机污染环境修复产生显著影响（Eriksson et al.，2001）。Whelan 等通过低温限制因素模型研究了低温冰冻条件下石油烃污染物的性质变化及其在修复过程中对降解率的影响（Whelan et al.，2015）。冻融作用能够影响土壤的物理结构及化学性质，冻融作用可使土壤疏松，空隙度增加，使微生物与土壤接触面积增加，有利于提高微生物含量及活性（谯兴国等，2008）。

5.3　农药的微生物降解

现代农业的发展是建立在大量化学合成农药广泛使用基础之上的。农药在防治农作物的病虫害、草害及家庭卫生、消灭害虫、疾病等方面作出了巨大贡献。有资料表明，世界范围内农药所避免和挽回的农业病、虫、草害损失占粮食产量的1/3。由于化学农药使用的广泛性，使得农药残留难以消除。农药对土壤、大气、水体的污染，对生态环境的影响与破坏已引起了世人的广泛关注。进入到环境中的农药，会受到环境因子的作用，土壤的pH值、温度、含水量、有机质含量、黏度及气候等均影响农药的降解。例如，在高温湿润、土壤有机质含量高和土壤偏碱性的地区，农药就容易被降解，而微生物的降解作用占据了主导地位。近几年出现的生物修复技术为消除农药污染提供了新的有效方法。

5.3.1 降解农药的微生物

微生物具有种类多、分布广、个体小、繁殖快、比表面积大、容易变异、代谢多样性的特点，当环境中存在新的有机化合物（如农药）时，其中部分微生物通过自然突变形成新的变种，并由基因调控产生诱导酶，在新的微生物酶作用下产生了与环境相适应的代谢功能，从而具备了降解新污染物的能力。微生物是农药转化的重要因素之一，活性微生物通过胞内或胞外酶直接作用于周围环境中的农药使之转化和矿化。迄今为止，已从土壤、污泥、污水、天然水体、垃圾场和厩肥中分离到降解不同农药的活性微生物。通过适应作用或共代谢作用降解农药的微生物较多，其中黄杆菌属、镰刀菌属、节细菌属、曲霉属、芽孢杆菌属、棒状杆菌属、木霉属7属，在降解作用中占优势（见表5-3）。

表 5-3　能降解农药的优势微生物属

顺序号	微生物	农药
1	黄杆菌属 （*Flavobacterium*）	氯苯胺灵、2.4-D、茅草枯、二甲四氯、毒莠灵、三氯乙酸
2	镰刀菌属 （*Fusarium*）	艾氏剂、莠去津、滴滴涕、七氯、五氯硝基苯、西马津
3	节细菌属 （*Arthorbacter*）	2.4-D、茅草枯、二嗪农、草藻灭、二甲四氯、毒莠定、西马津、三氯乙酸
4	曲霉属 （*Aspergillus*）	莠去津、MMDD、2,4-D、草乃敌、狄氏剂、利谷隆、二甲四氯、毒莠定、季草隆、西马津、朴草津、敌百虫、碳氯灵
5	芽孢杆菌属 （*Bacillus*）	MMDD、茅草估、滴滴涕、狄氏剂、七氯、甲基对硫磷、利谷隆、灭草隆、毒草定、三氯乙酸、杀螟松
6	棒状杆菌属 （*Corynebacterium*）	2,4-D、茅草枯、滴滴涕、地乐酚、二硝甲酚、百草枯
7	木霉属 （*Trichoderma*）	艾氏剂、丙烯醇、莠去津、滴滴涕、敌敌畏、二嗪农、狄氏剂、草乃敌、七氯、马拉松、毒莠定、五氯酚钡

表 5-4　常见农药的降解微生物

农药	降解菌
甲胺磷	芽孢杆菌、曲霉、青霉、假单胞菌、瓶形酵母
阿特拉津	烟曲霉、焦曲霉、葡枝根霉、串珠镰刀霉、粉红色镰刀霉、尖孢镰刀霉、斜卧镰刀霉、微紫青霉、褶皱青霉、平滑青霉、白腐真菌、菌根真菌、诺卡氏菌、红球菌、假单胞菌
幼脲3号	真菌
敌杀死	产碱杆菌
2,4-D	无色杆菌、节杆菌、曲霉菌、黄杆菌、棒状杆菌、诺卡氏菌、假单胞菌
DDT	无色杆菌、气杆菌、芽孢杆菌、梭状芽孢杆菌、埃希氏菌、镰孢霉菌、诺卡氏菌、变形杆菌、链球菌
丙体六六六	白腐真菌、梭状芽孢杆菌、埃希氏菌

续表

农药	降解菌
对硫磷	大肠杆菌、芽孢杆菌
敌百虫	曲霉菌、镰孢霉菌
敌敌畏	假单胞菌
七氯	芽孢杆菌、镰孢霉菌、小单胞菌、诺氏卡菌、曲霉菌、根霉菌、链球菌
2,4,5-T	无色杆菌、枝动杆菌
狄氏剂	芽孢杆菌、假单胞杆菌
艾氏剂	镰孢霉菌、青霉菌
乐果	假单胞菌

研究表明，环境中存在的各种天然物质，包括人工合成的有机污染物，几乎都有能使之降解的相应微生物。表 5-4 列出了一些常见农药的降解微生物。农药生物降解过程一般包括初级降解、环境容许的生物降解和最终降解三个阶段。初级降解是指，农药等有机污染物在微生物作用下母体化学结构发生变化，从而失去原污染物分子结构的完整性，并进一步降解，使农药的毒性丧失到环境容许的生物降解过程，最终被完全降解为 CO_2、H_2O 和其他无机物，并被微生物同化。基本过程可表示为：

$$农药 + 微生物(酶) \longrightarrow 微生物(酶) + 降解产物(CO_2、H_2O 及其他无机物)$$

其代谢途径主要为酶作用下的氧化（羟基化、脱烃基、β-氧化、醚键开裂，环氧化、芳环杂环开裂）、还原（如硝基苯还原为苯胺类）、水解（如醚、酯或酰胺键类农药在酯酶、酰胺酶、磷酸酶作用下降解）与合成等。

根据农药的化学结构，可以大致排出其生物降解难易程度的顺序。各类农药降解由易到难为脂肪族酸、有机磷酸盐、长链苯氧基脂肪族酸、短链苯氧基脂肪族酸、单基取代苯氧基脂肪族酸、三基取代苯氧基脂肪族酸、二硝基苯、氯代烃类（DDT）。例如，2-氯苯氧基乙酸盐、2-(4-氯苯氧基丙酸盐)、2-(4-氯苯氧基戊酸盐)、2-(4-氯苯氧基己酸盐) 分别带有乙酸盐、丙酸盐、戊酸盐和己酸盐侧链，它们在土壤中生物降解的时间分别为大于 205d、205d、81d 和 11d。

5.3.2　农药污染土壤的微生物修复

进入土壤中的农药通过吸附与解吸、径流与淋溶、挥发与扩散等过程，可从土壤中转移和消失，但往往会造成生态环境的二次污染。能够彻底消除农药土壤污染的途径是农药的降解，包括土壤生物降解和土壤化学降解，前者是首要的降解途径，亦是污染土壤生物修复的理论基础。土壤微生物是污染土壤生物降解的主体。

应用在农药污染土壤的生物修复技术主要有生物修复反应器、堆肥、土地耕作及多种技术的复合应用等。

将被污染的土壤挖出置于反应器中，加入水，接种微生物进行处理称为生物修复反应器处理。土壤和水在反应器中呈高浓度的固体泥浆状，其工艺和污水生物处理类似。处理后的土壤与水分离后再填回原地。反应器中多控制为厌氧条件，有时也可用好氧降解。该方法反应速度快，反应条件易于控制，是一项比较成熟的处理技术。

SABRE 工艺是一种典型的生物修复反应器处理工艺。它是由美国爱达荷大学和 J. R. SIMPLOT 公司联合开发的。该工艺用于生物降解有硝基的芳香族化合物，如地乐酚

（硝基丁酚）和 TNT 等。其工艺过程为：挖掘出的污染土壤先经过振动筛，将直径较大的岩石和碎片从土壤中分离出来，用水洗涤出污染物后回填，洗涤液进反应器处理；筛分过的土壤经均匀化处理后也置于反应器中处理。反应器中投加磷酸盐作为缓冲溶液，使泥浆 pH 始终保持中性。由于硝基酚类物质好氧分解的产物仍然有毒，反应必须保持在绝对厌氧的条件下进行。SIMPLOT 公司用淀粉作为培养基消耗光反应器中的氧气，来创造绝对厌氧环境（氧化还原电位为-200mV）。培养基中还添加氮素、一定数量的异养菌和分解淀粉的菌类。水、土壤和培养基混合后的体积占反应器容积的 75％，反应器末端有搅拌器，使混合的高浓度泥浆一直处于搅动状态。

堆肥是农药污染土壤的常用的一种生物修复方法。与城市垃圾的堆肥过程相似，土壤堆肥也是利用腐熟的培养料中的微生物降解污染物。堆肥处理可以是原位修复，也可以是异地修复，以异地修复居多。

目前用堆肥法处理有机污染物的堆肥方式主要有：静态曝气堆、条形堆和堆肥反应器三种。静态曝气堆利用通气管道进行人工鼓风通气，不需翻堆，一般 3~5 周完成堆制。条形堆则是将原来与受污染土壤均匀混合后堆成条垛，并定期翻堆，一般需要 1~4 月完成堆制。堆肥反应器与前两者不同，它有固定的发酵装置，具体形式多种多样，有塔式、卧式、筒仓式、箱式等，采用机械化操作，堆制时间从几天到几周，处理效率高，但花费较大。

堆制处理污染物的方法主要分为三种：第一种是直接将污染土壤与堆肥原料混合后进行堆制处理；第二种是将污染物质与堆制过的材料混合后继续堆制；第三种是在土壤中施用堆肥产品，利用堆肥中的微生物对污染土壤进行修复。美国学者 Pinkard H.J 等利用植物原料堆肥处理被烃类或氯化烃类污染的土壤，堆制方式为条形堆，处理农药如滴滴涕、狄式剂、毒杀芬等，堆制方法为上述的第二种，即将污染土壤与堆制过的植物原料混合后继续进行堆制，直到污染土壤的化学物质和植物病原菌被清除。

5.4 多氯联苯的微生物降解

5.4.1 多氯联苯的处理方法

目前主要用封存、高温处理、化学处理及生物降解等方法对多氯联苯（PCBs）进行处理。

5.4.1.1 封存法
将多氯联苯及受多氯联苯污染物（如已生产和使用的含 PCBs 的废变压器油）封存在经特殊设计的构筑物内或连同构筑物深埋于地下，或利用现成山洞或防空洞等经防渗处理后来掩埋多氯联苯及其污染物，以待处理。该方法不是最终处理，并不能从根本上解决 PCBs 的污染问题，隐患依然存在。

5.4.1.2 高温处理法
高温处理法是目前广泛采用的处理方式，欧美已普遍应用，但必须在专用的、能彻底分解多氯联苯的高效率焚烧炉中进行，而不能随便焚烧。随意焚烧多氯联苯可能会产生毒性比多氯联苯更大的多氯二苯并二噁英（PCDD）、多氯二苯呋喃（PCDF）等物质。根据热源、介质的不同，大致可分为简单焚烧法、熔融介质法、等离子体法等。简单焚烧法是通过加入大量的燃料和溶剂，将含 PCBs 的废变压器油在几秒钟内升温至 1200～1600℃进行焚烧，使之转化为其他化合物。该方法可消除多氯联苯，但存在如下缺点：焚烧条件苛刻，造价极高，焚烧过程不仅需要专用焚烧炉，耗能大，而且需要尾气净化装置或进行二次焚烧；只适用于处理大量高浓度的 PCBs；易造成二次污染，只有在高温下进行焚烧才能将 PCBs 破坏掉，若温度不够，在 270～400℃极易生成二噁英（Dioxin）。为了保证彻底销毁多氯联苯，对焚烧条件要严加控制。美国环境保护局规定：在焚烧多氯联苯时，温度应高于 1150℃，在燃烧室的停留时间要大于 2s，氧气过剩量要大于 3％，尾气中 CO 含量必须小于 $100\mu g/g$。

用一些无机介质如金属、无机盐等代替普通焚烧中的空气作为传热介质和反应介质来焚烧废物的方法就是熔融介质法。由于反应是在还原条件下进行，不产生二噁英等物质，排出气体比简单焚烧好，对进样要求不高，破坏率高于 99.9999％。熔融介质法在能量传递的有效性和处理过程的稳定性上要优于普通焚烧法。但是，采用该方法要处理大量尾气和废渣，费用较高，难以推广使用。

近年来，欧、美的一些公司推出利用等离子体作为热源的等离子体降解技术。这种方法使电流通过低压气体流，产生等离子体，高达 5000～15000℃的高温可使有机物彻底分解为原子态，冷却后，最终产物为水、二氧化碳以及一些水溶性的无机盐，降解率可达 99.99％以上。虽然它采用了一些措施以减少二噁英产生（如在真空下或通入氩气条件下使废物分解，达到了较满意的结果），但复杂的设备及高代价限制了它的推广应用。

此外，高温条件下的降解方法还有水泥转窑法、超热蒸汽脱氯法、流化床汽化法等，但大多处于实验阶段。加拿大、美国和瑞典，曾分别在水泥窑中进行过销毁多氯联苯的试验，结果表明，水泥窑能满足销毁多氯联苯的要求。美国能源部还开发了一种通过催化剂燃烧销毁多氯联苯的方法，反应在流化床中进行，以 Cr_2O_3 为催化剂，在 600℃以下，即可使多氯联苯销毁。

5.4.1.3　化学脱除法

化学脱除法即在一定条件下，将试剂与 PCBs 反应，使之脱氯生成联苯化合物或其他无毒、低毒的物质。化学法的优势是：不但可以彻底处理废物，而且设备简单，适用于处理集中的、高浓度的 PCBs 废物，也适用于处理分散的、低浓度的 PCBs 废物。美国、日本、澳大利亚等国对此方法研究较多，主要包括金属还原法、氢化法、硫化还原法以及氧化氯化法等。此外，对光化学法及电化学法也有研究报道。

（1）金属还原法

美国于 1980 年公布了一种有效的脱氯法，即采用萘基钠离解稳定的 PCBs 分子，生成无毒的聚乙基苯和氯化钠。该法将传热液中的 PCBs 含量在 5min 内降低 20 倍，具有效率高，条件温和，净化后的变压器油和传热油可回收使用等优点，但缺点是处理前必须仔细去除 PCBs 废料中的水和空气等，操作复杂。

聚乙二醇/钠法由聚乙二醇与钠反应制备。反应试剂在惰性气体下与 PCBs 混合，在一定温度下反应，使 PCBs 的去除率大于 99％，反应产物经处理可与变压器油分离。该法适用于降解变压器油中的 PCBs。设备简单，处理后的变压器油易于回收且不会改变其介电性质；不足之处是试剂中使用了钠，有一定的危险。

除了上述两种方法外，还有将钠等碱金属分散到液氨、磷酸二氢铵、甲醇等溶剂中作为还原剂的 Birch 还原法；将钠分散在四氢呋喃、煤油中的 Goodyear 还原法；高温下的铝、铅还原法等。

（2）氢化法

常温常压下，以甲酸铵为氢给予体，钯碳为催化剂，氢化 PCBs 使其转化为联苯。该方法条件温和、安全，反应仅需几秒，效率高达 100%，产物联苯易分离；不足之处是催化剂昂贵。后来有研究用乙醇-正己烷代替原方法中的甲醇-四氢呋喃溶剂体系，并减少了催化剂用量，降低了费用，提高了运行的安全性。也有采用甲酸钾为氢给予体的专利报道。

（3）硫化还原法

PCBs 与硫共热转化为联苯基多硫化物反应，PCBs 的降解率大于 99%。如果在惰性气氛下，四甲基硫氧化物等含硫化合物、氢化钠与 PCBs 反应，也可使 PCBs 脱氯。该方法脱氯效果好，产物易分离，废渣易处理，条件温和，但反应试剂不稳定，处理效率低，不易工业化。

（4）氧化降解法

由于在氧化条件下 PCBs 容易生成二噁英，用氧化剂来降解多氯联苯的方法不多，已经工业化的只有氯解法。PCBs 经干燥并去除其中的一些杂质后，在高温高压下通入过量氯气，PCBs 转化为四氯化碳和氯化氢，反应产物分离出四氯化碳后，送回反应器进一步氯解，至反应完全。德国于 20 世纪 70 年代就建立了基于这种方法的废物处理厂，用来处理 PCBs 和含芳烃废物。

一种新颖的氧化法是在超临界条件下降解多氯联苯。国外一些研究人员利用超临界水中的氧气来氧化多氯联苯；而日本学者则利用超临界水中的过氧化氢作为氧化剂。它的优点是能连续处理，降解效果好，没有剧毒物产生；不足之处在于，高于 21.8MPa 的反应条件太苛刻，操作复杂，设备昂贵，氧化剂价格高。此外，也有人用费通试剂来降解被污染的土壤。

（5）光、电降解法

在催化剂（如过氧化氢）作用下，以紫外光源照射三氯联苯和六氯联苯时，降解较完全，并且没有二次气相或固相废物产生，是一种有前途的处理方法。

在电解池中，加入 PCBs 及过量的四甲基铵过氧化物，并用金属电极控制电位，可降解 PCBs。若用表面活性剂、油和水组成的微胶溶液为脱氯介质，并用铅电极，则脱氯效果更佳。但应用于实际中脱氯效果不理想，有待于进一步研究。

（6）其他化学降解方法

聚乙二醇/碱法用的碱为氢氧化钾或氢氧化钠，反应产物为不溶于油相的多氯联苯醇，易分离，可回收变压器油。该试剂也可用来处理被 PCBs 污染的土壤。流动试剂法将含 PCBs 的污染物通过含有脱氯剂的滤筒或空心柱脱氯，优点是废变压器油经处理后，可去除其中的水分、酸、悬浮颗粒等杂质而改善其介电性质。有效的降解方法还有相转移催化脱氯法、钙试剂法、固体碱法、碱催化脱氯法和 SDMyers 公司发展的 PCBGONE 工艺。另外，中国科学院大连化学物理研究所已成功利用纳米金属氢化物对废变压器油进行脱氯。

5.4.1.4 生物降解法

日本学者从土壤中培养出了两种酵母菌：一种是红酵母属菌株；另一种是蛇皮癣菌。实验证明：前者可分解 40％的多氯联苯，后者可分解 30％的多氯联苯，大量培养可以用来处理工业废水和土壤中的多氯联苯。美国学者利用灰氧菌来吞噬多氯联苯，效果较显著。用微生物来去除环境中的多氯联苯，目前虽大部分停留在实验室试验阶段，却是一种很有发展前途的新方法。

综上所述，降解多氯联苯的方法较多，但目前大多处于实验室研究阶段，已工业化的也存在种种不足之处：高温处理法条件苛刻，易造成二次污染，且成本相当高，设备复杂，不适合于推广应用；化学处理法存在工艺复杂，处理效率低的缺点；而生物降解法尽管是一个有潜力的方法，但只能降解低浓度的废物且速度较慢。针对大量分散在世界各地的含 PCBs 的废物，迫切需要找到一种彻底的、环境友好的降解方法来解决这个世界性难题。

5.4.2　多氯联苯的微生物降解

PCBs 是一种含有不同数量氯原子的混合物。PCBs 的环境稳定性也就是 PCBs 的惰性性质，在工业中应用十分广泛。PCBs 进入环境后，虽然其结构复杂，分子性质稳定，难以被微生物降解，但可直接降解 PCBs 的微生物种类很多，在自然条件或人工试验条件下 PCBs 的生物降解过程大多是共基质代谢。

一些微生物能较缓慢地降解和利用 PCBs，如分离获得的 *Pseudomonas crueiviae* 能以十几种不同的二苯化合物为基质生长，其中包括多种 PCBs 化合物。降解木质素的真菌也能降解 PCBs，并能达到完全矿化的程度。白腐菌是研究最多的，也是对卤代芳香族化合物降解能力最强的微生物。大量研究表明，目前发现的能够降解 PCBs 的微生物均来自 PCBs 的污染点。PCBs 在自然界中的生物转化存在着两种截然不同的生物过程，即好氧氧化过程和厌氧还原过程。对多氯联苯的好氧氧化分解已有广泛的研究，主要是利用双氧化物酶打开联苯并产生氯代苯甲酸以达到矿化的目的。好氧过程能将 5 个氯以下而且至少要有 2 个相邻的碳原子并无取代基的多氯联苯同类物氧化为氯代苯甲酸，但很难降解高氯含量的 PCBs；但也有例外，例如，*Rhodococcusopacus* TSP203 菌种在低浓度 PCBs 培养液中培养，可使含氯数 5 以上的 PCBs 分解。厌氧过程则能够将 6 个氯以上的高氯含量的 PCBs 还原成低氯含量的 PCBs，而不破坏苯环结构。当联苯上的氯取代基数目增加时，不但毒性增加更会阻碍好氧微生物的生物降解。因此，若要消除含氯量较高的多氯联苯同类物，唯有先在厌氧下经由微生物的还原性脱氯作用降低含氯数，使其毒性降低才能再进行好氧降解。利用厌氧、好氧两个过程的不同特点和两者的互补性，促进厌氧、好氧的协同作用，加快 PCBs 的降解速度和范围，实现其最终矿化。微生物的专一性及化学分子特性是影响脱氯效果的主要因素，但是对于不同区域的污染，其主要影响因素是不一样的。

5.4.2.1　微生物对土壤的修复作用

微生物对土壤的修复费用低，环境影响小，是最有前景的修复方法。目前主要集中在菌种筛选、代谢动力学、代谢机理研究等方面。Ghosh 等研究了 PCBs 生物降解的可能性与解析平衡、降解动力学方程之间的关系，指出降解的开始阶段速率很快，随后越来越慢，有很长的"拖尾"效应，且降解能力与菌种、土壤原微生物种的类型和数量有关。Graciela M. L 等发现白腐菌能快速高效地氧化、矿化包括 PCBs 的多种化合物，但 PCBs 的浓度对降解效率影响很大，浓度增加 3 倍可使降解效率由 75％降到 25％。国内最新的研究是利用湿地生态系统土壤固有微生物来降解多氯联苯，这种方法环境破坏性小，经济有效。但湿地生物降解过程复杂，目前还处于实验阶段，定量研究很少。用微生物对 PCBs 进行脱氯时，存在一个临界浓度，达不到此浓度，脱氯速度及效果极差，甚至不会发生脱氯行为。临界浓度、脱氯所耗时间随 PCBs 种类而变化。

5.4.2.2　沉积物中微生物对 PCBs 降解的作用

尽管多种因素影响 PCBs 降解，但用微生物来治理沉积物中的 PCBs 污染因其具有投资小、操作容易的优点仍为人们所关注。有关沉积物中微生物对 PCBs 降解的作用机理研究表明：PCBs 量与沉积物有机碳含量有关；脱氯效果与沉积物的含水量有关，含水量越低脱氯效果越差，脱氯微生物的种类也随之减少。微生物在沉积物中降解，脱氯是必要的一步。还原性脱氯作用是在厌氧下，微生物唯一可以降解高含氯 PCBs 的起始步骤。它包含两个电子传递的反应机制：在化合物上脱去的氯离子的位置，会被氢原子所取代。实验证明，以受多氯联苯污染地区的底泥作为菌源可将 Aroclor 1242（一种 PCB 同系物）等复杂的化合物进行还原性脱氯作用。1990 年 Quensen 等对被 Aroclor 1242 污染的哈德逊河上游底泥内的混合菌株及含 Aroclor 1260 污染的银湖底泥混合菌株进行研究发现，混合菌株对四类 Aroclor（1242、1248、1254、1260）的脱氯能力不同，效果为 15%～85%，主要是去除间位和对位的氯，也可脱邻位的氯。还原性脱氯作用需要在厌氧下许多微生物族群共同作用才能完成。因此，在厌氧纯菌的筛选上至今仍十分有限。一般厌氧还原状态可区分成酸形成状态、铁还原状态、脱氮状态、硫酸还原状态和甲烷生成状态五个部分。一般高含氯数 PCBs（氯数多于 5 以上）只在甲烷生成期才有厌氧降解，低含氯数 PCBs 可在硫酸还原期、脱氮期和甲烷生成期发生降解。

5.5　三氯乙烯的微生物降解

5.5.1　氯代烃污染与微生物降解

目前，国外针对地下水氯代烃污染的治理技术主要有两大分支：一是非生物治理技术，包括零价铁渗透反应格栅处理技术、就地冲洗技术和水力控制技术等；另一是氯代烃共代谢降解的微生物治理技术，主要包括生物活化技术和生物扩增技术。从结构上说，"氯代烃是由脂肪烃、芳香烃及其衍生物中的一个或几个氢原子被氯原子取代之后的产物"，它们化学性质非常稳定"通常难以生物降解"。就目前研究的结果来看，除氯乙烯、二氯甲烷和二氯乙烷可以作为微生物生长代谢的第一基质能够被微生物直接利用降解外，其他的氯代烃多数只能以共代谢的形式被微生物降解。

5.5.2　三氯乙烯的微生物降解作用

处理含氯化合物的方法很多，但以生物修复处理方法最经济有效，因此地下水生物修复技术就成为了全球研究的热点问题。

5.5.2.1　厌氧脱氯降解

最早的三氯乙烯（TCE）与其他卤代有机物的生物代谢过程是在没有明显界定的生物

体系，如在土壤-水体系处理装置中的污泥中发现有四氯乙烯、TCE、1，2-二氯乙烯、乙烯基氯化物、乙烯。乙烯是 TCE 降解的终产物，因为在厌氧情况下，没有发现乙烯被转化为 CO_2 或 CH_4。TCE 的厌氧降解，实质是一种还原脱氯的过程，在此过程中 TCE 作为电子受体。如添加电子供体氢，可以加速 TCE 脱氯，如添加甲烷营养细菌的抑制剂 2-溴甲烷磺酸，则抑制 TCE 脱氯。在厌氧情况下，用纯培养物和微生物共生体降解 TCE，曾有过较多报道。

5.5.2.2　好氧脱氯降解

饮用水中的 TCE 污染，引起人们对哺乳动物代谢 TCE 的极大关注。没经过代谢的 TCE 没有致癌活性，而经过肝微粒体细胞色素 β-450 降解的 TCE，则部分产物有致突变效应。TCE 经细胞色素 β-450 活化后，会形成 TCE 环氧化物、二氢二元醇、三氯乙醇、三氯乙酸等。TCE 经细胞色素 β-450 氧化，也会形成氯醛、乙醛酸、蚁酸和 TCE 环氧化合物。这些经哺乳动物微粒体活化后的 TCE 产物，会共价结合到微粒体蛋白、DNA 和 RNA 上，从而引起致突变效应。Miller 等报道，细胞色素 β-450 酶系对 TCE 的氧化率可达到 25nmol/min。

氨氧化细菌（如欧洲亚硝化单胞菌）可以通过氨单一氧化酶系把氨氧化成亚硝酸盐。这一酶系的底物专一性不强，它还可以催化 CO、甲烷、甲醇、乙烯、丙烯和溴乙烷的氧化。在欧洲亚硝化单胞菌中，TCE 的转化是由此酶系催化的，TCE 的代谢可被氨促进，但被氨单一氧化酶的抑制剂（乙炔等）抑制。这说明，TCE 的降解需底物作还原剂。Miohael 等用土壤柱中的欧洲亚硝化单胞菌进行 TCE 共代谢动力学研究，报道了影响此菌对 TCE 共代谢的 3 个因素：

a. TCE 是氨氧化的竞争性抑制因子，TCE 的 K_m（30μm）与氨的 K_m（40μm）相似；

b. 由欧洲亚硝化单胞菌共代谢 TCE 而产生毒性；

c. 被毒性损伤细胞的恢复能力。

除了 TCE 以外，欧洲亚硝化单胞菌也氧化顺式、反式 TCE 和乙烯基氯化物，乙烯基氯化物是此菌对所有氯代乙烯氧化最快的化合物，比 TCE 氧化快 5 倍。

5.5.2.3　TCE 共代谢降解

由于 TCE 不能够作为微生物生长的碳源和能源，因此当其单独存在时，难以被好氧微生物降解。一般渗流区的高氯化乙烯可通过厌氧生物通风（Anaerobic biological ventilation，ABV）处理，近年来大量研究发现氯化物可通过共代谢好氧降解。生长基质是电子供体，为细胞维持生长提供了碳源和能源，甲烷、苯酚、甲苯、氨、丙烷等已被证明是有效的电子供体。另外，好氧共代谢还需要加入氧作为电子受体。

鉴于生长基质和非生长基质之间存在着相互性竞争抑制，所以研究 TCE 和其生长基质之间的浓度比是共代谢降解的一个重要因素。

采用室内培养试验方法，研究 TCE 共代谢对生物降解的影响时发现：作为能够支持 TCE 共代谢的生长基质之一的甲苯的初始浓度对 TCE 的生物降解影响很大，在 TCE 对甲苯的浓度比为 1∶23、1∶115 和 1∶230 的实验中，分别有 60%、95.44% 和 64.3% 的 TCE 被降解。在第二种浓度比下，TCE 和甲苯的降解速率最快，降解程度最为彻底。另外，在 TCE 和甲苯的降解曲线中观察到了曲线振荡现象，并且两者浓度比越接近于 1，其振荡越为严重。

如图 5-7 所示，Der 和 Scow 研究认为，不同甲苯浓度对 TCE 的生物降解影响很大，甲苯初始浓度为 268.58mg/L，即 TCE 浓度/甲苯浓度为 1∶115 时，生物降解之前的滞后期最短；甲苯初始浓度越高，降解 TCE 和甲苯所需要的滞后期越长。在 TCE 溶液初始浓度为 1.464mg/L 的条件下，当甲苯初始浓度为 33.68mg/L、168.58mg/L 和 337.17mg/L 时，最终分别有 60%、95.44% 和 64.3% 的 TCE 被降解了，这说明在 TCE 与甲苯浓度比为 1∶115 时，TCE 降解程度最为彻底。由图 5-8 可知，在 3 种不同的甲苯浓度下，甲苯降解之前的滞后期都很短。

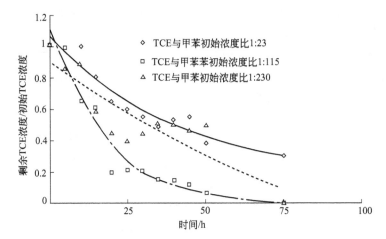

图 5-7　TCE 的共代谢降解（TCE 初始浓度 1.464mg/L）

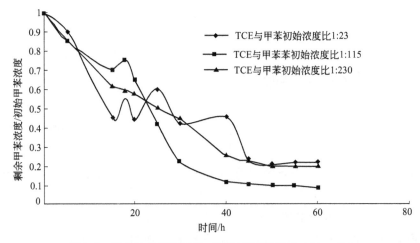

图 5-8　甲苯的共代谢降解（TCE 初始浓度 1.464mg/L）

用甲苯作为共代谢降解的生长基质，来去除地下水中的难降解污染物 TCE 是可行的。甲苯的初始浓度对 TCE 的生物降解有很大的影响，过低或过高的甲苯浓度都不利于 TCE 的降解过程。甲苯和 TCE 的浓度比接近于 1 时，两种基质的竞争性抑制作用加强，导致降解数据产生振荡。另外，共代谢降解需要足够的溶解氧和营养，溶解氧或营养不足都会限制共代谢降解。

5.6　多环芳烃类化合物的微生物降解

5.6.1　多环芳烃在环境中的微生物降解

虽然有一些多环芳烃（PAHs）分子具有一定的挥发性，但挥发性较弱。大部分 PAHs 分子不能发生水解。因此，PAHs 在环境中的重要迁移过程不是挥发和水解，而是吸附和沉积，然后慢慢地进行生物降解。虽然 PAHs 在环境中是一种极为稳定的难降解物质，但由于其在环境中分布的广泛性，经过适应和诱导产生了一些环境微生物可以对 PAHs 进行代谢分解，甚至矿化。而且厌氧环境和好氧环境微生物都能降解 PAHs。

为了研究一些细菌、真菌对 PAHs 的降解能力，人们曾对单种微生物纯培养物和混合培养物的降解机制进行了研究，发现在好氧环境中，微生物对 PAHs 的降解首先是产生双氧酶。人们已经获得了一些降解低分子 PAHs 的微生物基因及其基因的调控机制。例如铁硫蛋白对双氧酶基因的控制作用等。PAHs 的降解在好氧条件下取决于微生物产生加氧酶的能力。一般而言，一种微生物所产生的加氧酶只适合于一种或几种 PAHs 物质。环境中多种多样的 PAHs 物质必须依赖于环境中多种微生物的共同参与。环境中的丝状菌一般产生单加氧酶，该酶将单个氧原子加入到 PAHs 化合物中，使 PAHs 形成一种新的羟基化的化合物-环氧化物中间体，这是 PAHs 化合物降解的第一步，也是很重要的一步。然后加成一分子水形成反式二醇和酚类；细菌类主要通过分泌双加氧酶，将两个氧原子加到 PAHs 化合物中，形成二氧化物中间体——双氧乙烷，再进一步氧化生成顺式二醇，而后转化为二羟基化合物，最后苯环断开，代谢为三羧酸循环的中间产物（图 5-9 显示了微生物氧化 PAHs 的途径）。

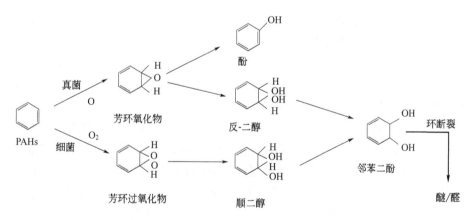

图 5-9　微生物氧化 PAHs 的途径

（引自 CemigliaMicrobioal degradation of PAHs in the aquatic environment In：Varanasi U，Metabolism of PAHs in the Aquatic Environment Boca Raton FL. USA：CRC Press 41-68. 1989.）

PAHs 化合物在环境中的降解速率主要受第一步加氧酶活性的控制，加氧酶使苯环加氧后续过程基本上不积累中间产物，说明加氧过程对全过程的控制作用。PAHs 降解至苯环开裂时所产生的降解产物就有一部分被用来合成微生物自身的生物量，并产生 CO_2 和 H_2O 等。

在还原性环境中，同样存在 PAHs 化合物的降解。在反硝化条件下，以硝酸盐作为电子受体。而在硫酸盐还原条件下，以硫酸盐作为电子受体，可降解萘、菲和一些蒽的同系物等。

环境中适应于低分子的PAHs化合物的微生物种类较多。因此，低分子PAHs在环境中存在的时间短，能将PAHs化合物作为唯一碳源的微生物就能矿化这些化合物，如海洋环境中检测分析到的有假单胞菌属、黄杆菌属、莫拉氏菌属、弧菌属、解环菌属等。微生物虽然能降解低分子PAHs，但四个苯环以上的化合物则基本上不能被降解。研究发现，可以通过共代谢的方式降解高分子PAHs。真菌对3个苯环以上的化合物也多属于共代谢。还有研究发现，微生物在降解PAHs化合物的过程中能产生一些糖脂类物质，这些物质类似于表面活性剂，能提高PAHs与微生物之间的亲和性。生物吸附是PAHs降解的一个很重要过程，用几种单株纯培养物和混合培养物测试菲的生物吸附，所有的情况下都表现出菲的生物吸附与微生物生物量呈线性关系。不同种类的微生物吸附率有所不同，且相差较大。高的吸附系数对菲的生物降解速率有一定的影响，但对于生物反应器或生物处理系统而言，吸附对去除PAHs物质还是很有帮助的。

土壤环境中PAHs化合物的含量越高，其降解速率会逐渐下降。研究表明，提高土壤中有机质的比例，能够明显提高降解率。有机质的影响其实是对微生物种群的影响，土壤环境中有机质含量低，则微生物的数量就很少，增加有机质含量，会使微生物生物量急剧增加。增加有机质使微生物数量变化最显著的是土著微生物，但一些外源微生物菌种对PAHs的降解仍然具有重要的作用，虽然菌种的种群数量不是优势种群。在PAHs污染的土壤中，不同的植被覆盖对PAHs的降解率影响显著。种植苜蓿对于降解PAHs很有利，在肥料水平和污染物含量水平不同的几种情况，都能使PAHs的降解率达到90%以上，最高可达99.5%，而在对应的肥料和污染物含量水平条件下种植水稻，则PAHs的降解率低得多，最低时其降解率仅为9.6%，平均降解率在60%以下，最高为88.8%。

环境中营养盐的缺乏对微生物的生长和种群的维持是重要的限制因素。向环境中添加营养盐，对于促进污染物的降解有明显效果。针对海洋沙滩石油污染物降解投加亲油的微生物营养成分后，在沙滩油污染被恢复后，测定PAHs化合物成分也降低了很多。氨和磷酸盐是常用的调节污染环境中碳氮磷比例的营养盐，通过维持污染环境中碳氮磷的正常比例，可促进PAHs的稳定降解。

微生物把PAHs作为唯一的碳源和能源，有利于土壤净化。研究证实，许多微生物能以土壤中低分子量的PAHs（双环或三环）作为唯一的碳源和能源，并将其完全无机化。以这种方式代谢PAHs的细菌有：气单胞菌属（*Areomonas*）、芽孢杆菌属（*Bacillus*）、拜叶林克氏菌属（*Beijerinckia*）、棒状杆菌属（*Corynebacterium*）、蓝细菌属（*Cyanobacteria*）、黄杆菌属（*Flavobacteria*）、微球杆菌属（*Micrococcus*）、分枝干菌属（*Mycobacterium*）、诺卡氏菌属（*Nocardio*）、假单胞菌属（*Pseudomonas*）、红球菌属（*Rhodococcus*）、弧菌属（*Vibrio*）。四环和多环PAHs的可溶性差，比较稳定，难以降解，最近已从受污染土壤中分离出少数能矿化四环PAHs并一起作为唯一碳源和能源的细菌。共氧化更能促使四环或多环具高分子量的PAHs降解。据报道，细菌对四环或多环PAHs的矿化作用一般以共代谢的方式开始，真菌对三环以上PAHs的代谢也属于共代谢，例如能降解荧蒽的美丽小克银汉霉菌（*Cunningghamella elegans*）、能降解苯并芘的显毛金袍子菌（*Chrysosporium phanerochaete*）和一种烟管菌（如*Bjerkaudera*）。

5.6.2　多环芳烃污染土壤的微生物修复

目前治理 PAHs 的方法主要有焚烧、填埋和生物修复等。与焚烧、填埋等清洁技术相比，生物修复具有二次污染少、安全、无毒、价廉等优点，是环境中 PAHs 最彻底的处理方法。微生物修复主要是利用微生物，通过工程措施为生物生长与繁殖提供必要的条件，将土壤、地表及地下水或海洋中的危险性污染物从现场加速去除或降解。微生物具有很强的分解代谢能力，研究表明，微生物修复（降解）是环境中 PAHs 去除的最主要途径。

5.6.2.1　PAHs 污染土壤的微生物修复

虽然 PAHs 在环境中是一种极为稳定的难降解物质，但因其广布性，一些环境微生物经过适应和诱导，可以对 PAHs 进行代谢分解，甚至矿化。微生物主要以两种方式代谢：一种是以 PAHs 为唯一碳源和能源；另一种是与其他有机质共代谢。研究表明，微生物的共代谢作用对于难降解污染物 PAHs 的彻底分解或矿化起主导作用。由于 PAHs 性质稳定，单纯靠自然微生物降解很慢，所以有必要通过研究 PAHs 微生物降解的影响因素，通过工程手段加以快速除去。

Adenuga 等人用反应器型的堆肥来清除被 PAHs 污染的土壤。这种堆制方法是在土壤中加入已堆好的污泥，在恒温下强制通风。Taddeoa 研究了用强制通气的方式处理被煤焦油严重污染的土壤。将污染土壤与木屑和矿质营养混合，放在不锈钢筒内，在 $65\sim86℃$ 下强制通风，堆制 80d，94% 烃被降解，其中 84% 为 PAHs。中科院南京土壤所对垃圾堆肥的研究中也发现，不同堆制方式对堆肥中有机化学物质的组分有明显规律性的影响。经过高温发酵形成的堆肥，通过发酵过程中微生物的降解作用，有机组分尤其是毒性较大的苯并芘、重油、氯苯类物质已降至检测限之下。而自然腐殖的垃圾堆肥，上述物质组分则明显残留。

5.6.2.2　微生物降解的主要影响因素及其解决措施

影响 PAHs 微生物降解的因素很多，主要包括底物 PAHs 本身、微生物种群以及电子受体、营养元素状况等因素。

（1）底物 PAHs 本身

PAHs 苯环数量与其生物降解性能具有密切关系。研究表明，两环和三环化合物（萘、菲、蒽、芴等）在环境中存在的时间较短，能将 PAHs 作为唯一碳源的微生物就能矿化这些化合物，目前已分离到的有假单胞菌属、黄杆菌属、诺卡氏菌属、弧菌属、解环菌属等。而四环多环高分子量的 PAHs 则难以降解，在环境中较稳定。研究表明，像白腐菌、烟管菌可以通过共代谢方式对这一类化合物加以降解。一般来说，随着 PAHs 苯环数的增加，辛醇-水分配系数增大，其降解速率越来越低。因此，可通过添加表面活性剂来降低介质表面和界面张力，增大 PAHs 在水相中的溶解度，促进 PAHs 从固相转移到水相，从而提高生物利用性。研究发现，表面活性剂施入 PAHs 污染的土壤中有利于微生物的生长，并促进 PAHs 的降解。然而，从保护环境的角度分析，即使是表面活性剂能促进 PAHs 的降解，也不宜于向环境中施用表面活性剂来促进降解，因为表面活性剂对环境本身也是污染物质。

（2）微生物种群

前已述及，PAHs 尽管难降解，但在长期受污染的环境中仍存在很多降解菌。在

PAHs 中，苯并芘（Bap）因其强致癌性、难降解而备受关注，常作为研究的对象。大量的研究报道表明，白腐菌降解 Bap 及其他 PAHs 的能力较其他微生物强，但白腐菌降解也存在降解不彻底，转化产物毒性可能更大的问题。由此可见，仅仅将单一优势菌应用于降解较单一的 PAHs，其降解能力是有限的。因为环境中的 PAHs 是混合物，加之高分子量 PAHs 的降解属于共代谢，故在 PAHs 生物修复的实际处理中，最好接入经过驯化的高效混合菌或激发环境中的多种土著菌。Kontterman 等研究表明，真菌和细菌混合培养更有利于苯并芘（Bap）的降解。

（3）电子受体

环境中的氧气对微生物而言是一个极为重要的限制因子，氧气的含量决定微生物群落的结构。研究表明，好氧环境和厌氧环境微生物都能降解 PAHs，只是降解途径和降解效率不同而已。在好氧环境中，O_2 可直接作为电子受体，而在厌氧环境中，以 NO_3^-、NO_2^-、SO_4^{2-} 等含氧酸根作为电子受体。在一般情况下，微生物降解 PAHs 多需要氧气的参与，为改善好氧状况，可采用生物通气或建立藻菌共生系统等生物修复方法。对于厌氧环境，也可添加 NO_3^-、SO_4^{2-} 等含氧酸盐类电子受体。

（4）营养元素状况

环境中营养盐的缺乏对微生物的生长和种群的维持是重要的限制因素。Lewis 等研究表明，通过维持污染环境中 C：N：P 的正常比例，可促进 PAHs 的稳定降解。为了彻底降解和加快净化速率，生物修复中常添加氨和磷酸盐来调节 C：N：P 比例。但水溶性的氮、磷营养盐，可能会造成富营养化，促进藻类生长繁殖。为克服这些缺点，目前国际上已研制出多种含 N、P 的亲油性肥料和包水性肥料，并已成功地应用于溢油事故的处理。

5.7 五氯酚的微生物降解

五氯酚（PCP）在土壤中消失的基本机理是微生物降解。土壤类型、土壤湿度、温度以及有机物的含量等因素对微生物降解有一定影响。PCP 在土壤中的存在时间可从 14 天到 5 年，主要取决于微生物种群的数量，其半衰期大约为 20d。

微生物降解是酚类物质在环境中衰减的一条重要途径。五氯酚在酶的作用下首先降解成为四氯代苯二酚，图 5-10 是五氯酚的降解途径。

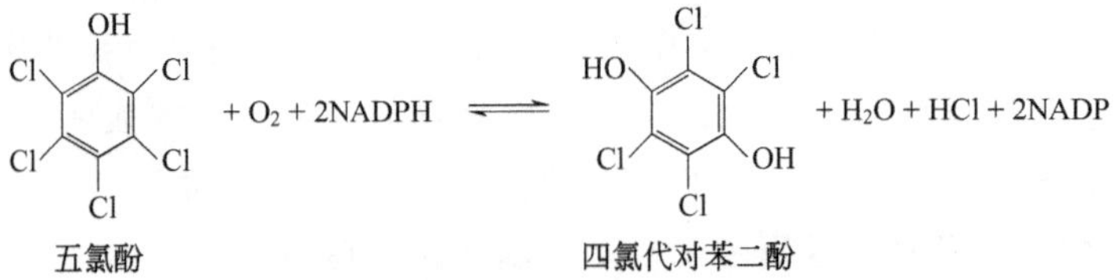

图 5-10　五氯酚的降解途径

人们已经从土壤、污水中分离出多种能够降解五氯酚（PCP）的微生物。表 5-5 列出了能降解 PCP 的微生物。Murthy 等测定了五氯酚（PCP）在厌氧和好氧土壤中的降解，指出 PCP 在土壤中降解的主要产物是五氯代苯甲醚、2,3,5,6-四氯酚和 2,3,4,5-四氯酚，降解途径如图 5-11 所示。

表 5-5　降解 PCP 的微生物

革兰阳性菌	革兰阴性菌	真　菌
红球菌属(*Rhodococcus*)	气单胞菌属(*Aeromomas*)	白腐真菌类(*White Rot Fungus*)
分枝杆菌属(*Mycobucterium*)	固氮细菌属(*Azotobacter*)	木霉(*Trichoderma*)
节细菌属(*Arthorbacter*)	黄杆菌属(*Flavobacterium*)	曲霉(*Aspergillus*)
短杆菌属(*Bervibacterium*)	假单胞菌属(*Pseudoomonas*)	
棒状杆菌属(*Corynebacterium*)	噬胞菌属(*Cytophaga*)	
	产碱菌属(*Alcaligencec*)	

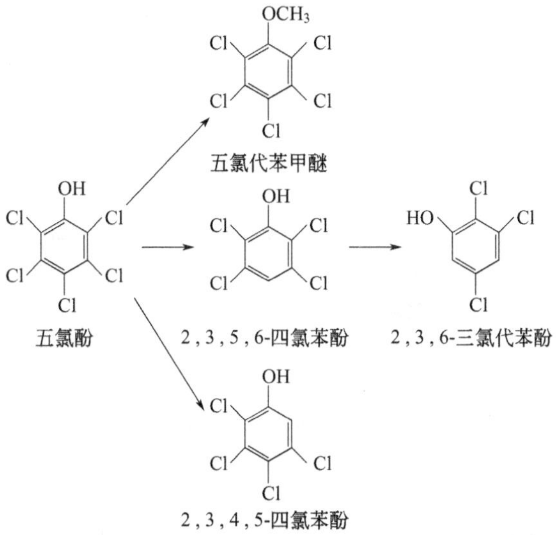

图 5-11　土壤中五氯酚（PCP）的降解

　　随着对厌氧微生物代谢和变异研究的深入，人们发现厌氧微生物具有某些尚未在好氧条件下发现的脱毒和降解有毒有害有机污染物的特性，如多氯烷烃和芳烃的还原脱氯作用。厌氧微生物可通过共代谢方式降解大多数卤代有机物（作为次级基质），还原或氧化是共代谢降解的第一步。因此，应用厌氧微生物的共代谢特性处理一些好氧生物难降解的有机物引起了人们的注意。以糖作为微生物易利用的基质，研究其对五氯酚（PCP）厌氧生物降解的影响及其相互关系，寻找影响有机毒物厌氧生物处理的关键因子。研究发现：经氯酚驯化半年后的厌氧颗粒污泥能较快地降解 PCP；PCP 对厌氧污泥利用葡萄糖有抑制作用，但随时间的推移，抑制作用可逐渐消除；可以通过适当添加微生物易利用基质的方法加速降解或处理 PCP 类的有机毒物。徐向阳等在分批培养条件下研究了颗粒污泥降解五氯酚（PCP）的过程特性。发现 PCP 可序列还原脱氯形成 2,4,6-TCP、2,4-DCP、4-CP 或苯酚，其过程可用 Monod 方程来拟合。外加碳源如丁酸和葡萄糖可有效地刺激 PCP 的厌氧脱氯降解，丁酸诱导颗粒污泥产生新的脱氯活性，降解过程遵循一级反应动力学，降解速度常数随外加碳源浓度的增加而增大。

　　外界处理条件如温度、pH 值、接种菌量及起始底物浓度等影响五氯酚微生物降解。研究发现：a. 温度 32℃、pH 值范围为 6.8～7.2 是厌氧污泥降解五氯酚较佳的环境条件；b. PCP初始质量浓度为 80mg/L 时，接种污泥量 1.2mL 为饱和菌量；c. 不同的底物初始质量浓度对 PCP 降解速率的影响不同，存在一个适宜的浓度点或范围，在该点或该范围内驯化速率最快；d. 经驯化以后的厌氧污泥降解 PCP 的速率符合 Michalis-Menten 公式，当 PCP 浓度很大时，反应变为零级反应；当 PCP 浓度为 10^6 级时，反应变为一级反应。

参考文献

[1] 陈玉成. 污染环境生物修复工程. 北京：化学工业出版社，2003.

[2] 丁克强，骆永明. 多环芳烃污染土壤的生物修复. 土壤，2001，4：169-179.

[3] 李海英，李小明，陈昭宜. 厌氧降解五氯酚微生物驯化研究. 湖南大学学报，1999，26（2）：64.

[4] 李素玉，李法云，张志琼，罗岩，杨姝倩，魏伯峰. 辽河油田冻融石油污染土壤中原位修复微生物辽宁工程技术大学学报（自然科学版），2008，27（4）：599-601.

[5] 李岩，王翠苹，姚义鸣，姚天琦，刘海滨，杨吉睿，孙红文. 以汽油为底物好氧共代谢三氯乙烯. 环境工程学报，2014，8（3），977-982.

[6] 李政. 耐热石油降解混合菌群降解特征及多环芳烃共代谢作用的研究 [D]. 中国石油大学（华东）. 2012.

[7] 刘期松等. 污沼土壤中多环芳烃自净的微生物效应. 环境科学学报，1984，4（2）：185-192.

[8] 刘五星，骆永明，滕应，李振高，吴龙华. 石油污染土壤的生态风险评价和生物修复Ⅱ. 石油污染土壤的理化性质和微生物生态变化研究. 土壤学报，2007，05：848-853.

[9] 吕雪峰，王坚. 污染土壤生物修复的共代谢机制研究进展. 科技创新导报，2013，（3），49-52.

[10] 谯兴国，李法云，王效举，马溪平. 冻融作用对石油污染土壤微生物修复的影响. 气象与环境学报，2006，22（6）：56-60.

[11] 谯兴国，李法云，张营，马溪平，李崇，王效举. 冻融作用对石油污染土壤酶活性和水溶性碳的影响. 农业环境科学学报，2008，27（3）：914-919.

[12] 沈东升，徐向阳，冯孝善. 微生物共代谢在氮代有机物生物降解中的作用. 环境科学，1994，15（4）：84.

[13] 沈东升等. 五氯酚对厌氧颗粒污泥生物活性的影响. 浙江农业大学学报，1996，22（1）：19.

[14] 沈同，王镜岩. 生物化学. 北京：人民教育出版社，1981.

[15] 隋红，李鑫钢，段云霞等. 三氯乙烯共代谢生物降解研究. 农业环境科学学报，2004，23（1）：170-173.

[16] 孙铁珩等. 植物法生物修复 PAHs 和矿物油污染土壤的调控研究. 应用生态学报，1999，10（2）：225-229.

[17] 吴丹，李法云，谯兴国. 微波和催化剂联合作用对污染土壤中石油烃去除的影响. 安全与环境学报，2009，01：51-53.

[18] 吴丹，李法云，杨姝倩，李霞，张营，马溪平. 采用优势菌降解 BTEX 和石油烃的性能. 辽宁工程技术大学学报（自然科学版），2010，29（2）：316-319.

[19] 徐向阳，屠明，俞秀娥等. 厌氧颗粒污泥降解五氯酚的研究. 应用与环境生物学报，1996，2（4）：398-404.

[20] 徐晓白，戴树桂，黄玉瑶主编. 典型化学污染物在环境中的变化及生态效应. 北京：科学出版社，1998.

[21] 杨智临，陈海，白智勇，李博，杨琦. 生物共代谢法降解石油污染土壤中的萘、菲. 油气田地面工程，2014，（11），48-49.

[22] 郑昭贤，苏小四，王威. 东北某油田污染场地土壤总石油烃背景值的确定及污染特征. 水文地质工程地质，2011，06：118-124.

[23] 朱必凤等. 芳烃羟化酶与鲫鱼组织富集多环芳烃和代谢释放的关系. 中国环境科学，1996，16（1）：38-40.

[24] 朱利中. 有机污染物界面行为调控技术及其应用. 环境科学学报，2012，11：2641-2649.

[25] 郑重. 农药的微生物降解. 环境科学，11（2）：68-71.

[26] Adenuga，AO，Johnson JH Cannon JN，et al. Bioremediation of PAH-contaminated soil via in-vessel composting. Water science and technology，1992，26（9）：2331-2334.

[27] Adriaens P，Gribic'-Galic D. Reductive dechlorination of PCDD/F by anaerobic cultures and sediments. Chemosphere，1994，29：2253-2259.

[28] Baggi G，Barbieri P，Galli E，et al. Isolation of a Pseudomonas stutzeri strain that degrades o-xylene. Appl. Environ. Micro-

biol，1987，53：2129-2131.

[29] Brown J F，Bedard D L，Brennan M J et al. Polychlorinated biphenyl dechlorination in aquatic sediments. Science，1987，(236)：709-712.

[30] Cemiglia，CE. and Heitkamp MA. Microbioal degradation of PAHs in the aquatic environment In：Varanasi U，Metabolism of PAHs in the Aquatic Environment Boca Raton FL. USA：CRC Press，1989，41-68.

[31] Dandie C. E，Juhasz A L. Assessment of five bioaccessibility assays for predicting the efficacy of petroleum hydrocarbon biodegradation in aged contaminated soils. Chemosphere，2010，81：1061-1068.

[32] Disse C，Weber H，Hamann R，et al. Comparison of PCDD and PCDF concentrations after aerobic and anaerobic digestion of sewage sludge. Chemosphere，1995，31：3617-3625.

[33] Eriksson M，Ka J K，Mohn W W. Effects of low temperature and freeze-thaw cycles on hydrocarbon biodegradation in Arctic tundra soil. Appl. Environ. Microb.，2001，67 (11)：5107-5112.

[34] Flanagan W P，May R J. Metabolite detection as evidence for naturally occurring aerobic PCB biodegradation in Hudson River sediments. Environmental Science & Technology，1993，27 (10)：2207-2212.

[35] Ghosh U，Weber A S，Jensen J N，et al. Relationship Between PCB Desorption Equilibrium，Kinetics，and Availability During Land Biotreatment. Environmental Science & Technology，2000，34：2542-2548.

[36] Gibson DT，Mahadevan V，Davey J F. Bacterial Metabolism of para-and meta-Xylene：Oxidation of the Aromatic Ring. J Bacteriology. 1974，119 (3)：930-936.

[37] Gomez-Eyles J. L.，Sizmur T.，Collins C. D.，et al. Effects of biochar and the earthworm Eisenia fetida on the bioavailability of polycyclic aromatic hydrocarbons and potentially toxic elements. Environ. Pollut.，2011，159：616-622.

[38] Luo C.，LüF.，Shao L.，He P. Application of eco-compatible biochar in anaerobic digestion to relieve acid stress and promote the selective colonization of functional microbes. Water Res.，2015，68：710-718.

[39] Miller R E and Guengerich F P. Metabolism of trichloroethylene in isolated hepatocytes，microsomes，and reconstituted enzyme systems containing cytochrome P-450. Cancer Research，1983，43 (3)：1145-1152.

[40] Mohanty S. K.，Boehm A. B. Escherichia coli Removal in Biochar-Augmented Biofilter：Effect of Infiltration Rate，Initial Bacterial Concentration，Biochar Particle Size，and Presence of Compost. Environ. Sci. Technol.，2014，48：11535-11542.

[41] Mu D Y，and Scow K M. Effect of trichloroethylene (TCE) and toluene concentrations on TCE and toluene biodegradation and the population density of TCE and toluene degraders insoil. Appl. Environ. Microbiol，1994，60：2661-2665.

[42] Murthy N B，Kaufman D D，Fries G F. Degradation of pentachlorophenol (PCP) in aerobic and anaerobic soil. J Environ Sci.，1979，14 (1)：1-14.

[43] Parric J Collins，Michiel J J Kotterman，Jim A Field. Polycyclic Aromatic Hydrocarbons by a Bacterium Isolated from sediment below an Oil Field . Appl. Environ. Microbiol，1996.

[44] Quensen J F，Boyd S A and Tiedje J M. Dechlorination of four commercial polychlorinated biphenyl mixtures (Aroclors) by anaerobic microorganisms from sediments. Appl. Environ. Microbiol，1990，56：2360-2369.

[45] Reid B J，Pickering F L，Freddo A，et al. Influence of biochar on isoproturon partitioning and bioaccessibility in soil. Environ. Pollut.，2013，181：44-50.

[46] Shang TQ，Doty SL，Wilson AM. Trichloroethylene oxidative metabolism in plants：The trichlorothanol pathway. Phytochemistry，2001，58：1055-1065.

[47] Wackett LP. Co-metabolism：is the emperor wearing any clothes? Current Opinion in Biotechnology，1996，(7)：321-325.

[48] Wick L Y，Mattle P A，Wattiau P，Harms H. Electrokinetic transport of PAH-degrading bacteria in model aquifers and soil，Environmental Science Technology，2004，38：4596-4602.

[49] Wieczorek S，Weigand H，Schmid M. Electrokinetic remediation of an electroplating site：design and scale-up for an

in-situ application in the unsaturated zone, Engineering Geology, 2005, 77: 203-215.

[50] Whelan M J, Coulon F, Hince G, et al. Fate and transport of petroleum hydrocarbons in engineered biopiles in polar regions. Chemosphere. On line, 2015.

[51] Yagafarova G G, Gataullina E M, Barakhnina V B, Yagafarov I R, Kh. Safarov A. A New Oil-Oxidizing Micromycete Fusarium sp, Appl. Biochem. Microbiol. , 2001, 37 (1): 68-70.

第 6 章 ——» 植物修复原理

随着经济的发展，环境受损日益严重，人们关注水体和大气的同时却视了土壤污染的侵蚀，作为生态圈中的重要组成部分，土壤受污染同样日益严重。土壤污染按污染物类型大体可分为有机污染物污染和重金属污染两大类；其中重金属污染属无机污染物中较难修复的一类，它长期滞留于土壤，且不易自然降解，同时有的元素还具一定的迁移性，如 Cd（刁维萍，2003）。中国农田土壤受重金属污染程度越来越严重，如何防止重金属元素通过水体、动植物等介质侵入人类食物链，已引起人们的广泛关注。目前对中国农业土壤安全构成威胁的主要重金属元素有 Cu、Pb、Zn、Cd、Hg、As 等（徐良将等，2011；王玉军等，2015）。

如何廉价、高效且又安全地处理环境中的毒害污染物已迫在眉睫。土壤中的重金属、有机污染物具有难溶性、持久性的特点，植物修复能有效地降低其毒害程度，将其从环境中去除。植物修复是指利用绿色植物从环境中吸收带走重金属或将它们无害化而达到治理目的的方法，是目前发展最快的环境友好、经济、高效的治理技术，是备受当今媒介关注和科学家感兴趣的研究热点，也是最近许多论文和综述文献的焦点（夏星辉和陈静生，1997；Adriano 等，1997；Brooks，1998；夏立江等，1998；孙波、骆永明，1999；赵爱芬等，2000；李宁等，2006；李法云等，2007；孙宗莲等，2011；Chen 等，2012）。植物修复依其过程及修复机制可分成植物去除修复和植物稳定修复两大类，而植物去除修复又可分为 5 种不同类型（图 6-1）（骆永明，1999，2000）。除有害金属外，植物修复还可以清除土壤中的有机污染物。植物发生修复作用时，通常是几个过程同时发生、共同作用，有时以一种作用过程为主。国外对这方面的研究较多，有的已进行了大规模的野外试验并取得了显著的效果，开始商业化运用。

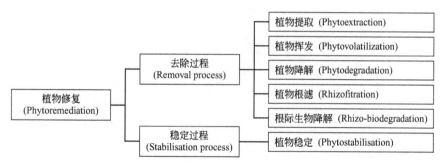

图 6-1 植物修复的两大过程和六种类型

本章将主要介绍土壤有机物污染、重金属污染植物修复的原理，影响植物修复的环境因素等内容。

6.1 有机污染物植物修复原理

有机污染物是土壤中普遍存在的主要污染物之一，可通过化肥和农药的大量施用、污水灌溉、大气沉降、有毒有害危险物的事故性泄漏等多种途径进入土壤系统，造成严重的土壤和地表及地下水污染。因此，修复土壤有机污染，保障人类健康，已引起各国政府及环境学界的广泛关注。

6.1.1 植物对有机物的吸收积累和代谢

土壤有机污染植物修复的机理可以图 6-2 表示（林道辉等，2003）。植物吸收有机物后在组织间分配或挥发的同时，某些植物能在体内代谢或矿化有机物，使其毒性降低，但大多数研究只是证明植物能通过酶催化氧化降解有机污染物，对其降解产物的进一步深度氧化过程研究较少。Shang 等（2001）发现，三氯乙烯（TCE）水溶液培养一段时间后，植物体内检出其降解产物三氯乙醇（TCOH），但离开水溶液后 TCOH 逐渐消失，说明 TCOH 在植物体内被进一步降解，其降解产物尚待确定。次年，他们（Shang 和 Gordon，2002）通过悬液细胞的矿化试验证实了杂交杨能通过植物酶的催化氧化将 TCE 并入植物组织，成为其不可挥发或不可萃取的组分。

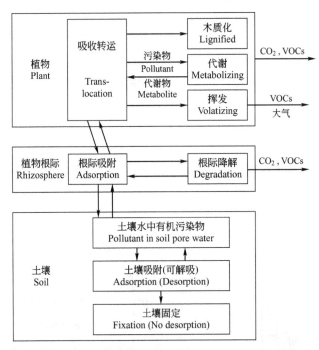

图 6-2 土壤有机污染植物修复主要原理示意

三硝基甲苯（TNT）是著名的环境危险物，在环境中非常稳定。高等植物杨树、曼陀罗等均可从土壤和水溶液中迅速吸收 TNT，并在体内迅速代谢为高极性的 2-氨基-4,6-硝基甲苯和脱氨基化合物。杂交杨树从土壤中吸收的 TNT 中 75% 被固定在根系，转移到叶部的量也高达 10%。

Hinman（1992）研究了黑藻（*Hydrilla verticillata*）对阿特拉津、林丹和氯丹的吸收动态。这几种化合物在黑藻体内达到吸收-释放平衡所需时间：阿特拉津为 $1\sim2h$，林丹为 $24h$，氯丹为 $144h$，其富集系数分别为 9.62、38.2 和 1061，证明该植物对氯苯类化合物有较强的富集能力，而这类化合物业已证明是可通过食物链进行生物放大的危险性化合物。

因体内酶活性和数量的限制，植物本身对有机污染物的降解能力较弱，为提高植物修复效率，可利用基因工程技术增强植物本身的降解能力。如把细菌中的降解除草剂基因转移到植物中产生抗除草剂的植物或从哺乳动物的肝脏和抗药性强的昆虫中提取降解基因，用于植物修复等。植物体内转化、降解有机污染物的研究刚刚起步，还处于发现和验证阶段，其转化过程和机理均需进一步研究。

6.1.2　根际对有机污染物降解的影响

植物通过向根际分泌氨基酸等低分子有机物而刺激微生物的大量繁殖，可间接促进有机污染物的根际微生物降解。夏会龙等（2001）的研究表明，根际微生物对风眼莲清除水溶液中马拉硫磷起了约 9% 的作用。Dzantor 等（2000）测定了 9 种草本植物对土壤中 PCB、TNT 和嘌呤的修复能力，植物对 PCB（aroclor 1248）修复效果的差异可能取决于植物本身的吸收能力，但所有供试植物对 TNT 和嘌呤的修复效率很高，且根际微生物降解起主要作用。Sicilian 和 Greer（2000）报道，接种假单孢杆菌（*Pseudomonas aeruginosa* sp.）后草地雀麦在含有 41g/kg TNT 的土壤上的生长量比不接种处理增加了 50%，而 TNT 的降解量也增加了 30%，表明该菌株在增强草地雀麦对 TNT 污染适应性的同时，通过改变根际微生物种群结构而加速 TNT 的降解。Liu 等（2004）的研究发现，接种菌根真菌可以增加植物对多环芳烃污染物的降解，根际土壤酶活性的增强可能是其机理之一。陈建军等（2014）研究了皇竹草对土壤阿特拉津降解的作用，与未种植皇竹草相比，种植皇竹草的土壤阿特拉津降解率明显提高，皇竹草对灭菌土壤阿特拉津的降解率提高了 42.38%，土壤中阿特拉津被皇竹草吸收后逐步由地下部分向地上部分转移，随着培养时间的延长，转移系数变大。这些研究结果表明，植物根际微生物对有机污染物的降解也起了重要作用，至于植物吸收、积累和降解与植物通过根际活动而促进有机污染物降解相比何者更为重要，则因化合物性质的不同或同种化合物在不同生态体系中的降解行为不同而存在很大差异。

6.2　重金属污染土壤植物修复原理

6.2.1　重金属污染土壤植物修复

重金属污染土壤的修复方法有两大类，物理化学修复和生物修复。物理化学修复包括客土法、化学固化、电动修复、土壤淋洗等，但这些技术多易引起二次污染，土壤结构破坏、生物活性下降和肥力退化，要么修复成本高，不适应大面积土壤修复。所以，人们将目光投向了生物修复。生物修复又包括土壤微生物修复和植物修复。其中，植物修复技术近年来备受人们的关注，被学术界称为"绿色修复"，这是因为植物修复具有以下优点。a. 适用污染因子广泛，不仅适合重金属，同时兼治有机物污染。b. 从生态学角度看，有利于污染地生态恢复，美化环境。c. 以太阳能为动力，投入少，成本低，适合大面积商业修复推广。植物修复每吨土壤的修复费用为 5～40 美元，而填埋的费用高达每吨 100～500 美元。尤其当土壤中重金属浓度低时，植物修复可以说是最经济高效的修复手段。d. 与其他化学方法相比，不会引起二次污染，尤其是不会对地下水构成污染。甚至还有报道称，某些具发达根系的速生植物可作为一种生物泵来减少地表污染物下渗流入地表饮用水源。

1583 年，意大利植物学家 Cesalpino 在意大利托斯卡纳"黑色的岩石"中发现了特殊生存植物，当时并未引起足够的重视。直至 1977 年，Brooks 年提出"超积累植物"概念，植物修复才浮出水面。起初，Brooks 简单地认为，茎中 Ni 浓度大于 1000mg/kg 的植物为超积累植物，历经多年的丰富发展，对于超积累植物仍没有国际统一的定义。现多数学者认为，植物修复可简单概述为依赖超积累植物的生理耐毒性对土壤中重金属元素进行固定和吸收转运。广义上认为植物修复是，利用植物及其根际圈微生物体系的吸收、挥发和转化、降解等作用来清除污染环境中的污染物质。狭义概念是指，利用植物及其根际圈微生物体系清洁污染土壤。其修复途径可以归纳为去污染和稳定化两种（沈德中，2002）。

重金属污染土壤的几种植物修复模式归纳如下 4 种：a. 植物提取（Phytoextraction）；b. 植物挥发（Phytovolatilization）；c. 植物稳定（Phytostabilization）；d. 植物降解（Phytodegradation）。

6.2.1.1 植物提取修复

植物提取利用植物根系对重金属元素的吸收，并经过植物体内一系列复杂的生理生化过程，将重金属元素从根部转运至植物地上部分进行，再进行收割处理。根据实施的策略不同，植物提取技术可分为两种：连续植物提取和诱导植物提取。

连续植物提取依赖于植物的一些特殊生理、生化过程，使植物（主要指重金属超量积累植物）在整个生命周期中都能吸收、转运、积累和忍耐高含量的重金属。有些植物只能在生命期中的一段时期吸收重金属元素或整个生命期中吸收量微弱，在这种情况下，人们辅以络合剂等理化措施诱导植物积累更多金属元素，这就是诱导植物提取。吴龙华等（2001）通过芥菜盆栽实验发现，在芥菜营养生长旺盛期施用 EDTA 络合剂可显著提高土壤中植物有效态 Cu，使土壤水浸提态 Cu 和交换态 Cu 显著上升，因而芥菜茎、叶、根中 Cu 的含量明显增加。

从定义中可以看出，采用植物提取技术首先须找到与被提取元素相对应的超积累植物。目前，国内外已发现 400 多种超积累植物，其中以 Ni 的超积累植物最多，达 227 种（唐莲等，2003）。殷永超等（2012）采用龙葵对 Cd 污染土壤进行修复，龙葵对土壤表层和亚表层 Cd 的去除作用明显，重复试验土壤表层 Cd 的平均减少率为 16.8%，亚表层各层 Cd 的减少幅度为 49.5%（20～40cm）、53.9%（40～60cm）、未检出（60～80cm）。这一结果说明，在农田土壤条件下，龙葵植株可产生较大的生物量，从而提高对 Cd 的积累与运移能力；采用植物修复技术可实现轻、中度 Cd 污染土壤的修复。与其他修复模式的区别之处在于，重金属地上部分含量的不同。植物提取技术要求植物不仅能从根部吸收重金属离子，而且还要求有较高的地上部分转运能力。金属离子首先进入根部细胞，通过共质体的运输穿越根内皮层中的凯氏带，进入中柱送达木质部，再与木质部中大量存在的有机酸和氨基酸结合运往地上部分。现已发现的圆叶遏蓝菜（*Thlaspi rotundifolium*）可吸收 Pb 达 $8500\mu g/g$。印度芥菜（*Brassica juncea*）在高浓度可溶性 Pb 营养液中培养一段时间后，茎中 Pb 含量达到 1.5%（沈德中，2002）。此外，印度芥菜还能吸收积累 Cr、Cu、Zn、Cd、Ni 等重金属。

6.2.1.2　植物挥发修复

一些挥发性重金属（如 Hg、Se 等）被富集植物根系吸收后，在植物体内转化成可挥发的低毒性物质散发到大气当中。如硒在印度芥菜的作用下可产生挥发性硒；湿地上的某些植物可清除土壤中的硒，其中单质占 75%，挥发态占 20%～25%（韩润平和陆雍森，2000）。据报道，植物挥发效能和土壤根际微生物的活动密切相关。de Souza 等（1999）利用氨卡霉素研究发现，根际微生物在印度芥菜积累和挥发 Se 过程中贡献达 70% 和 30%。还有报道称，利用抗 Hg 细菌在酶的作用下将毒性强的甲基汞和离子态转化为毒性较弱的元素汞，被看作是降低汞毒性的生物途径之一。但是，Hg、Se 这类重金属元素经植物体进入大气后沉入土壤或水体当中，很大程度上将对环境构成二次污染，修复不彻底，所以植物挥发应用范围较狭窄。

6.2.1.3　植物稳定修复

植物稳定是利用植物根系对土壤中重金属进行吸收和沉淀，以降低其生物有效性和防止其进入地下水和食物链，从而减少因其迁移对环境和人类健康造成的风险（骆永明，1999）。植物稳定化技术适用于相对不易移动的物质。植物稳定对 Cr 和 Pb 两种元素的修复应用较多，目前该项技术在矿区大量使用。值得注意的是植物稳定也并没有将重金属从土壤中彻底清除，当土壤环境发生变化时仍可能重新活化恢复毒性。因此，植物稳定也不是完善的修复方法。Eduardo 等（2011）将 4 种能提取重金属的地中海灌木（香桃木、迷迭香、雷塔马刺、红花多枝怪柳）种植在 pH>5 和 pH<5 的两种黄铁矿废渣上，研究发现 pH<5 的酸性土壤中能被硫酸铵萃取出的重金属浓度发生明显下降，说明土壤中重金属已被转化成较为稳定的形态，4 种植物中雷塔马刺存活率最高。

6.2.1.4　植物降解修复

植物降解过滤是指重金属元素被植物根系吸收后通过体内代谢活动来过滤、降解重金属的毒性。典型的植物降解当属 Cr 的降解，Cr^{6+} 生物有效性最强，对环境产成巨大的威胁，通过植物根系的降解作用后变成低价态的 Cr^{3+}，毒性大大减弱。在植物根系降解的过程中，根际环境在植物修复中扮演着极其重要的角色。植物提取、植物稳定、植物挥发等几乎所有与植物相关的修复模式都离不开根系及其根际环境。重金属元素总是要通过根系的吸收作用能进行后续的修复程序。甚至有人称，植物根系是整个植物修复理论的基石。植物的降解作用与根际土壤环境密切相关。由于根际分泌物的存在，使得土壤理化性质明显别于其他非根际土壤，具体表现在 pH 值、Eh 值、微生物的组成等。

6.2.2　植物积累重金属的分子生物学机理

植物属有机生命体，有自己生命代谢活动规律，利用超积累植物对重金属的某些固有特征与重金属污染土壤相结合构成了植物修复的理论基础。植物吸收重金属本质上是植物在特定环境下的特定生理生化反应。有关植物修复机理的研究，应从植物生理学、分子生物学、遗传基因学等角度探讨植物对金属元素的吸收、转运机理，并对现有的植物进行改造提高吸收效率。分子水平上植物忍受重金属的耐性机理研究取得了一定进展。植物耐金属毒害的机制复杂多样，包括：a. 细胞区域化作用；b. 主动外排；c. 螯合作用。Zhao 等（1998）通过能量弥散 X 射线微量分析技术发现，Zn 进入植物体内后 60% 主要沉积在液泡当中。如何诱导植物生成更多的金属配位体成为当前研究热点。金属离子与配位体结合后形成非活性状态，降低其毒性，因此研究配位体的结构和生物合成将有助于提高修复效率。目前在超积累植物体内发现的螯合重金属的物质主要包括草酸（Oxalic acid）、组氨酸（Histidine）、苹果酸（Malic acid）、柠檬酸（Citric acid）和谷胱甘肽（GSH）等小分子物质和金属硫蛋白（MT）、植物络合素（PC）、金属结合体（MBC）和金属结合蛋白（MBP）等大分子物质。

另外，基因水平的植物重金属耐性研究同样是热点之一。DNA 分子链上的基因片段控制着生物体遗传特性和生长发育。从基因角度找到超积累植物对重金属积累的基因，并对现有植物进行转基因改良，从而使更多的植物具有重金属超积累性，或者改良高生物量的植物基因，以使其重金属耐受性和富集能力得到提高，也是一种充满应用前景的改进模式（Mohammed 等，2011；孙涛等，2011）。De La Fuente 等从 *Pseudomoas aeruginosa* 中分离出一个柠檬酸合成酶基因，导入烟草中，转基因植株的根部柠檬酸含量提高了约 10 倍。Samuelsen 等利用从酿酒酵母分离出的 Fe 还原酶基因 FRE1 和 FRE2，转入烟草，水培条件下转基因烟草植株叶片 Fe 含量增加了 50%。乔木具有庞大的根系和较长的生活期，有研究人员将转基因技术瞄准了乔木转基因改造。Rugh 等（1998）将改造的 merA18 导入黄白杨，获得的转基因植株比对照的吸 Hg 量提高了约 10 倍。

6.3 重金属超积累植物

6.3.1 超积累植物特征

重金属超积累植物是植物修复的核心部分。先寻找到与某种重金属相对应的超积累植物才能实施植物修复。超积累植物这一概念于 1977 年由 Brooks 等提出，历经多年的不断完善发展，现一般认为超积累植物应具有以下特征：a. 超积累植物地上部分的重金属含量是同等生境条件下其他普通植物含量的 100 倍以上；b. 在污染地生长旺盛，生物量大，能正常完成生活史；c. 一般而言，植物体内重金属临界含量为 Zn 10000mg/kg，Cd 100mg/kg，Au 1mg/kg，Pb、Cu、Ni、Co 均为 1000mg/kg。

富集系数（BCF）和转运系数（TF）都应该大于 1。富集系数可通过下列公式计算（Moyukh 等，2004）：

$$富集系数 = （地上部器官重金属浓度/土壤中重金属浓度）\times 100$$
$$转运系数 = （茎叶中重金属浓度/根部重金属浓度）\times 100$$

上述性质可以用来考察一种植物是否对某种重金属具超积累性。另外，还有一些植物虽然达不到超积累植物的各项指标，但比起一般的植物能忍耐一定程度的重金属，文献资料上多称它们为富集植物。

6.3.2 超积累植物的来源和分布现状

生长于污染土壤中的植物经长期自然选择进化，往往对环境胁迫形成了三种适应模式。

一种为抵御环境中重金属的侵蚀，与根际周围的各类真、细菌组成菌根，形成一张防御网，共同抵制外界重金属的侵害。另一种植物因无法构建"防御网"，长时期的"忍耐"最终促使其形成一定的忍耐特性，它们体内重金属含量要高于普通植物，这类植物即使脱离重金属污染土壤仍能自然成活，多被称为富集植物。最后一种当属超积累植物，它们因为自身生理的需要，土壤中重金属含量要达到一定浓度才能成活。例如，唇形科蒿莽草属的比苏草在 Cu 含量小于 $100\mu g/kg$ 的土壤中不能正常生长。有时根据其这一特性，某种重金属的超积累植物往往还能成为金属矿藏的指示植物。目前已发现对 Cd、Co、Cu、Pb、Ni、Se、Mn、Zn 有富集作用的超积累植物就有 400 余种，其中以富 Ni 植物为最多。表 6-1 列举了常见重金属所对应的超富集植物（Baker 等，2004；刘小梅，2003）。

表 6-1　常见重金属及其对应的超富集植物

金属元素	植物种	茎或叶片中重金属含量（干物质）/（mg/kg）
Cu	*Ipomoea alpine* 甘薯高山薯	12300
	Aeollanthus bioformifolius 异叶柔花	13700
	Haumaniastrum robertii 星香草	2070
Cd	*Thlaspi carulescens* 遏蓝菜属遏蓝菜	1800
Co	*Haumaniastrum robertii* 星香草	10200
	Aeollanthusbiformifolius 异叶柔花	2820
Pb	*Minuaritia verna* 高山漆姑草属高山漆姑草	11400
	T. rotundifolium 遏蓝菜属圆叶遏蓝菜	8500
	Ameica martitima var. balleri	1600
Mn	*Macadamia neurophylla* 澳洲坚果属脉叶坚果	51800
	Alyxia rubricaulis 串珠藤属红茎串珠藤	11500
Ni	*Psychotria doarrei* 九节属套哇九节	47500
	Phyllanthus serpentines 叶下珠属匍匐叶下珠	38100
	Bornmuellera tymphaces 庭花菜	31200
	Alyssum bertolonii 庭芥属贝托庭芥	13400
	Berkheya coddii	7880
Zn	*Thlaspi carulescens* 遏蓝菜属爱遏蓝菜	51600
	Dichapetalum gelonioides 铜钱属白铜钱	30000
	T. rotundifolim subsp. cepaeifolium 景天叶遏蓝菜	17300
	Thlaspi brachypetalum 遏蓝菜属短瓣遏蓝菜	15300
	Cardaminossis balleri 芥菜属巴丽芥菜	13600
	Viola calaminaria 堇菜属芦苇堇菜	10000
	Sedum alfredii 景天属东南景天	19674
Se	*Astragalus racemosus* 黄氏属总状黄氏	14900
Re	*Dicranopteris dichodoma* 铁芒萁	3000
As	*Pteris vittata* 凤尾蕨科蜈蚣草	5000
	Pteris cretica 凤尾蕨科大叶井口边草	694
Cr	*Sutera fodina* 线蓬	2400
	Dicoma niccolifera 尼科菊	1500

现已发现的超积累植物多分布于野外，且表现出很强的地域性分布，分布很不均匀，尤以富含重金属矿区周围居多，多数重金属的超积累植物的首次发掘都是在矿山地区（唐世

荣，2001），这对某重金属的超积累植物的找寻有很大的参考依据。例如，Ni 的超积累植物主要分布于古巴、新喀里多尼亚、西澳大利亚、南欧、亚洲的马来群岛、美国西部、津巴布韦。Baker 统计发现，Cu 和 Co 多产于非洲沙巴铜矿带。同时，从植物分类系统上看，似乎其分布也有一定的规律可循。唐世荣等对已发现的 Ni 富集植物分类时发现，这些植物主要分布于"五科"、"十属"内，五科为大戟科、十字花科、大风子科、堇菜科和火把树科，十属为庭荠属、叶下珠属、*Leucocroton* 属、黄杨属、遏蓝菜属、柞木属、天料属、*Geissois* 属、*Bornmuellera* 属和鼠鞭草属，详细情况见表 6-2。

表 6-2　Ni 超积累植物在纲、目、科、属内的分布

纲	亚纲	目	科	属	种数
木兰纲	木兰亚纲	木兰目	肉豆科	*Myristica*	1
	石竹亚纲	石竹目	石竹科	*Minuartia*	1
	第伦桃亚纲	山茶目	五蕊茶科	*Oncotheca*	1
			辛氏木科	*Brackenridgea*	2
		锦葵目	椴树科	*Trichospermum*	1
		堇菜目	大风子科	*Casearia*	1
				Homalium	7
				Lasiochlamys	1
				Xylosma	11
			堇菜科	*Agatea*	1
				Hybanthus	5
				Rinorea	2
		白花菜目	十字花科	*Alyssum*	48
				Bornmuellera	6
				Cardamine	1
				Noccaea	4
				Peltaria	2
				Streptanthus	1
				Thlaspi	13
		柿树目	山榄科	*Planchonella*	1
				Sebertia	1
	蔷薇亚纲	蔷薇目	火把树科	*Geissois*	7
				Pancheria	1
			茶藨子科	*Argophyllum*	2
			虎耳草科	*Saxifraga*	2
		豆目	豆科	*Pearsonia*	1
				Trifolium	1
		卫矛目	毒鼠子科	*Dichapetalum*	3
		大戟目	黄杨科	*Buxus*	18
			大戟科	*Cleidion*	1
				Leucocroton	29
				Phyllanthus	45
		无患子目	漆树科	*Rhus*	1
			楝科	*Walsura*	1
	菊亚纲	龙胆目	萝科	*Merremia*	1
		唇形目	唇形科	*Stachys*	1
		吉参目	玄参科	*Linaria*	1
			爵床科	*Blepharis*	1
		茜草目	茜草科	*Psychotria*	1

纲	亚纲	目	科	属	种数
百合纲 总计	鸭跖草亚纲	菊目 灯心草目	菊科 灯心草科	*Chrysamthemum* *Luzula*	1 1 231

注：引自唐世荣. 超积累植物在时空、科属内的分布特点及寻找方法. 农村生态环境. 2001。

　　此外，农田杂草也可能是超积累植物的一个重要来源库。杂草种质繁多，生物量大，生长旺盛，环境适应能力强，杂草中能否筛选出某些重金属的超积累性植物，对植物修复技术具有开拓性意义。这方面的探索已有了初步的进展。魏树和等（2004）对 12 个科 22 种农田杂草的积累特性进行了研究，发现 8 种对 Cd 具有超积累性的杂草，它们分别是欧洲千里光（*Senecio vulgaris*）、小白酒花（*Conyza canadensis*）、苣荬菜（*Sonchus brachyotus*）、欧亚旋覆花（*Znula britannica*）、猪毛蒿（*Artemisia scoparia*）、黄花蒿（*Artemisia annua*）、石防风（*Peucedamum terebinthaceum*）、柳叶刺蓼（*Polygonum bungeanum*）。从不同的角度和功能看，超积累植物，有时也有不同的称谓，如根据生长环境的不同分为水生超积累植物和陆生超积累植物。针对所吸收重金属种类的不同又可分为，Cu 超积累植物、Ni 超积累植物、Se 超积累植物等。

6.3.3　超积累植物的局限性

　　尽管超积累植物在修复土壤重金属污染方面表现出很高的潜力，但超积累植物的一些固有特性给植物修复技术带来了很大的限制。首先，大部分超积累植物植株矮小，生物量低，生长缓慢，因而修复效率受到很大影响，且不易机械化作业。其次，多为野生型植物，对生物气候条件的要求也比较严格，区域性分布较强，严格的适生性使成功引种受到严重限制。再次，专一性强，一种植物往往只作用于一种或两种特定的重金属元素，对土壤中其他浓度较高的重金属则表现出中毒症状，从而限制了在多种重金属污染土壤治理方面的应用前景。最后，植物器官往往会通过腐烂、落叶等途径使重金属重返土壤。

6.3.4　超积累植物研究展望

　　以下是笔者归纳总结的今后超积累植物研究方向：a. 探寻更多重金属超积累植物，尤其是能同时富集不同重金属元素的植物，加强对现有野生超积累植物的人工引种、驯化研究，开拓植物修复的商业运作前景；b. 分子水平上的植物耐金属性研究，从基因水平上探明植物对重金属耐性的根源所在；c. 各种重金属元素在不同植物体内的储存及分布特征研究；d. 超积累植物根际环境对重金属吸收作用的影响。

6.4　环境条件对植物修复的影响

　　植物修复影响因子众多，如气候因子、土壤因子、生物因子和人为因子等。但无论哪种因素，首先能影响植物生长发育的因子都将使修复受到影响。植物的生长是体内各种生理活动协调的结果，这些生理活动包括光合作用与呼吸、水分吸收与蒸腾、矿物质吸收，有机物转化与运输等。植物的生理活动是在与之相适应的外界条件下进行的，外界环境直接影响和制约着植物的生长。其次，重金属元素的植物有效性也是植物修复的重要因子。假设重金属元素在土壤中存在的状态以植物可利用态居多，那么修复效率肯定比非有效态高。

6.4.1 气候因子

气候因子主要包括光照、温度、水。

光对植物的生长发育重要性不言而喻，没有正常的光照，植物就不能通过光合作用正常产生植物体所需的能量和有机物质。植物对光因子的反应相当敏感。强光下，植物蒸腾作用加强、体内新陈代谢加快，不过会抑制枝叶生长。此时的植物较矮小，但生长健壮，茎、叶发达，千粒重也较大。而光照不足的植物，往往茎秆细长，根系发育不良，容易倒伏，产量低。每种植物对光照的需求程度都不同，所以由此产生的差异也不竟相同。

其次，植物的生长需一定的温度范围，按照这种特点，可将植物对温度的要求概括为：生命温度、生长温度、适宜温度。当温度低于某界限时，植物会停止生长，再低则受寒害或冻害。在生长发育过程中，植物必须积累一定的热量（积温）才能进入下一生育期。一年生植物的一个生命周期和多年生植物的一个生长周期，其所需积温是相对稳定的。当逐日温度较低，积温期延长时，植物的生育期也会相应长；当逐日温度较高，积温期缩短时，植物的生育期也相应缩短。在植物所能承受的温度范围内，昼夜温差越大，对植物的生长发育越有利。这是因为，白天温度高植物光合作用加强，合成能量的同化作用大于异化作用，致使大量有机物质合成储于体内，夜晚温度降低，呼吸作用减弱，体内有机物质的分解速度减慢。这样在温差允许的范围内植物生长发育迅速。不同温度下土壤对重金属离子的吸附能力也不尽相同。王玉洁等对重金属离子吸附量与样品粒度、吸附时间、温度、pH 值的关系进行了实验研究，研究表明：钙基土随样品粒度减小，表现出对金属离子吸附量增大的趋势，Cr^{6+} 的最佳吸附量在 40℃，Cd^{2+} 为 40～60℃，As^{3+} 为 20℃和 60℃，Hg^{2+} 为 20℃和 80℃，Pb^{2+} 为 20～80℃（王玉洁，2003）。此外，植物根系活动同样受温度影响较大。土壤温度升高根系代谢活动增强，势必加大根系与周围根际土壤的物质交换，对污染物的吸收作用也会随之增强。

再次，水分也是植物的生长的重要因子。水占据了植物体重的 80%，植物体内含水量也是界定植物生长发育程度的重要依据。植物水分的吸收主要依赖根部，因此土壤质地及含水量对植物的生长发育有显著影响。植物缺水则导致生长缓慢，甚至枯萎死亡。

在选择何种超积累植物修复污染地的过程当中，气候因子很大程度上是一种筛选的参考依据，而不是调控因子。事实上，在大规模野外修复应用时气候因子基本上无法调控，如光照强度和时间、温度范围的控制等。这种情况下，只能选择那些能适应污染地气候类型的植物作为修复载体。

6.4.2 土壤因子

土壤是人类和植物赖以生存的根本。实际修复过程当中土壤是一个至关重要的可调控因子。土壤结构复杂，种类繁多，能影响植物生长发育的土壤因子有很多，下面就几个突出因子作一些简要的介绍。

6.4.2.1 土壤含水量

前面提到过水分对植物生物量大小影响的重要性，植物吸收的水分来源于土壤，土壤含水量成了衡量土壤肥力的条件之一。在一定限度内，高含水量一般都有利于植物的生长发育。孙志虎等用盆栽实验对 3 种阔叶树的生物量指标与土壤含水量之间的关系进行研究，结果表明，随土壤含水量降低，3 种树种苗木净光合速率、蒸腾速率和气孔导度均下降（孙志虎，2004）。曾小平等也通过盆栽实验发现，焕镛木幼苗随土壤含水量的增加，植物叶片的净光合速率、光饱和点和气孔导度相应增高（曾小平，2004）。土壤水分与植物所需水分之间的关系，可以用凋萎系数来衡量。凋萎系数是指植物发生永久凋萎时的土壤含水量，植物不同其凋萎系数也不同，因此，植物的凋萎系数可作为植物可利用土壤水分的下限值。

6.4.2.2　土壤 pH 值

土壤的酸碱度对植物的生长发育有很大的影响，不同的植物对土壤酸碱度的适应性也不同。植物生物量大小和 pH 值有着显著的相关性。如小麦种子在萌发和生长时期，pH 值大于 7 或小于 6 都将使种子发芽速度减弱（李清芳，2003）。烟草的根系生长在 pH 值为 7.0～8.0 时，对生长最有利，超过 8.0 时即受到不良影响，伸根期根系最适 pH 值为 6.5，中后期最适 pH 值为 7.5。

根际土壤的 pH 值高低不仅能影响植物的生长发育，同时还能影响到重金属的生物有效性。根系分泌的各种有机酸能使根际土壤的 pH 值降低，有利于碳酸盐和氢氧化物结合态重金属的溶解，从而更有利于植物的吸收，同时吸附态的重金属释放量也增加。反之，则容易引起重金属元素的"钝化"。土壤 pH 值从 7.0 下调至 4.55 时，交换态 Cd 元素增加，难溶性 Cd 减少。高彬对莴苣和芹菜在不同土壤 pH 值条件下 Cd 和 Zn 吸收盆栽实验表明，莴苣和芹菜吸收 Cd、Zn 的总量基本遵循随土壤 pH 值升高而下降的规律（高彬，2003）。张淼等研究土壤环境 pH 值的变化对黄土吸附重金属的影响时发现，黄土随 pH 值的增大，土壤对重金属吸附量也增大（张淼，1996）。

6.4.2.3　土壤 Eh 值

由于植物根系分泌物的存在使得根际土壤的氧化还原电位明显不同于非根际土壤。而氧化还原电位的高低可影响到重金属的植物有效性。大多数重金属在土壤内是结合或吸附在氧化物的表面上，通过溶解氧化物来增加重金属的溶解性。大多数植物可以从根部释放还原剂，从土壤内获得不溶性的重金属。

6.4.2.4　各种农艺措施

在农产品的生产中，人们利用一些农艺措施促进作物的生长，同样对于以植物为载体的植物修复也有很大的促进作用。在很大程度上，植物的生物量与重金属的吸收量成正相关。植物生物量越大，对重金属的吸收效率也相应提高。

众多植物体修复因子的影响作用并不是孤立的，它们往往综合作用于植物。目前，有关于环境对植物修复影响因子的研究报道并不多，尤其是气候因子对植物修复作用的影响。An 等（2011）将 5 种植物（番茄、青菜、玉米、鸡眼草和卷心菜）单作和相互间作在多种重金属复合污染的土壤中，研究结果表明，作物间作与单作相比，其植物各部分的重金属累积量显著增加。

6.4.2.5　土壤改良措施

① 增施有机肥料。增施有机肥料，可以提高土壤有机质含量，而有机质可以使土壤形

成团粒结构，改善土壤的物理性状，可以克服砂土过砂、黏土过黏的缺点。如 Yu 等（2013）对生长在镉（Cd）污染土壤中的五星花施用 4 种不浓度的氮肥进行处理，研究结果表明，适量的氮可以促进 Cd 的吸收，并恢复叶片中的叶绿素以及影响土壤 pH 值和电导率。

② 掺砂掺黏、客土调剂。如果砂土地（本土）附近有黏土、河沟淤泥（客土），可搬来掺混；黏土地（本土）附近有砂土（客土）可搬来掺混，从而改良本土质地。

③ 翻淤压砂、翻砂压淤。有的地区砂土下面有黏淤土，或黏土下面有砂土，这样可以采用表土"大揭盖"翻到一边，然后使底土"大翻身"，把下层的砂土或黏淤土翻到表层来使砂黏混合，改良土壤性能。

④ 引洪放淤、引洪漫沙。在面积大、有条件放淤或漫沙的地区，可利用洪水中的泥沙改良砂土或黏土。

⑤ 根据不同质地采用不同的耕作管理措施。如砂土整地时，畦可低一些，垄可宽一些，播种宜深一些，施肥要多次少量；黏土整地时，要深沟、高畦、窄垄，以利于排水、通气、增温，播种宜浅一些，施肥要求基肥足并控制后期追肥，防止贪青徒长。

参考文献

[1] 陈建军，张坤，李明锐，李元. 皇竹草对土壤阿特拉津的降解特性. 生态与农村环境学报，2014，30（6）：768-773.
[2] 维萍. 利用植物生物技术和农艺措施控制镉在食物链中的迁移，2003，2（10）：1-2.
[3] 傅绍清，苏方康. 成都平原菜园土壤及主要蔬菜作物重金属背景值的研究. 西南农业学报，1992，5（1）：34-40.
[4] 韩润平，陆雍森. 用植物清除土壤中的重金属. 江苏环境科技，2000，13（1）：28-29.
[5] 林道辉，朱利中，高彦征. 土壤有机污染植物修复的机理与影响因素. 应用生态学报，2003，14（10）：1799-1803.
[6] 李宁，吴龙华，李法云，骆永明. 不同铜污染土壤上海州香薷生长及铜吸收动态. 土壤. 2006，38（5）：598-601.
[7] 李法云，肖鹏飞，侯伟，关伟，王效举，马溪平. 典型工业区杂草对土壤中重金属吸收特性研究. 辽宁工程技术大学学报. 2007.26（2）：300-303.
[8] 李清芳. pH 值对小麦种子萌发和幼苗生长代谢的影响安徽农业科学，2003，31（2）：185-187.
[9] 刘小梅. 超富集植物治理重金属污染土壤研究进展. 农业环境科学学报，2003，22（5）：636-640.
[10] 骆永明. 金属污染土壤的植物修复. 土壤，1999，31（5）：261-265.
[11] 骆永明. 强化植物修复的螯合诱导技术及其环境风险. 土壤，2000，32（2）：57-61.
[12] 钱暑强，金卫华，刘铮. 从土壤中去除 Cu^{2+} 的电修复过程. 化工学报，2002，53（3）：236-240.
[13] 沈德中. 污染环境的生物修复. 北京：化学工业出版社，2002.
[14] 孙波，骆永明. 超积累植物吸收重金属机理的研究进展. 1999，土壤，31（3）：113-119.
[15] 孙涛，张玉秀，柴团耀. 印度芥菜重金属耐性机理研究进展. 中国生态农业学报，2011，19（1）：226-234.
[16] 孙志虎. 土壤含水量对三种阔叶树苗气体交换及生物量分配的影响. 应用与环境生物学报，2004，10（1）：007-011.
[17] 孙宗连，肖昕，张双，吴国良，王倩. 不同植物对石油污染的耐受性研究. 环境科学与管理，2011，36（5）：130-132.
[18] 唐莲，刘振中，蒋任飞. 重金属污染土壤植物修复法. 环境保护科学，2003，29（6）：33-36.
[19] 唐世荣. 超积累植物在时空、科属内的分布特点及寻找方法. 农村生态环境，2001，17（4）：56-60.
[20] 王玉洁. 膨润土对重金属离子吸附的研究. 非金属矿，2003，26（4）：46-48.
[21] 王玉军，陈能场，刘存，王兴祥，周东美，王慎强，陈怀满. 土壤重金属污染防治的有效措施：土壤负载容量管控法——献给 2015 "国际土壤年". 农业环境科学学报，2015，4：12-15.
[22] 魏树和，周启星，王新，曹伟. 农田杂草的重金属超积累特性研究. 中国环境科学，2004，21（1）：105-109.
[23] 魏树和，周启星. 重金属污染土壤植物修复基本原理及强化措施探讨. 生态学杂志，2004，23（1）：65-72.

［24］　吴龙华．铜污染旱地红壤的络合诱导植物修复作用．应用生态学报，2001，12（3）：435-438.

［25］　夏会龙，吴良欢，陶勤南．凤眼莲加速水溶液中马拉硫磷降解．中国环境科学，2001，21（6）：553-555.

［26］　夏立江，华珞，李向东．重金属污染生物修复机制及研究进展．核农学报，1998，12（1）：59-64.

［27］　夏星辉，陈静生．土壤重金属污染治理方法研究进展．环境科学，1997，16（3）：72-76.

［28］　徐良将，张明礼，杨浩．土壤重金属镉污染的生物修复技术研究进展．南京师大学报：自然科学版，2011，34（1）：102-106.

［29］　杨景辉．土壤污染与防治．北京：科学出版社，1995.

［30］　曾小平．不同土壤水分条件下焕镛木幼苗的生理生态特性．生态学杂志，2004，23（2）：26-31.

［31］　赵爱芬，赵雪，常学礼．植物对污染土壤修复作用的研究进展．土壤通报，2000，31（1）：43-46.

［32］　周国华．被污染土壤的植物修复研究．物探与化探，2003，27（6）：474-475.

［33］　周艺敏，张金盛，任顺荣．天津市园田土壤和几种蔬菜中重金属含量的调查研究．农业环境保护，1990，（6）：30-34.

［34］　Adriano D. C. Role of phytoremediation in the establishment of a global soil remediation network，In：Proceedings of the International Seminar on use Plants for Environmental Remediation，Kosaikaikan，Tokyo，Japan，1997，3-23.

［35］　An LY，Pan YH，Wang ZB，et al. Heavy metal absorption status of five plant species in monoculture and intercropping. Plant and soil. 2011，345（1/2）：237-245.

［36］　Baker AJM，Whiting SN and Richards D. Metallophytes：a unique biodiversity and bio-technological resource 'owned' by the minerals industry. In：Proceedings of the International Conference on Soil Pollution and Remediation，Nanjing，China，2004，154-161.

［37］　Brooks R.，Phytomining-growing a crop of a metal，Proceedings of the 16th World Congress of Soil Science. Montpellier，France，1998.

［38］　Chen B，Yuan M，Qian L. Enhanced bioremediation of PAH-contaminated soil by immobilized bacteria with plant residue and biochar as carriers. Journal of Soils and Sediments，2012，12（9）：1350-1359.

［39］　Chang YS，Chang YJ，Lin CT，et al. Nitrogen fertilization promotes phytoremediation of cadium in Pentas lanceolata. International biodeterioration and biodegradation，2013，（85）：709-714.

［40］　Dzantor EK，Chekol T，Vough LR. Feasibility of using forage grasses and legumes for phytoremediation of organic pollutants. J. Environ. Sci，2000，35：1645-1661.

［41］　Eduardo Moreno-Jimenez，Saul Vazquea，Ramon O Carpena-Ruiz，et al. Using mediterranean shrubs for the phytoremetiation of a soil impacted by pyretic wastes in southern Spain：A fiedld experiment. Journal of environmental management，2011，6（92）：1584-1590.

［42］　Hinman ML. Uptake and translocation of selected organic pesticides by the rooted aquatic plant. Environ. Sci. Technol，1992，26：609-613.

［43］　Liu SL，Luo YM，Cao ZH. Degradation of Benzo［a］pyrene in Soil with Arbuscular Mycorrhizal Alfalfa. Environmental Geochemistry and Health，2004，26（2）：285-293.

［44］　Moyukh G.，Singh S. P. A comparative study of cadmium phytoextraction by accumulator and weed species. Environmental Pollution，2004，（5）：1-4.

［45］　Mohammed Shafi Ullah Bhuiyan，Sung Ran Min，Won Joong Jeong，et al. Overexpression of a yeast cadmium factor 1（YCF1）enhances heavy metal tolerance and accumulation in Brassica juncea. Plant cell tissue and organ culture，2011，105（1）：85-91.

［46］　Rugh CL，Development of transgenic yellow poplar for mercury phytoremediation. Nat. Biotechnol，1998，16（10）：925-928.

［47］　Shang TQ，Doty SL，Wilson AM. Trichloroethylene oxidative metabolism in plants：The trichlorothanol pathway. Phytochemistry，2001，58：1055-1065.

［48］　Shang TQ，Gordon MP. Transformation of ^{14}C trichloroethylene by poplar suspension cells. Chemosphere，2002，47：957-962.

［49］　Siciliano SD，Greer CW. Plant-bacterial combination to phytoremediation soil contaminated with high concentration of 2，4，6- trinitrotoluene. J Environ. Qual，2000，29：311-316.

［50］　Zhao H.，Butler E.，Rodegers J. Regulation of zinc homeostasis in yeast by binding of the ZAP 1 transcriptional activator to zinc responsive promoter elements. J. Biol. Chem.，1998，273（44）：28713-28720.

第7章 ⟶≫ 动物修复原理

　　土壤动物是指经常或暂时栖息在土壤之中，对土壤的形成和发育有一定影响的动物群（徐琪，1998）。土壤动物是陆地生态系统的重要组成部分，能直接影响土壤系统的物质分解和养分循环，对土壤功能维持和恢复具有重要作用（殷秀琴等，2010）。土壤动物在农业生态系统中，以其巨大的数量直接参与土壤有机质的分解和矿化过程，使矿质化物质的损耗在整个植物生长季节内缓慢地释放，这种生物调节过程在农业生态系统中具有重要功能性作用。同时，土壤动物通过与土壤微生物之间的相互作用，对微生物群落起着生物和能量的过滤作用，并通过自身运动和摄食，促进土壤腐殖质和团粒结构的形成，增强透水性与通气性，改善土壤理化性状，有助于农业生态系统生产力的提高（王宪英，1988）。分析土壤动物种群和群落结构及动态规律，可以为农业生态系统的养分循环过程研究提供重要信息。

　　近年来，国内外对土壤动物在陆地生态系统中的地位和作用进行了广泛的研究（Crossley，1992；Wall，1999；Ernst 等，2008；Santoyo 等，2011；唐浩等，2013；黄宗益等，2013），主要集中在土壤动物在养分循环中的作用、土壤动物群落结构、土壤动物种群多样性以及农业干扰活动对其影响等方面。目前，由于越来越多的污染物质进入土壤环境，对土壤动物的活动及功能产生了一定的影响，因此关于污染物对土壤动物的生态毒理效应、土壤动物的生物指示作用以及污染土壤的动物修复研究引起了人们的重视。同时，由于土壤动物对环境要素变化响应敏感，应用土壤动物指示土壤质量状况，已成为近期国际土壤生态学研究的热点和前沿，也是我国土壤环境学和动物学研究应大力重视的新兴方向（王移等，2010）。我国在土壤动物方面的研究涉及不同温度带的森林、草地、沙漠、湿地、农田、城市和矿区等生态系统的区系组成、群落结构、分布、多样性、时空动态等方面（朱永恒等，2011；孙贤斌，李玉成，2014）。

7.1 土壤动物的生物指示作用

7.1.1 土壤动物的类型及作用

　　土壤动物体形大小差别极大，以 0.2mm 作为抽提装置分离采集的界限，通常按体长可将土壤动物分为三种类型（Wallwork，1970；罗益镇，1995）。

　　① 小型土壤动物　体长 0.2mm 以下的微小动物，主要是原生动物的鞭毛虫、变形虫、纤毛虫等，生活在高湿的土壤中，又称土壤水动物。

　　② 中型土壤动物　体长 0.2～10mm 范围内，主要包括线虫、轮虫、缓步纲、螨类、蛛形纲、弹尾目、原尾目、双尾目、盲尾目和拟蝎类等。

③ 大型土壤动物 体长 10mm 以上，大部分土壤昆虫和其他土栖节肢动物都属于此类。

在陆地生态系统中，土壤动物是土壤分解作用、养分矿化作用的生态过程的主要调节者。表 7-1 列出了土壤动物在农业生态系统养分循环和土壤过程中所起的重要作用（Hendix，1990）。

表 7-1 土壤动物在农业生态系统中的作用

类型	养分循环	土壤结构
小型土壤动物	调节细菌和真菌种群 改变养分周转	通过与微生物群落的相互 作用影响土壤团聚体
中性土壤动物	调节真菌和小型土壤动物种群 改变养分周转	产生粪粒 创造生物孔隙
大型土壤动物	破碎植物凋落物 刺激微生物活动	混合有机和无机颗粒,使有机质和微生物重新分布 创造生物孔隙 提高腐殖化作用,产生粪粒

在土壤动物中，小型动物通过与微生物群落之间的相互作用对生态系统产生重要的影响。中型和大型土壤动物产生粪粒，形成不同大小的生物孔隙，以此来影响水分运动和存储及根系的生长，更重要的是它们长期地对土壤的腐殖化过程产生显著的影响。

7.1.2 土壤动物的生物指示作用

对污染土壤进行修复需要采用适宜的方法，这就需要充分了解污染区域的污染类型、特征以及污染程度，这些资料的取得需要对污染物质在生态系统中的污染效应作出科学检测，除常规的定位分析方法外，近年来发展了生物指示方法。采用易受影响的生物作为土壤污染指示生物，对于相互关联的生物种群因化学物质影响所受的损伤程度进行评价，并对生态系统组成要素的生物种的生态毒理进行诊断。

通常，植物常被选作指示生物，但土壤动物特别是无脊椎动物由于物种丰富、具有活动性，因此可能更适合选作污染环境的生物指示工具。据统计，土壤中昆虫种类可达 20000 种，仅无脊椎动物就达 3600 多种。土壤动物与土壤污染物质接触十分紧密，以不同陆地无脊椎动物毒理试验评价土壤修复状况，是将那些对土壤污染具有敏感指示作用的物种作为指示动物，从而达到对土壤修复状况的指示作用。同时，土壤动物的生物指示作用也为制定污染治理方案提供了一定的基础信息。

土壤动物对进入土壤环境的重金属、PCBs、PAHs 等污染物质的生理反应可以通过其存活能力、活动性、机体组织污染物含量以及种群结构等信息表现出来（M. B. Bouche，引自 N. M. van Straalen，1996）。应用土壤动物的生物指示作用主要是，获得污染物质对土壤动物的毒性效应数据，该工作程序参见图 7-1（A. D. Pokarzhevskii 引自 N. M. van Straalen，1996）。

目前，有许多土壤动物已被用于土壤或环境污染指示生物。德国 BMBF 的污染土壤生态毒理诊断项目组采用陆生无脊椎动物和原生动物作为土壤修复评价实验指标体系中的一项，并将其作为评价污染点整体生态质量的一个重要组成部分，取得了较好的实验结果，如将纤毛虫看作是很有希望的土壤原生动物毒性试验材料，来满足生态毒理研究目标的需要（周启星，2004）。土壤中蚯蚓种群的数量和结构能够反映土壤的污染情况，因此蚯蚓对土壤

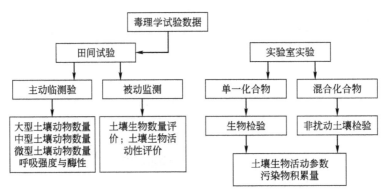

图 7-1　土壤生物指示系统的工作程序

污染具有指示作用（高岩，骆永明，2005）。普遍认为，蚯蚓是比较理想的环境污染指示生物，被经合组织（Organization for Economic Cooperation and Development，OECD）和欧共体（European Community，EC）选择作为环境污染的主要指示生物。节肢动物的生活史可以作为城市土壤中的指示环境污染程度的重要手段（G. P. Stamou，引自 N. M. van Straalen，1996）。有研究表明，蜘蛛体内 Cu、Cd 的积累量分别是甲虫的 2～3 倍和 7～8 倍，因此可以用作重金属污染的生物指示器（J. P. Maelfait，引自 N. M. van Straalen，1996）。Santoyo 等（2011）对蚯蚓体 DNA 甲基化和重金属污染胁迫的潜在关系进行了探索，研究指出蚯蚓 DNA 甲基化作为土壤重金属污染生物标志物的可能性，还可用于评估 DNA 甲基化的表观遗传变化风险。

　　由于污染物质种类多样，其扩散和毒性表现不一，加上土壤环境和成分的复杂性，使单纯依靠有机生物体作为污染环境的生物指示器还不能完全从定量化的角度予以明确；又由于生态系统中土壤动物种类纷杂，数量巨大而且食物网的结构复杂，土壤动物在其中占据一定的位置并参与物质循环过程，所以采用单一物种作为土壤污染的指示生物在实践上还有一定的局限。不同种类不同剂量的重金属，其毒性反应不一，对于同种动物不同类型的毒理效应也不同。所以 G. W. Korthals（N. M. van Straalen，1996）建议采用土壤动物群落结构的变化来指示土壤污染状况，尽管这可能扩展了生物物种检测的工作量。H. H. Koehler（引自 N. M. van Straalen，1996）建议采用种群数量相对明确、生态环境条件要求大体一致的系列物种组成指示系统，以适应各种不同情况的污染环境的指示。采用剂量-效应关系进行试验分析的结果可能不同于田间条件下的结果，因此需要进行校正。

7.2　污染物对土壤动物的生态毒理作用

　　污染物对生物体及其整个生态系统影响的确定，习惯上以剂量-效应关系来表达。剂量-效应分析是对有害因子暴露水平与暴露生物种群中不良生态效应发生率之间关系进行定量估算的过程。剂量-效应关系提供了评价环境化学品风险和毒害作用的基础。到目前为止，研究者使用了各种污染土壤进行了研究。例如，矿物油类污染土壤、多环芳烃污染土壤、重金属污染土壤等。试验获得的结果表明，动物繁殖试验对土壤毒性的检验优于急性毒性试验。

　　土壤动物对重金属具有富集作用，因此重金属对土壤动物的危害影响是评价重金属对陆地生态系统健康风险的一个重要内容。据研究，土壤动物中等足类动物对重金属的富集较高而鞘翅类动物的富集较低，蚯蚓居中。Heikens（2001）提出土壤重金属在土壤无脊髓动物体内的积累符合方程：

$$\lg C_0 = \lg a + b \lg C_s$$

式中　C_0——土壤无脊髓动物体内重金属浓度；

　　　C_s——土壤中重金属浓度；

　a、b——与具体动物有关的常量。

研究表明（N. M. van Straalen，1996），检测土壤动物体内污染物含量可以有效评价土壤中污染物质的生物可利用性状况，该方法对于重金属污染土壤的检测具有较好的效果。土壤动物的活动性也对重金属污染物质产生一定的响应，如蜈蚣在 Cu 含量达到 640mg/kg 时表现出日夜节律性紊乱的特点，其呼吸强度在 Cu 含量达到 40mg/kg 时明显下降，同时也影响其活动能力和活动模式（R. Laskowski，引自 N. M. van Straalen，1996）。据宋玉芳等（2002）在草甸棕壤条件下的研究表明，铜、铅浓度与蚯蚓死亡率显著相关，蚯蚓个体对重金属毒性的耐受程度差别较大，其毒性阈值分别为铜 300mg/kg、锌 1300mg/kg、铅 1700mg/kg、镉 300mg/kg。当重金属含量达到一定限度时，土壤动物的繁殖能力明显下降，其后代的个体体长也会受到影响。Andrea 等（2011）的研究还证实，在 Hg 污染土壤短期（2d）和长期（44d）暴露下，蚯蚓谷胱甘肽还原酶会产生随时间变化的氧化应激，因此谷胱甘肽还原酶的氧化还原可用于土壤 Hg 污染评估。María 等（2011）对蚯蚓体 DNA 甲基化和重金属污染胁迫的潜在关系进行了探索，研究指出蚯蚓 DNA 甲基化作为土壤重金属污染生物标志物的可能性，还可用于评估 DNA 甲基化的表观遗传变化风险。另外，放射性污染物质也对土壤动物的活动性和多样性以及群落结构产生一定的影响（D. A. Kricolutsky，引自 N. M. van Straalen，1996），如在微量放射性物质影响下，成年甲虫表现出异常的活跃；但不同的放射性物质影响情况不同，如在 ^{90}Sr 处理土壤中，1969～1991 年期间物种减少了近 1/2。

有机污染物对土壤动物的毒理效应也有相关的报道。据宋玉芳等（2002）在草甸棕壤条件下进行菲对蚯蚓的急性毒性效应研究结果表明：菲浓度为 20mg/kg 时，出现个别蚯蚓死亡和平均体重下降，当菲浓度增大到 80～100mg/kg 时，死亡率产生由 6.7% 升至 96.6% 的跃迁式变化。不同污染物对蚯蚓的毒性存在较大的差异，与菲相比，芘的毒性明显减少，当芘的浓度达到 1500mg/kg 时，未见蚯蚓死亡。另据 Werner（引自 N. M. van Straalen，1996）研究表明，PAH 和 PCB 等有机污染物质可以在土壤动物体内积累，超过其耐性范围则产生一定的毒性反应，也有研究结果认为，土壤中 PAH 在高剂量时，土壤动物的积累能力较强，在低浓度时，土壤动物的积累能力比较弱或不出现积累。

农药在农业生态系统中的作用为人类带来了好处，但同时也产生了一些长期的、潜在的生态影响，在整个生物圈内，甚至在极地的某些动物组织、土壤、空气和水系中都有农药的残留。农药污染使生物种类由复杂变为简单，某些物种消失，某些种类个体数量增多。施用农药对土壤中微生物如硝化细菌、根瘤菌和无脊椎动物影响很大，如每亩施用 300～600g 除草剂西玛津，使土壤中无椎动物的数目减少 33%～50%；施用农药较多的土壤中蚯蚓大量死亡，有时可高达 90% 以上。

7.3 蚯蚓对污染土壤修复的原理

蚯蚓是生态系统中一个重要组成部分。一方面，它作为陆生土壤动物，能改善土壤的通气性，增进土壤肥力；另一方面，在食物链中，蚯蚓是陆生生物与土壤生物传递的桥梁。当土壤被各类化学品污染后，对蚯蚓的生存、生长、繁殖产生不利的影响。因此，利用蚯蚓指示土壤污染的状况，评价土壤质量，已被作为土壤污染生态毒理诊断的一项重要指标。不仅如此，近年来研究表明，蚯蚓在修复污染土壤方面也具有重要作用，蚯蚓对重金属具有一定的富集作用，蚯蚓粪可作为重金属污染土壤的修复剂，同时蚯蚓与微生物、植物具有协同作用，在重金属污染土壤及有机污染土壤（如 PAHs、PCBs）的修复中可以大大强化修复效果，具有较大的应用潜力（白建峰等，2012；唐浩等，2013；肖艳平等，2010；Lu 等，2014）。

7.3.1 蚯蚓对土壤物理性质及过程的调节

土壤结构是表征土壤质量的基本要素。大型土壤动物创造了 3 种土壤结构：排泄在土表和土内的粪便、居住的洞穴和其在土内活动留下的孔道（Lavelle P，1994）。蚯蚓的排粪量很大，在温带土壤中每年每公顷可达 75～250t。通常认为，由于混合、挤压及黏蛋白黏多糖对土壤颗粒的胶结作用，经过蚯蚓肠道后的蚓粪比原土具有更高的稳定性（Tisdall J M，1982）。Blanchart（1992）的田间试验结果表明，蚯蚓对热带稀树草原结构破坏的土壤团聚体具有明显的恢复作用，并且蚯蚓形成的团聚体具有更高的水稳性。可见，大量的蚓粪不仅增加了土壤团聚体的数量，而且增加了其稳定性。

蚯蚓对土壤入渗率的促进作用显著。Lee（1985）在论述中指出蚯蚓洞穴可提高导水率80%，提高入渗率 6 倍以上。虽然蚯蚓的挖掘作用也会造成洞穴内水流速度快，使表施的化肥、农药及其他颗粒废物等流失到土壤深层，污染地下水（White，1985）。但相对于地表的大孔隙，蚯蚓在土壤内部排粪形成的中等孔隙却可以提高土壤的持水性，这与蚓粪内部的丰富孔隙有关（Winsome，1998）。此外，土壤孔隙的季节变化与蚯蚓数量也有一定的关系。

7.3.2 蚯蚓对土壤化学性质及过程的调节

由于自然条件下土壤有机质的含量较低，土壤动物必须大量取食以补偿营养的不足，因此对植物残体转化为土壤有机质的贡献很大。Bohlen（1999）报道了蚯蚓能够显著增加土壤颗粒有机物的数量，蚯蚓还可分泌大量的黏液，是活性高、易被微生物降解的有机质。蚯蚓也将大量的凋落物向洞穴内部运输，这些颗粒状有机物是土壤有机质重要的活性部分。在加速土壤有机质分解方面也有大量的报道，几乎所有的培养实验和野外观测结果都表明，接种蚯蚓明显加速了施用有机质的分解（胡峰，2000）。这主要是因为有机物在动物肠道内经微生物、酶等的作用，性质得到改善，如颗粒变小、C/N 降低等，加上土壤动物的代谢产物，对原土有机质产生激发效应（Lavelle P，1994）。在增加土壤有机质稳定性方面，蚯蚓也有一定的作用。李扬等（2010）的研究认为，蚯蚓粪具有特殊的物理、化学、生物性质，推测其能改变重金属的生物有效性，具有修复土壤重金属污染的潜力。Hartenstein（1982）进行土壤动物酶活性研究时发现，蚯蚓对有机质的腐殖化过程有重要影响。相关研究还发现了凋落物经过蚯蚓消化道时发生腐殖化的证据（Woters，2000）。

土壤动物可以显著增加土壤有效养分的含量。蚯蚓每天排泄的尿素量占鲜重的 6.2% ～ 7.6%，蚓粪及蚯蚓作用的土壤比没有蚯蚓的土壤具有更高的有机质、全氮、盐基交换能力，交换性 Ca、Mg、K 和有效态 N、P 等（Edwards，1977）。胡峰等（1998）报道了红壤蚓粪的矿质氮、无机磷和土壤 pH、CEC 等明显高于原土。蚓粪 pH 值高于原土，因此也显著提高了蚓圈的 pH（Tiunov，1999）。某些种类的蚯蚓还能够优化中和土壤微环境的 pH 值，对强酸性土壤具有一定的调节作用。

7.3.3　蚯蚓对土壤生物学性质及过程的调节

土壤动物对土壤过程的影响主要是通过与微生物的交互作用表现出来的，土壤动物通过改善微生境、提高有机物的表面积、直接取食、携带传播微生物等方式影响土壤微生物群落的数量、活性、组成和功能（胡峰等，2004）。

早期的研究表明，蚯蚓可以增加土壤微生物的数量和活性（Parle，1963）。但近年来的研究对此有很大的分歧。一般认为（Tiunov，2000），蚯蚓对微生物量的影响有两种情况：一是当土壤肥力高或外加有机物时，土壤微生物量很高，蚯蚓取食有机质和微生物，代谢物的易利用碳源对微生物生长影响不大，因此土壤微生物量下降；二是土壤贫瘠或外加有机物少时，蚯蚓可能有选择地取食营养价值高的微生物，并分泌出更多的黏液以适应环境，黏液刺激微生物迅速生长，微生物量初始比原土高，随着黏液的耗竭，微生物量也下降。在微生物活性方面，不论在什么条件下，蚯蚓一般都促进微生物活性，即使在高肥土壤内，经蚯蚓消化道后，活性高的微生物也增加，而休眠体数量下降（Fischer，1997），随着蚓粪的老化，微生物活性开始下降。

土壤动物影响微生物群落组成主要是通过取食作用来实现的。有证据表明，蚯蚓至少取食了部分活性微生物体，蚯蚓以真菌为食物，Piearce（1978）报道真菌和藻类是 6 种正蚓科蚯蚓的主要食物。此外，蚯蚓的携带传播对微生物区系的组成也具有重要的意义，蚯蚓孔穴圈内温度、湿度、通气性等影响着土壤细菌/真菌比。当然，蚯蚓对孔穴壁的挤压作用和分泌黏液对微生物群落的活性与组成具有决定性影响，蚯蚓为微生物创造了适宜的微环境，建立了互利关系的微生物群落。于建光等（2012）通过室内试验研究了不同类型土壤和植物残体施用下接种蚯蚓对土壤微生物群落组成及活性的影响，结果表明接种蚯蚓对微生物量碳（MBC）无显著影响，不同土壤接种蚯蚓均使土壤基础呼吸（BR）显著增大，接种蚯蚓后土壤微生物群落组成与结构发生了明显变化，土壤微生物群落特性变化受蚯蚓、土壤及植物残体间交互作用的影响。

蚯蚓对土壤生物学过程的调节还体现在其对土壤酶活性的影响方面。已证明，蚯蚓对食物的消化需要很多酶参与。Laverack（1963）报道了蚯蚓消化道组织提取液中有蛋白酶、纤维素酶、淀粉酶和脂肪酶等。Ross 和 Carins（1982）在种植黑麦草的土壤中引入蚯蚓，结果发现转化酶、淀粉酶、磷酸酶活性升高，磷酸酶活性升高被认为是蚯蚓对磷活化作用的主要原因。需要指出的是，大多数土壤动物对土壤酶活性的影响是通过微生物实现的，尤其是对真菌的取食过程释放的多种酶。

土壤动物还可以产生一些次生代谢产物，对土壤生态系统和植物生长产生一定的影响。研究表明（胡佩，2002），蚯蚓（环毛蚓）活动产生了高量的 IAA 和 GA_3 等植物外源激素；

蚓粪提取物对绿豆的生长及根系发育有显著的促进作用。但关于植物外源激素的产生是否是土壤动物刺激微生物活动导致的，目前还不清楚。

综上所述，蚯蚓对污染土壤修复主要是通过蚯蚓对土壤理化性质和生物学过程的调节来实现的，但目前在理论和应用实践上还存在很多薄弱环节。更多的研究是，利用蚯蚓的生物指示作用来评价污染土壤修复的状况。

参考文献

[1] 白建峰，秦华，王景伟，张承龙，林先贵，胡君利，张晶，王一明．蚯蚓和发酵牛粪促进南瓜苗修复 PAHs 污染农田土壤．农业工程学报，2012，28（10）：208-213.

[2] 高岩，骆永明．蚯蚓对土壤污染的指示作用及其强化修复的潜力．土壤学报，2005，42（1）：140-148.

[3] 黄益宗，郝晓伟，雷鸣，铁柏清．重金属污染土壤修复技术及其修复实践，2013.

[4] 杨艳生主编．红壤生态系统研究．北京：中国农业科技出版社，1998.

[5] 胡峰等．土壤动物对土壤质量的影响及研究展望．中国土壤学会第十次代表大会会议论文集．北京：科学出版社，2004.

[6] 胡佩等．蚓粪中的植物激素及其对绿豆插条不定根发生的促进作用．生态学报，2002，22（8）：1211-1214.

[7] 李扬，乔玉辉，莫晓辉，孙振钧．蚯蚓粪作为土壤重金属污染修复剂的潜力分析．农业环境科学学报，2010，29（B03）：250-255.

[8] 罗益镇，崔景岳主编．土壤昆虫学．北京：中国农业出版社，1995.

[9] 宋玉芳，许华夏，任丽萍．土壤重金属对白菜种子发芽与根伸长抑制的生态毒理效应．环境科学，2002，23（1）：103-107.

[10] 孙铁珩，周启星等．污染生态学．北京：科学出版社，2004.

[11] 孙贤斌，李玉成．淮南煤矿废弃地重金属污染对土壤动物群落的影响．生态学杂志，2014，33（2）：408-414.

[12] 唐浩，朱江，黄沈发，邱江平．蚯蚓在土壤重金属污染及其修复中的应用研究进展①．土壤（Soils），2013，45（1）：17-25.

[13] 王宪英．农业生态系统土壤动物群落结构的初步研究．生态学杂志，1988，7（3）：12-17.

[14] 王移，卫伟，杨兴中．我国土壤动物与土壤环境要素相互关系研究进展．应用生态学报，2010，21（9）：2441-2448.

[15] 肖艳平，邵玉芳，沈生元，尹睿，林先贵，张晶，白建峰，陈玉成．丛枝菌根真菌与蚯蚓对玉米修复砷污染农田土壤的影响．生态与农村环境学报，2010，26（3）：235-240.

[16] 徐琪，杨林章，董元华等．中国稻田生态系统．北京：中国农业出版社，1998.

[17] 殷秀琴，宋搖博，董炜华．我国土壤动物生态地理研究进展．地理学报，2010，65（1）：91-102.

[18] 殷永超，吉普辉，宋雪英，张薇，董欣欣，曹秀凤，宋玉芳．龙葵（Solanum nigrum L.）野外场地规模 Cd 污染土壤修复试验．生态学杂志，2014，33（11）：3060-3067.

[19] 于建光，胡锋，李辉信，王同，王前进．接种蚯蚓对加入不同植物残体土壤微生物特性的影响．土壤．44（4）：588-595.

[20] 周启星，宋玉芳等．污染土壤修复原理与方法．北京：科学出版社，2004.

[21] 朱永恒，赵春雨，张平究．矿区废弃地土壤动物研究进展．生态学杂志，2011，30（9）：2088-2092.

[22] Andrea C, María JS, Francesca B, Rocio M, Juan CS. Oxidative stress in earthworms short- and long-term exposed to highly Hg-contaminated soils. Journal of Hazardous Materials，2011，194（10）：135-143.

[23] Blanchart E. Restoration by earthworms of the macro aggregate structure of a destructured savanna soil under field conditions. Soil Bio. Biochem.，1992，24（12）：1587-1594.

[24] Bohlen PJ. et al. 1999. Differential effects of earthworms on nutrient cycling from various nitrogen-15-laballed substrates. Soil Sci. Soc. Am. J.，1999，63：882-890.

［25］ Crossley D A，Mueller B R and Perdue J C. Biodiversity of microarthropods in agricultural soils：relations to processes. Agric Ecosys Environ，1992，40：37-46.

［26］ Edwards C A，Lofty J R. Biology of earthworms. London：Chapman and Hall，1977.

［27］ Ernst G，Zimmermann S，Christie P，Frey B. Mercury，cadmium and lead concentrations in different ecophysiological groups of earthworms in forest soils. Environmental pollution，2008，156（3）：1304-1313.

［28］ Fischer K. et al. . Effect of passage through the gut of the earthworm Lumbricus terrestris L. on Bacillus moratoriums studied by the whole cell hybridization. Soil Biol. Biochem. ，1997，29：1149-1152.

［29］ Hartenstein R. Soil macroinvertibrates aldehyde oxidize，catalase，cellulose and perocidase. Soil Biol. Biochem. ，1982，14：387-391.

［30］ Heikens A，Peijnenburg WJGM，Hendriks AJ. Bioaccumulation of heavy metals in terrestrial invertebrates. Environmental Pollution，2002，113：385-393.

［31］ Hendix P E. et al. Soil biota as components of sustainable agro ecosystems. In：C. A. Edwards et al. ，Sustainable Agricultural Systems. Soil and Water Conservation Society，Ankeny，Iowa，1990，637-654.

［32］ Hu Feng，Li Huixin. Organic matter decomposition in red soil as affected by earthworms. Pedosphere，2000，9：143-148.

［33］ Lavelle P. Faunal activities and soil process：Adaptive strategies that determine ecosystem function. Transaction of Intermational Congress of soil science，1994，1：189-220.

［34］ Lee K E. Earthworms：Their Ecology and Relationships with Soil and Land Use. Sydney：Academic Press，1985.

［35］ Lu YF，Lu M，Peng F，Wan Y，Liao MH. Remediation of polychlorinated biphenyl-contaminated soil by using a combination of ryegrass，arbuscular mycorrhizal fungi and earthworms. Chemosphere，2014，106：44-50.

［36］ María MS，Crescencio RF，Adolfo LT，Kazimierz W，Katarzyna W. Global DNA methylation in earthworms：A candidate biomarker of epigenetic risks related to the presence of metals/metalloids in terrestrial environments ［J］. Environmental Pollution，2011，159（10）：2387-2392.

［37］ N. M. van Straalen and D. A. Krivolutsky. Bioindicator Systems for Soil Pollution. Netherlands：Kluwer Academic Publishers，1996.

［38］ Parle JN. A microbiological study of earthworm casts. J. Gen Microbiol，1963，31：13-22.

［39］ Piearce，T G. Gut contents of some Lumbricid earworms. Pedobiologia，1978，18：153-157.

［40］ Ross D G. Carins A. Effects of earthworms and ryegrass on respiratory and enzyme activities of soil. Soil Biol. Biochem. ，1982，14：583-587.

［41］ Santoyo M M，Flores C R，Torres A L，Wrobel K，Wrobel K. Global DNA methylation in earthworms：A candidate biomarker of epigenetic risks related to the presence of metals/metalloids in terrestrial environments. Environmental pollution，2011，159（10）：2387-2392.

［42］ Tisdall J M，Oades JM. Organic matter and water stable aggregates in soils. J. Soil Sci. 1982，33：141-161.

［43］ Tiunov A V，Scheu S. Microbial biomass，biovolume and respiration in Lumbricus terrestris L. cast material of different age. Soil Biol. Biochem. ，2000，32：265-275.

［44］ Wall D H and Moore J C. Soil biodiversity，mutualism，and ecosystem processes. BioScience，1999，49：109-117.

［45］ Wallwork J A Ecology of Soil Animals. London：McGraw-Hill，1970.

［46］ Winsome T，Mccoll JG. Changes in chemistry and aggregation of a California forest soil worked by the earthworm Argilophilus papillifer Eisen. Soil Biol. Biochem. ，1998，30（13）：1677-1687.

［47］ White R E. The influence of macrospores on the transport of dissolved and suspended matter through soil. Adv. Soil Sci. ，1985，3：95-120.

［48］ Wolters V. Invertebrate control of soil organic matter stability. Biol. Fertl. Soils. ，2000，31：1-19.

第三篇 生物修复工程技术

第8章 生物修复工程技术

8.1 概述

污染场地修复分为以下 5 个阶段：a. 初始考察（Initial survey）；b. 场地调研阶段（Site investigation）；c. 风险评价阶段（Risk assessment）；d. 修复阶段（Site remediation）；e. 操作及评估阶段（Operation and evaluation phase）。在实际操作时，上述各阶段工作并无明显界限，如初始考察及场地调研阶段工作可能相互联系，阶段性工作也可能与其后续补充性工作相联系。在某些地区，如对场地调研和修复工作已经卓有成效，则可将某些阶段的工作进行组合。如已经获得了调研场地的地图信息或调研场地列表，初始考察和场地调研工作可能出现部分重叠。因此，对特定场地实施调研及修复时，应理性地考虑到已有的场地数据信息，在此基础上进行决策并划分工作阶段。

生物修复（Bioremediation）的单词是从 Remediation 与 Biology 发展而来的（Dean 等，1992；夏北成，2002）。生物修复是利用生物自身的生长发育，消耗土壤中的污染物，实现土壤污染物的修复和去除。生物修复即使不能完全去除污染物，也能够降低环境污染物的毒性，减少污染物对人类健康以及对生态系统的危害（沈德中，2002）。生物修复概念起源于20 世纪初期，最初在实验室开展一些关于污染土壤和地下水的实验。到 20 世纪 80 年代开始形成了可应用于环境治理与修复的技术。90 年代就形成了一个独立的学科分支（Aatry 等，1992；Hicks 等，1993），并在环境修复中取得了成功，从而成为被广泛应用的环境治理技术。20 世纪 90 年代初期，Exxon 石油公司油轮在美国阿拉斯加 Prince willian 海湾的溢油污染在短时间内得以清除，为生物修复提供了一个很好的例证（Pritchard 等，1991；张甲耀等，1996）。

8.1.1 生物修复的特点

生物修复的特点见表 8-1。由于生物修复的交叉性和复杂性，它需要依靠工程学、微生物学、生态学、地质学、土壤学和化学等多学科的合作。

表 8-1　生物修复的优点与缺点

优　点	缺　点
可在现场进行	不是所有的污染物都可以使用，有些污染物不能较好使用
使点位的破坏达到最小	有些降解产物的毒性和迁移性增强
减少运输费用，消除运输隐患	土壤异质性强
永久性地消除污染	工程前期投入高
费用低	需增加微生物监测项目
可与其他技术结合使用	

8.1.2　生物修复的方法

根据人工干预的情况，生物修复可分为自然生物修复、原位生物修复和异位生物修复等几种。自然生物修复（Natural bioremediation）主要是依靠土著微生物的自然修复过程。原位生物修复（In situ bioremediation）是指在污染的原地点进行，采用一定的工程措施，如利用生物通气、生物冲淋等的修复方式。易位生物修复（*Ex situ* bioremediation）是采用工程措施移动污染土壤到邻近地点或反应器内进行的修复。异位生物修复包括生物反应器法、泥浆反应器、土壤堆积和堆肥。很显然，这种处理更好控制，结果容易预料，技术难度较低，但投资成本较大。

污染土壤生物修复工艺的实施过程简图见图 8-1（Danish Environmental Protection Agency，2002）。

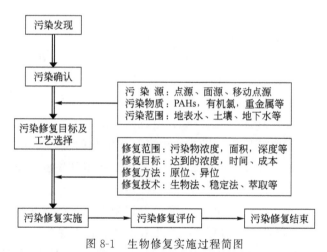

图 8-1　生物修复实施过程简图

8.1.2.1　原位生物修复

对于一项修复技术的开发，首要考虑的问题是修复成本的问题。如果能利用土著微生物进行原位修复，那么成本会大大下降。因此，提高土著微生物的代谢能力是原位微生物修复技术的关键。判断土著微生物是否有效的标准包括：a. 污染土壤中污染物的浓度是否降低；b. 在实验室条件下评价土著微生物是否具有降解效果；c. 土著菌添加到污染土壤中是否有作用。因为生物修复技术在实验室和现场取得的效果截然不同，而且样品采集后微生物活性和微生物群落也发生变化，因此，实验室的评价难以反映污染现场的真实情况。

（1）原位生物修复的技术类型

① 投菌法（Bioaugmentation）　直接向遭受污染的土壤接入外源的污染降解菌，同时提供这些细菌生长所需营养。Cutright 等（1994）使用 3 种补充的营养液与 *Mycobacterium* sp. 一起注入土壤中，取得了良好的效果。翟晶晶等（2011）引入白腐真菌对受喹啉污染的模拟土壤进行生物修复，随着白腐真菌投加量的增大，喹啉的去除效果变好，添加木屑能为白腐真菌提供额外的营养源，对土壤中喹啉的降解起到了促进作用。

② 生物培养法（Bioculture）　定期向土壤投加 H_2O_2 和营养，满足污染环境中已经存在的降解菌的需要，以使土壤微生物将污染物彻底矿化成 CO_2 和 H_2O。Kaempferd 等（1993）向石油污染的土壤连续注入适量的氮、磷营养和 NO_3^-、O_2 及 H_2O 等电子受体，2d 后便可采集到大量的土壤菌株样品，其中大多数为烃类降解细菌。Soleimania 等（2013）比较了投加降解菌、种植植物、投加营养基质、投加 H_2O_2、投加表面活性剂和投加 N、P 营养等六种生物强化方法对石油污染土壤的修复效果，结果表明，投加降解菌和投加营养的方法能最大的提高石油降解率，其降解率由对照处理的 2%～27% 提高到 50%～62%，其中 C_{10}～C_{25} 的石油烃较易降解，碳原子数大于 25 的石油烃降解困难。

③ 生物通风法（Bioventing）　生物通风法是强化氧化的生物方法。具体操作是：将污染土壤打 2 个以上的井口，通过鼓风机或其他机器将空气压入污染土壤中，然后利用真空机将土壤中有毒的挥发性气体抽出，实现污染物的去除。在加入空气中，添加一定量的氮气，能够为土壤微生物提供营养物质，并且能够促进其降解能力。此外，还有将空气加压后，注入到污染的地下水中，气流能够将地下水中的污染物挥发出来或者降解，该方法也叫注射法（Biospaging）。生物通风法是目前应用最广泛且修复效果最好的生物修复方法。王春艳等（2009）的研究表明，在采用通风法修复柴油污染土壤的过程中，对污染效果的主要影响因素包括含水率，污染物浓度；次要影响因素包括 C、N、P 含量及比例，土壤的孔隙体积数。Sui 等（2011）通过对不饱和状态下的甲苯的生物通风过程进行二维单井轴对称模拟来研究生物通风速率对修复效果的影响，在通风速率为 $81.504m^3/d$ 和 $407.52m^3/d$ 的情况下，甲苯的去除总量分别为 169.14kg 和 170.59kg，通过挥发作用和生物通风作用去除的比例分别为 0.57：1、0.89：1，说明较低的通风速率更有利于甲苯的生物降解。土壤结构是制约生物通气法效果的主要因素，如果土壤密度太大，或者土壤水分含量较高，则氧气和营养物质达不到污染区域就会被消耗。

④ 农耕法（Land farming）　对污染土壤进行耕耙处理，过程中施入肥料，进行灌溉，加入石灰，将土壤的 pH 值调节到适宜微生物生存的状态，为生物的降解提供一个适宜的环境。同时，注意营养物质及水分的含量，保证污染物降解在土壤的各个层次上都能发生。这种方法的最大不足是污染物可能从污染地迁移，但该方法简单、经济实用，因此可在土壤渗透性较差、污染深度较浅，且污染物较容易降解时应用。

⑤ 植物修复（Phytoremediating）　在污染的土壤上栽种对污染物吸收力高、耐性强的植物，应用植物的生长吸收及根际修复作用从土壤中去除污染物或将污染物固定的生物修复技术。在本书的其他章节已有介绍，这里不再展开。

（2）原位生物修复的影响因子　影响原位生物修复效率的因素主要包括温度、氧气、营养源和共代谢底物等的生物可利用性，污染物生物降解性等。

① 温度的影响　温度对于微生物修复是至关重要的一个影响因素。在一定范围内，微生物的活性随着温度的升高而显著增加，并且可以驯化一些微生物，使其能够在低温条件下发挥作用。例如 Margesin（2000）等的研究结果表明，经过低温驯化酵母，在 10~25℃时，经过 30d 的处理，土壤中的石油烃减少 39% 以上；即使温度达到 4℃，石油烃的去除率仍然达到 28%。同样，在对于葡萄酒发酵残渣的厌氧处理过程中，在 3~10℃条件下，葡萄酒发酵残渣中的 COD 去除率达到 70% 以上。

② 生物可利用性的影响　污染物的生物可利用性对修复效果也起到重要的作用。通过向土壤中添加催化剂，或者添加表活剂，提高污染物的生物可利用性，也能够强化污染物的去除。例如对于甲基叔丁基醚（MTBE）的好氧生物降解试验中，向土壤中连续供氧，能够促进 MTBE 的降解（Stocking 等，2000）。Boopathy（2000）研究了炸药 TNT 污染土壤的原位修复过程，发现如果直接用微生物进行修复，效果不好。如果添加糖蜜作为营养源时，经过 305d 的修复，TNT 的污染浓度由初始的 3839mg/kg 降到 0.5mg/kg。对于急需共代谢作用处理的污染物，需要向污染源添加微生物的共代谢底物，如利用共代谢微生物甲烷氧化菌修复三氯乙烯（TCE），添加甲烷可以增加微生物浓度，从而使 TCE 的降解速度提高。该方法已应用于 TCE 污染的现场修复中试试验中（Arp 等，2001）。

③ 污染物的理化性质和污染源　针对疏水性污染物，需要向土壤中添加表面活性剂或脱附剂，使污染物加速从土壤颗粒上脱附下来，并与微生物接触，实现降解（Romantschuk 等，2000）。如张强等（2015）分别选用 50mg/kg 的油酸钠、十二烷基磺酸钠、十二烷基苯磺酸钠、曲拉通 100、吐温 80、鼠李糖脂等表面活性剂研究其对石油的降解，化学表面活性剂中十二烷基磺酸钠和曲拉通 100 对石油降解有较明显的促进作用，石油降解率比不添加表面活性剂的处理提高 5%~7%；生物表面活性剂鼠李糖脂的促进效果尤为明显，提高了约 8%。

土壤毛细空隙里吸附的污染物通常难以被微生物利用，电渗和生物修复结合的方法可以促进污染物的移动和生物降解效率。土著微生物的浓度通常较低（低于 10^5 个细胞/g 土壤）或还没有足够的时间进化获得降解污染物的能力。因此，对于难生物降解的物质如 MTBE、石油长链组分、TCE 等，仅利用土著微生物的降解能力难以满足污染修复的要求，这种情况下采用从外界添加高效微生物的生物强化法是提高生物修复效率的积极方法（Romantschuk 等，2000；Stocking 等，2000；Margesin，2000）。外界添加的微生物可以是纯培养的微生物，也可以是混合培养的微生物。生物强化法成功的关键是添加的微生物能和土著微生物稳定共存，同时通过含有降解能力的基因的水平移动等使污染物降解能力得以扩增。

8.1.2.2　异位生物修复

当原位生物修复方法难以满足环境要求时，异位生物修复技术成为重要的选择。异位生物修复可以采用土著微生物，也可以利用外源微生物降解菌。对于土壤污染，可采用泥浆反应器或固体发酵法（堆肥法）（Boopathy，2000；Pandey 等，2000）。

利用生长的活性微生物进行重金属污染的异位生物修复技术研究也成为当今的热点研究领域（Malik，2004；Valls 等 2002；Barkay 等，2001；Zhu 等，2008），使用的生物反应器包括流化床、生物转盘、生物化学反应器等，操作上需要连续或分批添加营养源以保证细胞的活性。活细胞用于处理重金属的机理包括生物吸附、通过生物膜的传递，与胞内蛋白质或其他络合剂的结合。生物表面活性剂有助于重金属从土壤中的溶出和脱附，这些生物特性是提高重金属污染修复效率的重要因素（Valls 等 2002；张强等，2015）。

（1）异位生物修复的主要类型

① 预制床法（Prepared bed） 在不渗漏的地面上铺石子、沙子后，将受污染土壤铺在沙子上面，厚度为 15～30cm，添加必要的营养物质、调节土壤湿度，加入表面活性剂，并不断搅拌，实现污染物的去除。预制床处理技术是在农耕法基础上产生的，能够避免污染物的迁移（林力，1997）。

② 堆肥式处理（Composting） 作为传统的处理固体废弃物的方法——堆肥，也可以应用于受石油、洗涤剂、卤代烃、农药等污染土壤的修复处理，并可取得快速、经济、有效的处理效果。与预制床处理不同的是，土壤中直接掺入了能提高处理效果的支撑材料，如树枝、稻草、粪肥、泥炭等易堆腐物质，使用机械或压气系统充氧，同时加石灰调节 pH 值。经过一段时间的发酵处理，大部分污染物被降解，标志着堆肥完成，经处理消除污染后的土壤可返回原地或用于农业生产。堆肥法包括风道式、好气静态式和机械式三种，其中以机械式最易控制，可以间隙或连续进行（张甲耀，1996）。

③ 生物反应器（Bioreactor） 把污染土壤移到生物反应器中，加入 3～9 倍的水混合使其呈泥浆状，同时加入必要的营养物和表面活化剂，鼓入空气充氧，剧烈搅拌使微生物与底物充分接触，完成代谢过程，然后在快速过滤池中脱水（陈海英等，2010）。生物反应器可分为间隙式和连续式两种，以前者应用更广（张甲耀，1996）。由于生物反应器内微生物降解的条件较易控制和满足，因此其处理速度与效果优于其他处理方式。但它对高分子量 PAHs 的修复效果不理想，且运行费用较高。

④ 厌氧处理（Anaerobic reactor） 厌氧处理对某些污染物如三硝基甲苯、PCB 等的降解比好氧处理更为有效，现已有厌氧生物反应器技术的应用，但因其厌氧条件难以控制，且易产生中间产物等，故其应用较好氧处理为少（张甲耀，1996）。

（2）异位生物修复的影响因子

① 污染物性质 以 PAHs 为例，PAHs 在环境中的行为大致相同，但每一种多环芳经的理化性质各不相同。苯环的排列方式决定着 PAHs 的稳定性，非线形排列较线形排列稳定。PAHs 在水中不易溶解，但是不同种类 PAHs 差异很大。通常，PAHs 的可溶性随苯环数量的增多而减少，挥发性也是随苯环数量的增多而降低（Sims 等，1983）。它们的苯环数量与其在土壤中的衰减量呈负相关。McGinnis 等（1988）对木材防腐处理区的土壤中防腐油成分进行分析，发现双环 PAHs 的半衰期小于 10d；三环 PAHs 的半衰期小于 100d；而大多数四环、五环 PAHs 的半衰期一般都大于 100d。

② 降解污染物的生物学特性 微生物通过两种方式对 PAHs 进行代谢：a. 以 PAHs 作为唯一的碳源和能源；b. 把 PAHs 与其他有机质进行共代谢（或共氧化）。微生物加氧酶有两种，即单加氧酶和双加氧酶。真菌一般产生单加氧酶，能把一个氧原子加到底物中形成芳烃氧化物，继而氧化为反式双氢乙醇和酚类。细菌主要产生双加氧酶，它把两个氧原子加到底物中形成过氧化物，进一步氧化为顺式双氢乙醇。双氢乙醇可进一步氧化为儿茶酸、原儿茶酸和龙胆酸等中间代谢物，而后苯环断开，产生琥珀酸、乙酸、丙酮酸和乙醛（Cerniglia 等，1984）。所有这些产物都被微生物用来合成自身的细胞蛋白质和能量，同时产生 CO_2 和

H_2O （Sims 等，1983）。

③ 生物的驯化和适应　受到污染的土壤中还会存活一部分微生物，这部分微生物是被污染环境驯化的，适应了污染环境。通常研究人员从污染土壤中分离和筛选出一些适应污染环境的土壤微生物，这样就能缩短驯化过程，再将这部分微生物经过实验室扩增，加入到土壤中，加速污染物在土壤中的去除。1991 年，Grosser 等发现，从 PAHs 污染土壤中分离细菌，培养 2d 后，再加入到污染土壤中，芘的矿化作用提高了 55%。将污染土壤中的微生物分离出来，经过扩增后加入到同类污染土壤中，加速土壤污染物的去除，成为了一类较好的微生物处理方式（Goldsmith 等，1989）。但是这种方法也存在技术瓶颈，当从 A 污染土壤中提出的微生物移植到 B 污染土壤中后，由于土壤条件的不同，效果会大打折扣。所以实际处理时，要考虑实验室培养的菌种在生物治理中的存活率。

④ 土壤性质与环境因素　土壤的性质和环境因素对修复效果也有很大的影响。例如，土壤的有机质含量、土壤物理结构、颗粒组成都能够影响土壤的修复效果（Sims 1990；Manilal 等，1991；Steiber 等，1990；Barenschee 等，1990；Li, et al, 2009）。例如，在修复 PAHs 污染土壤的过程中，通过调节土壤的理化性质，提高了污染物的去除率（Morgan 等，1991；Grosser 等，1991）。

土壤的 pH 值和 C、N、P 比例可以通过加入石灰、营养盐类和肥料来调节；控制土壤湿度并通过整理、混匀以改善土壤质地（Sims，1990）。许多生物治理的设计中采用强制通风提供充足的氧气，使微生物能完全矿化有机污染物，但成本很高。有的设计中采用 H_2O_2 提供高浓度的氧源（Morgan 等，1992），但是 H_2O_2 活性高，高浓度时可能有毒，不加控制的分解作用会导致废气的产生（Ellis 等，1991）。

适于微生物降解所需的温度一般难以保持，尤其是就地处理。生物反应器比较容易保持降解的适温；在就地处理中常把帐篷状的加热器竖立于处理床上，提高处理温度，特别是在冬季（Jafvert 等，1991）。

⑤ 表面活性剂的使用　很多有机污染物强烈吸附于土壤上，不易降解，表面活性剂能促进其解吸附和溶解进入土壤水中。在修复水土悬浮液中的 PAHs（蒽、菲、芘）时加入 9 个和 12 个环氧亚单位的辛苯环氧树脂或壬苯环氧树脂能够促进 PAHs 的解吸附，提高修复效果（Liu 等，1991）。然而，表面活性剂的用量要适度。剂量大的时候，容易造成二次污染，且会造成浪费，并且会抑制微生物的活性，与污染物形成竞争关系，降低修复效果。Obewrbremer 等研究表明（1989），微生物可以通过自身代谢，产生糖脂类表面活性剂，从而促进污染物的去除。微生物经过最初适应期之后，在模拟系统中依靠生物表面活性剂成功地使烃类得到降解（Gocik 等，1990）。由于表面活性剂处理成本较高，所以，利用微生物自身产生的表面活性剂可降低处理成本。不过，对这种能产生生物表面活性剂的微生物仍需鉴定，它的实际应用效果也还需进一步证实。

8.1.3　生物修复的可行性

在生物修复项目之前，必须对工程的可行性进行研究。工程可行性分析，包括对处理场所的分析，如污染物的浓度与分布，微生物的活动、土壤水环境特性以及水文地质特性等，以比较、选择生物修复方案。除考虑处理的效果、处理的经费等外，还需要考虑生态系统健康和安全性、风险、监测、社区关系、残留物管理等方面。

生物修复的可行性研究分以下 4 个步骤。

（1）数据收集

应收集的数据资料有：a. 污染物的种类和化学性质，在环境中的浓度及其分布，受污染的时间长短；b. 环境受污染前后微生物的种类、数量、活性以及在环境中的分布，确定当地是否有完成生物修复的微生物种群；c. 环境特性，包括土壤的温度、孔隙度、渗透率，以及污染区域的地理、水文地质、气象条件和空间因素（如可利用的土地面积和沟渠井位）；d. 当地有关的法律法规，确立处理目标。

（2）技术路线的选择

在掌握了当地情况以后，查询有关生物修复技术发展应用的现状，是否有类似情况和经验。提出各种修复方法（不只是生物修复）和可能的组合，进行全面客观的评价，筛选出可行的方案，并确定最佳的技术路线。

（3）可处理性试验

如果认为生物修复技术可行，就需要进行实验室小试和现场中试，获得有关污染物毒性、温度、营养和溶解氧等限制因素的资料，为工程的实施提供必要的工艺参数。

（4）工程设计

如果通过小试和中试均表明生物修复技术在技术和经济上是可行的，就可开始生物修复项目的具体设计，包括处理设备、井位、营养物和氧源（或其他的电子受体）等。

8.1.4 植物修复过程中修复植物的处置

伴随着修复植物的田间示范与应用，随之而来的另一个问题就是修复植物的处置。根据 2003 年在浙江试验基地的试验结果，种植海州香薷一季，地上部生物量高达 16t（干重）/hm^2，可收获的根平均生物量也达 2.42t（干重）/hm^2。砷超积累植物蜈蚣草、锌超积累植物东南景天的生物量也非常大，且可多次收割。包含重金属的植物体收割后，如果不立即处理，会再次进入土壤体系，且这种形式的重金属通常为可溶解态，会造成更大的危害。

修复植物的后续处理，是目前植物修复的一个难题，至今尚未有很好的解决办法（Sas-Nowosielska，2004）。植物修复田间过程结束后的处置方式主要有：a. 堆肥；b. 直接压缩；c. 高温分解；d. 焚烧；e. 灰化；f. 溶液萃取；g. 直接抛弃。将收获的新鲜植物放入堆沤池中堆制，可将其体积缩小到原来的 20% 左右，从而可减少处置物的体积和处理费用，但堆肥需要花 2～3 个月时间，处理的时间较长。直接压缩是指将新鲜植物放入压缩设备中，加压榨出汁液，同时也减小了体积。但压缩只是减小了收获物的体积，却增加了处理对象，还需额外处理榨出的植物汁液。高温分解是指将植物放入焚烧炉中，在厌氧条件下、调节至某一温度，将污染物汽化并采用吸收剂吸收，较多地应用于城市固体废弃物的处置，其难点在于有害气体的吸收。焚烧是最为人们熟知的方法。灰化，通常是采用辅助材料通过"共燃烧"作用将有害物质尽可能地转移到灰分中的方法。溶液萃取技术目前尚处于试验阶段，是指采用络合剂络合萃取修复植物中的重金属的方法，如可采用 EDTA：ADA 混合溶液（1：4.76，pH 4.5）提取印度芥菜中的铅，提取率可达 98.5%，去除了污染元素后的植物残体可作为普通物质处理。方法 a.～c. 只能算是预处理，因为还需进一步处置上述处理过程中产生的有害物质。方法 d.、e. 主要是处理时控制的温度及其他条件的差异，因而生成的产物也不同。

上述 7 种处置方式基本出发点是将修复植物作为废物而将其"抛弃",修复植物处置的另一种思路是将其进行"资源化利用"。寻找一种合理的针对不同污染类型及修复植物特点,对植物进行"综合利用"或"深加工"以增大其利用价值,这对于降低植物修复的成本,从而增强公众对于植物修复的信心,以加快植物修复的示范、推广步伐,都将有积极的意义。

本章将主要介绍生物修复工程技术的主要方法,微生物修复工程技术、植物修复工程技术和联合修复技术。

8.2 微生物修复工程技术

8.2.1 堆积法

土壤的生物处理,既可在现场应用,也可在地表处理池中进行。现场生物处理需要管路和通风系统供应营养和氧气。

生物处理堆在可控的环境条件下处理高浓度的废物是一种行之有效的方法。在生物处理过程中需加入微生物所需的营养物、填充剂和其他材料。传统的生物处理堆肥法中填充剂的作用是为了增加生物处理堆的通气性,填充剂为微生物提供了额外的碳源。有机污染物含量低的土壤可加入高含量的有机碳源,如生活污泥、有机肥料,这样可促进有机质的分解,保持生物处理堆中微生物的数量,保证生物处理 55℃ 的适宜温度条件。

8.2.1.1 堆积法的分类

堆肥法是在人工控制的条件下,对固体有机废物进行好氧生物分解和稳定化的过程。在堆肥过程中主要是利用多种微生物(包括细菌、放线菌、真菌和原生动物等)的活动,经历较长时间,使多种污染物得到降解和转化。堆肥过程是一个物质转化和再合成的过程,这个过程可以用如下反应式表示:

$$有害固体废物 + O_2 + 微生物新陈代谢 == 堆肥产品 + H_2O + Q$$

在堆肥处理的过程中,通过控制堆制时的环境因素,给微生物提供一个良好的环境条件,促进微生物的繁殖,同时微生物降解有机物质产生大量的能量(主要以热的形式产生),又提高了微生物代谢的速率,从而提高有害废物的处理效果。

生物处理堆肥技术有条状堆肥法、充气静态堆肥法及容器式堆肥法三种基本方法处理污染土壤。前两种方法常用于生活污泥的处理,在条状堆肥法中氧气靠自然对流和机械搅拌引入处理堆,而在充气静态法中,氧气是靠机械法充气引入的。

(1)条状堆肥法

堆放混合物排成平行的一排,处理过程靠微生物的新陈代谢提供热量,采用机械翻动来控制温度。

(2)充气静态堆肥法

堆放物与填充剂混合形成堆状物(见图 8-2),堆放物在充气系统之上,通过鼓风机和连接管路,把空气引入处理堆中,根据充气系统的操作参数设计不同来控制温度。这种方法与条状堆肥法相比,可较准确地控制温度。

静态堆肥法是利用通气管道进行人工鼓风通气的一种堆制方法,不需要翻堆,一般 3～5 周可以完成堆制。设计充气系统不同的操作参数来控制温度,这种方法与条形堆相比,可

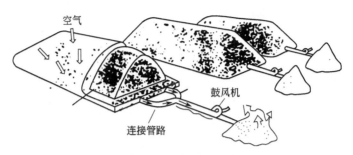

图 8-2　充气静态堆肥法示意

以准确地控制温度。条形堆则是将原料混合后堆成条垛，定期翻堆，一般 1～4 个月可以完成堆制。堆肥生物反应器与前两种不同，它有固定的发酵装置，具体形式很多，有立式、卧式或槽式、筒仓式等，可以很好地控制温度和避免气味外逸。它通过以下两种方式来控制温度：一种是层层翻动充氧；另一种是螺旋搅动式搅拌，以加强混合和充气。堆制时间一般为几天到几周。这种方法较前两种方法来说，处理时间短、处理效率高，但是成本也高，一般多用于实验室研究。

（3）容器堆肥法

容器堆肥法在一个封闭容器中进行，可以更好地控制温度和避免气味外逸。容器堆肥法可通过以下两种方式控制温度：一种是层层翻动充氧；另一种方法是螺旋搅动式搅拌，以加强混合和充气。堆肥的容器一般为圆柱形，也有立方体形，由绝缘镀锌铁板、碳钢或其他材料制成。容器体积有大小，从几十升到十几立方米甚至更大，一般实验室内装置较小，如已作为中试则较大。为增加堆肥的疏松程度，加入一定比例的填充剂（Bulkingagent），填充剂可以是泥炭、树皮、木屑、草或其他物质。堆制的同时加入一定的肥料，可以是牲畜粪便也可以是无机的氮、磷、钾肥。堆好后，定期搅拌，定期检测堆肥的温度、产生的 CO_2 量或细菌总数，以了解堆肥的进行状况。同时要定期检测 N、P 的含量，如果量不足了，则要补加，以满足微生物降解的需要。并定期测定油含量，以了解最终处理效果。处理过程一般在开始时温度较低，随过程进行温度逐渐升高，可达到 50～60℃，然后温度逐渐下降，CO_2 量或细菌总数也会有类似起伏，油含量会持续下降，但如果受外界温度影响，上述变化可能并不典型。

8.2.1.2　针对有机污染的土壤堆积法应用

堆肥处理作为生物修复技术的一种新型替代技术，不仅可以处理有毒有害物质，还可以实现固体有机废物（包括有机垃圾、粪便、污泥、农林废物和泔脚等）的无害化、资源化，同时堆肥产品又为农家提供了优质的有机肥料，所以堆肥处理具有环境保护和经济效益的双重意义。20 世纪 80 年代末 90 年代初，国外有人开始尝试用堆肥法处理被有机污染物污染的土壤。目前可以处理的土壤有机污染物种类也很有限，主要包括石油烃、炸药、氯酚、杀虫剂及多环芳烃等，其中对多环芳烃的研究最多。

生物处理有机污染土壤的方法主要有地耕法（Landfarming）和堆肥法（Composting）两种。地耕法为露天在地表铺设污染土壤，定期翻耕、浇水、施肥，利用土壤微生物降解土壤中的有机物。地耕法由于占地面积大，受温度、降雨等条件限制，并有可能污染空气、水源和地下水，因而有被处理反应器的堆肥方式取代的趋势。

　　堆肥技术具体采用的堆制方法有两种：一种是直接将受污染土壤与堆制原料混合后进行堆肥；另一种堆制方法是在污染土壤中添加已经堆制过的堆肥产品进行生物修复。与前一种堆制方法相比，堆肥产品中不仅含有多种微生物包括杆菌、假单孢菌、放线菌及能降解木质素的真菌，还含有丰富的营养物质，而且又能作为土壤改良剂，改善土壤结构、水分和 pH 值等，使土壤环境更有利于微生物发挥作用。为了增强利用这种堆制方法处理污染土壤的技术可行性，减少随后问题出现，有必要开展一些中试规模的基础性研究工作。采用这种堆制方法首先要将不含有污染物的堆肥产品与污染土壤相混合，但是如果一旦处理后堆体中污染物并没有得到很有效的降解，会造成所投加的堆肥产品也被污染，从而增加了受污染的物质的总量。

　　(1) 炸药类污染物堆肥方法

　　处理受爆炸物如 TNT、RDX 等污染军事基地的生物修复，取得了一定的成功经验。受炸药污染土壤堆肥处理，在高温时污染物的降解率更高，半衰期更短。虽然目前还没有探明 TNT 的降解路径，但是在好氧条件下，用 ^{14}C 示踪几乎没有发现 TNT 被矿化为 CO_2 或挥发性有机化合物，其生物转化中间产物是 4-氨基-2,6-二硝基甲苯和 2-氨基-4,6-二硝基甲苯，并且容易形成偶氮键，从而产生二聚化或多聚化作用而不再降解。而且实验证实，多于 50％ 的 TNT 中标记 ^{14}C 与土壤中的有机质，如纤维素和腐殖质、腐殖酸相结合，其方式类似于腐殖化，转化为较稳定的结合态残留物。如果采用不同的堆肥过程，参与降解的微生物种类也不同，将直接影响到污染物的代谢途径及中间产物的进一步降解。采用厌氧-好氧结合法，厌氧阶段 TNT 中硝基被依次还原，随着 TNT 浓度的下降，首先出现的是氨基二硝基甲苯，还有少量 TNT 转化为三种乙酰化和甲酰化的氨基硝基甲苯，然后随着其浓度减少，二氨基硝基甲苯开始出现，最后在好氧系统中全部消失。

　　(2) 氯酚类污染物堆肥方法

　　采用以上两种堆制方法对含有氯酚类（PCP）污染物土壤进行堆肥处理后，都取得了很好的效果，而且 PCP 从土壤中消失主要被矿化掉。堆体中加入的填充剂可以吸附 PCP，从而使微生物处在一个相对毒性较小的环境中，更有利于其发挥活性。因 PCP 毒性较大，向堆体中外加接种剂对生物修复作用没有明显的促进。堆制一段时间后，微生物的降解活性较高，此时适当添加底物，可补充微生物所需的碳源和能量，有助于污染物的降解。但是也有中试研究发现，土壤中五氯酚的浓度越大，越容易通过微生物的活动转化为毒性更大而且在堆肥过程中不能被很好降解的 PCDD/Fs。如果在堆肥产品与污染土壤混合堆制之前先对堆肥产品进行代谢诱导，这种作用会有助于 PCP 的降解。将含有 PCP（5～10mg/L）溶液流过堆肥产品对其进行 3 个月诱导后，再与污染土壤混合堆制，其中 56％ 的 PCP 可以被矿化为 CO_2，而且脱氯过程没有形成中间产物，而未经诱导的对照组 PCP 则没有发生矿化。进一步分别对发酵期和腐熟期的堆肥产品进行代谢诱导，都证实了这种诱导作用确实可以促进 PCP 污染土壤的生物修复。

　　(3) 芳香烃类污染物堆肥方法

　　芳香化合物的生物降解性随着苯环分子量的增加而降低。去除率顺序为，荧蒽>苯并蒽>苯并芘>苯并荧蒽>苯异荧蒽。并且随着污染负荷增加，高浓度的污染物对微生物产生极大的毒害作用，也会抑制微生物对污染物的降解。很多研究发现，向 PAHs 污染土壤中添加腐熟堆肥混合堆制比直接堆制污染土壤的效果要好。这主要因为微生物可以利用腐熟堆肥中含有的大量腐殖质作为营养物质,通过共代谢作用降解 PAHs。

石油污染土壤中富含芳香烃污染物,包括苯、甲苯和乙苯及二甲苯的同系物,利用堆肥技术对其进行生物修复有很好的效果。将牛粪、羊粪与锯木屑混合,制成有机肥,再与被石油污染的土壤按污染土:有机肥为 (3.5~4.0):1 比例混合,堆放高度为 1.5~1.8m,中间放置多孔软管,以便排水及通气。对一个约 420m³ 的被燃料油和柴油污染了的土壤,处理结果表明,11 周后土壤中未检出苯、甲苯及二甲苯。处理效果好的原因是,动物粪便提供了微生物生长必需的营养物,加入锯屑,不仅能保持温度,而且由于其具有一定的堆积孔隙,提供了 O_2、CO_2 迁移交换的有利条件。

(4) 挥发性有机物堆肥方法

比如,三氯乙烯是很常见的挥发性地下污染物,一般使用抽气装置把地下的三氯乙烯以气态提取出来,这样处理后果是产生很多含有三氯乙烯(TCE)的废气。使用腐熟堆肥对废气进行生物过滤可以有效地除去污染物,并且使用不同填充剂的堆肥产品对处理效果有一定影响,如果使含 TCE 的废气通过用树叶作为填充剂制得的腐熟堆肥后,TCE 去除率为95%,而通过用锯木屑作为填充剂制得的腐熟堆肥后,去除率仅为 15%。另外,如果使废气通过经甲烷、丙烷诱导过的堆肥产品,能在堆体中产生大量能利用甲烷和丙烷的细菌,也有利于去除 TCE。此外,在堆肥产品中加入活性炭颗粒也对 TCE 降解有促进作用。

(5) 环境激素类物质堆肥方法

环境中存在一些能够像激素一样影响人体和动物体内分泌功能的物质,称为环境激素,又叫内分泌干扰物,尽管它们在环境中的浓度极小,但是一旦进入人体内,就可以与特定的激素受体结合,干扰内分泌系统的正常功能。这类化学物质主要用来制造农药、洗涤剂和塑料制品的材料或添加剂以及药品等。本实验室将秸秆与污泥混合好氧堆肥处理所添加的污染物即增塑剂粗品对苯二甲酸二异辛酯,对堆肥过程不同时期的乙醇萃取样品的液相色谱分析后发现,堆肥处理对这种污染物有很好的降解效果。虽然目前生物修复方面关于环境激素类污染物降解的研究较少,比如用生物降解只能处理含多氯联苯浓度较低的废物,而且速率较慢。但是我们对环境激素危害性的认识,应用堆肥技术对这类污染物的生物降解的研究也必然获得很大进展。

8.2.1.3 堆肥处理技术应用于有机污染土壤时的影响因素

有机污染物和土壤之间的相互作用将直接影响到污染物的微生物可利用性,从而成为决定堆肥技术成败的关键所在,其他环境因素如堆肥的温度、湿度、pH 值、C/N 和通气性等对有机污染物的降解也有明显的影响。此外,表面活性剂的使用也会产生一定的作用。

(1) 有机污染物和土壤的相互作用

有机污染物进入到土壤中,主要经历生物降解和非生物损失(包括挥发、水解和渗滤等)两种消失途径。其归宿首先由自身性质决定,同时环境因素也产生重要影响,包括土壤的组成与结构、温度和降雨等。污染物除了可以从土壤中消失,还可以与土壤发生相互作用,并且这种作用过程会降低污染物的微生物可利用性,随着时间推移,使污染物被土壤屏蔽,逐渐转化为不可被微生物利用的残留物,但是值得注意的是,这种用时间来定义的不可被微生物所利用的残留物并不是绝对意义上的,也存在将来通过微生物活动而被释放的可能。

有机污染物的微生物可利用性随着其在土壤中持留时间的延长而下降。这种现象称为污染物的老化（Ageing）。发生老化的本质是，通过污染物与土壤相互作用使污染物从土壤中较容易与微生物作用的区域转移到不易或不能被微生物接触的区域，从而降低污染物的生物可利用性。比如多数研究认为，土壤对污染物的吸附作用会使污染物发生老化，一般情况下，土壤固有微生物将被阻挡在土壤颗粒内孔隙以外，只能存在于颗粒外部水溶液中，这样，那些吸附在土壤有机质（SOM）内部以及土壤中无机组分颗粒（包括大孔和微孔）内部的有机污染物，不能直接接触到微生物，因而也不能直接发生降解反应。

（2）微生物的驯化

目前，在生物修复污染土壤方面，一般都是用增加营养物和改善环境条件的方法，利用土壤和堆肥原料中原有的土著微生物来降解有机污染物，这样处理时间较长。已经有研究发现，向堆体中接种特殊微生物，能显著提高有机污染物的降解速率。实际上，土壤在遭受污染后，土壤中的微生物就存在一个驯化选择的过程，一些特殊的微生物在污染物诱导下会产生分解污染物的酶系，进而将其分解，这就是在污染土壤中普遍存在的降解菌富集现象。所以，现代堆制研究可以从受污染土壤中分离并培养降解速率最大的微生物种类，然后再把它们接种于同类污染土壤，利用其互生作用，缩短生物降解的启动期。但是，值得注意的是，由于土著微生物已经适应了污染物的存在，外源微生物就不能有效地和土著微生物竞争，而且微生物从一种土壤引入到另一种土壤后，适应新的土壤环境可能会有困难，所以实际处理时，要考虑实验室培养的菌种接入到污染土壤后的存活率。

（3）环境因素

环境因素包括温度、湿度、pH 值、通气性以及 C/N 等，这些因素的调控决定了堆肥技术处理有机污染土壤的效果。比如：高温（50～55℃）堆肥条件下反应 6d，可降解 94％的石油烃，而在常温下（23～30℃）下反应 9d，只降解 45％的石油烃。一般而言，应用堆肥技术时需要考虑两方面的条件：一是堆肥本身所需要的适宜条件，目前对这些条件的控制已经较为成熟，见表 8-2；二是有机污染物降解所需要的最适条件。通过改变环境条件来改变微生物降解污染物的速率，从而得出了保持微生物降解活力的适宜条件（见表 8-3）。堆肥过程应结合这两方面考虑，选出最佳的堆肥条件。

表 8-2　堆制所需的适宜条件

环境因素	范　围	最适条件
温　度/℃	46.7～65.6	54.5～60
湿　度/%	40～65	50～60
pH 值	5.5～9.0	6.5～8.0
氧气含量/%	＞5	＞10
养分比例（C/N）	（20∶1）～（40∶1）	（25∶1）～（30∶1）

表 8-3　保持微生物降解活力的适宜条件

环境因素	保持微生物活力所需的条件
温度/℃	15～45
湿度/%	25～85
pH 值	5.5～8.5
氧化还原电位（Eh）	好氧、兼性＞50，厌氧＜50
氧气含量/%	好氧＞10，厌氧＜10
养分比例（C/N/P）	120∶10∶1

（4）表面活性剂的使用

因为很多有机物被强烈地吸附在土壤上，使用表面活性剂能促进憎水性有机物的亲水性和生物可利用性。使用合成的表面活性剂要注意两个方面：一方面是使用浓度要合适，浓度过高既不经济，又可能抑制微生物的活性；另一方面就是注意不要在环境中引入新的化学品污染。另外，由微生物、植物或动物产生的天然表面活性剂称为生物表面活性剂。微生物自身能产生以糖脂形式存在的生物表面活性剂，油类降解90%所需的总体时间可以缩短，即生物降解作用得到了加强。不过，生物表面活性剂的应用还处于试验性阶段，目前主要问题是如何将具有特定代谢功能的微生物接种于污染现场，并保证其能产生有效增强生物降解的生物表面活性剂。

8.2.1.4 堆肥法处理有机污染土壤展望

用堆肥法对有机污染土壤进行生物修复的研究，目前虽然是取得了一些进展，并为土壤中有机污染物的治理提供了一种新技术，但是在其广泛应用上，还需进一步在以下几方面进行深入探索。

（1）有机污染物在堆制过程中降解的中间产物及终产物分析

有机污染物在堆肥处理过程中，变化较复杂，一方面可通过微生物的作用而降解，另一方面会衍生其他的中间产物，这些中间产物具有较大的迁移性，在某些条件下可以形成比目标污染物毒性更大的有机污染物。因此，关于中间产物和终产物的分析确定是评估生物降解的非常有用的指标，并由此确立有机污染物降解动力学，寻求低生物毒性的代谢途径。

（2）结合微生物降解有机污染物的生物工程技术

复杂的有机污染物混合物的降解需要有混合菌株的参与，但不同菌株之间可能会产生竞争或拮抗作用，从而对降解产生负面影响，使用可高效降解多种污染物的降解工程菌就可以避免这类问题。因此，开发有特殊功能的酶类、酶分子化学修复和酶的分离、提纯等技术，制备具有高降解能力的制剂，加入到堆肥中，为微生物降解有机物开辟新途径，这方面的研究必将进一步深入下去。

（3）解决工程放大中可能出现的问题，缩短堆肥技术从实验研究到工业化的距离

已经有一些现场应用堆肥技术成功的报道，比如，最近在澳大利亚的 Adelaide 建成了一个 $8000m^3$ 的中试基地，以处理被柴油、石油污染的土壤。堆制前，调节土壤中水分和营养物的含量，并设计了空气通道通入堆积物中，以定时注入空气，7个月后，土壤中的大部分石油烃被微生物分解为 CO_2、H_2O 及有机盐类，残留污染物水平符合国家规定。但是目前研究多停留在实验室阶段，距实际应用还有一段距离。因此，今后的研究方向将是吸收先进的理论和技术，对堆肥工艺和设备进行研究，简化流程，研制出低耗高效堆肥反应器，并能够应用到有机污染物堆肥法原位生物修复。

总之，堆肥法与传统的生物处理法相比，它的主要优点是在严格控制的环境中，通过加入填充剂和养分可最大程度地减少土壤中污染物的有害效应。但用微生物处理高毒性化合物是不可能的，因为它的毒性也会对微生物产生影响，必须首先通过预处理，使毒性减小到一定程度。所以，在使用微生物方法处理之前，应先进行实验室试验和现场中试，考察污染物对微生物活动的影响及其降解过程动力学。

8.2.2　生物反应器

8.2.2.1　生物反应器概述

目前，国外利用生物反应器修复有机污染土壤已有报道。生物反应器技术能够有效地发挥生物法的特长，是污染土壤生物修复技术中最有效的处理工艺，但该技术尚处于实验室研究阶段，未广泛应用于现场处理。利用生物反应器研究高浓度低分子量和高分子量 PAHs 的生物降解性能，具有非常好的处理效果。然而，国内对该技术的研究才刚刚起步。

生物反应器方法是将受污染的土壤挖掘出来和水混合搅拌成泥浆，在接种了微生物的反应器内进行处理，其工艺类似于污水生物处理方法。处理后的土壤与水分离后，经脱水处理再运回原地。处理后的出水视水质情况，直接排放或循环使用。该方法适用于：a. 污染事故现场，且要求快速清除污染物；b. 环境质量要求较高地区；c. 污染严重，用其他生物方法难以处理的土壤。这种液/固处理法以水相为主要处理介质，污染物、微生物、溶解氧和营养物的传递速度快，各种环境条件便于控制，因此去除污染物效率高，对高浓度的污染土壤有良好的治理效果，但运行费用较高。

8.2.2.2　工艺技术

（1）生物反应器法的特点和工艺流程

生物反应器是用于处理土壤的特殊反应器，通常为卧式、旋转鼓状、汽提式，分批或连续培养，可建在污染现场或异地处理。其基本原理就是，利用微生物将土壤中的有害有机污染物降解为无害的无机物质（CO_2 和 H_2O），降解过程由改变土壤的理化条件（包括土壤 pH 值、湿度、温度、通气及营养盐添加）来完成，也可接种特殊驯化与构建的工程微生物提高降解效率。在微生物相互作用和污染物降解途径方面，生物反应器法和其他生物法如原位或场上处理是相同的。它的主要特征是：a. 以水相为处理介质，污染物、微生物、溶解氧和营养物均一分布、传递速度快，处理效果好，可以最大程度满足微生物降解所需的最适宜条件，避免复杂、不利的自然环境变化；b. 可以设计不同构造以满足不同目标处理物的需要，提供最大程度的控制；c. 避免有害气体排入环境。其主要缺点是工程复杂，要求严格的前、后处理工序，处理费用高。同时需注意防止污染物由土壤转移到地下水体中。该技术的典型工艺流程见图 8-3。

（2）常见的生物反应器及其工艺

① 土壤泥浆反应器　土壤泥浆反应器是最灵活的一种，它增强了营养物、电子受体和其他添加物的效力，因而能够达到最高的降解率和降解效率。在一个反应器中，将受污染的土壤与 2～5 倍的水混合，使其成为泥浆状，同时加入营养物或接种物，在供氧条件下剧烈搅拌，进行处理。由于操作关键是其混合程度，所以专门的泥浆搅拌器可以安装在生物反应器内，或者与生物反应器工艺连接。另外，为提高疏水性有机污染物在泥浆水相中的浓度还可以添加表面活性剂。工业化规模的生物修复工程结合土样冲洗、过筛和降解为一体。设计每天处理量为 $11.5 \sim 23.0 \mathrm{m}^3$，将含 PCP 的冲洗液与小于 60 目的土壤装入土壤泥浆反应器，在反应器中接种有降解 PCP 的混合培养物及 N、P 肥料，当接种量为 10^7 个/mL，泥浆水添加 N、P 比例为 TOC：N：P＝300：12：1 时，14d 后泥浆中土壤的 PCP 由 370mg/L 降至 0.5mg/L。

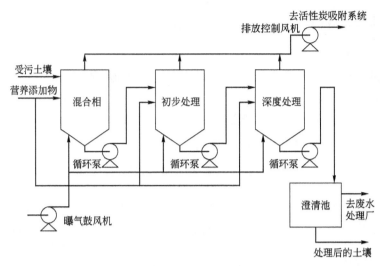

图 8-3　生物修复反应器处理方式示意

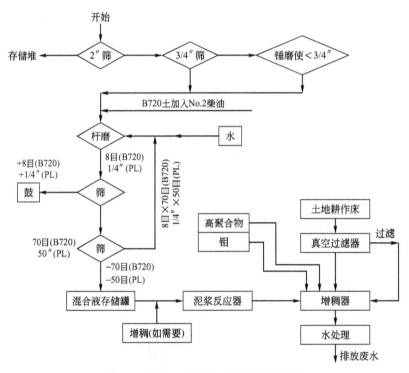

图 8-4　泥浆/土壤耕作小规模系统流程

泥浆反应器应用土壤调整-泥浆相系统-土地耕作工艺（图 8-4）。处理 PL 土的反应器分批进行，B720 土半连续，每天移出一定的污泥量，并接种新泥浆与剩余泥浆再处理。处理结果使 PL 土、B720 土中的总 TPH 分别减少 88% 和 98%。而好氧堆肥法处理 88d 后，PL 土、B720 土中的 TPH 分别减少 76% 和 47%，与泥浆法相比效率要低得多。其原因是泥浆法使营养物、微生物、污染物获得了充分接触。但从工艺流程上看，其工艺复杂，处理费用增加。另外，使用土壤冲洗-生物泥浆法修复一封闭工业场址，处理被一种普通塑化剂

BEHP［bis(2-ethylhexyl-phalate)］污染的土壤达 548.6m³。经冲洗后，土壤分离为细小颗粒送到 4 个泥浆反应器半连续运行（停留 6d），接种特定筛选菌，证明处理颗粒小的土壤效果优于焚烧。此外，还有应用一个间歇式泥浆治理系统（IMBRs）就地修复重环芳烃污染的土壤，接种物为特定筛选菌，IMBR 是一种修复污染土壤有效、经济的方法。美国东南部一家木材处理厂，使用生物泥浆法处理该厂受杂酚油污染的土壤。4 个半间歇式生物泥浆反应器，接种能降解杂酚油的细菌，每周可处理 100t 受污染的污泥和土壤，菲、蒽混合物的含量从 30×10^5 mg/kg 降至 65mg/kg，苯并芘从 1100mg/kg 降到检测限以下。五氯酚的含量从 13×10^4 mg/kg 降到 40mg/kg。

② 固定膜生物反应器　固定膜生物反应器是一种装有固定填料的反应器，土壤加入反应器后在进水的冲带下截留在填料表面。土壤微生物从反应器内水中获得足够的营养物质、氧和碳源，将土壤中污染物降解，而微生物先在土壤颗粒生长，后在固体填料表面形成生物膜。这种固定膜生物反应器的微生物停留时间长，不易流失，因而运行管理方便，冲击负荷对其影响小，反应器各种不同种群微生物自然分层固定，保持高活性。固定化土壤膜生物反应器液相处理污染土壤（图 8-5），载体为多孔性材料。反应器控制通气流速 15L/h，营养盐为 10～74mg/L，不断添加 HCl 和矿物质。PCP 初始浓度为 46mg/L、27mg/L 和 18mg/L时，PCP 终浓度为 1～5mg/L，获得较高的 PCP 降解效率。考察降解动力学及生物膜增长动力学，生物膜量达 4g（干重）/L 反应器体积。在稳态降解阶段，生物膜厚在 100μm 以下。绝大多数 PCP 在固定膜上降解，而在液相可忽略。最佳温度为 20～35℃，pH＞7.7 时降解才受限，耐高盐度。固定膜法与悬浮体系相比，好氧生物降解的物化因素影响小。

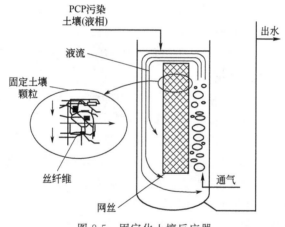

图 8-5　固定化土壤反应器

③ 转鼓式反应器　反应器的主体是一个回转圆筒。由于反应器的回转运动，使得微生物与底物得以充分接触完成代谢过程。该设备可以间歇操作，也可以连续操作。转筒内还可以设计不同的附加设备以利于混合，如加钢性滚珠，提升筛板等，达到最佳处理效果。

荷兰一公司研制的回转式生物反应器，其特点是把待处理的石油污染土壤装入反应器圆筒内，借助于反应器的回转运动使土壤与微生物充分接触。这种设备可以间歇操作也可以连续操作。间歇操作每次装料 50t，营养物在加入污染土壤时混入，湿热空气由位于反应器一端的鼓风机吹入，在反应器内喷水，以保持土壤的湿度。利用这种设备对含油量为 1200～

6000mg/kg 的石油污染土壤在温度 22℃条件下处理 17d，土壤含油量降至 50～250mg/kg。

另外一种方法采用内置钢性滚珠的转鼓反应器生物修复十六烷污染的土壤，解决了湿土在固相生物反应器中出现黏附罐壁的问题。反应器（$d=400$mm，$L=800$mm）控制转速 34r/min，滚珠添率 25%（体积比），反应器持续供氧。设备流程如图 8-6 所示。实验结果与模拟堆肥效果的污染物存储罐静态放置实验相比，转鼓式的降解能力远高于其效果。运行 100h，转鼓反应器的烃降解率是静态柱的 2 倍。

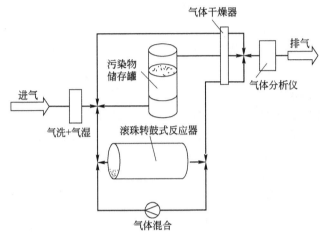

图 8-6　转鼓式反应器

④ 物流化床反应器　在床式反应器中投加小颗粒的载体作为生物膜的附着基质，内置曝气装置，使载体颗粒在整个反应器内均匀分布。土壤（含一定量水分）投加到流化床后，附在载体颗粒如玻璃、砂粒等材料表面，土壤微生物在载体表面形成生物膜。特点是比表面积大，处理能力强，处理负荷大，传质效果好，生物膜不断更新。气固流化床生物修复矿物油和六六六污染的土壤效果好于堆肥。

⑤ 厌氧-好氧反应器　整个系统分两步进行，首先反应器内控制厌氧过程，把土壤中难降解的复杂有机物还原为简单有机物，或减低毒性，降低有机物的复杂程度有利于好氧处理。已有报道使用该工艺处理 TNT 污染的土壤处理装置（图 8-7）。反应器内装入 50% 的 TNT，20% 的草秆和 30% 的甜菜。在厌氧阶段，反应器控制渗滤，流速为 12mL/h，pH 值为 7.0±0.2，厌氧 19d 后排水；添加 10L 的生物发酵剂，土壤-甜菜-稻草混合物通气培养 58d。结果表明，厌氧阶段 90%TNT 还原为单氨二硝基甲苯和二氨硝基甲苯和少量代谢中间物，在好氧阶段大多数残留和还原产物被降解，最终降解率 99.6%，而且在厌氧-好氧过程中产生了三种代谢产物（4-N-AcOHANT，4-N-FAmANT，4-N-AcANT）。前两种代谢产物终去除率达 100% 和 99.6%，而后一种却在 15d 的好氧期增加了，从而提出促进污染土壤修复生物的一种可能途径。

⑥ 淤泥 SS-SBR（Soil Slurry-SBR）　以土壤为反应器介质处理难降解有机物。利用埋在地下的空气渗透膜作为曝气器和生物生长的载体，使之具有固定生物膜法的优点。系统将地表土壤作为一反应器，向土壤中加入水、营养物、电子受体、共代谢基质、表面活性剂及微生物，促进有机物的降解。发现难降解有机物的降解速率由营养物或电子受体决定。

⑦ 高速生物反应器（HRB）的处理过程　进行堆肥处理的高速生物反应器（Highrate-

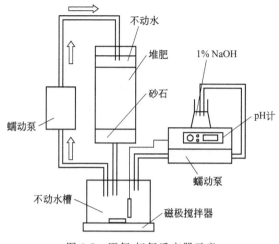

图 8-7　厌氧-好氧反应器示意

bioreactor）最先由美国得克萨斯环境研究所的研究者提出，至今，该所已申请了三项专利（图 8-8）。

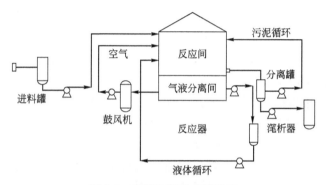

图 8-8　高速生物反应器流程

进料罐：污泥和其他废弃物在进入反应器处理之前，先装在进料罐中，该罐配有搅拌和营养注入系统。该罐可由空气注入以氧化生物固体储存物或由水蒸气注入以提高油泥的温度。

反应器：常压储存罐，是处理过程的中心。罐的上部有铝制圆顶覆盖，内部有特制的隔断，将罐功能性地划分为两个操作间。反应器的上部是反应间，污泥在这里脱水，固形物存留一段时间，其中的有机组分被微生物降解掉。反应间的特有结构是搅拌器，它卸下污泥，阻止在废物、生物有机体和支持介质组成的反应床体内形成无氧的死角。反应器的下部作为气/液与固体的分离间，这个区间与反应间以暗道层分开，以阻止固体的通过，使气/液与固体分开。

分离罐：处理好的废弃物、微生物和支持介质由固体输送系统输送至相邻的分离罐。分离罐的底部为锥形，该罐也用来将处理过的固体物运出进行检测或存放将被运到其他处理设备中去的固体物。输送系统的一部分用于将废弃物、微生物和支持介质运回到反应间，这样可以控制固形物的停留时间和微生物的数量。被处理物的循环减少了最终被送去处理的固体物的量。

滗析器（Decanter）：反应器的运出物被泵到另一个相邻的锥形罐，被称为滗析器。被滗出的液体直接流入（污水的）公共处理设施，或方便的污水处理设施。根据污水的数据和被允许排放的范围，可排放，或是重新循环到反应器来调节反应间内的湿度。滗析器圆锥形的底部分离到的固体物则重新滗送到进料罐，如果已达到要求也可以只处理一次。反应器的空气循环可通过鼓风机实现。中心鼓风机为微生物氧化废弃物中的有机物提供必要的气流。因为氧气的消耗，在反应器内安装了氧气传感器，检测反应器中 O_2 浓度，判定需要多少空气以维持反应器中的有氧条件。为了平衡空气的进入，反应器上还装有一出气口，出口处装有活性炭滤器，可以捕获到任何可能存在于空气中的有机物。因为空气在反应器中循环使用（直到氧气消耗至很低的水平），所以，反应器也可以作为一个降低空气中挥发性有机物的生物滤器。一般情况下，空气从反应器顶部到底部循环，有利于污泥的脱水，但如果需要，正常的向下流动的模式可以翻转，而使反应器床底部干燥。

在反应开始时，可以先加适当数量的填充剂，然后是固体含量较低的含水废弃物。如必要的话，加入一些活性污泥或菌剂及营养，然后使之混匀。这种混合最好一直持续。在反应器分隔板膜施加一定压力促使混合物脱水的过程，可以通过收集区接一真空泵而实现。在某些实验中，采用 0.2～10cm 水柱的压力降，经仔细观察反应床体的深度，废物的降解程度和颗粒的大小，压力在 25～381mm 汞柱之间，这个压力可以很快地去除废物中存在的多余水分，使反应基质形成良好的、高效的生物降解状态。这种湿反应混合物不同于"泥型"和淹没的"固定膜反应器"，这种状态下的含氧气体具有较高相对湿度，使污泥有效降解，而对于"泥型"及"固定膜反应器"，氧的传递需经过两种介质，效率低得多。

反应过程中不停地搅拌使反应进行，同时会产生一定的反应热。一般温度会维持在21～82℃之间，最好在 32～71℃之间，反应过程水分和气体被吸入分离区会带走一部分热量，但可通过加热入口的气体补偿，其他在反应器壁加热带或在内部安装加热装置也可以，一般来讲，维持特定的温度是可行的。含氧气体对生物反应是必需的，一般 10%～50% 的氧气含量可以满足，氧气为 14%～30% 体积含量的气体更好，20% 氧气含量的空气是一个良好选择。含氧气体的流量一般为 0.015～0.06m/min，宽一些的范围也可以，一般来讲 2～6倍于所需 O_2 的量是适合的。反应过程需要维持一定的 pH 值，pH 值为 5.5～9 是可行的，pH 值为 6～9 更好，最适宜的 pH 值为 6～8。经过反应废弃物中的可生物降解部分被消化，废弃物的体积和重量会下降，成为一种易于被处理的物质，反应器中的生物活性物质仍被吸附在填充剂上，而被转化的腐殖质类物质则与填充剂分离。这时，给反应器加水，吸附有细菌的轻质填充剂会浮起为上层，与处理好的废弃物分开。下层为处理好的废物或腐殖质类物质，以及重的填充剂。经过分离，一般来讲，50% 以上的轻质填充剂会被分开，更好一点的情况，65%～80% 的可以分离，如分离 90%～95% 则最好。轻质填充剂的有效分离不仅可以节约资金，降低废物体积，并带入大量微生物，利于后面的降解。

⑧ **物理、化学法与反应器法结合的修复** 土壤有机污染的物理化学法与生物反应器法相结合的修复技术已成为国外研究的热点，并取得了一定进展。用化学与生物相结合修复污染土壤大致可分为两大类：一是利用土壤物质中含有黏土，在反应器内注入季铵盐离子表面活性剂使其形成有机黏土矿物，以实现化学与生物反应器的修复；二是利用表面活性剂的增溶作用，增大水中疏水性有机污染物的浓度，有机物被分配到表面活性剂胶束相中，易被微生物吸收代谢。用物理法与反应器法结合修复污染土壤有：a. 通过土壤喷淋，有效地利用

机械或化学分散使污染物分离成尽可能小的颗粒，为洗后生物反应器处理创造条件，由于土壤冲淋是一个很成熟的技术，其设备已广泛使用于反应器修复工艺中；b. 土壤预整，使用滚筒筛或杆磨，摩擦刷使土壤颗粒减小，并使土中混凝土颗粒破碎，提高生物可行性。

生物反应器技术是有机污染土壤修复技术中最有效的处理工艺。研究污染物的微生物降解性，微生物对污染物的作用机理，降解菌的筛选与基因工程菌的构建是提高反应器生物修复处理效果的关键，也将是研究者和工程设计者的目标。利用系统的建模与仿真，加强工程设计，实现反应器工艺自动化，也是国外研究的活跃领域。

8.3　植物修复工程技术

8.3.1　植物提取修复

超积累植物由于具有很强的吸收和积累重金属的能力，从而在修复重金属污染土壤方面表现出极大的潜力。植物提取技术利用重金属积累植物或超积累植物将土壤中的重金属提取出来，富集并搬运到植物根部可收割部分和植物地上的枝条部位，是目前研究最多且最有发展前途的一种植物修复技术。用于植物提取修复的植物分为超积累植物和诱导的积累植物两大类。前者是指一些具有很强的吸收重金属并运输到地上部积累能力的植物；后者则是指一些不具有超积累特性但通过一些过程可以诱导出超量积累能力的植物。具有高生物量的可用于诱导植物提取的植物有印度芥菜、玉米和向日葵等。室内实验和田间试验均证明，超积累植物在净化重金属污染土壤方面具有极大的潜力。Baker 等（1994）等在英国的 IACR-Rothamsted（洛桑）试验站进行了超量积累植物的首次田间试验，结果显示，超积累植物 T. caerulescens 在净化 Zn 污染土壤方面具有极大的潜力。然而，T. caerulescens 生长速度很慢，植株矮小，单株干物质质量小，这为生产上实际应用带来很大的困难。

诱导性的植物提取包括两个基本阶段：一是土壤中束缚态重金属转化为非束缚态；二是重金属向植物可收获的地上部运输。螯合物的作用在于增加金属离子在土壤溶液中的溶解度，然后重金属通过蒸腾流在木质部运输，并以金属-螯合物的形式运至地上部。金属螯合物在地上部的富集量取决于根系的表面积以及植物体内的毛细管系统。植物修复的效果常常受土壤中重金属低生物有效性的限制。一些人工合成的螯合剂 EDTA、DTPA、CDTA、EGTA 及柠檬酸明显促进 Cd 和 Pb 在植物体内的积累和向地上部的运输。

尽管超积累植物在修复土壤重金属污染方面表现出很高的潜力，但超积累植物的一些固有特性给植物修复技术带来了很大限制。首先，大部分超积累植物植株矮小，生物量低，生长缓慢，因而修复效率受到很大影响，且不易机械化作业。其次，超积累植物多为野生型植物，对生物气候条件的要求也比较严格，区域性分布较强，严格的适生性使成功引种受到严重限制。再次，超积累植物专一性强，一种植物往往只作用于一种或两种特定的重金属元素，对土壤中其他含量较高的重金属则表现出中毒症状，从而限制了在多种重金属污染土壤治理中的应用。

8.3.2　植物挥发修复

目前，在植物挥发修复方面研究最多的是金属元素汞和重金属元素硒，如离子态汞

（Hg^{2+}），它在厌氧细菌的作用下可以转化成对环境危害极大的甲基汞。利用细菌先在污染位点存活繁衍，然后通过酶的作用将甲基汞和离子态汞转化成毒性小得多、可挥发的单质汞Hg，这已被作为一种降低汞毒性的生物途径之一。当前研究利用转基因植物挥发污染土壤中的汞，即利用分子生物学技术将细菌体内有机汞裂解酶和汞还原酶基因转导到植物（如拟南芥）中，进行植物挥发修复。已有的研究表明，细菌体内的汞还原酶基因可以在拟南芥中表达，表现出良好的修复潜力。现代分子生物技术和基因工程的介入，使得植物挥发技术有了更大的发展，Rugh（1996）等已成功地将细菌中的Hg^{2+}还原酶基因导入拟南芥，使植物耐汞的能力大大提高，并且这种转基因植物还可将Hg^{2+}还原为挥发态的Hg，促进了Hg从土壤中的挥发。但同时要注意的是，分子汞仍然是有毒。

8.3.3 植物稳定修复

植物稳定修复的作用主要有两方面：一是通过根部累积、沉淀、转化重金属，或通过根表面吸附作用固定重金属；二是保护污染土壤不受风蚀、水蚀，减少重金属渗漏污染地下水和向四周迁移污染周围环境。重金属在土壤中可与有机物如木质素、腐殖质等结合，或在含铁氢氧化物或铁氧化物表面形成重金属沉淀及多价螯合物，从而降低重金属的可移动性和生物有效性。稳定修复植物利用和强化了这一过程，进一步降低了重金属的可移动性和植物有效性。稳定修复植物一般具有两个特征：一是能在高含量重金属污染土壤上生长；二是根系及分泌物能够吸附、沉淀或还原重金属。利用固化植物稳定重金属污染土壤最有应用前景的是Pb和Cr。一般来说，土壤中Pb的生物有效性较高，但Pb的磷酸盐矿物则比较难溶，很难为生物所利用。植物稳定修复并没有从土壤中将重金属去除，只是暂时将其固定，在减少污染土壤中重金属向四周扩散的同时，也减少其对土壤中的生物的伤害。但如果环境条件发生变化，重金属的可利用性可能又会发生变化，因而，没有彻底解决重金属污染问题。重金属污染土壤的植物稳定修复是一项正在发展中的技术，若与原位化学钝化技术相结合可能会显示出更大的应用潜力。未来的研究方向可能是耐性植物、特异根分泌植物的筛选，以及稳定修复植物与原位钝化联合修复技术的研究。

8.3.4 植物代谢修复

有机污染物被吸收后，植物可通过木质化将有机物及其残片储藏在新的结构中，也可将它们矿化为CO_2和H_2O，去毒作用可将原来的化学物质转化为无毒或低毒的代谢物，储藏于植物细胞的不同位置（Alkorta和Garbisu，2001），也有可能转化为毒性更大的污染物（沈德中，1998）。但是，对于大多数有机污染物，植物只能将其代谢而不能将其彻底矿化。近来有证据表明，植物可矿化多氯联苯类（PCBs）化合物，但数据仍很缺乏（Macek等，2000）。

植物对有机污染物降解的成功与否取决于有机污染物的生物可利用性，后者与化合物的相对亲脂性、土壤类型（有机质含量、pH值、黏土矿物含量与类型）和污染物在土壤中的存在时间有关（沈德中，1998）。

植物来源的某些酶能降解某些有机化合物，脱卤素酶、漆酶、过氧化物酶和磷酸酶可分别降解氯代溶剂、TNT、苯酚和有机P杀虫剂（Susarla等，2002）。普通植物对持久性有机污染物的降解能力很低，而转基因技术对增加植物的这种能力提供了一种新的有希望的途径。Doty 等（Doty 等，2000）报道了导入哺乳动物细胞色素 P450 2E1 的转基因植物提高了对卤代烃的代谢，被代谢的三氯乙烯（TCE）是对照植物的 640 倍，对二溴乙烯吸收和脱溴作用也有所增加。

用 ^{14}C 标记的 B［a］P 和高羊茅进行的植物修复试验表明（Banks，1999），种植植物与未种植植物的处理土壤残留态 B［a］P 的含量分别为 440g/kg 和 530g/kg。植物可大大改善根际微生物的生活条件，增加根际土壤微生物的活性，为什么其去除土壤有机污染物的作用如此有限？原因可能与这些微生物对有机污染物的降解能力有限有关。土壤中能够降解脂溶性有机污染物的酶只是极少数，大多数植物根系分泌及根际微生物产生的酶只能以土壤中常见的有机物为底物，而对外来的高亲脂性的除草剂和杀虫剂降解能力很低。因此，从这个意义上来说，培育、筛选或驯化对亲脂性有机物降解能力高的微生物或植物，对于持久性有机污染物污染土壤的修复具有重要意义。

8.4 联合修复工程技术

8.4.1 污染物的根际修复

根际的重要特点之一是这一微域中含有大量的根系分泌物，导致微生物数量和活性大大增加，为刺激污染物的降解创造了条件。根际环境是指与植物根系繁殖紧密相互作用的土壤微域环境，是在物理、化学和生物学特性上不同于周围土体的根表面的一个微生态系统。在植物修复中，大多数超积累植物（如天蓝遏蓝菜、拟南芥）由于其生物量有限且生长缓慢，并不适合大面积的修复现场应用（Chaney 等，2007）。从植物及土壤微生物的种类和数量而言，构建植物-微生物修复污染土壤有效配伍成为难点，也使得此技术的实际应用少。研究者们发现，土壤微生物和植物根际的相互作用能够在很大程度上影响植物的生长水平，甚至能增强其在污染土壤中的存活性，如具有金属抗性的根际嗜铁细菌的存在能够为植物生长提供必要的营养（如铁元素等），大大降低土壤重金属污染物对植物的毒害作用（Sun 等，2010；Rajkumar，2010）。根际微生物还能够增强土壤污染物的生物可利用性，从而强化植物提取或植物富集。如果能够在这些土壤微生物与超积累植物间建立某种联系，用以提高超积累植物的积累能力，那么就能有效提高污染土壤的植物修复效率（Miransari 等，2011a）。持久性有机污染物的根际修复就是利用根际技术提高污染物生物降解的一种方法（Schwab 和 Banks，1994；Meharg 和 Cairney，2000）。如李秀芬等（2013）选用紫云英口作为宿主植物，研究了紫云英-根瘤菌对多氯联苯污染土壤的联合修复效应，结果表明，经过 100 天的修复作用，单接种根瘤菌、种植紫云英以及紫云英-根瘤菌处理土壤中，多氯联苯的去除率分别为 20.5%、23.0%、53.1%，根瘤菌对紫云英修复 PCBs 污染土壤具有明显的强化作用，而且改善了紫云英根际土壤微生物群落结构和功能多样性，紫云英-根瘤菌共生体对多氯联苯污染土壤表现出较好的修复潜力。

植物本身能直接代谢吸收污染物，另外根系还能增加微生物数量和根际特殊微生物区系的选择性，改善土壤的理化性质，增加共代谢过程中所需根系分泌物的排放量，提高污染物的腐殖质化和吸附性能，从而增加污染物的生物有效性（Reilley 等，1996）。与非根际土壤相比，根际土壤能加速持久性有机污染物如多环芳烃类（PAHs）、杀虫剂和除草剂的去除

（Günther 等，1996）。

对于高度亲脂性的除草剂和杀虫剂，氧化通常是微生物降解这些物质的第一步（Ding等，2002），这一步可增加污染物的水溶性并且可能形成糖苷键。细胞色素 P450、过氧化物酶等都是氧化有机污染物的重要酶（Macek 等，2000），因此对这一类型的酶研究应该受到重视。根际微生物对有机污染物的降解主要包括以下两种方式：一种是共代谢降解；另一种是污染物作为唯一的 C 源和能源被微生物降解（可称为非共代谢降解）。

8.4.1.1 共代谢降解

共代谢降解指的是一些难降解的有机化合物，通过微生物的作用，化学结构被改变，但有机污染物本身并不能被微生物用作 C 源和能源，微生物必须从其他底物获取大部或全部 C源和能源的代谢过程。另外，在有其他 C 源和能源存在的条件下，微生物酶活性增强，降解非生长基质的效率提高，也称为共代谢作用。由于绝大部分持久性有机污染物不能作为微生物的 C 源和能源，因此在利用微生物进行持久性有机污染物的降解时，必须添加生物基质（Juhasz 和 Naidu，2000）。试验证实，PAHs（Bouchez 和 Blanchet，1995）、苯酚（Kim和 Hao，1999）、2,4-二氯苯氧基乙酸（2,4-D）（Sandmann 和 Loos，1984）和植物酚（如儿茶酚和香豆素）（Salt 等，1998）均可被共代谢降解。目前，从共代谢角度系统研究有机污染物降解的文献不多，植物根际的共代谢更是缺乏研究。由于对共代谢 C 源和能源选取还缺乏系统考虑，故还难以建立不同共代谢 C 源与不同有机污染物关系的选择优化理论。

8.4.1.2 非共代谢降解

在不能以共代谢的方式得到能量和 C 源的情况下，微生物也能利用有机污染物作为 C源和能源，将其矿化为 CO_2 和 H_2O。Lappin 等（1985）从小麦根际分离的一个微生物区系能够以除草剂二甲四氯丙酸为唯一 C 源和能源；该区系由两个 *Pseudomonas* 种构成，而单个纯培养菌都不能在二甲四氯丙酸上生长。该区系也能降解 2,4-D 和二甲四氯苯氧基乙酸，但不能降解 2,4,5-三氯苯氧基乙酸。Romero 等（2002）报道了丝状真菌和酵母能够以芘为唯一 C 源对其进行代谢。当用 6 种 PAHs 的混合物时，*Mycobacterium* sp. 可少量降解混合物中的苯并［a］芘（Kelley 和 Cernigilia，1995）。

生物修复过程是一种人为促进土壤中污染物去除的过程，因此通过各种方式促进土壤微生物的活性及其对污染物的降解应是人们努力的方向。从这个意义上说，共代谢降解应当在持久性有机污染物的修复中具有一定的应用前景。

植物-微生物联合修复的技术瓶颈需要在以下几个方向进行突破。首先，筛选耐性/抗性较强的菌株和有机污染物降解菌株；利用分子生物技术及基因工程等手段，选育高效富集重金属植物，驯化培养耐性微生物，构造工程菌剂；利用微生物强化植物富集重金属过程中，不同因子匹配的结果差异较大，因此筛选出高效的工艺组合，最大限度缩短修复进程；增加现场条件下试验以及植物修复效率的研究，以便尽快实现植物/微生物修复技术的工程化。

8.4.2 污染物的微生物-电动修复

结合电动方法和生物浸滤的修复技术最早由 Maini 提出来，最初该技术结合了硫氧化菌生物浸滤和电动力学的方法，通过生物浸滤将污染物转化成可溶态，然后采用电迁移转移污染物质，可提高修复效率，缩短电动修复时间，并减少能量的消耗。DeFlaun 等（1997）用电动方法向沙土中注入和分散外源微生物，结果表明，外源菌能够在沙土中向阳极迁移；并且在电动迁移过程中保持对 TCE 的降解能力。但电动方法会产生一个酸性环境，这时污染物质对细菌的危害较大，会降低菌种的活性。Acar 等（1997）在阳极注入 NH_4OH，阴极注入稀硫酸，考察了 2 种物质在细沙土和高岭土中的迁移效率。实验表明，由于两者对于电极反应的去极化作用使得土壤中的 pH 值维持在 $6.5\sim7.4$；NH_4^+ 和 SO_4^{2-} 可同时注入到土壤中。传统的向地下环境中输送外源活性微生物的方法是水力梯度法，此方式对微生物的分散性差，所注入的微生物通常保持在注入点的局部位置，微生物在局部生长形成"生物垢"，堵塞土壤空隙，使强化过程失败，电动力学方法能够克服传统方法的不足，提高传质效率。当土壤中缺乏氮磷等营养物质以及电子受体时，同样可以利用电动效应往地下高效输送这些物质。微生物-电动联合技术不仅可以应用于有机污染土壤的修复，也可应用于无机物污染土壤的修复。Li 等（2015）采用微生物与电动技术联合修复石油污染土壤，其修复效率比单独采用微生物修复时高，施加电场可能有利于微生物持续对石油进行降解。Reddy 等（2003）采用微生物修复 Cr（Ⅵ）污染的黏土时发现，可以通过电动技术向土壤中的微生物传送营养物质。Zhou 等（2007）采用垂直电场电动方法与植物修复相结合用于去除土壤中的铜和锌。铜和锌离子在垂直电场作用下迁移到土壤表层附近，黑麦草的根系可以吸收或固定金属离子，其中施加电场后黑麦草根系中铜的含量比不施加电场时黑麦草根系中铜含量提高了 0.5 倍左右。曹晓雅等（2014）采用化学淋洗-生物联合修复方法处理六价铬污染土壤，结果表明，用表面活性剂和硫酸盐还原菌共同处理 Cr 污染土壤，淋洗液上清液中 Cr^{6+} 可全部转化为 Cr^{3+}，未被淋洗出的 Cr 从较易被植物利用的可交换态转化为稳定态，主要以 Cr^{3+} 沉淀形式存在于土壤中。

8.4.3 污染物的化学/物化-生物联合修复

目前已经开发出的化学/物化-生物联合修复技术形式主要有淋洗-生物联合修复、化学氧化-生物联合修复、电动-芬顿-生物联合修复、光降解-生物联合修复等。淋洗-生物联合修复技术通过增加污染物的生物可利用性，利用有机络合剂的配位溶出，增加土壤溶液中重金属浓度，提高植物有效性，从而实现强化诱导植物对污染物的吸取（Meers 等，2008）。化学预氧化-生物降解和臭氧氧化-生物降解等联合技术已经应用于污染土壤中多环芳烃的修复。电动力学-微生物修复技术可以克服单独的电动技术或生物修复技术的缺点，在不破坏土壤质量的前提下，加快土壤修复进程。电动力学-芬顿联合技术已用于去除污染黏土矿物中的菲，硫氧化细菌与电动力学联合修复技术用于强化污染土壤中铜的去除。应用光降解-生物联合修复技术可以提高石油中 PAHs 污染物的去除效率。总体上，这些技术多处于室内研究阶段。

杜瑞英等（2013）采用化学-生物联合修复技术对广东省大宝山矿山周边多金属污染土壤进行修复，首先对土壤施加有机肥＋石灰石、白云石、石灰石等改良剂，然后在其上种植红麻进行修复。结果表明，改良剂可以显著提高土壤微生物活性，土壤微生物对糖类、氨基酸类和胺类等碳源的利用能力增强，有助于重金属污染土壤的生态修复。与单一的修复法相比，化学—生物联合修复有机物污染效率也更高一些（邓佑等，2010）。Viisimaaa（2013）等采用生物表面活性剂-化学氧化剂-微生物方法联合修复多氯联苯（PCBs）污染土壤，其中

PCBs 浓度为 $(52\pm1)g/kg$，化学氧化剂分别为液态 H_2O_2 和 CaO_2。结果表明，修复 42d 的时间，无论采用哪种氧化剂，联合修复方法均比单独采用微生物修复 PCBs 降解率要高出 10 个百分点以上。

参考文献

[1] 曹晓雅，曹俊雅，李媛媛，张广积，杨超，解强．表面活性剂和硫酸盐还原菌去除污染土壤中的 Cr(Ⅵ)．过程工程学报，2014，14（001）：84-89.

[2] 陈海英，丁爱中，豆俊峰，范福强，杜勇超，李晓斌．泥浆生物反应器中高相对分子质量多环芳烃生物降解及影响因素研究．安全与环境学报，2010，3：53-57.

[3] 杜瑞英．土壤改良剂和红麻联合修复对多金属污染土壤中微生物群落功能的影响．生态与农村环境学报，2013，29：70-75.

[4] 邓佑，阳小成，尹华军．化学-生物联合技术对重金属-有机物复合污染土壤的修复研究，2010，38（4）：1940-1942.

[5] 林力．生物整治技术进展．环境科学，1997，18（3）：67-71.

[6] 李培军，巩宗强，井欣等．生物反应器法处理 PAHs 污染土壤的研究．环境污染治理技术与设备，2002，13（3）：327-330.

[7] 李秀芬，滕应，骆永明，李振高，潘澄，张满云，宋静．多氯联苯污染土壤的紫云英-根瘤菌联合修复效应，2013，7（5）：14-22.

[8] 刘世亮，骆永明，丁克强等．土壤中有机污染物的植物修复研究进展．土壤，2003，35（3）：187-192.

[9] 刘维霞．土壤综合治理技术-空气抽取法和堆肥法结合使用治理土壤污染．油气田环境保护，1995，5（3）：61-63.

[10] 沈德中．污染土壤的植物修复．生态学杂志，1998，17（2）：59-64.

[11] 陶颖，周集体，王竞等．有机污染土壤生物修复的生物反应器技术研究进展．环境污染治理技术与设备，2002，21（4）：46-51.

[12] 田旸，杨凤林，柳丽芬等．堆肥技术处理有机污染土壤的研究进展．环境污染治理技术与设备，2002，3（12）：31-37.

[13] 王洪君，张忠智，李庆忠．堆肥法处理含油污泥研究进展．环境污染治理技术与设备，2002，3（4）：86-89.

[14] 王春艳，陈鸿汉，杨金凤，刘菲．强化生物通风修复柴油污染土壤影响因素的正交实验．农业环境科学学报，2009，28（7）：1422-1426.

[15] 夏北成编著．环境污染物生物降解．北京：化学工业出版社，2002.

[16] 瞿晶晶，王玲，王晓书，沈珊，任大军．白腐真菌对受喹啉污染模拟土壤的生物修复研究．环境污染与防治，2011，33（7）：47-49.

[17] 张强，郑立稳，孔学，陈贯虹，张靖瑜，王加宁．助剂对石油污染土壤生物修复的强化作用．山东科学，2015，28（1）：78-81.

[18] 张海荣，姜昌亮，赵彦等．生物反应器法处理油泥污染土壤的研究．环境污染治理技术与设备，2001，20（5）：22-24.

[19] 张甲耀．生物修复技术研究进展．应用与环境生物学报，1996，2（2）：1993-1999.

[20] Acar Y B，Rabbi M F，Ozsu E E. Electrokinetic injection of ammonium and sulfate ions into sand and kaolinite beds. Journal of Geotechnical and Geoenvironmental Engineering，1997，123（3）：239-249.

[21] Aatry A R，Euis G M. Bioremediation；and effective remedied alternative for petroleum hydrocarbon contaminated soil. Environment Progress，1992，11（4）：318-322.

[22] Alkorta I，Garbisu C. Phytoremediation of organic contaminants in soils. Bioresource Technology，2001，79：273-276.

[23] Arp DJ，Yeager CM，Hyman MR. Molecular and cellular fundamentals of aerobic cometabolism of trichloroethylene. Biodegradation，2001，12：81-103.

［24］ Baker AJM，Mcgrath SP，Sidolli CMD，et al. The possibility of in situ heavy metal decontamination of polluted soils using crops of metal-accumulating plants. Resources，onservation and Recycling，1994，11：41-49.

［25］ Barenschee E R，Helming O，Dahmer S. Kinetics studies on the hydrogen peroxide-enhanced *in situ* biodegradation of hydrocarbons in water ground zone，in Wolk. Van den Brink J. and Colon F. J. Contaminated. Soil. Kluwer Academic Publishers，1990，1011-1017.

［26］ Barkay T，Schaefer J. Metal and radionuclide bioremediation：issues，considerations and potentials. Current Opinion in Microbiology，2001，4 (3)：318-323.

［27］ Binet P，Portal J M，Leyval C. Dissipation of 3-6-ring polycyclic aromatic hydrocarbons in the rhizosphere of ryegrass. Soil Biol. Biochem.，2000，32：2011-2017.

［28］ Boopathy R. Bioremediation of explosives contaminated soil. International Bioremediation and Biodegradation，2000，46：29-36.

［29］ Bouchez M，Blanchet D. Degradation of polycyclic aromatic hydrocarbons by pure strains and by defined strain associations：inhibition phenomena and cometabolism. Appl. Microbiol. Biotechnol.，1995，43：156-164.

［30］ Cemiglia C E. Microbia metabolism of polycyclic aromatic hydrocarbons. Advances in Applied Microbilogy，1984，30：31-71.

［31］ Cutright TJ，Lee SY. In-situ bioremediation of PAH contaminated soil using Mycobacterium sp. Fresenius Environmental Bulletin，1994，3 (7)：400-406.

［32］ Danish Environmental Protection Agency. Guidelines on Remediation of Contaminated Sites. Environmental guidelines. 2002.

［33］ Dean N，Berti W R. Advancing research for bioremediation，Environ. Prob.，1992，3 (7)：19-25.

［34］ DeFlaun M F，Condee C W. Electrokinetic transport of bacteria. Journal of Hazardous Materials，1997，55 (1)：263-277.

［35］ Ding KQ，Luo YM，Sun TH，Li PJ. Bioremediation of soil contaminated with petroleum using forced-aeration composting. Pedosphere，2002，12 (2)：145-150.

［36］ Doty SL，Shang TQ，Wilson AM et al. Enhanced metabolism of halogenated hydrocarbons in transgenic plants containing mammalian cytochrome P450 2E1. PNAS，2000，97 (12)：6287-6291.

［37］ Ellis B，Harold P，Kronberg H. Bioremediation of a creosote contaminated site. Environmental Technology，1991，12：447-459.

［38］ Galiulin RV，Pachepsky YA，Sukhoparova VP et al. Self-purification of agricultural land from sustained residual pesticides depending on soil properties. Agrochemistry，1990，1：97-107.

［39］ Goldsmith CDJ，Balderson RK. Biokinetic constants of a mixed culture with model diesel fuel. Hazardous waste and Hazardous Materials，1989，6：145-154.

［40］ Grosser RJ，Warshawsky D，Vestal JR. Indigenous and enhanced mineralisation of pyene，B [a] P and carbazole in soil. Appl. Enviorn Microbial，1991，57：3462-3469.

［41］ Hicks BN，Caplan JA. Bioremediation：an natural solution. Palliation Engineering，1993，25 (2)：30-33.

［42］ Hong S，Xingang L. Modeling for volatilization and bioremediation of toluene-contaminated soil by bioventing. Chinese Journal of Chemical Engineering，2011，19 (2)：340-348.

［43］ Hsu TS，Bartha R. Accelerated mineralization of two organophosphate insecticides in the rhizosphere. Appl. Environ. Microbiol.，1979，37：36-41.

［44］ Ivana Ivancev-Tumbas，Jelena Trickovic，Elvira K et al. GC/MS-SCAN to follow the fate of crude oil components in bioreactors set to remediate contaminated soil. International Biodeterioration & Biodegradation，2004，54：311-318.

［45］ Jafvert C T. Sediment and saturated soil associated reaction involving san anionic surfactant (dodecylsulfate) 2：partition in PAH compounds among phases. Environmental Science and Technology，1991，25：1039-1045.

［46］ Juhasz A，Naidu R. Bioremediation of high molecular weight polycyclic aromatic hydrocarbons：a review of the microbial degradation of benzo [a] pyrene. International Biodeterioration & Biodegradation，2000，45：57-88.

［47］ Jùrgensen K S，Puustinen1 J. and Suortti A M. Bioremediation of petroleum hydrocarbon-contaminated soil bycomposting in biopiles. Environmental Pollution，2000，107：245-254.

[48] Kampfer P，Steiof M，Beckker PM，Dott W. Characterization of chemoheterotrophic bacteria associated with the *in-situ* bioremediation of a waste-oil contaminated site. Microbial Ecology，1993，26（2）：161-188.

[49] Kelley I，Cernigilia CE. Degradation of a mixture of high-molecular-weight polycyclic aromatic hydrocarbons by a Mycobacterium strain PYR-1. J. Soil Contam. ，1995，4：77-91.

[50] Kim MH and Hao OJ. Cometabolic degradation of chlorophenols by acinetobacter species. Water Research，1999，33（2）：562-574.

[51] Lappin HM，Greaves MP，Slater JH. Degradation of the herbicide mecoprop [2-(2-Methyl-4-chlorophenoxy) propionic acid] by a synergistic microbial community. Appl. Environ. Microbiol. ，1985，49：429-433.

[52] Fayun Li，Zhiping Fan，Pengfei Xiao，Kokyo Oh，Xiping Ma，Wei Hou. Contamination，chemical speciation and vertical distribution of heavy metals in soils of an old and large industrial zone in Northeast China. Environmental Geology. 2009，57（8）：1815-1823.

[53] Li T，Guo S，Wu B，Zhang L，Gao Y. Effect of polarity-reversal and electrical intensity on the oil removal from soil. Journal of Chemical Technology and Biotechnology，2015，90（3）：441-448.

[54] Liu Z，Laha S，Luthy R G. Surfactant soulbilisation of polycyclic aromatic hydrocarbons compounds in soil-water suspensions. Water Science and Technology，1991，23：475-485.

[55] Macek T，Mackova M，Kas J. Exploitation of plants for the removal of organics in environmental remediation. Biotechnology Advances，2000，18：23-34.

[56] Malik A. Metal bioremediation through growing cells. Environmental International，2004，30：261-278.

[57] Manilal V B，Alexander M. Factors affecting the microbial degradation of phenanthrene in soil Applied Microbiology and Biotechnology，1991，35：401-405.

[58] Margesin R. Potential of cold-adapted microorganisms for bioremediation of oil-polluted Alpine soils. International Bioremediation and Biodegradation，2000，46：3-10.

[59] McGinnis G. D，Borazjani H，McFarland L K. Charaterisation and laboratory testing soil treatability studies for creosote and pentachlorophenol sludges and contaminated soil. In：Robert. S. K. ，USEPA Report No. 600/2-88/055. Ada. OK. USA：Environmental Research Labratory，1988，20-21.

[60] Meharg AA，Cairney JWG. Ectomycorrhizas-extending the capabilities of rhizosphere remediation? Soil Biol. Biochem. ，2000，32：1475-1484.

[61] Meers E，Tack F，Van Slycken S，Ruttens A，Du Laing G，Vangronsveld J，Verloo M. Chemically assisted phytoextraction：a review of potential soil amendments for increasing plant uptake of heavy metals. International Journal of Phytoremediation，2008，10（5）：390-414.

[62] Miransari M. Hyperaccumulators，arbuscular mycorrhizal fungi and stress of heavy metals. Biotechnology advances，2011，29（6）：645-653.

[63] Morgan P，Watkinson R J. Hydrocarbon degradation in soil and methods for soil biotreatment. CRC Critical Reviews in Biotechnology，1991，57：3462-3469.

[64] Morgan P，Watkinson R J. Factor lining the supply and efficiency of nutrient and oxygen supplements for the in situ biotreament of contaminated soil. Water Research，1992，26：73-78.

[65] Oberbremer A，Mueller-Hurtig R. Aerobic stepwise hydrocarbon degradation and formation of biosurfactants by an original soil population in a stirred reactor. Applied Microbiology and Biotechnology，1989，31：582-586.

[66] Pandey A，Soccol CR，Mitchell D. New developments in solid state fermentation：I-bioprocesses and products. Process Biochemistry，2000，35：1153-1169.

[67] Pritchard P H，Costa C F. EPA'S Alaska oil spill bioremediation project. Environ. Science. Technology，1991，25（3）：372-379.

[68] Rajkumar M，Ae N，Prasad M N V，Freitas H. Potential of siderophore-producing bacteria for improving heavy metal phytoextraction. Trends in Biotechnology，2010，28（3）：142-149.

[69] Romantschuk M，Sarand I，Petanen T et al. Means to improve the effect of in situ bioremediation of contaminated

soil: an overview of novel approaches. Environmental Pollution, 2000, 107: 179-185.

［70］ Romero MC, Salvioli ML, Cazau MC et al. Pyrene degradation by yeasts and filamentous fungi. Environ. Pollu. , 2002, 117: 159-163.

［71］ Rugh CL, Wild H D, Stacck N M, et al, Mercuric ion reduction and resistance in transgenic Arabidopsis thaliana plants exoressing a modified bacterial merA gene, Proceedings of the National Academy of Sciences of the United States of America, 1996, 93: 3182-3187.

［72］ Salt DA, Smith RD, Raskin I. Phytoremediation. Annual Review of Plant Physiology and Plant Molecular Biology, 1998, 49: 643-668.

［73］ Sandmann ERIC, Loos MA. Enumeration of 2, 4-D-degrading microorganisms in soils and crop plant rhizospheres using indicator media: High populations associated with sugarcane (Saccharum officinarum) . Chemosphere, 1984, 13: 1073-1084.

［74］ Sas-Nowosielska A, Kucharski R, Malkowski E et al. Phytoextraction crop disposal-an unsolved problem. Environmental Pollution, 2004, 128: 373-379.

［75］ Schwab AP, Banks MK. Biologically mediated dissipation of polyaromatic hydrocarbons in the root zone. In: Anderson TA, Coats JR. eds. Bioremediation through rhizosphere technology. Am. Chem. Soc. , Washington, DC, 1994, 132-141.

［76］ Sims R C, Overcash M R. Fate of polynuclear aromatic hydrocarbons (PAHs) in soil-plant systems. Residue Reviews, 1983, 88: 1-68.

［77］ Sims R C. Soil remediation techniques at uncontrolled hazardous waste sites. A critical review. J. the Air and Waste Management Association, 1990, 40: 704-732.

［78］ Soleimani M, Farhoudi M, Christensen J H. Chemometric assessment of enhanced bioremediation of oil contaminated soils. Journal of Hazardous Materials, 2013, 254: 372-381.

［79］ Sun LN, Zhang YF, He LY, Chen ZJ, Wang QY, Qian M, Sheng XF. Genetic diversity and characterization of heavy metal-resistant-endophytic bacteria from two copper-tolerant plant species on copper mine wasteland. Bioresource Technology, 2010, 101 (2): 501-509.

［80］ Steiber M, Bockle K, Werner P. Biodegradation of polycyclic aromatic hydrocarbons (PAHs) in the surface. In: Wolf K. Van den Brink J. and Colon F. J. Contaminated Soil, Kluwer Academic Publishers, 1990, 473-479.

［81］ Stocking AJ, Deeb RA, Flores AE et al. Bioremediation of MTBE: a review from a practical perspective. Biodegradation, 2000, 11: 187-201.

［82］ Susarla S, Bacchus ST, Medina VF et al. Phytoremediation: An ecological solution to organic chemical contamination. Ecological Engineering, 2002, 18 (5): 647-658.

［83］ Valls M, de Lorenzo V. Exploiting the genetic and biochemical capacities of bacteria for the remediation of heavy metal pollution. FEMS Microbiology Reviews, 2002, 26 (4): 327-338.

［84］ Vandeford M, Shanks JV, Hughes JB. Phytotransformation of trinitrotoluene and distribution of metabolic products in Myriophyllum aquaticum. Biotechnol. Lett. , 1997, 19: 277-280.

［85］ Viisimaa M, Karpenko O, Novikov V, Trapido M, Goi A. Influence of biosurfactant on combined chemical-biological treatment of PCB-contaminated soil. Chemical Engineering Journal, 2013, 220: 352-359.

［86］ Wilken A, Bock C, Bokern M. Metabolism of different PCB congeners in plant cell cultures. Environ. Chem. Toxicol. , 1995, 14: 2017-2022.

［87］ Zhou D M, Chen H F, Cang L, Wang Y J. Ryegrass uptake of soil Cu/Zn induced by EDTA/EDDS together with a vertical direct-current electrical field. Chemosphere, 2007, 67 (8): 1671-1676.

［88］ Zhu W, Yang Z, Ma Z, Chai L. Reduction of high concentrations of chromate by Leucobacter sp. CRB1 isolated from Changsha, China. World Journal of Microbiology and Biotechnology, 2008, 24 (7): 991-996.

由于场地污染类型多样，涉及工程、经济、管理、土壤、水文、化学、地理等诸多学科，污染场地修复及管理评估技术一直都是相关领域学者研究和实践的热点问题。目前，各国污染场地修复管理机构已建立了污染场地调查、分级、评估、修复与管理流程，发达国家开展绿色和可持续污染场地修复评估研究和实践的主要方法有修复技术筛选矩阵、多目标决策支持技术、CBA、LCA、环境效益净值分析（NEBA）以及一些定量和半定量评估软件或模型（胡新涛等，2010；Kenney 等，2007；张海博等，2012）。修复技术评估工具比较分析见表 9-1。

表 9-1 修复技术评估工具比较分析

评估技术原理	工具	修复技术	国家/地区	评估范围与标准				参考文献
				风险评估	修复费用	绿色/可持续性	社会经济因素	
MCA+LCA	REC	植物修复	欧盟	√	√	√		张红振等，2011；Van Vezel 等，2008
LCA	ABA		欧盟	√	√	√		Van Vezel 等，2008
MCA	DESYRE		意大利	√	√	√	√	Onwubuya 等，2009
MCA	DARTS		意大利		√	√	√	Onwubuya 等，2009
LCA	USES-LCA	生物活性炭吸附	美国		√	√	√	U. S. EPA. 2008
LCA	PRB		美国		√	√	√	U. S. EPA. 2008
LCA	The Sinsheim Model		德国			√		Onwubuya 等，2009
CBA	SARR	汽提＋挖除	美国		√	√		Posstle 等，1999

对污染场地修复技术的筛选一般分为 3 个阶段：修复调查与可行性研究、修复技术初筛和修复技术评价。场地修复技术筛选矩阵在 3 个阶段有不同详略和侧重的表格可供查询，使用流程见图 9-1。根据现场调查和采样分析结果进行风险评价，由风险评价确定是否修复，如需修复，则进一步确定修复目标值和划定场地修复范围（罗云，2013）。

生物修复技术主要是利用自然环境中生息的微生物或投加的特定微生物，在人为促进工程化条件下，分解污染物，修复被污染的环境。它是一项系统工程，需要依靠工程学、环境学、生物学、生态学、微生物学、地质学、土壤学、水文学、化学、气象学以及计算机、微电子等多学科的合作。为了确定生物修复技术是否适合于某一受污染环境和某种污染物，首先需要进行上述场地修复技术筛选过程，通过修复技术评估分析，确定生物修复技术是否适用，若适用，接下来即需要进行生物修复的工程技术设计。

一个完整的生物修复工程设计如图 9-2 所示。

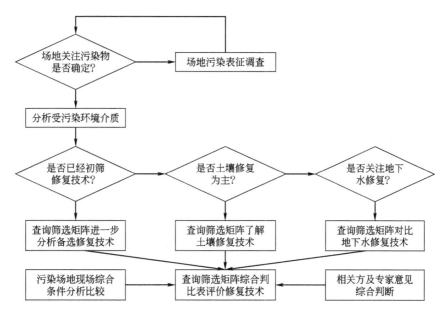

图 9-1 场地修复技术筛选矩阵使用流程

(引自张红振等. 发达国家污染场地修复技术评估实践及其对中国的启示. 环境污染与防治. 2012)

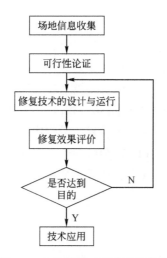

图 9-2 生物修复工程设计流程图

9.1 场地特点

　　土壤是陆上自然生态系统的载体，也是生物修复的受体。为了更好地对污染土壤进行修复，在进行工程设计之前，需对修复土壤场地特点进行调查。调查的内容包括以下 5 个方面：土壤中的污染物，土壤中的微生物，土壤特性，受污染现场的地理、水文等条件和有关法律法规。

9.1.1 土壤中的污染物

　　受污染土壤中的污染物种类繁多，性质各异。在工程设计之前，应对当地土壤中的污染物进行调查。调查内容包括土壤污染的类型、土壤污染的特点、土壤污染的状况。

土壤污染物的种类很多，化学性质也各异。按污染物的性质一般可分为四类，即有机污染物、重金属、放射性元素和病原微生物。

土壤污染的特点主要有以下 4 点。

① 土壤污染的隐蔽性和滞后性　往往要通过对土壤样品进行分析化验和农作物的残留检测，甚至通过研究对人畜健康状况的影响才能确定。因此，土壤污染从污染物累计到出现问题通常会滞后较长的时间。

② 土壤污染的累积性　污染物质在土壤中不容易迁移、扩散和稀释，因此容易在土壤中不断积累而超标，同时也使土壤污染具有很强的地域性。

③ 土壤污染的不可逆转性　重金属对土壤的污染基本上是一个不可逆转的过程，许多有机化学物质的污染也需要较长的时间才能降解。对重金属污染，通常的方法有：利用植物吸收去除重金属、施加抑制剂、控制氧化还原条件、改变耕作制和换土、深翻等。

④ 土壤污染的难治理性　积累在污染土壤中的难降解污染物很难靠稀释作用和自净化作用来消除。土壤污染一旦发生，有时要靠换土、淋洗土壤等方法才能解决问题，其他治理技术可能见效较慢。因此，治理污染土壤通常成本较高、治理周期较长。

土壤污染状况包括污染物在土壤中的分布和浓度及土壤受污染时间的长短。

9.1.2　土壤中的微生物

微生物对土壤中污染物的作用是多方面的，对其形态和毒性产生重要影响，微生物能够降解、转化这些物质，降低其毒性，或使其完全无害化。

对土壤中微生物的调查应包括：在当地正常情况下和受污染后，土壤中的微生物的种类、数量和活性；微生物在土壤中的分布；分离鉴定微生物的属种；检测微生物的代谢活动性，从而确定该地是否存在适于完成生物修复的微生物种群。具体的方法包括镜检（染色和切片）、生物化学法测生物量（测 ATP）和酶活性以及平板技术等。基因组学、蛋白组学、代谢组学等新技术也将为建立定性或定量理解生物修复工艺本质（种群和代谢活性）的新方法提供可能。

9.1.3　土壤特性

土壤是一个分散体系，由固、液、气三相组成。三相物质的组成彼此互相影响，形成各种物理性质，这些物理性质的差异导致土壤环境功能的差异。

土壤的特性包括：土壤的孔性（土壤孔性即土壤孔隙数量、大小孔隙分配和比例特征）、土壤的温度、土壤的氧化还原电位、土壤的酸碱性、土壤胶体的性质和阳离子交换量、土壤粒级和土壤质地、土壤孔隙和土壤中含水量、土壤中的黏土和黏土矿物、边界特征、深度、结构、大碎块的类型和数量、颜色、总密度、有机质含量和通气状况等。

9.1.4　土壤的水文、地理、气象、空间等特征和条件

土壤的地理因素包括地形地貌、地下地理特征、地下水流类型和特点等；水利学性质和状态，如土壤水特征曲线、持水能力、渗透性、渗透速率、不渗水层（或床岩层）的深度、地下水深度（考虑季节性变化）、洪水频度和径流潜力等；气候气象因素，包括日照、温度

及其季节变化、风速、风频、降水和水量预算等；空间因素，包括污染地点和面积，可利用的土地面积和沟渠等。

9.1.5　有关法律法规

在掌握大量、翔实、可靠的自然、地理、气象、地质、经济、社会等资料的基础上，结合国家及当地有关的法律、管理法规，以及工程技术方面的标准、规范、指标等，确立生物修复处理的目标。

9.2　选择修复技术路线

通过系统、深入地调查了解和必要的勘查工作，基本上较全面完备的收集信息和掌握当地情况后，还应向有关单位（信息中心、信息网站、大专院校、科研院所、水文地质部门、环保局等）查询有关生物修复技术发展应用的现状，咨询是否存在类似的情况和经验，并进一步确定对生物修复很重要的现场特性，以及明确生物降解最佳的环境条件。

获取信息传统的途径主要有两种：一是期刊杂志；二是书籍。期刊杂志多刊登生物修复研究及治理的原始文章，内容更新快，但比较分散。书籍介绍比较系统、全面、集中，但时效性上差一些。寻求信息最现代的途径是通过互联网，在互联网上有大量关于生物修复的站点。

结合当地的调查情况和收集的信息，提出包括生物修复在内的各种修复技术以及可能的组合，并进行全面客观的评价和比较论证，并提出方案初步选择意见以及筛选出可行的方案，然后在技术、经济、效益等方面论证的基础上，确定出最佳的技术路线。

污染场地是否适合生物修复技术的关键因素之一取决于污染物的理化性质。微生物降解各类污染物的能力是不同的，一些污染物容易被微生物降解，而另一些污染物的降解相对较难。生物修复系统一般都是针对专门降解某类或某些污染物而建的。

9.3　修复可行性研究

9.3.1　可行性研究的总体目标

环境生物修复技术主要由 3 方面的内容组成：a. 利用土著微生物代谢能力的技术（Natural Attenaution）；b. 活化土著微生物分解能力的方法（Biostimulation 法、简称生物活化法）；c. 添加具有高速分解难降解化合物能力的特定微生物（群）的方法（Bioaugmentation 法，简称生物添加法）。从工艺上看，生物修复包括原位修复（In Situ Bioremediation）和异位生物修复（Ex-situ Bioremediation）。异位生物修复包括生物反应器法、泥浆反应器、土壤堆积和堆肥。显而易见，环境微生物的功能及其在生物修复过程中的表达条件研究和确定是环境修复技术成功的关键所在，而且在整个修复处理过程的各个阶段都需要进行可行性研究（Feasibility Studies）。

在实验室里可以从污染严重的土壤和水中分离或检测到分解污染物的微生物，这一事实说明，在自然界里这些微生物由于环境因素所限，无法表达或诱导出其分解人工化合物的能力，导致人工化合物的难降解性。因此，修复可行性研究的开始可能是在烧杯内进行的化学品可生物降解性试验，这大约用 1 星期或更短的时间就可以得到结果。然后可能是中试研究，要几个月的运行时间，可为实际设计提出标准、费用和运行方案；最后由大规模的实验研究构成实际应用的生物修复项目的一小部分。

可行性研究的第一步是确立目标和预算，这两个因素决定可行性研究的程序，并且二者是互相制约的。可行性研究的目的决定了试验设计的范围。可行性研究的具体目的有以下几点：a. 评价整个过程的可行性；b. 确立修复处理可以达到的浓度、面积和深度等；c. 估算生态系修复的程度、时间、成本；d. 确立处理过程设计的标准；e. 估算处理过程的设备和运行费用；f. 确定控制参数和最优化实施的限制条件；g. 评价物料供应处理技术的设备；h. 证实现场运行情况和污染物的最终转归；i. 评价处理运行中的问题；j. 提供在现场净化中连续最优化运行的方法。

在不确定是否有合适的生物体系能够满足消除污染物要求的情况下，首先要进行的是对一个或几个可能的生物体系进行全面的可行性评价。第二步是利用这些评价所提供的信息来预测可能达到的处理水平。通过这两个步骤，我们应该得出被评价的处理系统是否合适的结论。如果处理水平令人满意，接着就研究设计标准。于是就进入了第二阶段的研究，即确定生物修复的控制参数及其运行限制条件、物料供应技术和设备。最后，可行性研究还应进行投资估算和预测修复处理的周期。

9.3.2 实验设计

在进行修复研究之前，首先要明确促使可行性研究开展的外部因素，主要有：a. 管理部门的目标和意图；b. 客户的要求；c. 污染物对人体健康以及对环境造成的危害程度；d. 污染地点的敏感性；e. 污染地点的政治敏感性；f. 时间计划的灵活性；g. 项目预算的灵活程度；h. 技术上的成熟可靠程度；i. 工程的置信因子；j. 对远景发展的影响。

9.3.2.1 设计的基础

在综合考虑上述因素后，就要进行制订方案的基础工作。这些工作包括：a. 将怎样完成、量化和记录可行性研究；b. 选择是使用标准化方案还是使用专门设计的方案；c. 比较并确定可行性研究是在实验室最佳条件下进行还是在室外模拟条件下进行；d. 确定进行所有实验方案和数据分析的质量控制水平；e. 确定在采集分析数据过程中是否用统计学上显著的数据，如果用，置信度如何；f. 选择和优选方案；g. 选择最佳的数据分析方法。

可行性研究分为三个阶段。第一阶段是修复方法的筛选，可以仅局限于实验室内的研究。第二阶段是修复方法的挑选，这个阶段可以在实验室研究或在现场中试。这两个阶段通常按修复方法调查和可行性研究计划进行。目的是确定这项技术是否达到清除污染的要求。第三阶段是按修复设计/修复行动计划进行。可行性研究的规模是中试规模，其目的是建立过程最优的设计和运行参数。

对于每一个阶段或整体来说，没有典型的或最好的方法。每一具体情况都会有一些特别的因素，例如客户的要求、管理部门的要求、项目的时间进度和费用限制。一个可行性研究计划可以看作是一套分别进行的单项的组合。这些单项是：a. 怎样保证微生物与污染物有良好的接触以及评价及强化土著微生物对目标污染物的降解能力；b. 评价环境参数（水分、pH 值、营养物以及微量元素）的最适范围；c. 怎样对土壤和地下水有效的注入微生物、营养物和提供氧气；d. 确定主要基质的充足和缺乏的循环过程；e. 评价在实验室理想的条件下，或在模拟现场的条件下，靶标化合物的降解速率；f. 确定处理可达到的水平及所需的运行周期；g. 评价在原位处理中土水系统可能发生的反应和阻塞；h. 预测由于混合、表面活性剂和中间代谢物的积累而造成的毒性改变；i. 确定不同优化措施下的费用-效益；j. 如何监测生物修复计划的进展和污染物降解的过程，确定控制过程的监测频率；k. 如何通过大量的现场实验获得可信的实际应用数据和跟踪记录；l. 评价在不显著降低运行的情况下，过程控制参数的运行限制条件。

9.3.2.2　制定方案

现有的标准化方案只能满足最低标准；而标准化方案缺乏灵活性，不能满足特定地区的要求，也不能评价在现场处理项目中所需解决的问题，更不能用于评价比较先进的生物修复过程的能力。大多数可行性研究需要专门设计的方案，这些方案可以确保一些问题得到切实解决。

（1）设置对照

在所有处理性评价中，设置对照是必需的。对照可为待评价的参数提供比较基数。如果没有对照，获得的实验结果就没有任何意义。在进行可行性试验时设置对照，以便测定物理和化学过程（如非生物性水解、取代、氧化和还原等）引起的污染物的减少，从而能够真实地评价生物修复技术对污染物消减的贡献。除去待评价的变量外，对照处理与实验处理的条件应完全一致。

（2）土著微生物

对于污染的修复，低处理成本是技术开发的首要条件，为此首先需要考虑是否能够利用土著微生物的代谢能力进行原位修复。把握土著微生物的污染物代谢能力是设计原位生物修复的关键环节。评价土著微生物降解能力的标准包括：a. 污染源的污染物浓度是否降低；b. 实验室评价从污染源获得的微生物样品是否具有转化污染物的潜力；c. 是否能够确认到污染现场生物降解潜力的存在。土著微生物降解靶标化合物的能力可以通过较简单的实验室试验判断。通常采取实际污染地区的充足土壤样品，分析污染环境中靶标化合物的含量、微生物数量、pH 值和土壤水分。pH 值和水分含量要适宜细菌和真菌的生长。在这一阶段不必确定养分浓度，可将各种可能的养分添加到受污染的介质中。典型的添加成分有：$MgSO_4 \cdot 7H_2O$、$FeCl_3 \cdot 6H_2O$、$NaMoO_4 \cdot 2H_2O$、NH_4Cl、KNO_3、$K_2HPO_4 \cdot 3H_2O$、$NaH_2PO_4 \cdot H_2O$、KCl、$MgSO_4$、$FeSO_4 \cdot 7H_2O$、$CaCl_2$、$ZnCl_2$、$MnCl \cdot 4H_2O$、$CuCl_2$、$CoCl_2$、H_3BO_3、MoO_3 等。土壤中一般有充足的微量元素使微生物生长。一般在适宜的温度下（20～30℃）培养。然而，实验室评价方法由于样品微生物浓度低，微生物活性在实验室条件和现场条件有着明显不同，而且样品采集后微生物活性和微生物群落也发生变化，因此实验室的评价难以反应污染现场的真实情况。用于未培养微生物群落解析的分子生物学方法为解决这一问题提供了有效手段，可用于土著微生物特性评价的分子生物学方法包括 PCR 技术、16S rRNA、DGGE、T-RFLP 等方法，这些方法各有利弊，而且有很多未知的因素影响分子生物学方法的准确性，通常定量性不强，因此需要和传统的降解活性的评价方法联合使用。

在可行性研究过程中，为了优化和控制生物修复工艺效率，保证修复环境的安全性，在污染修复过程中除了需要对污染物进行追踪外，对微生物的监测也十分重要。

（3）接种微生物

从自然界筛选驯化获得的土著菌有时不能满足修复工程的需要，例如土著微生物的浓度通常较低[低于10^5个细胞/g(土壤)]、或还没有足够的时间进化获得降解污染物的能力、或繁殖速度和处理污染物的效率及适应能力达不到人类的要求，因此对于难生物降解的物质，如 MTBE、石油长链组分、TCE 等，仅利用土著微生物的降解能力难以满足污染修复的要求，这种情况下采用从外界添加高效微生物的生物强化法是提高生物修复效率的积极方法。外界添加的微生物可以是纯培养的微生物，也可以是混合培养的微生物，生物强化法成功的关键是添加的微生物能和土著微生物稳定共存，同时通过含有降解能力的质粒基因的水平移动等使污染物降解能力得到扩增。为了评价接种微生物的作用效果，要将其置于与土著微生物大致相同的情况下进行对比。对照组应包括：没有生物活动的对照，有土著微生物的对照，以及土著微生物加欲接种微生物附带的基质的对照。接种微生物中可能会附带一些基质，例如木屑、培养液等，作为对照使用时可将其用高温或其他技术灭活。数据必须区分微生物对靶标化合物的反应和对添加有机质的反应。前面所说"大致相同"是因为接种微生物对环境条件可能会有一些特殊的要求，如 pH 值、主要基质等，因此接种微生物和土著微生物实验必然会有一些差别。

利用微生物强化土壤或生物反应器的技术取决于微生物的性质。研究方法因好氧细菌、厌氧细菌和真菌的不同而不同。接种菌可以来自污染物有明显降解的土壤中，也可从菌种保藏单位和研究单位以及有关公司得到。

微生物在现场接种以前，应在适宜的培养基中培养。细菌通常在液体培养基中培养，为了便于运输，需要通过沉淀和离心将其浓缩。许多真菌可以将木屑作为极好的生活环境和基质。接种菌可以放置在微孔滤料袋内保存，并在运输过程中保持低温，但不能冷冻。

将接种菌以及营养物质、木屑耕翻混合到土壤中。接种菌和木屑与土壤的混合比是2.5%（以干重计）。旧木屑中可能会含有大量的微生物，如果不希望这些微生物生长，可以在接种前用溴甲烷熏蒸。适于真菌生长的含水量大约为20%（质量分数）。通气可以通过耕翻或强制通风进行。

对于生物降解性低的化合物，生物强化技术是最具应用潜力的方法，在微生物制剂及其强化工艺方面值得进一步深入研究。但对于生物强化法的研究，有 2 点值得特别注意：a. 外来微生物的添加有可能积累毒性更大的中间代谢产物；b. 如果添加的微生物是基因工程菌，其在开放体系中使用时应注意安全问题。

（4）过程最优化

试验重点是处理过程的优化。制定的方案可以用来评价或判断主要基质、补充的营养物质、电子受体及其供给方式的有效性。环境参数是首先要考虑的，包括营养物质、电子受体和补充基质即电子供体。可以根据以往对微生物系统的研究为优化的实施提供一些基本范围。可行性研究只研究部分变量和混合变量来预测优化实施。然后在实际的现场生物修复中调整这些变量。

在可行性研究中，许多化学物质被作为营养成分、电子受体或电子供体。一般说来，C、P、N 是微生物生长的必需元素，因此在微生物的修复过程中，要维持一定量的 C、N、P 比率，对有些污染单一品种，必须投加营养盐以维持正常的微生物生长。为达到良好的效果，必须在添加营养盐之前确定营养盐的形式、合适的浓度以及适当的比例。实践证明，当投加营养盐使 C：N：P 为 100：10：1 时处理效果为最佳。

微生物的活性除了受到营养盐的限制外，土壤中污染物氧化分解的最终电子受体的种类和浓度也极大地影响着污染物生物降解的速度和程度，大量基质的降解需要有电子受体的充分供应。微生物氧化还原反应的最终电子受体主要分为三类：溶解氧、有机物分解的中间产物和无机酸根（NO_3^- 和 SO_4^{2-}）。当被修复主体的溶解氧耗尽时，必须采取人工供氧的办法以增加电子供体——氧气。此外，在紧急情况下也可向污染环境中投加产氧剂如双氧水、过氧化钙等。在厌氧环境中，添加硝酸盐、硫酸盐类和铁离子等都可以作为有机物降解的电子受体，它们都能暂时改变环境中的厌氧生境以发挥好氧微生物对污染物的氧化分解作用。

（5）可达到的处理浓度

在评价一个生物修复系统时，有一个重要的问题必须明确：达到什么程度的处理水平和需要多长时间完成。只有在选定了微生物体系和确定最优的环境条件以后才能回答这两个问题。处理速率可以通过定期测定靶标化合物的减少量得到，直至靶标化合物的浓度低于检测限或者保持稳定时为止。

在实验室内进行可行性研究得到的降解速率很难在现场实验中得到，原位生物修复尤其如此。实验室内研究经常为一级或二级反应速率，但据报道，原位生物修复反应的污染物降解为零级反应。原因有很多，如介质的多相不均匀性、混合不充分、解吸作用和关键反应物的供给速率低。这一般是氧限制了反应速率而引起的。而液相生物反应器过程动力学参数比较容易确定，室内实验易于重复，能够比较精确地模拟。

电子受体对污染修复微生物的降解活性有很大影响。而在许多现场，不能提供充足的氧或其他电子受体并使其均匀分布。在可行性研究中设计一个供氧系统来满足污染物降解的最初速率的耗氧，往往是不切实际的。因为随着生物修复过程的进行，氧需求量逐渐降低，会造成系统浪费。例如，烃类氧化中氧的需求是以一级反应动力学来描述的，经过几个月的生物修复，氧的需求量下降了 50％。

9.3.3　实验方法

9.3.3.1　土壤灭菌实验

选取有代表性的土壤经充分混匀后分装于容器中。容器分为两组：一组经高温灭菌或适当药剂处理以杀灭其中微生物；另一组不灭菌。分别施入同量的目标污染物，置于空气中培养。在一个时期内，定期监测两组土壤中该污染物的消失情况，最后判定是否为生物降解性物质及其降解速率。如果实验周期长于 7d，需补充无菌水以利于土壤微生物的活动。

9.3.3.2　土壤柱实验

一般以拟修复的污染土壤类型及耕作层深度，并按相应的疏松程度（容重）装成土柱。土柱内径至少 5cm 以上。再用选取的淋洗液来过柱，通过流出液中污染物的浓度与加入的污染物的浓度可知道污染物的去除量。

9.3.3.3　摇瓶实验

通常是在三角瓶中装入培养液进行批式培养监测污染物的降解情况。其大致步骤是，在三角瓶中配制以该污染物为主要碳源的培养液，另补加适当的 N、P、S、生长素等其他营养物质，调节 pH 值（必要时可以调节至中性微碱及微酸性两种培养液以及分别适应细菌与真菌的需要）。设不接种微生物的处理组作为对照，接种的微生物可以是一种或多种，也可以接种经驯化的活性污泥，在不同的通气条件下与温度条件下进行培养。在一个阶段内定时连续监测各三角瓶内培养液的变化。其中可包括物理外观上的变化，如色度、浊度、颜色、嗅味等；微生物学的变化，如菌种、生物量及生物相等；化学的变化，如 pH 值、COD、BOD_5，以及该污染物的数量变化。在上述众多可评定的指标中，最好的指标莫过于直接测定该化合物本身在培养过程中的消减动向。如果仅有污染物的消失而没有总有机碳或生化需氧量的减少，则意味着污染物可能在微生物的作用下转化成某些其他有机态中间代谢产物。但需要注意的是，中间代谢产物的形成，由于外来微生物的代谢作用，有可能积累毒性更强的中间代谢产物，比如三氯乙烷还原生成氯乙烯，后者的毒性更强。

为改善通气状况，三角瓶中培养液宜浅层并在摇床上振荡培养，或者另外添加通气装置。

如果整个实验周期长于 3d，为防止微生物代谢产物抑制其本身的活动，必须注意进行培养液的更新置换，即当培养瓶中微生物生活繁殖到一定阶段时，可取出少量经浓缩的菌液移至新鲜培养液中继续培养，也可在恒化器或类似的自制装置中进行连续培养。在连续培养的整个实验阶段中，培养瓶中一面按一定比例与速率不断加入新鲜培养液，一面不断置换并排除含有微生物代谢产物的老培养液，从而使培养瓶中微生物始终保持稳定而旺盛的生长，更有助于研究物质的可生物降解及其降解的适宜条件。

9.3.3.4 反应器实验

实验室规模的反应器由一个 2L 的容器构成（见图 9-3），用适当的温控器控制温度，通过与恒流泵和流量计连接的几个控制器来维持容器中的 pH 值和 Eh 值，容器内设有搅拌装置。定期通过注射器或微孔取样器从容器内取出样品进行分析，取样时要保持无菌状态。

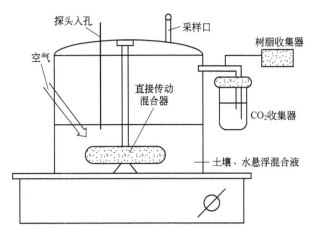

图 9-3 实验室反应器试验模型

（引自马文漪等．环境微生物工程．南京大学出版社，1998）

9.4 设计的修改

根据可行性论证报告，选择具体的生物修复技术方法，设计具体的修复方案（包括工艺流程和工艺参数），然后在人为控制条件下运行。如果认为生物修复技术可行，就需要设计小试和中试，获得有关污染物毒性、温度、营养和溶解氧等限制性因素的资料，为工程的实施提供必要的工艺参数。

小试和中试可以在实验室进行也可以在现场进行。在进行可处理性试验时，应选择先进的取样方法和分析手段来取得翔实的数据，以保证结果的可信性。进行中试时，不能忽视规模因素，否则根据中试数据推出现场规模的设备能力和处理费用可能会与实际大相径庭，所以一般采用实验室小试和现场中试。

由于大多数标准方法不能用于制定设计标准和过程变化，这就要求根据设计原则使用间隔式的或连续流动式的中试系统，并延长运行时间和监测更多的过程变量。

固相和泥浆相的中试研究要有一定的规模比较困难，其局限性在于土壤和污泥的不均匀性，不能在小容积下评价物料供给系统设备，不能用小型中试设备均匀添加养料和其他添加剂。固相可行性研究的结果取决于土壤径粒分布以及研究中所选择的粒径分布。在土壤的可行性研究中，在化合物和环境条件相同的情况下，土壤粒径小，降解速率慢，土壤粒径大，降解速率快。但是，在泥浆反应器中，结果与土壤粒径无关。

小规模的固相研究得不到真实的降解速率。现场系统不会达到实验室系统那样大的混合能。对于固相研究，利用几平方米的小区试验进行中试研究比在实验室内研究更值得提倡。

原位处理的中试研究是最难设计的。由于水力学、化学和生物学的各种变量，不可能对土壤中的不均匀性进行模拟。对于大项目来说，最好在成功地进行了实验室评价以后，用处理地点的一部分进行现场中试研究。

所有中试工程都要求对过程控制和处理反应进行监测。监测过程控制参数必须有足够的次数。监测的次数与生化体系的反应速率和稳定性有关。有些参数可能一天测定几次，有的参数可能一周测定一次。生化体系的稳定性受水、土化学特性和生物量的影响。

另外，还应综合考虑各个方面的因素。除考虑处理的效果、经费等问题以外，还需要考虑健康和安全性、风险、社区关系、残留物管理、相关法律法规等方面的因素，对拟定的修复设计方案进行进一步的修改。

9.5 工程设计

9.5.1 原位生物修复的工程设计

原位生物修复设计的第一个阶段是选择隔离和控制污染带的技术。原位处理的目标是通过控制调控亚表层环境使微生物降解达到最佳状态。亚表层供给系统要以最有效的方式向污染带供给生物修复控制剂，并使其在微生物活动的区域内均匀分布。同时保证损失最小、阻塞最小。

原位生物修复处理工程要求了解影响靶标化合物生物降解的微生物过程以及土壤的物理、化学的相互作用。工程设计的主要内容是设计建立对亚表层环境控制有效的供应和回收系统。各种各样的注入和回收系统，有简单排列的补给沟、井-沟组合和各种形式的井。因污染物的范围、位置以及场地的特点而异。

9.5.1.1 注入系统

注入系统有重力法和强制法两种。重力法将化学品通过淹灌、沟灌、喷灌和滴灌等方法直接加入污染土壤或地下水中，其基质供给系统包括淹灌、塘灌、沟灌、表面喷灌、渗滤沟、渗滤床。强制法则通过加压管道注入必要的添加剂，其基质供给系统包括水泵注入、空气真空、空气注入。

重力供给系统的应用是有条件的，只有在很少的情况下可以使用。虽然重力供给系统可以在饱和带污染物中应用，但是对渗流带的污染物效果更好，这是因为在饱和带的污染物和药剂很难在污染区内充分混合。地表重力供给系统法适于浅层废物沉积、高渗透性场所（如砾石、砂床）和局部的污染。

表面施用法用于几米之内的表面污染，不适用于表面和污染带之间有不透水层。如果地形倾斜则不适合淹灌、塘灌或喷灌。斜度超过3‰～5‰会形成径流。因此，气候是要考虑的重要问题，因为冻层的厚度以及冷冻条件会妨碍液体施用。此外，还要考虑降水量以及土壤接受施用液体的能力。最后，要考虑土壤渗透性和有机负荷。渗透性决定了施用液体达到污染带的时间。有些现场应用表明，营养盐和含氧的水达到污染带的时间不应超过4～6周。如果不适于表面施用，可以使用深渗滤沟。

评价重力供给系统可行性最重要的方面是有机负荷。在重力供给系统中，电子受体和营养盐的供应速率是根据在不饱和带内土壤的渗透速率、水利传导性（垂直和水平的）、吸附速率以及衰减速率来确定的。如果有机负荷太高就不可能以适当的供给电子受体和营养盐在可接受的时间内完成生物修复。设计重力供给系统必须考虑以下一些内容：a. 污染的地点与深度；b. 现场地表地形、地下水深度；c. 污染带的构造——空间尺度、沉积厚度；d. 场地的水力传导性（垂直和水平）；e. 电子受体和营养盐的供应速率；f. 降水量和冻土层厚度；g. 堆积高度；h. 亚表层的孔隙度和一致性；i. 维持的渗入速率、含水层厚度。

电子受体、营养盐以及基质的需要量需要根据污染物的质量或呼吸试验得到。根据在实验室和现场中试实验中获得的有机物降解速率，可以计算出有效的生物修复供给速率。如果用这种方式选择的渗滤系统可以达到要求的降解速率，那么就可以应用重力法；否则需要用强制法。在重力供应系统中，生物修复速率很慢，受电子受体供应速率的限制。虽然每月投入的人力物力很少，但是最后总的费用会超过其他供给系统。延长处理时间也就延长了运行和监测时间。对浅层污染的替代方法是挖出污染土壤，再用固体或污泥系统进行地表生物修复。

重力法渗透供给系统的设计和运行与生物修复项目的性质有关。首先考虑污染物的地点是在渗流带还是在饱和带，重力法在渗流带、饱和带和两者均可用。第二要考虑电子受体怎样携带，是通过水还是通过气。如果水仅携带营养，气则要另外注入，那么不饱和带就要保持较高的透气率。如果电子受体由水携带，那么就要以最快的速度下渗。

强制注入在过程控制中有很大的灵活性，因为供给的速率和位置都是可以控制的。强制注入的主要问题是遇浅水位就会淹没。浅水注入点限制了注入系统的水头和注入井影响的区域。通常要求用混凝土或灰浆封口，以防止井在有压力时水顺井套流向地面。注入井可以安装在任何深度。在低渗透性土壤，注入井间隔较密可以保证均匀分配处理药剂。粉砂土含水层比砂砾含水层需要有更多的井才能达到同样的处理反应。渗透性、含水层厚度以及地下水深度都会影响注水进入污染区的流速。

每个注入井会有一个或多个影响带。第一个影响带是依赖于注水速率和含水层水力学的水力带，这一带可以通过泵实验确定。第二个影响带是主要生物修复剂的运移距离，最重要的生物修复剂是电子受体（通常是氧）。其他注入药剂会有营养盐、主要基质、电子供体以及其他有利于有害物质生物降解的化学品。每种化学品有其自己的影响带，因为注入化学品的浓度、在土壤中的吸附和降解反应都是不一样的。

由于降解速度通常受氧限制，生物修复的影响带经常是根据携带浓度≥1mg/L 氧的距离所确立的，氧影响带决定了强制注入井的间隔以及井的最后投资。比较理想的注入井和回收井之间的距离，应该是能使营养液注入后 6 周内达到污染区。注入化学品的迁移时间和反应速率可以根据可行性研究和泵实验估算，但必须经现场监测证实。

9.5.1.2　回收系统

回收系统也分重力法和强制法。重力回收取决于截留的来自污染带的浓度逐渐降低的地下水。流体一般在简单的截留系统（如开放沟渠或埋管）内。抽取沟的设计与上面讨论的注入沟渠系统相似，不同之处是抽取沟具有反冲洗能力。抽取沟的典型设计见图 9-4。

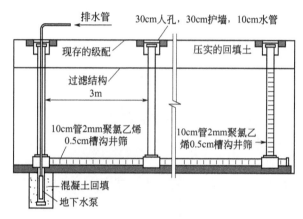

图 9-4　抽取沟的典型设计

(引自沈德中. 污染环境的生物修复. 化学工业出版社，2002)

强制回收系统可使用吸取提升和标准的井泵。吸取提升的回收井点位于污染区的梯度降方向，井点最适于≤7m 的浅水层，超过该深度吸取提升无效。井泵可用于较深的深度以及较大的水力控制。回收井装备电子水位控制仪以便采用水力控制使地下水下降达到最小。

9.5.1.3　生物通气的设计

生物通气是一种强化三维生物降解的修复工艺，和其他生物修复一样，是根据现场生物修复的需氧量和供氧能力来设计的。其具体设计一般是在受污染的土壤中打两口以上井，安装鼓风机和真空泵，将新鲜空气排入土壤中，然后再抽出，土壤中的挥发性毒物也随之去除。生物通气需要估算供氧的影响半径，并在现场运行及监测。影响半径根据土壤气体压力、氧气浓度和气流确定。影响半径还可以根据气体渗透性实验确定。在污染土壤区的通气井注气或抽气近 8h，然后在多个点监测压力变化。测定点的距离如表 9-2 推荐的。测定点可用小直径 0.64cm 的尼龙或聚乙烯管道，每点的筛网长 15cm，直径 1.3～2.5cm。

表 9-2 推荐的监测点间距

土壤类型	到通气井筛网顶部的深度[①]/m	距离间隔[②]/m	土壤类型	到通气井筛网顶部的深度[①]/m	距离间隔[②]/m
粗砂	1.5	1.5—3—6.1	粉砂	1.5	3—6.1—12.2
	3	3—6.1—12.2		3	4.6—9.1—18.3
	>4.6	6.1—9.1—18.3		>4.6	6.1—12.2—24.4
中砂	1.5	3—6.1—9.1	黏砂	1.5	3—6.1—9.1
	3	4.6—7.6—12.2		3	3—6.1—12.2
	>4.6	6.1—12.2—18.3		>4.6	4.6—9.1—18.3
细砂	1.5	3—6.1—12.2			
	3	4.6—9.1—18.3			
	>4.6	6.1—12.2—24.4			

① 假定通气井筛网长为 3m。如果通气井筛网更长，使用 4.6m 的间隔。

② 注意监测点的间隔是根据每米筛网间隔的通气流范围为 $0.3m^2/min$（黏土）到 $0.9m^2/min$（粗砂土）而确定的。

注：引自沈德中，污染环境的生物修复，化学工业出版社，2002。

就空气抽气来说，稳定态的土壤气体渗透性可用下式求得：

$$K = \frac{Q\mu \ln(R_w/R_i)}{H\pi p_w [1-(p_{atm}/p_w)^2]}$$

式中　Q——流速，cm^3/s；

　　　H——筛网长度，cm；

　　　R_i——影响半径，cm（根据数据估计值）；

　　　R_w——通气井的半径，cm；

　　　μ——动力黏度，$1.8\times10^{-4}P$（$1P=0.1Pa\cdot s$，18℃）；

　　　p_w——通气井绝对压力，Pa；

　　　p_{atm}——大气压，$1.013\times10^5 Pa$（海平面）。

通气井的绝对压力是大气压加或减测定的表压或真空。如果注入空气，那么稳态的渗透性方程为：

$$K = \frac{Q\mu \ln(R_w/R_i)}{H\pi p_{atm} [1-(p_w/p_{atm})^2]}$$

R_i 的值被看作为稳态条件下真空或压力影响的外部极限。它可以根据现场测定，也可以根据现场数量推知（即每个监测点的真空/压力对从通气井的半径距离的对数作图）。R_i 的值为零真空/压力下的直线外推。

通气井一般直径为 5～10cm，用 1mm 聚氯乙烯构建。典型的结构如图 9-5 所示。压缩机根据其性能曲线和需要的气流选择。设计的压缩机满足必要的流量即可，设计过大造成过分挥发和能量消耗过大。一般压缩机功率 0.75～3.7kW 即可。

在设计生物通气系统时还要考虑以下问题：a. 水位的控制；b. 土壤气体组分的监测；c. 通气气体组分监测；d. 为获得最佳生物修复和减少挥发而进行的变化通气流速设计；e. 地表面散失的处理；f. 水分和营养的补充。

9.5.1.4　处理过程各种物料需要量计算

生物修复项目设计需要计算出各种物料的数量以供给生物反应器或亚表层处理用。物料有电子受体、电子供体、主要基质、pH 值调节剂和营养源。这些计算是确定处理过程设备

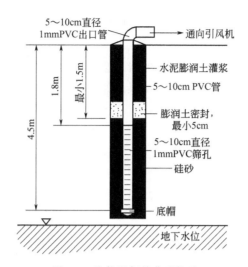

图 9-5　生物通气的典型构造

(引自陈玉成，污染环境生物修复工程，化学工业出版社，2002 年)

大小和费用的基础。设备包括管道、泵损失控制和化学储备容器等。

估算生物修复所需要的物料和计算化学反应所需要的物料原理相同，各反应的比例遵循化学计量方程。生物修复特别强调氧化还原方程的平衡。

（1）电子受体和营养源的需要量

估算过程的需要量有以下几步。首先，根据现场试验数据了解污染物和有效营养物的种类和浓度。第二步是将现场数据转化为污染物的质量负荷；任何的污染羽流在浓度上变化都很大，因此，一个污染羽流有必要分为几个带，进一步计算每个带的质量污染物负荷；计算的范围与要求的精密度有关，也与现场数据是否充分有关。第三步就是推导用于生物修复的电子受体和营养物的比。根据平衡的氧化还原方程，进行质量平衡。总反应包括有机物氧化、电子受体还原，主要营养物供细胞生长，即整个化学计量方程是有机物氧化半反应、选择的电子受体半反应和生物合成反应的总和。总反应为：

$$H_D + f_e H_A + f_s C_S$$

式中　H_D——有机物氧化半反应；

　　　H_A——电子受体半反应；

　　　C_S——生物量合成提供营养要求的反应；

　　　f_e——有机物氧化产能部分；

　　　f_s——有机物转化为细胞部分。

所以　　　　　　　　　　　　$f_e + f_s = 1$

在好氧系统中，f_s 在 0.12～0.60 之间，反应越慢（化合物越难降解），f_s 值越小。厌氧系统有机物转化为细胞的量还要低。不同氧化还原反应中用于生物量合成的能量系数见表 9-3。

表 9-3　不同氧化还原反应中用于生物量合成的能量系数

电子受体	f_s	电子受体	f_s
O_2	0.12～0～60（平均 0.5）	SO_4^{2-}	0.04～0.2
NO_3^-	0.1～0.5	CO_2	0.04～0.2

（2）电子受体和营养物的供给速率以及降解速率

确定了生物修复需要的各物质总质量后，下面就可确定供给速率。供给速率决定了各种设备的大小。需要知道处理速率以及希望的清除速率。

降解速率经常根据试验可行性研究的结果。如果没有能利用的数据，可用已发表的数据计算。降解速率一般以一级方程表示，但也有许多现场是零级反应。应使用认为最适合的反应级数。生物通气系统通常为零级速率。

（3）生物通气的降解速率和供氧速率

生物通气的供氧速率是以原位呼吸实验为基础的，即注入气团测定因气相百分数的变化而引起的氧气浓度变化。现场数据可以用零级反应动力学解释并转化为速率常数（每小时氧的利用率）。

好氧速率可以用来预测清除速率和项目持续时间。如果对照或本底的好氧不高，则生物降解速率 K_B 与好氧速率 K_0 之间有如下关系：

$$K_B = \frac{K_0 A D_0 C}{100}$$

式中　K_B——生物降解速率，mg/(kg/d)；

　　　K_0——好氧速率，d^{-1}；

　　　A——单位质量土壤中的空气体积（空气体积/土壤质量），L/kg；

　　　D_0——氧气浓度，mg/L（1atm、20℃下，$D_0 = 1330$mg/L）；

　　　C——矿化烃类与需氧量之间的质量比。

单位质量土壤的空气体积（A）是土壤结构、孔隙度和水分的函数，可以根据密度、比容、水分含量和土壤容量来计算。

9.5.2　异位生物修复设计

9.5.2.1　土地耕作的设计

土地耕作是在上层土壤进行的好氧生物修复过程，使用土壤作为接种物和供生物生长的基质。其具体操作过程是在非透性垫层和砂层上，将污染土壤以 10～30cm 的厚度平铺其上，并淋洒营养物和水及降解菌株接种物，定期翻动充氧，以满足微生物生长的需要，处理过程产生的渗液，回淋于土壤，以彻底清除污染物。土地耕作可以用于原位生物修复，也可用于易位生物修复。为加速生物降解应使土壤通气，在耕作的同时加入营养盐。土地耕作使用的设备是农用机械，通过耕翻，促进微生物对有害化合物的降解。一般土地耕作只适用于上层 30cm 的土壤，再深的土壤污染修复需要特殊的设备。

整地的一般程序如下：a. 去除大块石块和碎片，使土壤比较均匀一致；b. 施用添加剂，使 90% 以上的土壤有添加剂；调整土壤的 pH 值，可用石灰、明矾或磷酸；c. 烃类、氮和磷的一般比例为 100：10：1，还需要根据土壤状况补充微量元素如钾等；一次施用量应限制在 45kg/m³ 土壤之内，以防止流失，如需要大量的营养盐可以用缓释剂或多次施用；d. 尽量增加土壤孔隙度，勤翻土壤或加入膨松剂，防止压实土壤；e. 黏土较重的土壤一般要掺砂子、锯末或木片，也有用石膏减少黏土中的水分，加 10%～30% 的体积。

对于 0.3m 以下的污染土壤，应用整备床处理。处理的费用与物料处置和防止污染物迁移紧密相关。

整备床需要有防止污染物迁移的措施。整备床表层需有黏土层或塑料层保护，塑料层通常用 2mm 的高密度聚乙烯（HDPE），需要渗滤液收集系统和泄漏监测系统。控制污染物释放设施的大小与污染物的环境健康风险、所处的地区以及预计消除污染的时间有关。

土地耕作床通常用砂子或土壤作为底层，底层可以保护黏土层或塑料层防止机械损伤。砂子或土壤的厚度为 0.6～1.2m，最薄的也应该有 0.3～0.6m，因为有些表层砂子会被铲车铲出。还需要建立排水系统收集渗滤液，渗滤液可以送回到土壤处理或送到处理厂处理。

苫盖与否取决于当地的条件和排放气体的控制。苫盖可以减少降水负荷，减少渗透液的处理量，也比较经济。过多的土壤水分（质量分数＞70%）会阻碍空气迁移，引起不必要的厌氧代谢。当然土壤系统也不可能 100% 的好氧，总会有厌氧代谢存在于土壤或污泥颗粒的内部。

土壤 pH 值对大多数微生物都是适合的，只有在特定地区才需要对土壤的 pH 值进行调节。通常加石灰升高土壤 pH 值，最初加入的量应根据石灰曲线的变化确定。石灰曲线是通过蒸馏水中的土壤浆与逐渐添加石灰混合产生的 pH 值绘制的。因为转移速率较低，土壤浆 pH 值会发生缓慢漂移。为了使 pH 值稳定，在两次加入石灰之间要有足够的时间。石灰的加入量必须严格按现场监测的 pH 值变化来调节。

土地耕作通常都要加入营养盐，一般用的是化肥，直接施用干粉或配成水溶液后施用。最初的营养要求是根据化学计算、可行性研究以及控制特定微生物的反应等诸项要求而确定的。在处理过程中，定期分析土壤样品，以维持最佳过程参数，并在运行中进行调整。

对于一些难降解的化合物，使用微生物接种可以缩短驯化期，提高反应速率。例如降解含氯化合物，经常加入下水污泥和牛粪来提高微生物的数量以及补充能源。

在施用所有的添加剂以后，要耕、耙污染土壤。这些操作能增加施用的肥料和微生物种子的均匀性，并促进氧气的转移。土地耕作处理过程进行中应监测土壤中的污染物随时间消失的过程，也应监测渗透液样品以记录随水的损失量。

9.5.2.2 堆积处理的设计

堆积处理有三种处理系统：条形堆系统、静态堆系统和反应器系统。多数堆积处理使用疏松剂，目的是增加介质的孔隙度，降低水分。疏松剂有木片、树皮块、锯末、树叶、秸秆、橡胶轮胎块等。

（1）条形堆系统

条形堆系统即污染土壤与疏松剂混合后，用机械摊成高 12～15m、宽 30～35m 的条形堆。这些条形堆通过每天倒翻混合时对流空气的运动来保持好氧状态。但是对高需氧废物，会有厌氧活动发生。在不透水的地面上放置疏松剂，再将土壤放在上面，然后两层混合。机械混合使用铲车或特殊设备。铲车混合费用低，混合的质量取决于操作者的操作质量。混合也可以用特殊设计的设备，如 Cobey 或 SCABAB，混合后孔隙度合适，其他混合设备包括农用旋转耕耘机和进料混合机。条形堆很灵活，可以设置大量物料，且建设费用低。

（2）静态堆系统

静态堆利用强制通气使较大的堆好氧分解。静态堆一般高 6m，其实际高度与铲车有关。通风系统布管在堆下并连接鼓风机，管在不透水层上可收集地表径流，管上覆盖疏松剂（木片等）以利于空气分布均匀。混合料放在疏松剂上，混合后用疏松剂或其他材料覆盖以减少尘土。如果堆料需要升温，用已堆制过的堆肥撒在上面作为绝热层。封闭的操作可以控制水分和尘土飞扬。

静态堆需要单个或多个变速鼓风机通风，通风量不应该用反复开关通气系统来控制，因为即使很短时间的停止供氧也会形成明显的厌氧带。由于逸出的气体容易控制和处理，所以最好用负压通气系统。

（3）反应器系统

反应器有两种类型：推流式（垂直或水平）和搅拌床式。在多数垂直推流式反应器中，使用螺旋推进器排除物料，水平推流式反应器物料运输由可移动地板或液压活塞执行，搅拌床式反应器使用机械在原地或移动物料混合堆料。

9.5.2.3 泥浆生物反应器

生物泥浆反应器法是将土壤从污染点挖出来放到一个特殊的反应器中进行处理的一种生物处理方法。反应器可以建在其他地方。反应器的罐体通常为水平鼓型或升降机型，底部为三角锥形。一般的反应器有气体回收和气体循环装置。反应器的主体一般采用不锈钢，小型反应器可采用玻璃为原料。反应器的大小可以根据试验的规模来确定。

泥浆生物反应器包括池塘、开放式反应器和封闭式反应器。反应器可以是设计的容器，也可以是现有的湖塘。除了反应器以外，还要有沉淀池和脱水设备。过程流程见图9-6。

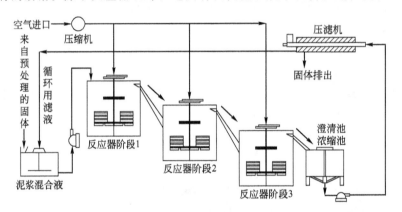

图 9-6 典型的泥浆相处理流程
（引自周启星等，污染土壤修复原理与方法，科学出版社）

设计有各种不同的泥浆反应器，如曝气和混合机械不同，有带通气管直接驱动漂浮混合器、涡轮混合器和旋筒。反应器的水力停留时间一般很长，所以要求反应器耗能少。

开放的废污泥塘也可用作反应器，塘的大小由几十平方米到几公顷。现有的废污泥塘常常本身就是有害废物的源头，经改进后可成为泥浆相生物修复设施。这类设施投入低，但需注意防止生态和人体健康风险。

9.6 污染场地评估技术

9.6.1 污染场地环境风险评估

对发达国家污染场地风险评估的技术方法的调研发现，目前欧美等发达国家的场地土壤污染风险评估都分为 3 个层次，风险管理与决策流程都注重将分阶段场地调查与分层次风险评估相结合，将场地修复和监测纳入风险评估后的决策体系（潘云雨等，2010）。他们采用的技术框架基本一致，即污染识别（即场地调查、数据的获取和整理、评估等）、暴露评估、毒性评估和风险表征（图 9-7）。发达国家的污染场地风险评估可以理解由风险分析、风险沟通和风险管理三部分组成。风险分析是科学要素，是试图利用科学来决定风险；风险沟通，是社会科学或者公共政策要素，包括风险的感知性和风险的可接受性；风险管理既包括科学又包括公共政策。风险管理的公共政策部分是美国环保局或者各州的法律法规，科学部分是制定法规以及开发法案以满足法律法规要求的基础。美国环保局所规定的环境标准或者基于风险（风险型标准）或者基于可用技术（技术型标准）。

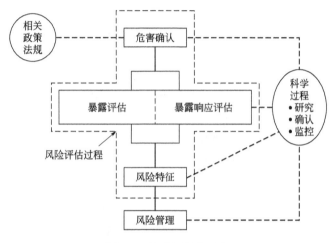

图 9-7　风险评估全过程

（引自 USEPA. Waste and Cleanup Risk Assessment. Basic information）

目前，中国进行的污染场地风险评估多为定性评估，同时进行场地风险的定性评估与定量表征还不多见。中国只有与污染场地环境治理及修复相关的一系列基础法律法规及标准，如中华人民共和国固体废物污染环境防治法、土壤环境质量标准、工业企业土壤环境质量风险评价基准等，可以在环境风险评估时作为参考。与发达国家相比，中国在污染场地的风险评价模型与风险基准值构建方面的研究尚显不足，未能形成污染场地环境风险的土壤基准和风险评价体系，制约了对污染场地的风险评价和管理。对于具体的风险评估工作，国内学者对重金属与持久性有机污染（POPs）的土壤均开展了相关风险评估研究。赵肖等（2004）评估了因污水灌溉引起的土壤 As 污染暴露风险；任慧敏等（2005）评估了沈阳市土壤 Pb 污染所致儿童 Pb 中毒的潜在风险；李正文等（2003）通过研究水稻籽粒中 Cd、Cu 与 Se 的含量，简单估计了人类膳食摄入风险；郭森等（2005）估算了天津地区人群对六六六的暴露剂量。总体来看，中国土壤环境健康风险评估多以应用国外评估方法为主，还没有建立完善的适合中国国情的评估方法与程序，当前所研究的污染物的范围还比较小。

另外，目前中国的基础数据还比较薄弱，许多定量评估的影响因素还没有确定正在研究之中，例如：a. 有害物质可以通过各种途径进入人体；b. 体内所接受的数量必须与周围环境浓度相关联；c. 可能会有中间媒质，例如鱼具备自身的生物蓄积因素；d. 致癌物质没有临界值和非致癌物质有临界值的说法仍然处于讨论中；e. 在某些情况下，响应的严重性要比发生频率更为重要；f. 对于不同器官的影响也是重要的。

大多数污染场地风险评价都是通过监测确定污染场地环境特征、污染物的浓度及分布特征。主要是明确了不同区域土壤中污染物的浓度、污染面积及深度，确定对地下水是否造成污染，根据土壤污染程度、特征指标确定是否对大气造成污染。分析可能的通过各个环境要素迁移的途径，相应的危害类型及概率。然而，通过一定的模式和方法对污染场地进行定量风险分析的体系还没有建立。通过对美国和欧盟对于污染场地的风险评估方法的分析研究，利用污染场地的风险评价模型，通过不同国家和地区典型污染物的土壤风险基准值进行健康风险值计算，利用污染物的土壤风险基准值（10-4-10-6）与健康风险值的线性回归，建立二者之间的量化关系，初步建立中国污染场地环境风险基准值构建与评价方法，可为中国污染场地的风险评价与管理和土壤质量评价提供依据。

9.6.2　污染场地修复效果评估

9.6.2.1　治理过程评估

场地治理过程评估是指，在场地治理修复过程中，对技术实施过程中的应用现状进行评估，其目的是对治理修复工程进行质量控制，修订完善工程设计中的设计缺陷，确保工程达到预期治理修复目标。如有必要，治理修复过程中部分评估的结果可作为工程验收的评估结果，但必须经所在地环境保护主管部门授权或认可的监测机构加以验证。

9.6.2.2　验收评估

工程验收评估是指，对治理修复后场地的环境质量和技术应用完成情况进行系统评估，其目的是考核和评价治理修复后的场地是否达到场地污染风险评估所确定的修复目标值，同时评估修复技术的应用和管理措施的实施是否满足工程设计所提出的相关要求，为工程验收提供可靠依据。

9.6.2.3　后评估

场地治理工程后评估是指，污染场地在已经完成治理修复工程验收后，在特定的时间范围内，对治理修复后场地对所在区域地下水、地表水及环境空气的环境影响进行进一步评估，同时针对场地长期原位治理修复工程措施的实施效果开展验证性的评估，其目的是验证治理修复效果的可靠性和长期稳定性。

9.6.3　生物修复项目的评价和综合管理

在生物修复过程中，需要对生物修复工程运行的好坏进行评价。综合评价一般应包括政治、国防（安全）、社会、技术、经济、环境生态、自然资源等方面。一般来说，污染土壤生物修复的评价方法包括：记录生物修复过程中污染物的减少；以实验结果表明现场污染环境中的微生物具有转化污染物的能力；用一个或多个例证表明实验条件下被证明的生物降解潜力在污染场地条件下是否依然存在。

生物修复项目的评价和管理贯串整个修复过程，包括初步的现场评估、生物过程评价、生物修复效果评价、过程控制评价、经济效果评价等方面。

初步的现场评估是要了解污染物的性质、浓度和水文地质的情况，以评价污染物生物降解的可能性并确定进行降解的代谢系统，并进一步评价确定现场微生物处理是否可行，以及确定对生物修复很重要的现场特性和生物降解最佳的环境条件。

生物过程评价包括：微生物可利用的碳源、能源、电子受体，微生物活性，养分条件，以及其他一些环境因素（如水分、温度、pH 值、渗透压、含盐量、酸碱度、重金属浓度和放射性等）。

在污染环境生物修复运行终止时，需要对生物修复的效果进行评价。生物修复效果评价包括：污染物的浓度和分布变化，毒性下降变化，其计算公式分别如下所示。需要测定污染土壤或水体中的残存污染物，计算原生污染物的去除率、次生污染物的去除率及污染物毒性下降率，以便综合评定生物修复效果，并对此类数据综合管理。

$$原生污染物的去除率 = \frac{原有浓度 - 现存浓度}{原有浓度} \times 100\%$$

$$次生污染物的去除率 = \frac{现存浓度 - 原有浓度}{原有浓度} \times 100\%$$

$$污染物毒性下降率 = \frac{原有毒性水平 - 现有毒性水平}{原有毒性水平} \times 100\%$$

过程控制评价生物修复的进展，其主要评价参数指标有：水文地质特性是否改变，污染物迁移特性改变，标识物实验提供生物修复时迁移特性等第一手资料。

经济效果评价包括修复的一次性基建投资与服役期的运行成本。

参考文献

[1] 陈玉成. 污染环境生物修复工程. 北京：化学工业出版社，2002.

[2] 郭森，陶澍，杨宇，李本纲，曹军，王学军，刘文新，徐福留，吴永宁. 天津地区人群对六六六的暴露分析. 环境科学，2005，26（1）：164-167.

[3] 胡新涛，朱建新，丁琼. 基于 LCA 的 POPs 污染场地修复技术的评价，2010，277-278.

[4] 罗云. 基于 Topsis 的污染场地土壤修复技术筛选方法及应用研究. 上海师范大学，2013.

[5] 李正文，张艳玲，潘根兴，李久海，黄筱敏，王吉方. 不同水稻品种籽粒 Cd、Cu 和 Se 的含量差异及其人类膳食摄取风险. 环境科学，2003，24（3）：112-115.

[6] 马文漪等. 环境微生物工程. 南京：南京大学出版社，1998.

[7] 潘云雨，宋静，骆永明. 基于人体健康风险评估的冶炼行业污染场地风险管理与决策流程. 环境监测管理与技术，2010，22（3）：55-61.

[8] 任慧敏，王金达，张学林，王春梅. 沈阳市儿童环境铅暴露评价. 环境科学学报，2005，25（9）：1236-1241.

[9] 沈德中. 污染环境的生物修复. 北京：化学工业出版社，2002.

[10] 阎晓明，何金柱. 重金属污染土壤的微生物修复机理及研究进展. 安徽农业科学，2002，30（6）：877-879.

[11] 赵肖，周培疆. 污水灌溉土壤中 As 暴露的健康风险研究. 农业环境科学学报，2004，23（5）：926-929.

[12] 张海博，张林波，李岱青，陈扬，Lisa, P.，Andrea, C. and Antonio, M. 基于 DESYRE 模型的污染场地修复决策研究. 环境工程技术学报，2012，02（4）：339-348.

[13] 张红振，骆永明，章海波，夏家淇. 基于 REC 模型的污染场地修复决策支持系统研究. 环境污染与防治，2011，33（4）：66-70.

[14] 张红振，於方，曹东，王金南，张天柱，骆永明. 发达国家污染场地修复技术评估实践及其对中国的启示. 环境污染与防治，2012，34（2）：105-111.

[15] 张从，夏立江. 污染土壤生物修复技术. 北京：中国环境出版社，2000.

[16] 周启星，宋玉芳. 污染土壤修复原理与方法. 北京：科学出版社，2004.

[17] Atlas R. M. Barha R. Microbial Ecology：Fundamentals and Applications. 4th ed. Menlo park, CA：The Benjamin/

Cunmmings. 1998.

［18］ Bello Dambatta A，Farmani R，Javadi A，et al. The Analytical Hierarchy Process for contaminated land man agement. Advanced Engineering Informatics，2009，23（4）：433-441.

［19］ Caramagno D，et al. Design of Groundwater Injection Systems for the Remediation of Groundwater at Hazardous Waste Site. Encyclopedia of Environmental Control Technology 4：. Cheremisinoff P N. 1991.

［20］ Chaudhry G R. Biological degradation and bioremediation of toxic chemicals. Portland，Oregen：Diosordes Press，1994.

［21］ Cookson J. T. Bioremediation engineering：design and application. New York：McGraw Hill，1995.

［22］ Epstein E，Wilson GB，Burge WD，et al. A Forced Aeration System for Composting Wastewater Sludge. JW-PCF. 1976，48（4）：688-694.

［23］ Hicks R J. Above Ground Bioremediation：Practical Approaches and Field Experiences. Proceedings of Applied Bioremediation. Fairfield NJ，1993，Oct 25-26.

［24］ Kennney M，White M. A cost benefit model for evaluating remediation alternatives at superfund sites incorporating the value of ecosystem services. London：Environment Agency，2007.

［25］ Kuhlman L. R. Windrow Composting of Agricultural and Municipal Wastes. Resources，Conservation and Recycling，1990，4：151-160.

［26］ Lin J G，Wang H Y，Hickey R F. Use of Coimmbilised Biological Systems to Degrades Toxic Organic Compounds. Biotechnology and Bioengineering，1991，38：273-279.

［27］ Onwubuya K，Cundy A，Pusc Henreiter M，et al. Developing decision support tools for the selection of "gentle" remediation approaches. Science of the Total Environment. 2009，407（24）.

［28］ Posstle M，Fenn T，Grosso A，et al. Cost benefit analysis for remediation of land contamination. London：Environment Agency，1999.

［29］ Ryan J. R.，Loehr R. C.，Rucker E. Bioremediation of Organic Contaminated Soils. J Hazard Mater，1991，28：159-169.

［30］ U. S. EPA. Waste and Cleanup Risk Assessment. Basic information. http://www. epa. gov/oswer/riskassessment/basicinfo. htm

［31］ U. S. EPA. Green remediation：incorporating sustainable environmental practices into remediation of contaminated sites. Washington，D. C. 2008.

［32］ Van Vezel A P，Franken RO，Drissen E，et al. Societal cost benefit analysis for soil remediation in the Netherlands. Integrated Environmental Assessment and Management，2008，4（1）：61-74.

［33］ Venosa A. D.，P. Campo，M. T. Suidan. Biodegradability of Lingering Crude Oil 19 Years After the Exxon Valdez Oil Spill. Environmental Science and Technology，2010，44：7613-7621.

第四篇

生物修复工程应用

第10章 ⇒》 生物修复技术的实际应用

生物修复作为一种新型的污染修复技术，与传统的环境污染修复技术相比较，具有降解速度快、处理成本低、无二次污染、环境安全性好等诸多优点。因此，利用生物修复来治理被有机物和重金属等污染物所污染的土壤和水体工程技术已得到越来越广泛的应用。

10.1 石油污染土壤和地下水的原位生物修复

石油污染泛指原油和石油初加工产品（包括汽油、煤油、柴油、重油、润滑油等）及各类油的分解产物所引起的污染。石油对土壤的污染主要是在勘探、开采、运输以及储存过程中引起的，油田周围大面积的土壤一般都受到严重的污染，石油对土壤的污染多集中在20cm左右的表层。石油类物质进入土壤，可引起土壤理化性质的变化，如堵塞土壤孔隙，改变土壤有机质的组成和结构，引起土壤有机质的碳氮比（C/N）和碳磷比（C/P）的变化；引起土壤微生物群落、微生物区系的变化。石油污染对作物生长发育的不利影响主要表现为：发芽出苗率降低，生育期限推迟，贪青晚熟，结实率下降，抗倒伏、抗病虫害的能力降低等。土壤的石油污染直接导致粮食的减产，而且通过食用生长于农业土地上的植物及其产品影响人类的健康。石油类在作物体及果实部分主要残留毒害成分是多环芳烃类。石油中的芳香烃类物质对人及动物的毒性极大，尤其是从双环和三环为代表的多环芳烃毒性更大。多环芳烃类物质可通过呼吸、皮肤接触、饮食摄入等方式进入人和动物体内，影响其肝、肾等器官的正常功能，甚至引起癌变。石油类物质还通过地下水的污染以及污染的转移构成对人类生存环境多个层面上的不良胁迫。因此，随着石油开采和使用量的增加，大量的石油及其加工品进入环境，不可避免地对环境造成了污染，给生物和人类带来危害。目前，石油污染问题已成为世界各国普遍关注的问题。

原位生物修复是指被污染土壤和地下水不经过扰动，直接向污染部位提供氧气、营养物或接种，以达到降解污染物为目的的生物修复方法。

10.1.1　石油污染物降解的影响因素

环境中石油烃类的生物降解速率取决于微生物的种类、数量及其酶的活性以及烃类的组成与状态和各种影响微生物生长的因素。

10.1.1.1　微生物类群

研究表明，能够降解烃类污染物的微生物普遍属于细菌、放线菌、霉菌、酵母等各类微生物的100余属200多种。细菌中降解石油的属有假单胞菌属、黄杆菌属、棒状杆菌属、无色杆菌属、节杆菌属、不动杆菌属、小球菌属等属中的某些菌株。另外，近年来还发现了蓝细菌与绿藻具有可降解芳香烃的作用。研究还表明，未受石油污染的生态系统中，石油降解菌少于微生物总数的0.1%；而受石油污染的生态系统中可达100%（杨姝倩等，2006），原油泄露后几天便可见石油降解菌数升高几个数量级。至于长期接受石油污染的地区，不仅菌数高，而且其降解石油的强度亦高于无污染区。

10.1.1.2　烃类的组成与状态

石油烃类的化学组分有四类：饱和烃、芳香烃、氮硫氧（N、S、O）化合物及沥青质，各类烃类生物降解的难易不同。许多研究已证明，微生物能够降解石油中的饱和烃和轻质芳香烃组分，而其中的高分子重质芳香烃、树脂和沥青质则难以降解。一般认为，直链烷烃最易降解，由于"空间效应"支链烷烃比直链烷烃难以降解，但也有人认为，轻芳香烃比直链烷烃更易降解。多环芳烃比单环或双环芳烃以及非取代烃类难降解。有趣的是，降解多环芳烃的酶是由低分子芳烃（如萘）而并非由底物本身诱导产生的，这一发现可能解释为何这些化合物难以被微生物降解。M. A. Heitkamp 等分离出了降解四环芳烃的分枝杆菌。K. Venkateswarn 等分离出一株以树脂作为唯一碳源的假单胞菌。J. Bertrand 等发现，曾经被认为难以降解的沥青质和树脂可以通过共氧化作用进行降解。J. E. Rontani 等也发现了沥青质的共氧化作用，并报道沥青质的生物降解依赖于烷烃（$C_{12} \sim C_{18}$）的存在。在石油烃类的生物降解过程中，微生物生活于水相中而作用于油水界面，所以烃类的可溶性直接影响其生物降解速率。当浓度非常低时烃类是可溶的，但是大多数溢出的原油远远超过其可溶限度。另外，扩散的程度也部分决定了烃类降解微生物菌群可用的石油表面积。

10.1.1.3　微生物生长的影响因素

影响微生物活性的外界因素主要有土壤温度、湿度、Eh 值、pH 值、氧气含量、养分比例等。保持微生物最大代谢能力所需条件一般认为：温度，$15 \sim 35℃$；湿度，$25\% \sim 85\%$持水量；pH 值为 $5.5 \sim 8.5$；氧气含量，好氧时占空间体积 10% 以上，厌氧时 1% 以下；氧化还原电位，好氧（或兼性）大于 50mV，厌氧小于 50mV；养分比例，C∶N∶P=120∶10∶1。在实际工程中，可以通过加石灰、营养盐类肥料来调节土壤 pH 值、养分比例；通过对土壤深翻或强制通风提供充足氧气，使微生物能够完全矿化有机污染物。陈育如等通过向土壤中添加某些外源物质，增大土壤的空隙，从而增加供氧量。他把等体积的蛭石或锯末加至土壤中，或将草木灰与含油土壤以 1∶2 的体积混合，用于处理土壤中所含的 10% 石油烃，分别在静态、不时搅动及强制通风的条件下进行处理，结果均大大优于不加填充物的对比试验结果。

10.1.2　石油污染土壤和地下水原位生物修复方法及其应用实例

石油污染土壤和地下水原位生物修复是指不搅动污染了的土壤，在原位和易残留部位进行处理。最常用的原位处理方式是进入土壤饱和带的污染物生物降解。采取添加营养、供氧（加 H_2O_2）和接种特异工程菌等措施提高其降解能力，并通过一系列贯穿于污染区的井，直接注入配好的溶液来完成。亦可采用把地下水抽到地表，进行生物处理后，再注入土壤中进行再循环的方式改良土壤。由于氧交换的需要，该法适于渗透性好的不饱和土壤的治理。原位生物修复主要包括投菌法、土壤气抽提法、土耕法、生物培养法、植物生物修复 5 种方法。

10.1.2.1　投菌法

投菌法是指直接向遭受污染的土壤接入外源的污染降解菌，同时提供这些微生物生长所需的营养，包括常量的营养元素和微量的营养元素。常量营养元素包括氮、磷、硫、钾、钙、镁、铁、锰等，其中氮和磷是土壤微生物治理系统中最主要的营养元素，微生物生长所需的碳、氮、磷质量比大约为 120：10：1。如美国犹他州某空军基地针对航空发动机油污染的土壤，采用原位生物降解，具体做法是：将土壤喷湿，使土壤湿度保持 8％～12％范围内，加入石油降解菌，同时添加 N、P 等营养物质，并在污染区打竖井抽风，以促进空气流动，增加氧气的供应。经过 13 个月后，土壤中平均油含量由 410mg/kg 降至 380mg/kg。Sanjeet Misshra，Jeevan Jyot 等通过采用存在于载体上的细菌联合体和营养物质对 4000m² 的石油污染土地进行处理，结果证明是可行的。清华大学采用大规模高密度发酵微生物菌剂的工艺和具有协同降解石油烃能力的真菌-细菌复合修复制剂，建立并实施了将真菌和细菌协同降解石油烃与麦秸发酵生产腐殖酸相结合的技术路线，在中原油田多种污染特征地块进行了原位修复试验。中试面积达 11 亩，并于修复结束后进行了小麦种植。污染修复结束后，土壤样品被送到中国农林科学院进行全面分析。结果显示，主要理化指标都得到了不同程度的改善，接近或达到正常耕地的水平。污染土壤在修复前，地表 80％无植被覆盖。随着修复的结束，修复地块地表植物茂盛，根系生长正常，能起到固土作用，这说明土壤恢复了作物种植能力。细菌微生物制剂对中原油田不同类型石油污染土壤进行原位修复小试和中试。第 1 期场地试验从 2004 年 11 月到 2005 年 3 月，共 122d，柴油、润滑油和石油的 TPH 降解率分别为 61.0％、48.3％和 38.3％。中试从 2005 年 5 月 18 日～11 月 3 日，共历时 161d。人工污染土壤、新鲜型石油污染土壤和陈旧型污染土壤的石油烃降解率分别达到 75.0％、46.0％和 56.6％，而对照组的降解率分别为 15.7％、20.0％和 28.0％。通过分析修复过程中土壤中石油烃各组分含量的变化，得出结论，真菌、细菌微生物制剂对饱和烃、芳烃、沥青胶质及非烃化合物均具有较好地降解能力。分别在修复后的人工污染、新鲜型污染和陈旧型污染地块种植小麦，产量分别为当地正常耕地产量的 100％、57.2％和 70.3％。本研究进一步证实了真菌、细菌协同修复石油烃污染耕地的可行性及其良好的应用前景（韩慧龙等，2008）。

10.1.2.2　土壤气抽提法

土壤气抽提法通过机械作用使气流穿过土壤，增加土壤中的含氧量，去除其中挥发性或半挥发性的石油烃类。但此法受土壤条件的制约大，只适合处理低渗透性的含油土壤。例如，Ramsay 等在澳大利亚 Glastone 港对油污红树林进行了生物修复试验。在此之前进行的强制供氧研究表明，绝大多数的红树林土壤在 2cm 以下是缺氧区。针对这种情况，他们采用空压机供氧（流量为 100L/min），将空气管埋入土壤下 2～3cm，连续供氧 4 个月，并同时添加 Osmocote™ 肥料。研究结果表明，与未经生物修复处理的油污地点相比，供氧期间该处的烷烃降解菌的数量增加了 1000 倍，芳香烃降解菌的数量增加了 100 倍，说明机械供氧显著刺激了土著微生物的生长。美国哥伦比亚南卡罗来纳大学 Brian C. Kirtland 等对土壤气抽提方法在节能方面提出了革新，将连续操作和间歇操作进行比较，在土著微生物自然降解过程中采用间歇操作使能源消耗减少，但石油类的去除率并没有降低，达到 17.6kg/d，明显优于连续操作的 14.3kg/d。

10.1.2.3 生物培养法

定期向污染土壤中加入微生物生长繁殖所需的过氧化氢和各种营养物质，如 N、P 等，以满足环境中所存在的降解菌生长的需要，从而促使土壤微生物通过代谢作用将污染物彻底矿化为二氧化碳和水。1992 年阿根廷在 Puerto Rosales 集散地施用富含养分的肥料，依靠土著微生物的降解作用清除了由泄露的 700t 石油所造成的土壤污染。

10.1.2.4 植物生物修复

科威特的科学家就曾经成功地运用植物修复技术对因石油泄露而造成的污染土壤进行修复，其中主要是 *Cellulomonas flavigena*、*Rhodococcus erythropolis* 和 *Arthrobacter* sp。特别是蚕（*Vicia-faba*）根际周围的 *C. flavigena* 可吸收大量的脂肪族和芳香族烃类化合物。除以上利用活的植物清除有机污染外，在石油污染水体中死的植物残体也常被利用。例如，1992 年，一艘油轮在舍德兰群岛附近失事，在海上放置了 22000m 长的禾草排，从而保护了海滨浴场和渔场不致遭受污染。俄罗斯莫斯科精细化工科学院的教授奥列格·乔姆金教授经过多年潜心研究，研制出了用农作物废料清除石油污染的新方法。大部分农作物废料是一种含碳的不会沉积的、天然吸附材料。比如，稻米壳、荞麦壳、麦秸等，它们的特殊结构能够将有害的物质吸附在内。首次使用农作物废料清除水中的石油污染是在 1997 年，当时新西伯利亚石油港管道破裂，造成了周围大量水污染。清理工作者采用粗网筛将用稻米壳和荞麦壳制成的吸附材料投入港口，很快清除了石油造成的污染，清理效果达到了 97%～99%。2011 年，重庆长安工业有限公司五里店厂区原址污染场地修复项目中，采用了生物通风技术治理该厂区的石油烃污染，共处理污染土壤 2404m³。首先将污染土壤清挖出来进行破碎筛分，加入一定比例的有机肥充分混合，然后运至生物通风场地进行生物通风处理。生物通风处理过程分为两个阶段：快速气提阶段、慢速生物通风反应阶段。快速气体阶段通过高温气体抽提低沸点、易挥发的有机污染物，慢速生物通风反应通过加入含氮磷的营养液强化石油烃的生物降解。该场地修复完成后风险评估显示，单一污染物致癌风险值均小于 10^{-6}，个样品中所有污染物累加致癌风险值均小于 10^{-5}，非致癌危害商均小于 1，修复后场地能够满足居住用地土壤环境质量要求，不会对人体健康产生影响。

10.1.2.5 地下水生物曝气法

地下水生物曝气是一项原位修复技术。应用此技术可降低土壤和地下水中易挥发有机污染物的浓度。这项技术也被称为"原位空气分离"和"原位蒸发"，即将压缩气体注入地下水饱和区，出于密度差等原因，空气会穿透地下水饱和区上升到非饱和区中，在上升过程中可使挥发性污染物进入压缩空气并被压缩空气带到非饱和区排出。同时，这种方法能将空气加压注入受污染的地下水，气流加速土壤和地下水中有机物的挥发和降解。这种方法主要是抽提与通气并用，并通过增加及延长停留时间以促进生物降解，提高修复效率。恰当地应用地下水生物曝气技术，能有效地清除地下储藏石油中的挥发性有机污染物（VOCs）。例如，1984 年美国 Missouri 西部发生地下石油运输管道泄漏事件。使用地下水生物曝气法来处理该区的地下水石油污染，该处理系统主要由抽水井、曝气塔、注水井等部分组成，经过 32 个月的运行，取得了良好的修复效果。该地的 BTX（苯、甲苯、二甲苯）总浓度从 $20\sim30mg/L$ 降低至 $0.05\sim0.10mg/L$，整个运行期间汽油去除速度为 $1200\sim1400kg$ 汽油/月，生物技术去除的汽油约占汽油去除总量（3800kg）的 88%。

10.1.2.6　抽提与回注系统相结合法

这个系统主要是将抽提地下水系统和回注系统（注入空气、O_3、H_2O_2、营养物、微生物）结合起来，促进有机污染物的生物降解。也就是将地下水的抽提和回注系统结合起来，促进有机污染物的生物降解。例如，20 世纪 80 年代初纽约长岛汽油站发生汽油泄漏，1985 年 4 月开始在该地进行生物修复，采用过氧化氢作为氧供体，在 21 个月中有效地去除了土壤中吸附的汽油，估计通过生物作用去除的汽油约有 17640kg，约占去除汽油总量的 72%，经过生物处理后，土壤中的汽油含量已低于检测限。

10.1.2.7　投菌、通风和生物培养相结合（Gogoi. B. et al.，2003）[1]

2003 年，Gogoi 等对印度阿萨姆邦 Borhola 油田的污染土壤进行生物修复现场试验，主要污染物为石油烃，共设计 A、B、C、D、E、F 共 6 组不同的处理，每组处理土壤量为 500kg。其中，处理 C 和 D 通过添加石油烃高效降解菌悬液的方式为污染物降解提供外源微生物，菌悬液添加量为 1.2ml/kg，处理 E 组和 F 组通过加入 25kg 废矿排水沟受石油烃污染的表层土，以这些表层土中的土著微生物作为石油烃降解的外源微生物。通过现场试验考察了添加营养物质、外源微生物和通风三种处理方式的不同组合对石油烃污染土壤修复效果的影响。污染土壤及不同处理的基本情况见表 10-1。现场试验装置见图 10-1，在装置的底部布设环形空气布设器，上部每隔 20mm 开 $\phi2mm$ 的通气孔，每天曝气 1h，曝气速率为 $100m^3/h$。

表 10-1　污染土壤及不同处理的基本情况

处理	土壤 /kg	原油含量 （质量分数）/%	营养液 $[(NH)_2HPO_4]/kg$	微生物	通风
A 对照	500	4.8	No	No	No
B	500	4.8	0.5	No	No
C	500	4.4	0.5	Yes	Yes
D	500	4.7	0.5	Yes	No
E	500	4.4	0.5	Yes	Yes
F	500	3.5	No	Yes	Yes

---

[1] 选自 Gogoi B，et al. A case study of bioremediation of petroleum-hydrocarbon contaminated soil at a crude oil spill site. Advances in nvironmental Research. 2003，7（4），767-782.

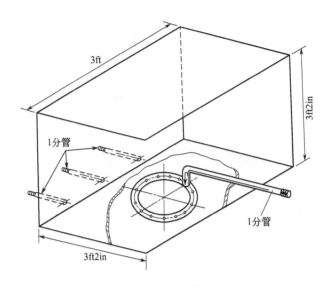

图 10-1 现场试验装置示意

1ft＝0.3048m，1in＝0.0254m

（引自 Gogoi. B. et al.. A case study of bioremediation of petroleum-hydrocarbon contaminated

soil at a crude oil spill site. Advances in Environmental Research. 2003）

修复期间，保持土壤湿度为 50％～65％。修复过程中监测土壤 pH 值、土壤湿度、氮、磷、微生物含量和石油含量，修复时间为 1 年。由图 10-2 可见，与对照组相比，其他处理的石油烃含量均不同程度的有所降低。添加营养物质对于修复效果的影响最大，在营养物质相同的情况下，仅靠土著微生物即能达到较好的修复效果，修复 1 年后土壤中高达 75％的石油烃发生了降解。由图 10-2 和图 10-3 可见，石油烃降解过程与土壤中微生物生长状况关系密切，土壤通风和添加营养物质有利于提高石油烃降解菌的生长和代谢。

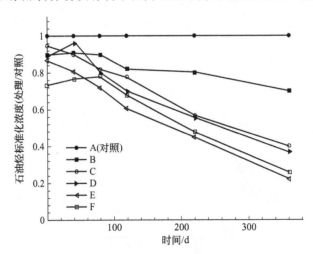

图 10-2 石油烃浓度-时间变化曲线

（引自 Gogoi. B. et al.. A case study of bioremediation of petroleum-hydrocarbon contaminated

soil at a crude oil spill site. Advances in Environmental Research. 2003）

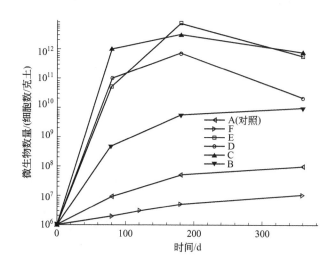

图 10-3　土壤中微生物数量-时间变化曲线

（引自 Gogoi. B. et al.. A case study of bioremediation of petroleum-hydrocarbon contaminated soil at a crude oil spill site. Advances in Environmental Research. 2003）

10.1.2.8　其他方法

厌氧条件下也可以进行生物修复。Richard M. Gersbers 等对圣地亚哥的一处受石油污染的地下水进行了厌氧修复研究，他们利用硝酸盐作为电子受体补给到地下水中，强化细菌的脱氮过程，结果发现，在营养物富足的地带，6 个月内 BTX 水平下降了 $81\% \sim 99\%$。Doong. R. A 等在厌氧环境下通过添加电子受体和无机离子处理地下水中的四氯化碳也取得了良好效果。于勇等研究了利用臭氧修复石油污染地下水，得出以下一些结论：a. 臭氧能够氧化地下水中的石油化工类污染物；b. 臭氧最佳投加量为 7mg/L，油去除率可达 67%，臭氧氧化接触时间以 2d 为宜；c. 臭氧对于水中有机污染物（包括优先污染物）的去除转化效果明显；d. 若臭氧氧化法与吹脱、活性炭吸附、生物氧化等处理方法配合使用，处理效果将会更好。

微生物燃料电池技术作为一种新型的原位生物修复手段近年来受到了国内外广泛的关注（杨征等，2013；向音波等，2014；Li 等，2015；Zhang 等，2014；Lu 等，2014）。微生物燃料电池（Microbial Fuel Cells，MFCs）是一种利用微生物作为催化剂，将有机质化学能转变为电能的装置。通常 MFCs 装置由阴阳电极、质子交换膜以及反应室三部分构成（范德玲等，2011）。通过微生物的厌氧呼吸过程，氧化底物、还原电极并输出电能的生物电化学系统。该技术可以利用各种污染物作为燃料，有效地强化污染物的生物降解，并在降解去除污染物的同时产生电能。Wang 等（2012）设计了一种便于原位应用的 U 型 MFCs。相对于开路对照，闭路条件下该装置产电功率密度为 $0.8mW/m^2$，同时还将土壤中烷烃、多环芳烃等污染物的降解率提高了 120%。该污染土壤修复方法，不需要向土壤中加入任何微生物或者外源化学物质，不仅可以去除土壤中的石油烃，也可用于土壤中其他有机污染物的去除。

10.1.2.9 应用实例

案例一 弗吉尼亚州朴次茅斯 Craney 岛海军燃料储存地烃类污染土壤的植物修复 (Fiorenza S et al.，2000)❶

(1) 修复场地基本情况

弗吉尼亚州朴次茅斯 Craney 岛的燃料终端（CIFT）是美国最大的海军燃料储存地。CIFT 地上和地下的燃料储存罐占地超过 445ha。其中约有 6.1ha 采取生物方法进行修复，在修复场地的最底层铺设压实的泥土基层、土工格栅、沙土层和聚乙烯衬垫。在场地四周开挖雨水和浇灌水的排水沟，用泵收集并排出。

修复场地原址为一个大池塘，其规模为 61m×21.4m，是 1940～1978 年间 CIFT 用于船舶压舱物和舱底废物油水分离的场地，因此池塘周边土壤受到严重的石油烃污染。1980 年，该池塘被填平。1995 年，开展了一项针对该处污染土壤的修复计划。将石油污染土壤铺在生物处理单元的底部，厚度为 45.4cm，然后进行供氧、浇灌、施肥强化污染物的生物降解。在生物修复单元中划分出一部分（面积 0.20hm²，0.61m 深）用于植物修复的研究。

修复前，首先对场地污染情况进行调查，然后进行植物修复，最后进行修复后评价。修复前污染场地土壤基本情况见表 10-2。

表 10-2 修复前污染场地土壤基本情况（1995 年 9 月）

指标	测定结果	指标	测定结果
pH 值	7.4	K	2.5meq/L
EC	4.0mmhos/cm	钠吸附比(SAR)	2.8
NO_3^--N	<0.1mg/kg	砂粒	60%
NH_4^+-N	2.70mg/kg	粉粒	21%
Bray-P	20.5mg/kg	粘粒	19%
CEC	7.4meq/100g	质地	砂质壤土
有机物质	4.40%	总有机碳	1.80%
Ca	22.5meq/L	固相	78.20%
Mg	14.8meq/L	含盐等级	低
Na	12.0meq/L		

注：引自 Fiorenza S *et al*. Phytoremediation of hydrocarbon-contaminated soil，CRC Press LLC. 2000。

(2) 修复设计

植物修复场地长 180ft（1ft＝0.3048m），宽 100ft，现场试验采用随机区组设计方法（见图 10-4），将修复场地划分为 6 个区块，每个区块设计 4 个处理：无植被、种植白首蓿草、种植高羊茅、种植百慕大黑麦草。修复前土壤中总石油烃（TPHs）分布情况见表10-3。修复前不同处理下监测点位土壤中 TPH 浓度见表 10-4。

---

❶ 此案例摘选自 Fiorenza S et al. Phytoremediation of hydrocarbon-contaminated soil，CRC Press LLC. 2000.

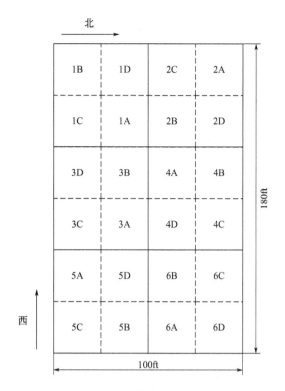

图 10-4　随机区组设计示意

数字代表区组编号，字母表示不同处理，其中 A 代表白三叶，B 代表无植被，

C 代表高羊茅，D 代表百慕大黑麦草

（引自 Fiorenza S et al. 2000. Phytoremediation of hydrocarbon-contaminated soil，CRC Press LLC）

表 10-3　修复前土壤中 TPHs 分布情况

距西部边界距离/ft	总石油烃浓度/(mg/kg)								
7.5	5383	4859		4284					3037
22.5	5690	4337		3409					2855
37.5	4127	3247		3915					3000
52.5	4605	4653		4434					3683
67.5	4051	4746		5060					4121
82.5	3687	4356		4730					4757
90.5			5233				5005		4867
92.5								3986	
97.5	4036	4092		4405		4148			
99									4273
105						3628			
108									4530
112.5	3610	4648		4433					4753
127.5	4381	5741		4897					4849
142.5	4315	4666		6257					7857
157.5	4169	4519		4194					5035
172.5	3948	3821		4401					7531
距北部边界距离/ft	5	20	27.5	35	36.5	44	44.5	48	50

续表

距西部边界距离/ft	总石油烃浓度/(mg/kg)								
7.5						3499		3680	3167
22.5						3497		4762	3836
37.5						5054		3621	4416
52.5						4147		4686	7924
67.5						4496		3758	3570
82.5						3069		4743	3865
91		5079							
94				4725					
97.5	4631				3109	3319		3330	3756
105			3933				3473		
112.5						4103		4861	4071
127.5						3405		4310	6492
142.5						3915		6290	8981
157.5						6800		6996	6329
172.5						5991		7154	5580
距北部边界距离/ft	51.5	55	56	57	63	65	72.5	80	95

注：引自 Fiorenza S et al. 2000. Phytoremediation of hydrocarbon-contaminated soil，CRC Press LLC.
1ft=0.3048m。

表 10-4　修复前不同处理下监测点位土壤中 TPH 浓度

监测位点	土壤中 TPH 浓度/(mg/kg)			
	无植被	百慕大黑麦草	白苜蓿草	高羊茅
1	1140	1380	723	885
2	6620	882	1030	992
3	1230	1270	1290	1270
4	1100	1070	509	463
5	690	534	1160	556
6	575	860	484	1320

注：引自 Fiorenza S et al. 2000. Phytoremediation of hydrocarbon-contaminated soil，CRC Press LLC。

（3）修复结果及效果评价

表 10-5 给出了修复过程中，不同处理下土壤 pH 值和无机 N、P 的情况。由表 10-5 可以看出，修复过程中土壤 pH 值基本保持稳定，Bray-P 增多，NH_4^+-N 减少，NO_3^--N 减少（种植高羊茅的土壤除外）。

表 10-5　不同处理位点修复植物及土壤营养状况

修复植物	1996 年 8 月				1997 年 10 月			
	pH 值	Bray-P /(mg/kg)	NH_4^+-N /(mg/kg)	NO_3^--N /(mg/kg)	pH 值	Bray-P /(mg/kg)	NH_4^+-N /(mg/kg)	NO_3^--N /(mg/kg)
白苜蓿草	6.2	23	14.4	8.5	6.5	27	5.3	5.7
高羊茅	6.9	13	5	0.7	6.3	24	3.9	4.9
百慕大黑麦草	6.8	13	3.5	0.7	6.5	21	2.5	0.3
无植被	5.9	13	13.5	8.5	6.5	22	2.6	0.3

注：引自 Fiorenza S et al. Phytoremediation of hydrocarbon-contaminated soil，CRC Press LLC. 2000.

　　表 10-6 给出了不同处理条件下地上植被生物量的统计数据。在三种处理条件下不同植被在污染土壤上均生长良好，但其生长模式各异。百慕大黑麦草采用草皮种植法，其生根速度和冠幅生长速度最快。1996 年 7 个月的采样监测中发现，百慕大黑麦草在所有处理中根系生长最好。高羊茅采用播种法种植，因此发展全根系所用时间相对较长；高羊茅根系密度、根系重量和深度最大。高羊茅和百慕大黑麦草在相对干旱的第二生长季保持良好生长，但在修复过程的第二年生长均有所减缓。白首蓿草生长相对缓慢，在第一年末才发育出较为完整的冠幅。对首蓿草根瘤进行检测，发现根部仅有极少量的有效根瘤，可能是过高的施氮频率抑制了氮的固定，因此，尽管首蓿草在种植时进行了接种，但土壤中仍未发展出足够的根瘤菌数量。白首蓿草在第一个生长季生长良好，但这种情况并未持续到第二个生长季。总的来说，在生物量、根系和植被的持久性方面，百慕大黑麦草和高羊茅要明显优于首蓿草。

表 10-6　随机区组设计下地上生物量统计

样品	地上生物量/(g/m^2)			
	1996 年 5 月	1996 年 7 月	1996 年 9 月	1997 年 10 月
百慕大黑麦草				
1d1	52.2	290.3	691.2	432
1d2	50.4	244.8	853.6	264
1d3	89.2	361.7	417.2	388
3d1	104.1	298	543.2	408
3d2	100.4	238.7	453.2	428
3d3	91.3	325.6	294.8	292
4d1	83.9	257.2	532	192
4d2	94.8	192.6	651.2	384
4d3	150.7	378.8	572	208
平均±SD	90.8±28.0	278.5±57.3	556.5±154.5	332.9±89.5
高羊茅				
1c1	89.1	300.8	384.4	444
1c2	8.8	318	355.2	492
1c3	63.6	283.7	405.2	672
3c1	58.9	202.6	264.4	460
3c2	121.1	190.9		424
3c3	31.6	237.4	294	444
4c1	10.7	183	244.8	308
4c2	19.3	259.4	238.4	528
4c3	41.1	170.7	204.4	400
平均±SD	49.3±35.7	238.5±51.6	298.9±69.3	463.6±93.7
白首蓿草				
1a1	5.8	140.8	229.2	0
1a2	4.4	114.8	246.4	0
1a3	0	193.1	183.6	0
3a1	1.8	124	224.4	0
3a2	24.3	139.3	182	0
3a3	63.7	128.3	156	0
4a1	0	66.8	170.4	0
4a2	43.2	44.1	188.8	0
4a3	4.4	136.3	173.2	0
平均±SD	16.4±21.5	120.8±41.0	194.9±29.1	0

注：引自 Fiorenza S *et al*. Phytoremediation of hydrocarbon-contaminated soil，CRC Press LLC. 2002.

修复场地在 1995 年秋季开始进行植物修复，到 1996 年春季，种植的植物已经发育出新的根系，此时开始对修复土壤中的微生物数量进行定期采样测定，测定结果见表 10-7。到 1996 年 10 月，除种植百慕大草的处理外，其他处理的土壤微生物数量均减少了。到 1997 年 10 月，无植被对照处理和种植苜蓿草的处理土壤微生物数量均达到稳定。1997 年 7 月后，种植百慕大草和羊茅草的处理土壤微生物数量开始减少。

表 10-7　修复过程中土壤微生物数量

处理	微生物数量/(CFUs/g Dry Soil)						
	1996 年		1997 年				
	3 月	10 月	1 月	3 月	5 月	7 月	10 月
苜蓿草	8.81	7.99	6.21	7.11	6.56	6.92	6.73
羊茅草	8.6	7.62	6.54	6.97	6.42	6.79	5.77
百慕大草	7.36	7.99	6.05	7.26	6.58	6.76	5.91
无植被	8.24	7.17	5.63	6.79	6.89	6.91	6.83

注：引自 Fiorenza S et al. Phytoremediation of hydrocarbon-contaminated soil，CRC Press LLC. 2000.

在第二个生长季（1997 年），对土壤中的石油烃降解菌进行了测定，结果见表 10-8。春季苜蓿草和羊茅草处理的土壤中，石油烃降解菌数量最多。百慕大草属于暖季植物，春季生长活性不高。秋季的检测结果表明，有植被的处理石油烃降解菌数量要高于对照处理，其中种植苜蓿草的土壤中数量最多，相应的该土壤中 TPH 的浓度在同一采样期也是最低的。

表 10-8　不同修复植被下土壤中石油烃降解菌的个数（MPN 计数）

处理	1997 年 3 月	1997 年 10 月	处理	1997 年 3 月	1997 年 10 月
苜蓿草	5.40×10^7	3.90×10^7	百慕大草	4.30×10^6	1.30×10^6
羊茅草	3.40×10^7	1.20×10^6	无植被	6.50×10^6	3.00×10^5

注：引自 Fiorenza S et al. Phytoremediation of hydrocarbon-contaminated soil，CRC Press LLC. 2000.

修复过程中，对不同时间点土壤中 TPH 浓度进行了测定，并由此计算出平均降解率，结果见图 10-5、表 10-9 和表 10-10。与对照相比，修复 24 个月后，有植被的土壤中大量

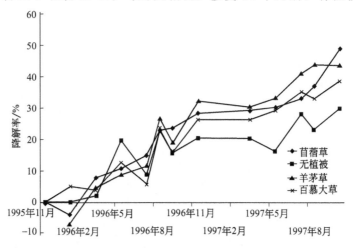

图 10-5　TPH 随时间的降解率曲线

（引自 Fiorenza S et al. Phytoremediation of hydrocarbon-contaminated soil，CRC Press LLC. 2000.）

TPH 发生了降解。种植白苜蓿草和高羊茅的土壤中 TPH 的降解率均大于 30%。从 TPHs 平均降解率来看，苜蓿草对 TPHs 的修复效果最好。然而，在修复植物生长状况、地上生物量和相应的土壤微生物数量方面，苜蓿草并不占据优势，由此可以认为，对石油烃降解效果最好的植物物种不一定是生长率最高、在低营养状况下生长最好的植物。

表 10-9 修复过程不同时间点土壤中 TPH 的降解率　　　　单位：%

处理	1996 年					1997 年			
	3 月	5 月	7 月	9 月	11 月	3 月	5 月	7 月	10 月
苜蓿草	8	11	15	24	29	30	31	34	50
无植被	2	20	9	16	21	21	17	29	31
羊茅草	5	9	12	19	33	31	34	42	45
百慕大草	4	13	6	17	27	27	30	36	40
LSD(0.05)	ns	ns	ns	ns	9	12	13	15	6
LSD(0.1)	ns	ns	ns	ns	8	11	11	12	5

注：1. LSD—最小显著差数法；ns—无显著性差异。

2. 引自 Fiorenza S et al. Phytoremediation of hydrocarbon-contaminated soil，CRC Press LLC. 2000.

表 10-10 修复 1 年后土壤中 TPH 浓度的变化

处理	TPH 浓度/(mg/kg)		降解率/%
	1995 年 10 月	1996 年 11 月	
白苜蓿草	2988	1929	34.6
高羊茅	2877	1913	32.9
无植被	2799	1987	27.5

注：引自 Fiorenza S et al. Phytoremediation of hydrocarbon-contaminated soil，CRC Press LLC. 2000.

为了考察修复植物是否对土壤中的污染物有积累效应，修复结束后对羊茅草和百慕大草的根部和幼芽中的 PAHs 含量进行了测定，结果见图 10-6～图 10-9。两种植物幼芽中均检测出大量的 PAHs，且含量分布相似，在百慕大草幼芽中，分子量大于等于荧蒽的化合物含量均高于羊茅草幼芽中相应化合物的含量。检测到的 PAHs 中萘取代物浓度最高。在高分子量的化合物中，苊的含量最高，为 $50\sim100\mu g/kg$。

两种植物根部检测出的 PAHs 含量分布也非常相似，菲含量较高，苊含量较低，其他化合物的含量与幼芽中含量基本一致。在高羊茅草幼芽中，大于两环的 PAHs 的含量远高于其在根部的含量，大多浓度都在 $100\mu g/kg$ 以上，有些浓度甚至超过 $1000\mu g/kg$。

植物中检测出的大部分 PAHs 均与根部外层细胞有关，表明这些检测出的 PAHs 大多是吸附在这些细胞壁上或是植物上黏附的土壤中残留的 PAHs。尽管植物根部检测出较高的 PAHs，但植物幼芽中 PAHs 含量极低，这说明仅低分子量化合物具有从根部向幼芽转移的倾向。因此，采用植物修复方法修复石油烃污染土壤不会对采食这些植物幼芽的动物产生危害。

修复 13 个月后，土壤中 PAHs 的变化见表 10-11。白苜蓿草和高羊茅的处理强化了土壤中 PAHs（苊除外）的生物降解，这两种处理 PAHs 的降解率都明显高于无植被对照组。苊的行为与其他 PAHs 不同一方面是由于在各个处理间苊的降解无明显差异，另一方面是因为与其他 PAHs 相比苊的降解率仅有 6%～11%，本身降解率基数就很低。

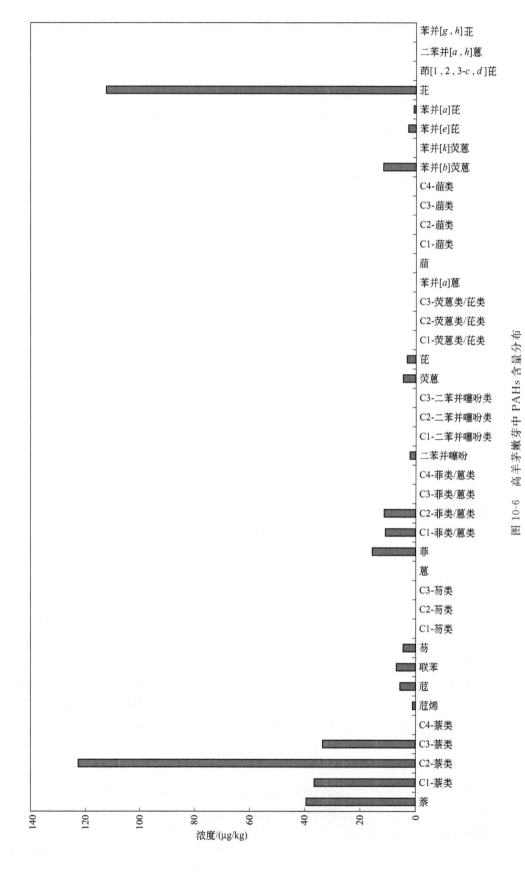

图 10-6 高羊茅嫩芽中 PAHs 含量分布

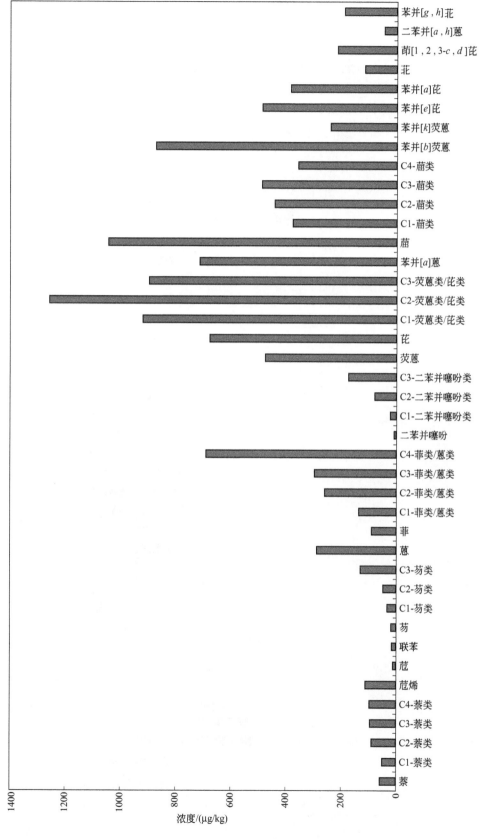

图 10-7　高羊茅草根部 PAHs 含量分布

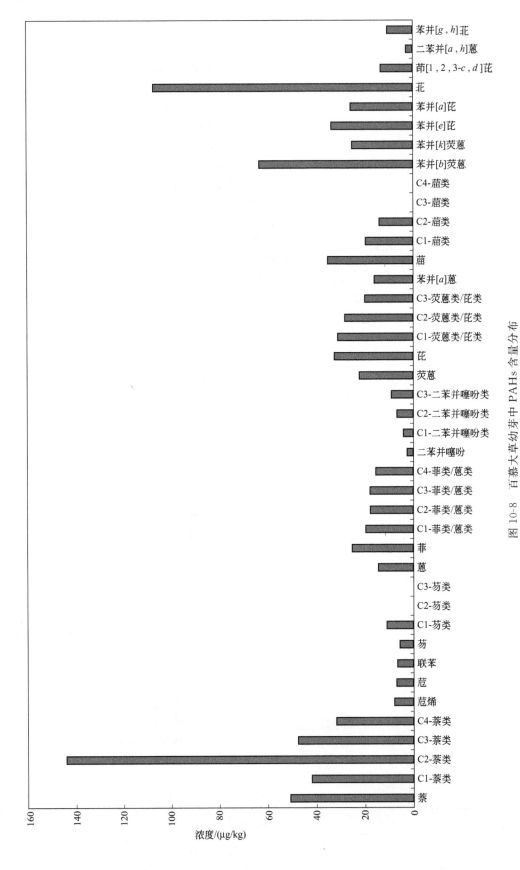

图 10-8 百慕大草幼芽中 PAHs 含量分布

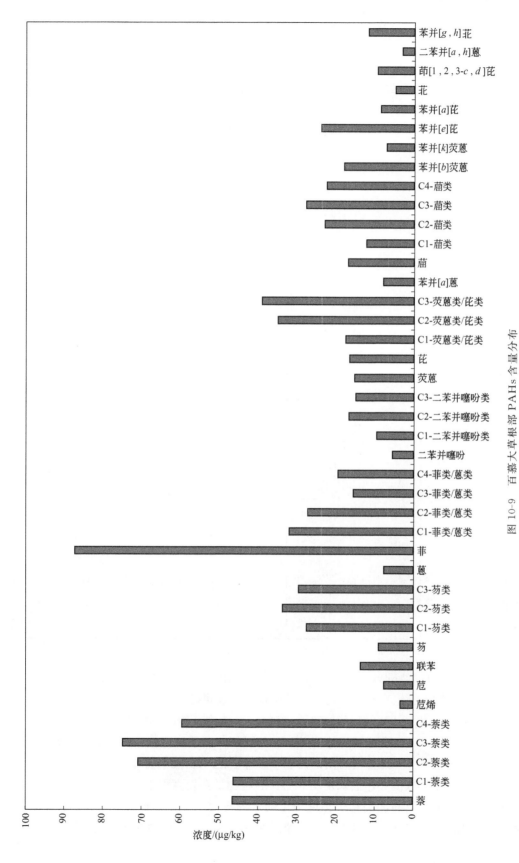

图 10-9 百慕大草根部 PAHs 含量分布

表 10-11　修复 1 年后土壤中 PAHs 浓度

PAHs	PAHs 浓度/(mg/kg)		降解率/%
	1995 年 10 月	1996 年 11 月	
菲			
白苜蓿草	0.844	0.695	17.6
高羊茅	1.182	1.04	12
无植被	0.581	0.566	2.58
芘			
白苜蓿草	1.099	0.579	47.3
高羊茅	1.692	0.821	51.5
无植被	1.05	0.873	26.2
䓛			
白苜蓿草	0.417	0.393	5.76
高羊茅	0.492	0.438	10.9
无植被	0.45	0.419	6.89
苯并[a]蒽			
白苜蓿草	0.624	0.417	33.2
高羊茅	0.846	0.556	34.3
无植被	0.657	0.543	17.4
苯并[a]芘			
白苜蓿草	0.777	0.661	14.9
高羊茅	0.759	0.711	6.3
无植被	0.786	0.78	0.76
苯并[e]芘			
白苜蓿草	0.653	0.522	20.6
高羊茅	0.746	0.61	18.2
无植被	0.661	0.567	14.2

注：引自 Fiorenza S et al. Phytoremediation of hydrocarbon-contaminated soil, CRC Press LLC. 2000.

　　为期两年的现场试验证明，植物修复方法修复石油污染土壤是可行的。在修复开始的第一年，种植修复植物的土壤中石油烃污染物的降解率表现出增大的趋势，但这种趋势在统计学上不具有显著性（表 10-9）。修复结束后，有植被土壤中 TPH 降解率为 $40\% \sim 50\%$，对照组 TPH 降解率为 31%。有植被的处理 TPHs 的降解均高于对照组。在修复场地所有监测点位中，植物修复效率并未随修复时间的延长而减小，也未出现修复停滞现象。修复过程，石油烃未从植物根系区域流失，也未发现 PAHs 在植物幼芽发生积累。

　　土壤上有无植被最大的区别在于土壤中生物量的多少，从而导致的土壤物理性质的差异。植物强大的根系系统会在土壤中形成一个运输网，这一运输网的存在可使土壤中营养物质、水分和空气的分布更加均一。植物根系为有机污染物的降解提供了一个理想的环境，因此在植物根系的作用下土壤微生物能够到达土壤中某些原本无法进入的区域。对 Craney 岛石油烃污染土壤的进行植物修复的现场试验，结果证明本次修复试验是成功的。

案例二 阿拉斯加，北坡油田 （Filler D. M. et al.，2008）[●]

在斯匹次卑尔根岛，朗伊尔城的一个受复合燃料污染的冻土样地进行的研究，将土壤温度、生物活性和土壤深度相联系是一个很好的设计 （Rike et al，2003a）。这项研究连续测量了 0.7m、2.0m 和 3.5m 深的土壤温度，土壤气体中的氧和二氧化碳的含量，并将其与附近可评估生物降解率的未污染对照样地的数据进行比较。

从 10 月到 11 月中，0.7m 深处的土壤石油烃降解率在 3~7mg/(kg·d) 之间。并且此深度土壤冻结后的 12d 内，生物降解仍维持此效率。研究人员通过一个计算氧气变化的模型估算出氧气的浓度 （假设微生物氧消耗在土壤冻结后停止），并在一段时间内将其与土壤深度进行比较，得出：在北极的冬季，石油烃的生物降解发生在零度以下。此数据给出了第一个指示：在北极地区，微生物代谢烃类化合物发生在零度以下 （Rike et al，2003）。来自于朗伊尔城野外试验的结果显示，一些在北极地区受抑制的微生物菌种可在 $-6℃$ 降解石油烃。

案例三 雷索卢申岛 努勒维特 加拿大 （Filler D. M. et al.，2008）[●]

Paudyn 等 （2005）在努勒维特的雷索卢申岛 （加拿大北极圈），建立了一个试验性的耕地，用于评估实验处理的可行性以及挥发作用和生物修复的相对贡献。该区域夏季平均温度为 3℃。试验地地势平坦 （坡度小于 5%），并在 0.3m 深处填充了相同类型的污染土壤 （柴油类有机物 DRO 的起始浓度为 2670mg/kg）。设置 4 个处理，分别为：a. 对照 （不耕）；b. 每天一耕；c. 每 4 天一耕；d. 每 4 天一耕且添加尿素和磷酸氢二胺 （N 200mg/kg、P 13.5mg/kg）。

实验分析了土壤中 DRO 的浓度，检测了类异戊二烯姥鲛烷和植烷的比率以及它们的线性关系。两个季度后，包括对照在内的所有处理中烃类化合物均降低。尽管添加肥料的处理 d. 和每天一耕的处理 b. 在两季后的烃类化合物浓度均低于 500mg/kg，但处理 d. 的修复效果最好。土壤中正烷烃-类异戊二烯的比率随着肥料的添加而显著降低，在其余处理中该化合物含量并未发生改变，这表明生物降解仅仅发生在添加肥料的土壤中。在处理 b. 和处理 c. 中，烃的降低率分别超过了 80% 和 70%，这有力地表明挥发作用是去除柴油燃料污染物的一个重要途径。此外，处理 d. 的去除率超过了 95%，与对照相比 （约 45%），表明生物修复和挥发作用贡献相同，效果相似。

案例四 麦夸里岛 澳大利亚 （Filler D. M. et al.，2008）[●]

在麦夸里岛，柴油污染物生物降解的研究在富含有机质的土壤中 （有机碳含量为 3.1%）进行，该点土壤被丛生草覆盖，定期有大降雨 （Rayner et al，2007）。污染土壤中 DRO 的含量约为 7000mg/kg。采用微生物通风系统为土壤充气。注射空气后，通过测量氧气的消耗来计算呼吸速率。烃的降解量在 3~25mg/(kg·d)，平均降解量为 0~10mg/(kg·d)，大约 1.3mg/(kg·d)，这很大程度上归因于本土中有机质的降解。

实验室内研究发现，未施肥土壤和施肥土壤在通气充足条件下，DRO 的降低量分别达

[●] 此案例摘选自 Filler D M. Snapes I，Barnes D L. Bioremediation of petroleum hydrocarbons in cold regions. Cambridge University Press. 2008.

20mg/(kg·d) 和 30mg/(kg·d)（Walworth et al. 2007）。柴油的生物降解作用会因少量氮肥的加入（N 125mg/kg 或 250mg/kg）而显著增强，但不会随其含量的增加（N 375～625mg/kg）而继续增强。这种对更高肥力响应的缺乏是由压力土壤水的渗透势导致的。

案例五　乔治王岛（Filler D. M. et al.，2008）[1]

Ruberto 等（2003）研究了开放性样地中非生物和生物降解作用，该地位于亚南极圈的乔治王岛。土壤中人为污染物汽油的浓度约为 15000mg/kg。第一个 10d 后，TPH 的降解率为 54%～61%，这是挥发作用导致的，因为在另一个非生物实验处理中也得到了这一结果。超过 54d 的研究发现，通过非生物过程作用，烃的浓度降低了 72%。通过向土壤中接种不动杆菌属（B-2-2 Acinebacter），生物降解 TPH 的作用增强。

案例六　凯西站 南极洲（Filler D. M. et al.，2008）[1]

1998 年，Snape 和他的同事在南极洲的旧凯西站建立了一个小范围长期的耕地实验（Snape et al. 2006a；Powell et al. 2006a；Mclntyre et al. 2006）。这个实验研究了各处理被动生物修复过程和修复率，评估了在此过程中使用控释营养物（CRNs）的有效性。

实验土壤来源于旧凯西站，该点于 1982 年被 SAB 柴油污染。16 年后，SAB 污染浓度为 16000～20000mg/kg，污染程度与其上游基本相同（Snape et al. 2006a）。将采集的土壤过筛，施加 MaxBac 25.5-4-0.5，均匀混合后放入底盘带孔的罐子中（24cm × 25cm × 15cm）。在 5 年实验过程中，每年从罐子中取出 3～5cm 深的土，以深度 5cm 作为取土间隔，取至实验结束。

表 10-12 简要统计了 SAB 污染物浓度的变化数据。从实验中可知，挥发作用对去除土壤表层（顶部几厘米）中 SAB 有显著效果，耕作可以促进挥发作用和好氧生物的降解作用；厌氧生物的降解过程在土壤较深区域起重要作用；低浓度营养物的有效性和烃的挥发扩散率在夏季将受到限制，而在冬季几乎不发生挥发作用和生物降解作用，因此，在夏季的 6～8 周是处理的最佳时期，此时土地已解冻，无雪覆盖。

表 10-12　旧凯西站生物修复实验设计

处理	营养物/(mg/kg)	其他措施	残留 TPH/(mg/kg)	
			高	低
CK	0		5780±3090	11360＋1810
LCRN+FW	2050	偶尔淡水	2480±560	6240±430
LCRN+TW	2050	偶尔污水	3320±1020	6870±1240
HCRN	7180		2010±1380	5500±530
HCRN+AER	7180	时机性耕作	1850±390	3960±410
LCRN	2050		1960±710	4720±700

注：CK—对照，FW—淡水，TW—被污染的废物处理站的水，CRN—控释营养物（LCRN—低应用率，HCRN—高应用率），AER—曝气。

关于石油烃污染土壤生物修复的研究报道还有很多，表 10-13 和表 10-14 结合了一些在寒冷气候采样点的室内和野外研究报告，总结了修复实验的关键条件和结果，包括采样点的位置，特点和阶段性结果和/或达到的最高降解率。

表 10-13　寒冷气候场地土壤石油烃类低温下生物降解的室内试验

场地名称	场地温度	石油烃浓度/(mg/kg)	采样深度/m	实验系统及分析方法	降解的烃类	温度/℃	降解率	降解范围	报道文献
阿拉斯加巴罗 Naval Arctic 实验室	a.d.t.7 月 2.9℃	250~860	0.5	微观系统 呼吸测量法	JP-5, 柴油	10	5mgC/(kg·d)	未报告	Braddock 等,1997
阿拉斯加巴罗 Naval Arctic 实验室	a.d.t.7 月 2.9℃	100~7100	0.5	土壤泥浆 放射呼吸测量法	^{14}C-十六烷 ^{14}C-萘	10 10	1.3mgCO$_2$/(kg·d) 4.5mgCO$_2$/(kg·d)	未报告	Braddock 等,1997
阿拉斯加巴罗 Naval Arctic 实验室	8 月 7.3℃ (0.1m) 1.3m 永久冻土	250~860	0.5	微观系统 呼吸测量法	柴油	5 10 15 20	7mg C/(kg·d) 12mg C/(kg·d) 21mg C/(kg·d) 26mg C/(kg·d)	未报告	Walworth 等,2001
加拿大埃尔斯米尔岛军事警报站	a.d.t.7 月 3.6℃	200~26900	未报告	微观系统 放射呼吸测定 TPH 测定	^{14}C-十六烷 TPH	5	未报告	32d:40% 45d:30%	Whyte 等, 1999
a.s.l.1700-2000m 的阿尔卑斯下层土	未报告	未报告	未报告	微观系统 TPH 测定	柴油(添加 5000 mg/kg)	10	未报告	20d:53%	Margesin,2000
加拿大卡尔加里大学温室地表	土壤 恒定 5℃,5m	20000	未报告	土壤呼吸柱 TPH 测定	原油	5 21 5 21	生长阶段: 64mg HC/(kg·d) 100mg HC/(kg·d) 静止阶段: 11mg HC/(kg·d) 11mg HC/(kg·d)	未报告	Gibb 等,2001
阿拉斯加费尔班克斯 Ft. Wainwright	土壤 8 月:8℃(1m) 10 月:3℃(3m)	8100	2~6	微观系统 呼吸测量法	柴油	1 11 21	1.7mg HC/(kg·d) 8.2mg HC/(kg·d) 15.1mg HC/(kg·d)	未报告	Walworth 等,2001
加拿大埃尔斯米尔岛尤里卡	未报告	4257~5166	未报告	微观系统 放射呼吸测量法 TPH 测定	^{14}C-十六烷 ^{14}C-萘 TPH	5	未报告	45d:20% 45d:70% 16 周:53%	Whyte 等,2001

续表

场地名称	场地温度	石油烃浓度 /(mg/kg)	采样深度 /m	实验系统 及分析方法	降解的烃类	温度 /℃	降解率	降解范围	报道文献
加拿大奥尔斯米尔岛	a.d.t. 7月:6.2℃	900~1000	未报告	微观系统 呼吸测量法 TPH测定	风化的北极柴油	-5 0 7 7/-5	最高(C_{11}~C_{15}): 0.71mg/(kg·d) 0.95mg/(kg·d) 1.8mg/(kg·d) 3.5mg/(kg·d)	48d: 0 300mg/kg 450mg/kg 600mg/kg	Eriksson等,2001
加拿大奥尔斯米尔岛	a.d.t. 7月:6.2℃	2400	未报告	微观系统 呼吸测量法, TPH测定	风化的柴油	7	50mgTPH/(kg·d)	91d: 1800mg/kg	Thomassin-Lacroix 等,2002
斯匹次卑尔根岛,朗伊尔城	m.a.a.t.:-6℃ 土壤7月: <5℃在1m 永久冻土在2m	3600~21500	0.5	微观系统 放射呼吸测量法	^{14}C-十六烷	5	20mg/(kg·d)	42d 586mg/kg	Borresen等,2003a
加拿大努纳武特,戴尔角	未报告	3330~8970	未报告	微观系统 放射呼吸测量法, TPH测定	^{14}C-十二烷 风化柴油 喷气燃料	7	未报告	54d:27% 54d:78%	Reimer等,2003
阿拉斯加 Dalton hwy,Sag河	未报告	1180	0.3	微观系统 呼吸测量法, DRO测定	柴油	1 6 20	3mgCO$_2$/(kg·d) 4mgCO$_2$/(kg·d) 15mgCO$_2$/(kg·d)	未报告 56d:73% 56d:90.3%	Niemeyer和Schiewer, 2003
麦肯齐河	未报告	10000	未报告	泥浆	北极1#柴油	10	耗氧量 115.2mg/(L·d)	44d:53% 对 C_{14}~C_{16}	Wilson等, 2003
卡尔加里	未报告	10000(峰)	1.5	泥浆	原油	5 20	未报告	60d:40% 60d:60%	Wong等,2003

注:1. a.d.t.—平均日温度(空气);m.a.a.t.—平均年空气温度;a.s.l.—在海平面之上。

2. 引自 Filler D. M. et al. Bioremediation of petroleum hydrocarbons in cold regions. Cambridge University Press. 2008.

表 10-14 低温下土壤中石油烃类的野外生物降解试验

场地名称	场地温度	石油烃浓度/(mg/kg)	采样深度/m	实验系统及分析方法	降解的经类	温度/℃	降解率	降解范围	报道文献
奥地利阿尔卑斯山滑雪胜地 a.s.l.3000m	未报告	生物柴油	2600	表面土壤处理	肥料	自然波动	未报告	12 个月:54% 27 个月:72%	Margesin,2000
阿拉斯加普鲁度湾 deadhorse 机场	8 月:约 5℃ 11 月:约−25℃	北极柴油	800~11000	生物堆法(49m×40m×2.4m)保温、电加热	肥料	任零度以上随季节变化在 0.5~7.8℃ 之间	5.65mg/(kg·d)	329d:93% (142.1mg/kg)	Filler 等,2001
阿拉斯加费尔班克斯 Caribou-poker 缓流研究流域	天然土壤温度 8~13℃ 夏季 0.1m 深土层污染土壤中永久冻土深度从 0.7m 增加到 1.9m	25 年前溢出的原油(Prudhoe 湾)	1000~659000	自然风化 0~18cm 深度土壤,以在气相色谱可检测到的石油中何帕烷测定为基准	未持续 25 年	自然波动	未报告	25 年: 石油组成成分在 10%~83% 变化,生物降解是风化的主要原因	Braddock 等,2002
南极洲 Casey 站	夏季 a.d.t.:10℃	特殊南极混合柴油	23000	原位	控制释放营养盐	自然波动	未报告	3 年:约 90%	Snape 等,2003
斯米尔岛 CFS Alert 加拿大努勒维特·艾	夏季 a.d.t.:5℃~冬季 −20℃	无特定,柴油	未报告	生物堆法强制曝气通过暖空气加热	未报告	核心温度:15℃甚至在 −42℃	未报告	141d:63%	Reimer 等 2003

续表

场地名称	场地温度	石油烃浓度/(mg/kg)	采样深度/m	实验系统及分析方法	降解的烃类	温度/℃	降解率	降解范围	报道文献
加拿大努勒维特欧蕾卡	夏季 a.d.t.: 约5℃	柴油	32000	原位	肥料	自然波动	未报告	强烈变化	Whyte 等，2003
加拿大西北地区图克托亚图克 Saviktok	夏季 a.d.t.: 约10℃	柴油	4136	生物堆法 风力曝气	无特定	无特定	未报告	一季:34% 3季:85%	Pouliot 等，2003
加拿大西北地区剑桥湾(69°N,105°W)	未报告 4个月的气温在0℃以上 7月:7.6℃	北极柴油1号	196	生物堆法 0.25m³ 曝气法	营养盐 泥煤 培养液	7～8月: 2.7～10℃有覆盖生物堆 1.7～6.7℃ 无覆盖生物堆	未报告	12个月:95% (10mg/kg) 12个月:91% (195mg/kg)	Mohn 等，2001
加拿大埃尔斯米尔岛	7月 a.d.t.: 6.4℃	风化北极柴油和喷气燃料	2900	生物堆 0.5m³ 被动曝气 塑料盖	营养盐 表面活性剂 土壤结构改良剂	试验 a.d.t.: 10～14℃	90mg/(kg·d)(14d)	65d:83% (500mg/kg)	Thomassin-Lacroix 等，2002
斯匹茨卑尔根岛，朗伊尔城(78°N)	m.a.a.t. −6℃永冻 冻土2m深	风化柴油 燃料油石油	3600～21000	原位表臧 在线温度和土壤气体测量 0.7,2.0和3.5m深	无添加剂	冻土 −2℃～0℃	3～7mg/(kg·d)(12d)	场地仍活跃	Rike 等，2003a

注：1. a.d.t.—平均日温度（空气）；m.a.a.t.—平均年空气温度；a.s.l.—在海平面之上。

2. 引自 Filler D. M. et al. Bioremediation of petroleum hydrocarbons in cold regions. Cambridge University Press. 2008.

10.2　含氯有机溶剂的自然生物修复

含氯有机化合物是一类难降解的有机化合物，在环境中通过食物链具有富集作用，其中许多化合物具有"致癌、致畸、致突变"作用，其危害性极大；同时，有许多氯代有机物具有高挥发性和类脂物可溶性，易被皮肤、黏膜等吸收，对人体造成严重损害；另外，大多数在环境中化学性质较稳定，环境危害周期长。美国环保局（USEPA）于 1977 年公布的 129 种环境优先污染物中，有 60 多种为卤代烃及其衍生物。欧共体公布的"黑名单"上排在首位的也是卤代物和可以在环境中形成卤代物的物质，主要包括卤代脂肪烃、氯代芳香烃及其衍生物。

含氯有机物种类繁多，应用广泛，是重要的化工原料、中间体和有机溶剂，涉及化工、医药、农药等行业。芳香族中的多氯联苯（PCB）被用于黏合剂、添加剂和变压器的生产与制造中。氯代有机物通过挥发、容器泄漏、废水排放、农药使用及含氯有机物成品的燃烧等途径进入环境，对大气、土壤、水环境造成了严重的污染。

含氯有机溶剂自然生物修复应用实例如下。

（1）实例 1　土壤中一些微生物能够转化和降解 PCBs

1973 年 Ahmed 和 Focht 从受 PCBs 污染的土壤中第一次筛选出两株 PCBs 降解菌 *Achromobacter* sp.。1978 年，一位在美国工作的日本科学家从威斯康星一湖泊采集的污泥样品中分离到两种能"吃"多氯联苯的细菌。它们是产碱杆菌（*Alcaligenes* sp.）和不动杆菌（*Acinetobacter* sp.）。这两种细菌都能分泌一种特殊的酶，把 PCBs 转化为联苯或对氯联苯，然后吸收这些分解产物，排出苯甲酸或取代苯甲酸，再由环境中其他微生物进一步降解。美国有三位科学家采集并分析了赫德森河河底的淤泥，也发现了富含 PCBs 的河床污泥中有专门分解和消耗剧毒 PCBs 的厌氧细菌，并从海洋生境中获得了既能降解 PCBs 同类化合物，又能代谢 PCBs 本身的微生物。1980 年，矢木修力从旱地中筛选出一株以二氯联苯为唯一碳源的 PCB 降解菌，经鉴定知其是产碱杆菌的细菌。该菌在 3 日内能将 500×10^{-6} 浓度的二氯型 PCBs 的混合物几乎全部降解。

（2）实例 2　利用微生物可以降解氯酚类化合物

Chu 和 Kirsch（1973 年）、Saker 和 Crowford（1985 年）都从被五氯苯酚污染的土壤中分离出一些属于黄杆菌属的菌体，用于降解氯酚类化合物有较好的效果。此外，Apajalahti（1987 年）、Haggblom（1988 年）、Schwien（1988 年）和 Gibson（1988 年）分别对一氯苯酚、二氯苯酚的降解能力做了研究，并取得了较好的处理效果。1990 年 Gordon 等利用白腐菌 *P. Chysosporium* 对 2-氯苯酚进行降解试验。他们将 *P. Chysosporium* BKM/F-1767 用于处理浓度为 460mg/L 的 2-氯苯酚废水，降解率可达 70%。最近，Juha 和 Mirja 从降解五氯苯酚的多种菌体混合培养液中分离出一种菌 *Rhodococcus Chlorophenolicus* PCP-1，他们分别用这种菌处理含五氯苯酚的废水和含混有多种氯酚类化合物的废水。实验结果表明：经过五氯苯酚驯化的菌体对各级酚化合物的降解能力大大超过了未经驯化的菌体，*Rhodococcus Chlorophenolicus* PCP-1 不但可以降解五氯苯酚，而且对四氯苯酚、三氯苯酚，甚至对二氯苯酚都具有明显的矿化作用。Wyndham 在分离 3-氯苯酚降解菌时发现，*Alcaligenes* sp. BR60 总和 *Pseudomonas flurescens* NR52 相伴存在，其中前者可以降解 3-氯苯酚，但活性很低，后者单独不能利用 3-氯苯酚，但当两者共同培养时可以形成一种共生关系，使两种菌株都可以高效率地利用 3-氯苯酚。

（3）实例 3　土壤中白腐真菌降解 PCDDs

据报道，土壤中的白腐真菌如显金孢子菌属（*phanerochaete chrysosporium*），能将 PCDDs 矿化为 CO_2。T 等报道利用白腐真菌菌株（*phanerochaete sordida* YK-624）在稳定的低氮介质中，降解了 10 种 PCDDs 和 PCDFs 的混合物（含四至八氯代二噁英），降解率约为 40%（四氯代二噁英）到 76%（六氯代二噁英）。杜秀英等从氯苯生产车间附近和施用五氯酚除草剂的湖泊底泥中分离和筛选出 8 株菌种，均能降解一氯代二噁英，三周内最多可降解 45%，但随氯取代数目增多，其降解能力下降，而且多数菌种不能降解高氯代二噁英。但研究发现，选择合适的共代谢物（如邻二氯苯），可以改善微生物对高氯代二噁英的降解性能。Wilkes 研究了对 PCDDs 有矿化作用的细菌 S 菌种，发现它能降解几种一氯代和二氯代二噁英。Tachibana 也介绍了一些具有二噁英降解活性的微生物，有白腐真菌中的 *Phanerochaete Chrysosporium*、*Coriorus Versicolor* 和 *Fusarium Solani* 等。

10.3　土壤中有机污染物的植物修复

10.3.1　有机污染物植物修复的定义及其类型

有机污染物的植物修复是指利用植物把有机污染物完全矿化成为无毒或低毒性的化合物如二氧化碳、硝酸盐、氨和氯等，从而降低有机污染物在土壤中的毒性，使受到污染的环境得到恢复的一种修复技术。有机化合物能否被植物吸收，并在植物体内发生转移，完全取决于有机化合物的亲水性、可溶性、极性和分子量。Cunningham 等发现，有机质亲水性越强，被植物吸收就越少。植物主要通过三种机理去除环境中的有机污染物：植物直接吸收有机污染物；植物根系释放分泌物和酶；植物和根际微生物的联合作用。根据以上三种去除机理，可将有机污染物植物修复划分为以下 2 种类型：a. 植物降解（Phytodegradation），植物吸收污染物后，在体内同化污染物或释放出某种酶，将有毒物质降解为无毒物质；b. 根降解（Rhizodegradation），通过土壤中植物根系及其周围微生物的活动，把有机污染物分解为小分子产物，或完全矿化为 CO_2、H_2O，去除其毒性。有机污染物的植物修复技术最初用于清除军用物质如 TNT，但现在已在许多方面加以应用。与传统的修复技术相比，植物修复更适合于现场修复。近年来相关研究很多，有的已达到野外应用的水平。修复的对象有石油碳氢化合物（TPH）、多环芳烃（PAHs）、杀虫剂、氯化剂、五氯苯酚（PCP）、PCBs 和表面活化剂等。

10.3.2　有机污染物植物修复应用实例

实例 1　Schwab 和 Banks 调查了几个原油、石油提炼物污染地的总 TPH，发现在黑麦（*Secale cereule*）与大豆（*Glycine max*）轮作的地块上，TPH 消失量显著（$P < 0.05$）高于无植被的地块。

实例 2　Aprill 和 Sims 用禾本科植物 *Andtopogon gerardi*，*Schizachyrium scoparius*，*Elymus*，*Sorghastrum nutan*，*Panicum virgatum*，*Canadensis Agropyron smithii*，*Bou-*

teloua curtipendula，*Bouteloua gracilis* 等对有机物污染的土壤进行修复实验。实验时发现，在 PAHs 含量为 100mg/kg 的土壤中，有植被地 PAHs 消失量显著高于无植被地。一些研究还表明，植物还能降解杀虫剂和除草剂。

实例 3　Anderson 和 Walton 也发现与无植被的土壤相比，有胡枝子属 *Lespedera cuneata*（Dumont.）、松属 *Pinus taeda*（L.）的土壤中 TCE 的矿化得到加强。桑科植物 *Morus rubra* L.*Malus fusca*（Raf.）*schneid* 及蔷薇科植物 *Maclara pomifer*（Raf.）*schneid* 的根系分泌物能促进 PCB 降解菌的生长。现已发现，小麦和大豆的植物细胞能部分同化许多化合物如 2,4-D、2,4,5-T、4-氯胺、3,4-二氯胺、PCP、DEHP、苯类、DDT 和 PBC 等。水生植物 *Myriophyllum aquaticum* 能把土壤中的 TNT 从浓度 128mg/kg 降低到 10mg/kg。

实例 4　植物还可以通过植物挥发来清除水中的有机物污染物如 TCE（三氯乙烯），但修复过程通常是与其他修复方式同时进行的。Newmam 等发现生长于 TCE 浓度为 50mg/kg 的水培杂交杨，三年中从水里移走了 98%～99% 的 TCE，而无杂交杨的对照处仅有 33% 的 TCE 被移走。Burken 和 Schnoor 收获水培的杂交杨也发现，溶液中约有 20% 的苯和 TCE 被植物挥发掉。杨柳春等（2002）的研究表明，利用杨树等植物可以将土壤中的 MTBE（甲基叔丁基醚，一种常用汽油添加剂）挥发掉。

实例 5　种植杂交杨可去除农药莠去津（又名阿特拉津 atrazine）对地下水和土壤污染。Schnoor 等（1995）用 2m 长的杂交杨（*Populus deltoides nigra*）DN34 枝条埋 1.7m 深，让其发根。干旱年份，根可形成很强的根系向下扎到地下水层吸收大量的水分，这样增加了土壤的吸水能力和减少了污染物的向下迁移。在土质条件良好、温度适宜的情况下，第一年可以生长 2m，三年后可达 5～8m 高。栽种的密度为每公顷 10000 株，以后自然变得稀疏，为每公顷 2000 株，每年平均固定碳量 2.5kg/m^2。在衣阿华州的 Amana 的河边种植杂交杨树 6 个生长季，平均每年每公顷生产的干物质为 12t。为了防治艾奥瓦州农业径流的污染，沿河栽种杨树建立缓冲带，8m 宽，共 4 排，合每公顷 10000 株，目的是截留和去除除草剂莠去津和硝酸盐对河流下游和地下水的污染。经过检测，种植杂交杨地表水的硝酸盐含量由 50～100mg/L 减少到小于 5mg/L，并有 10%～20% 的莠去津被树木吸收。将杨树种在垃圾填埋场上，可以防止污水下渗，改善景观，吸收臭气。Jerald Schnoor 研究发现，白杨树能降解土壤中 10%～20% 的阿特拉津（atrazine），并且发现，白杨树通过根系将其吸收并将其转化、分解。在砂质土壤里，100% 阿特拉津会被完全分解。另外，Gaskin 等的研究表明，在外部根际菌群（*hebelomacrustuliniforme*）与宿主植物美国黄松（*Pinus ponderosa*）共存时，对于土壤中的阿特拉津，其修复效率可比单独的植物修复高 3 倍。

10.4 重金属污染土壤的植物修复

10.4.1 重金属污染土壤植物修复的定义及其类型

1983 年，美国科学家 Chaney 首次提出了利用某些能够富集重金属的植物来清除土壤重金属污染的设想——植物修复技术的设想。与传统方法相比，这项技术以其高效、经济和生态协调性等优势显示出巨大的生命力，很快成为一个研究热点。目前，世界上共发现有 400

多种超富集植物。土壤重金属污染植物修复技术主要有以下几种类型：a. 植物提取（Phytoex traction）；b. 植物挥发（Phytovolatilization）；c. 植物稳定或固化（Phytostabilization）；d. 根系过滤（Rhizofiltration）。

10.4.2 重金属污染土壤植物修复应用实例

实例 1：Baker 等在英国洛桑试验站首次以田间试验研究了，在 Zn 污染土壤（$440\mu g/g$）栽种不同超富集植物和非超富集植物，对土壤 Zn 的吸收清除效果。结果表明，超富集植物 T.caeulescens 富集 Zn 是非超富集植物萝卜的 150 倍，富集 Cd 相应则是 10 倍。其每年从土壤中吸收的 Zn 量为 30kg/ha，是欧盟允许年输入量的 2 倍，而非超富集植物萝卜则仅能清除其 1% 的量。

实例 2：1991 年由纽约的一位艺术家 MelChin 在环境科学家 Chaney、Homer 和 Brown 的协助下，进行了为期 3 年的"雕刻"大作。即在明尼苏达州圣保罗遭受 Cd 污染的大地上，成功地塑造了一个巨大的"环境艺术品"该艺术品有 5 种植物组成：遏蓝菜属，麦瓶草属，长叶莴苣，Cd 累积型玉米和 Zn、Cd 抗性紫洋芋。利用这件艺术品为工具"剔除"了土壤中 Cd 的毒性，将一片光秃秃的死地转变成生机盎然的活土。据 Zhao 等研究表明，在含镉 19mg/kg 的工业污染土壤中种植天蓝遏蓝菜（Thlaspi caerulescens）6 次，可使土壤中镉下降到 3mg/kg。

实例 3：据熊建平等（1991）研究，水稻田改种苎麻后，总汞残留系数由 0.94 降为 0.59。种植苎麻有以下好处。a. 受汞污染的土壤恢复到背景值的水平（0.39mg/kg）所需的时间极大地缩短，在土壤汞含量 82mg/kg 下，水田要 86 年，而旱地只要 10 年；在土壤汞含量 49mg/kg 下，水田要 78 年，而旱地只要 9.2 年；在土壤汞含量 24.6mg/kg 下，水田要 67 年，而旱地只要 8.0 年。b. 切断了食物链对人体的危害。c. 有可观的经济效益，苎麻价值在正常的情况下比水稻高 50%。苎麻是耐汞作物，土壤汞含量在 70mg/kg 以下时，苎麻产量不受影响。Heaton 等利用一种转基因水生植物-盐蒿（Artemisia halodendron Turez，ex Bess）和陆生植物拟南芥（Arabidopsis thaliana）、烟草（Nicotiana tabacum L.）去除土壤中的无机 Hg 和甲基 Hg。这些植物携有经修饰的细菌 Hg 还原酶基因 merA，可将根系吸收的 Hg^{2+} 转化成低毒的 Hg^0，从植物中挥发出来，而转入能表达细菌有机 Hg 裂解酶基因 merB 的植物可以将根系所吸收的甲基 Hg 转化成巯基结合态 Hg^{2+}，拥有这两种基因的植物可有效地将离子态 Hg 和甲基 Hg 转化为 Hg^0，从而通过植物挥发释入大气。

实例 4：利用植物吸收土壤中的 Pb。铅不是植物的必需元素，对植物具有毒性，目前已经确定有些植物具有吸收 Pb 的能力，这些树有许多是 Brassicaceae、Euphorbiaceae、Asteraceae、Lamiaceae 和 Scrophulariaceae 属植物。其中 Brassica juncea 属通常又称为印度芥子，能把 Pb 从根部转移到嫩枝，因此是吸收 Pb 的最理想植物。目前美国已有几个场地采用它来吸收 Pb。如 Edenspace 系统公司利用印度芥子提取法和 ETDA 活化金属剂等手段在新泽西 Bayonne 修复含 Pb 污染土。该场地的表土（0～15cm）的含 Pb 量为 1000～6500mg/kg（平均 2055mg/kg）。经过植物修复后，分别降到 420～2300mg/kg。另据报道，红根苋可富集 [137]Cs，对切尔诺贝利核电站 1986 年泄露后大面积土壤的核污染放射性进行植物修复有较大潜力。

实例 5：陈同斌研究员及其研究小组（中国科学院地理科学与资源研究所）通过初步筛

选后，以室内盆栽试验最终确定砷的超富集植物种，成功找到三种砷的超富集植物。其中蜈蚣草叶片富集砷达 0.5％，为普通植物的数十万倍；能够生长在含砷 0.15％～3％的污染土壤和矿渣上，具极强的耐砷毒能力；其地上部与根的含砷比率为 5∶1，显示其具有超常的从土壤中吸收富集砷的能力。目前，陈同斌的盆栽实验又发现娱蚁草施用高浓度磷后，植株在吸收大量磷的同时，对砷的吸收能力也显著增强，磷和砷之间并不表现为拮抗作用，而是一种协同（促进）作用。因为磷是植物生长必需、对植物生长有利的大量营养元素，而砷却是植物不需要、对其产生毒害作用的痕量元素。过去一直认为，植物中磷和砷通过同一系统进行吸收和转运，两者之间表现为拮抗作用。即植物对磷吸收增加就会抑制对砷的吸收；同样，吸收砷增加，对磷吸收就减少。因此，施磷往往减少植物对砷的吸收。一些科学家还推测，砷毒害植物的机理也许是由于砷取代能量代谢物质三磷酸腺苷（ATP）中的磷，从而干扰了植物的能量代谢。陈同斌等的研究显示，施磷有助于蜈蚣草对砷的吸收和累积，但并没有导致砷对植物的毒性增加，因此施磷可以提高蜈蚣草的含砷浓度和总吸砷量。这表示，在植物修复技术应用上，可以通过施磷肥大幅提高蜈蚣草对砷的吸收量和除砷效果，从而提高其修复砷污染的效率。因此，可望通过进一步研究，将含磷物质制成提高植物超量富集土壤中砷的特制添加剂。

实例 6：中科院上海生命科学研究院植物生理生态研究所和美国南卡罗来纳州大学的科学家经过 3 年合作努力，培育出世界上首次具有明显食汞效果的转基因烟草。他们的转基因烟草可有效去除汞，不仅效率高，而且本身不留残毒。科学家先从微生物中分离出一种可将无机汞转化为气态汞的基因，经过序列改造，再将其转入烟草，这种烟草即可大量吞食土壤和水中的汞，转化为气态汞后，再释放到大气中。选择烟草治汞污染的原因是烟草具有植株大、生长快、吸附性强、种植范围广、基因易转移等特点。实验表明，这种转基因烟草食汞效果比常规烟草提高了 5～8 倍，一块汞污染严重的土壤，在生长了三四茬转基因烟草后，汞含量即可明显降低。除了汞之外，这种转基因烟草还可吸收金和银，因此具有多种推广价值。此外，中科院南京土壤研究所吴龙华博士等研究了印度芥菜对土壤中 Cu 的修复效果，得出施用 EDTA 3mmol/kg 可显著或极显著地增加芥菜各组织铜浓度、芥菜叶和根对铜的吸收量，从而极显著地增加了芥菜的铜总吸收量。低量氮肥配施高量磷肥（N 100mg/kg、P 200mg/kg）可获得最高的铜吸收总量和最大植物修复效率。

利用生物或植物修复技术修复重金属污染的土壤，不仅为矿区的污染治理与生态重建提供了一种新的修复技术和途径，而且亦为冶金技术的发展开辟了一条新的途径——生物冶金。因此生物修复技术方兴未艾，前景广阔。

参考文献

[1] 陈翠柏，杨琦，沈照理．地下水三氯乙烯生物修复的研究进展．华东地质学院学报，2003，26（1）：10-14.

[2] 杜秀英，许晓路．多氯联苯的生物效应研究概况．农业环境与发展，1995，12（4）：26-29.

[3] 丁克强，骆永明，孙铁珩等．通气对石油污染土壤生物修复的影响．土壤，2001，4：185-188.

[4] 范德玲，王利勇，陈英文，祝社民，沈树宝．微生物燃料电池最新研究进展．现代化工，2011，31（6）：14-18.

[5] 黄国强，李鑫刚，李天成．地下水有机污染的原位生物修复进展．化工进展，2001，10：13-16.

[6] 韩慧龙，陈镇，杨健民，苗长春，张坤，金文标，刘铮．真菌-细菌协同修复石油污染土壤的场地试验．环境科学，2008，29（2）：454-461.

[7] 吕维莉，魏源文，邓智年．植物修复技术研究进展．广西农业科学，2004，35（2）：174-176.

[8] 林道辉，朱利中，高彦征．土壤有机污染植物修复的机理与影响因素．应用生态学报，2003，14（10）：1799-1803.

[9] 蓝俊康．植物修复技术在污染治理中的应用现状．地质灾害与环境保护，2004，15（1）：46-51.

[10] 金朝晖，戴树桂．地下水原位生物修复技术．城市环境与城市生态，2002，15（1）：10-12.

[11] 蒋光月，崔德杰，高静．重金属污染土壤的植物修复技术．当代生态农业，2004，117-119.

[12] 旷远文，温达志，周国逸．有机物及重金属植物修复研究进展．生态学杂志，2004，23（1）90-96.

[13] 任其南，李建政．环境污染物防治中的生物技术．北京：化学工业出版社，2004.

[14] 沈德中．污染土壤的生物修复．北京：化学工业出版社，2002.

[15] 孙铁珩，周启星，李培军．污染生态学．北京：科学出版社，2001.

[16] 宋书巧，周永章，周兴．土壤砷污染特点与植物修复探讨．热带地理，2004，24（1）：6-9.

[17] 唐莲，刘振中，蒋任飞．重金属污染土壤植物修复法．环境保护科学，2003，29：33-36.

[18] 魏树和，周启星．重金属污染土壤植物修复基本原理及强化措施探讨．生态学杂志，2004，23（1）：65-72.

[19] 吴龙华，骆永明，黄焕忠．铜污染旱地红壤的络合诱导植物修复作用．应用生态学报，2001，12（3）：435-438.

[20] 吴龙华，骆永明．铜污染土壤修复的有机调控研究Ⅲ．EDTA 和低分子量有机酸的效应．土壤学报，2002，39（5）：679-685.

[21] 吴龙华，骆永明．铜污染土壤修复的有机调控研究Ⅱ．根际土壤铜的有机活化效应．土壤，2000，32（2）：67-70.

[22] 王建龙，文湘华．现代环境生物技术．北京：清华大学出版社，2000.

[23] 向音波，杨永刚，孙国萍，许玫英．微生物燃料电池对污染物的强化降解及其机理综述微生物学通报，2014，41（2）：344-351.

[24] 薛生国．中国首次发现的锰超积累植物——商陆．生态学报，2003，23（5）：935-937.

[25] 信欣，蔡鹤生．农药污染土壤的植物修复研究．植物保护，2004，30（1）：8-11.

[26] 叶春和．土壤污染的植物修复技术：现状与前景．山东科学，2004，17（1）：45-50.

[27] 于勇，谢天强，鲍万民．受石油污染地下水的臭氧处理技术研究．工业用水与废水，2001，32（2）：14-15.

[28] 杨柳春，郑明辉，刘文彬．有机物污染环境的植物修复研究进展．环境污染治理技术与设备，2002，6：1-7.

[29] 杨姝倩，李素玉，李法云，谯兴国，罗岩，张志琼．沈抚污灌区结冻土壤中微生物群落及石油烃优势降解菌的筛选．气象与环境学报．2006，22（3）：54-56.

[30] 杨征，刘玉龙，刘思敏．微生物燃料电池技术降解石油烃类污染物研究进展．中国环境科学学会学术年会论文集．2013.4029-4033.

[31] 朱利中．土壤及地下水有机污染的化学和生物修复．环境科学进展，1999，7（2）：65-71.

[32] 张锡辉．水环境与修复工程学原理与应用．北京：化学工业出版社，2001.

[33] 张景来，王剑波，常冠钦等．环境生物技术及应用．北京：化学工业出版社，2002.

[34] 周少奇．环境生物技术．北京：科学出版社，2003.

[35] 张从，夏立江．污染土壤生物修复技术．北京：中国环境科学出版社，2000.

[36] 周启星，宋玉芳．污染土壤修复原理与方法．北京：科学出版社，2004.

[37] 周国华．被污染土壤的植物修复研究．物探与化探，2003，27（6）：473-476.

[38] 张建梅．植物修复技术在环境污染治理中的应用．环境科学与技术，2003，26（6）：55-57.

[39] Ahmed M，Focht D D. Degradation of polychlorinated biphenyls by two species of *Achromobacter*，Can. J. Microbiol.，1973，19：47-52.

[40] Atlas R M. Petroleum Microbiology. New York：Macmillan Publishing Co.，1984.

[41] Bagga，A. and Rifai，H. S. In Situ Aerobic Bioremediation of MTBE-A Pilot Scale Field Study.

[42] Baker AJM，Reeves R D and McGrath S P. In situ decontamination of heavy metal polluted soils using crops of metal-accumulating plants-a feasibility study，In Hinchee R. L. and Olfenbuttel R. F.（eds）In Situ Bioreclamation，Butterworth-Heinemann，Boston，1991.

[43] Bell RM. Higher plant accumulation of organic pollutants from soils. Risk Reduction Engineering Laboratory Cincinnati，OH. EPA/600/R-92/138，1992.

[44] Borresen M，Breedveld G D，Rike A G. Assessment of the biodegradation potential of hydrocarbons in contaminated

soil from a permafrost site. Cold Regions Science and Technology，2003a，37 （2）：137-149.

［45］　Braddock J F，Lindstroma J E，Princec R C. Weathering of a subarctic oil spill over 25 years： the Caribou-Poker
Creeks Research Watershed experiment. Cold Regions Science and Technology，2002，36 （1-3）：11-23.

［46］　Braddock J F，Ruth M L and Catterall P H. Enhancement and Inhibition of Microbial Activity in Hydrocarbon-Con-
taminated Arctic Soils： Implications for Nutrient-Amended Bioremediation. Environ. Sci. Technol. ，1997，31 （7）：
2078-2084.

［47］　Bragg J R，et al. Bioremediation for shoreline clean up following the 1989 Alaskan oil spill. Houston，TX： Exxon
Co，1992.

［48］　Brian C. Kirtland. Marjorie Aelion. Petroleum mass removal from low permeability sediment using air/soil vapor ex-
traction： impact of continuous or pulsed operation. Journal of Contaminated Hydrology，2000，41：367-383.

［49］　Brown S L，Chaney R L，Angle J S，et al. Phytoremediation potential of *Thlaspi caerulescens* and bladder campion
for zinc and cadmium contaminated soil，Journal of Environmental Quality，1994，23：1151-1157.

［50］　Bruce E P. Phytoremediation of contaminated soil and groundwater at Hazardous waste sizes ［R］ . EPA/540-S-
01-500. 2001.

［51］　Burken JG. schnoor JL. Uptake and metabolism of atrazine by poplar trees. Environ. Sci. Technol. ，1997，31：
1339-1406.

［52］　Baker AJM，McGrath SP，Sidoli CMD，et al. The possibility of *in-situ* heavy-metal decontamination of polluted
soils using crops of metal-accumulating plants. Resources Conservation and Recycling，1994，11 （1-4）：41-49.

［53］　Chaney R L，Minnie M，Li Y M，et al. Phytoremediation of soil metals. Current Opinion in Biotechnology，1997，
8：279-284.

［54］　Chen T B，Wei C Y，Huang Z C，et al. Arsenic hyperaccumulator *Pteris vittata L.* and its arsenic accumula-
tion. Chinese Science Bull. ，2002，47 （11）：902-905.

［55］　Dushenkov S，Mikheev A，*et al*. Phytoremediation of radio-cesium contaminated soil in the vicinity of Che-
mobyl. Ukraine Environ Sci Technol，1999，33 （3）：469-475.

［56］　Ebbs S D and Kochian L V. Toxicity of zinc and copper to *Brassica* species： implication for phytoremediation，Jour-
nal of Environmental Quality，1997，26：776-781.

［57］　Eriksson M，Ka J O，Mohn W W. Effects of low temperature and freeze-thaw cycles on hydrocarbon biodegradation
in Arctic tundra soil. Applied and environmental microbiology，2001，67 （11）：5107-5112.

［58］　Fiorenza S，Oubre C L，Ward C H. Phytoremediation of Hydrocarbon-Contaminated Soils. CRC Press，1999.

［59］　Filler D M，Snapes I，Barnes D L. Bioremediation of petroleum hydrocarbons in cold regions. Cambridge University
Press，2008.

［60］　Filler D M，Lindstroma J E，Braddockc J F，Johnsond R A，and Nickalaski R. Integral biopile components for suc-
cessful bioremediation in the Arctic. Cold Regions Science and Technology，2001，32 （2-3）：143-156.

［61］　Gibb A，Chu A，Wong K C R，and Goodman H R. Bioremediation Kinetics of Crude Oil at 5℃. Journal of Environ-
mental Engineering. 2001. Sept. 818-824.

［62］　Gogoi B，Dutta N，Goswami P and Mohan T K. A case study of bioremediation of petroleum-hydrocarbon contami-
nated soil at a crude oil spill site. Advances in Environmental Research，2003，7 （4），767-782.

［63］　Gundlach E R，P. D. Boehm，M. Marchland，*et al*. “The Fate of Amoco Cadiz Oil. ” Science，1983，221：
122-129.

［64］　Heaton A C P，Rugh C L，Wang N J，et al. Phytoremediation of mercury and methyl-mercury polluted soils using
genetically engineered plants，Journal of Soil Contamination，1998，7：497-509.

［65］　Homer F A，Morrison R S，Brook R R，Clements J，et al. Comparative studies of nickel，cobalt，and copper up-
take by some nickel hyperaccumulators of the genus Alyssum，Plant and soil，1991，138：195-205.

［66］　Hwang H M. Interactions between subsurface microbial assemblages and mixed organic and inorganic contaminated
systems. Bull Environ Contam Toxicol，1994，53 （5）：771-778.

［67］　Huang J W，Chen J J，Berti W R，et al. Phytoremediation of lead-contaminated soils： role of synthetic chelating in lead phytoextraction. Environmental Science and Technology，1997，31（3）：800-805.

［68］ Longhua Wu，Hua Li and Yongming Luo. Nutrient promotion of phytoremediation of copper polluted soil. Environmental Geochemistry and Health，2004，26（2）：331-335.

［69］ Longhua Wu，Yongming Luo，Jing Song，et al. Changes in soil solution heavy metal concentrations over time following EDTA addition to a Chinese paddy soil. Bulletin of Environmental Contamination and Toxicology，2003，71（4）：706-713.

［70］ Longhua Wu，Yongming Luo，Peter Christie，et al. Effects of EDTA and low molecular weight organic acids on soil solution properties of a heavy metal polluted soil. Chemosphere，2003，50（6）：819-822.

［71］ Longhua Wu，Yongming Luo，Xuerong Xing，et al. EDTA-enhanced phytoremediation of heavy metal contaminated soil and associated environmental risk. Agriculture，Ecosystems &. Environment，2004，102（3）：307-318.

［72］ Lamar R T，Dietrich. In situ depletion of pentachlorophenol from contaminated soil by *Phanerochaete* sp.，Applied and Environmental Microbiology，1990，56（12）：3093-3100.

［73］ Lamar R T，Glaser J A，Kirk T K. Fate of pentachlorophenol in sterile soils inoculated with the white rot basidiomycete *Phanerochaete chrysosporium*：mineralization，volatilization and depletion of PCP，Soil Biochem，1990，22（4）：433-440.

［74］ Li，XJ Wang X，Jason Ren，Zhang YY，Li N，Zhou QX. Sand amendment enhances bioelectrochemical remediation of petroleum hydrocarbon contaminated soil Chemosphere，2015，141：62-70.

［75］ Lu Lu，Tyler Huggins，Song Jin，Yi Zuo，and Zhiyong Jason Ren. Microbial Metabolism and Community Structure in Response to Bioelectrochemically Enhanced Remediation of Petroleum Hydrocarbon-Contaminated Soil. Environmental Science &. Technology，2014，48：4021-4029.

［76］ Margesin，R. Potential of cold-adapted microorganisms for bioremediation of oil-polluted Alpine soils. International Biodeterioration &. Biodegradation，2000，46：3-10.

［77］ Mclntyre C，Harvey P M，Ferguson S H，et al. Determining the extent of biodegradation of fuels using the diastereomers of acyclic isoprenoids. Environmental science &. technology，2007，41：2452-2458.

［78］ Mohn W W，Radziminski C Z，Fortin M C，Reimer K J. On site bioremediation of hydrocarbon-contaminated Arctic tundra soils in inoculated biopiles. Appl Microbiol Biotechnol，2001，57（1-2）：242-247.

［79］ Mileski G J，Bumpus J A. Biodegradation of pentachlorophenol by the white rot fungus *Phanerochaete chrysosporium*，Applied and Environmental Microbiology，1988，54（12）：2885-2889.

［80］ Mills S A. Evaluation of phosphorus sources promoting bioremediation of diesel fuel in soil. Bull Environ Contam Toxicol，1994，53（2）：280-284.

［81］ Newman L A，et al. Remediation of trichloroethylene in an artificial aquifer with trees：A controlled field study. Environ. Sci. Technol.，1999，33（13）：2257-2265.

［82］ Niemeyer T，Schiewer S. Effect of temperature and nutrient supply on the bioremediation rate of diesel contaminated soil from two Alaskan sites. Proc. 3rd. Assessment and Remediation of Contaminated Sites in Arctic and Cold Climates （ARCSACC）Conference，Nahir，M.，Biggar，K.，and Cotta，G.（eds），St. Joseph's Print Group，Edmonton，2003，May 4-6，212-219.

［83］ Paudyn K，Poland J S，Rutter A and Rowe R K. Remediation of hydrocarbon contaminated soils in the Can. arctic with landfarms. Proc. 4th Assessment and Remediation of Contaminated Sites in Arctic and Cold Climates （ARCSACC）Conference，Edmonton，Alberta，2005，233-239.

［84］ Pouliot Y，Pokiak C，Moreau N，Thomassin-Lacroix E and Faucher A C. Soil remediation of a former tank farm site in western arctic Canada. Proc. 3rd. Assessment and Remediation of Contaminated Sites in Arctic and Cold Climates （ARCSACC）Conference，Nahir，M.，Biggar，K.，and Cotta，G.（eds），St. Joseph's Print Group，Edmonton，2003，May 4-6，262-267.

［85］ Powell S M，Ferguson S H，Bowman J P，and Snape I. Using real-time PCR to assess changes in the hydrocarbon-degrading microbial community in Antarctic soil during bioremediation. Microbial Ecol，2006a，52：523-532.

［86］ Ramsay M A，Swannell R P J，Shipton W A，*et al*. Effects of bioremediation on the microbial community in oiled

Mangrove sediments. Marine Pollution bulletin, 2000, 41 (7-12): 413-419.

[87] Rayner J L, Snape I, Walworth J L, Harvey P M, and Ferguson S H. Petroleum- hydrocarbon Contamination and Remediation by microbioventing at sub-Antarctic Macquarie Island. Cold Reg. Sci. Technol, 2007, 48: 139-153.

[88] Reimer K J, Colden M, Francis P, et al. Cold climate bioremediation: a comparison of various approaches. Proc. 3rd. Assessment and Remediation of Contaminated Sites in Arctic and Cold Climates (ARCSACC) Conference, Nahir, M., Biggar, K., and Cotta, G. (eds), St. Joseph's Print Group, Edmonton, 2003, May 4-6, 290-300.

[89] Rike A G, Haugen K B, Børresen M, Engene B, and Kolstad P. In situ monitoring of hydrocarbons biodegradation in the winter months at Longyearbyen, Spitsbergen. Proc. 3rd. Assessment and Remediation of Contaminated Sites in Arctic and Cold Climates (ARCSACC) Conference, Nahir, M., Biggar, K., and Cotta, G. (eds), St. Joseph's Print Group, Edmonton, 2003b, May 4-6, 268-278.

[90] Rike A G, Haugen K B, Børresen M, Engene B, and Kolstad P. In situ biodegradation of petroleum hydrocarbons in frozen arctic soils, Cold Reg. Sci. Technol, 2003a, 37 (2): 97-120.

[91] Rontani J F, Bosser Joulak. F, et al. Analytical study of Asthart crude oil asphaltenes biodegradation, Chemosphere. 1985, 14: 1413-1422.

[92] Roubal G, and R M Atlas. Distribution of hydrocarbon utilizing microorganisms and hydrocarbon biodegradation potentials in Alaska continental shelf areas. Applied and Environmental Microbiology, 1978, 35: 897-905.

[93] Ruberto L, Vazquez S C, and MacCormack W P. Effectiveness of the natural bacterial flora, biostimulation and bioaugmentation on the bioremediation of a hydrocarbon contaminated Antarctic soil. International biodeterioration & biodegradation, 2003, 52: 115-125.

[94] Sanjeet Misshra, Jeevan Jyot. In situ bioremediation potential of all oily Sludge degra-ding bacterial consortium. Current Microbiology, 2001, 43 (5): 328-335.

[95] Simoncyril. Nwachukwu U. Bioremediation of sterile agricultural soils polluted with crude petroleum by application of the soil bacterium, pseudomonas putida, with inorganic nutrient supple mentations. Current Microbiology, 2001, 42 (4): 231-236.

[96] Snape I, Ferguson S H, and Revill A. Constraints of rates of natural attenuation and in situ bioremediation of petroleum spills in Antarctia. Proc. 3rd. Assessment and Remediation of Contaminated Sites in Arctic and Cold Climates (ARCSACC) Conference, Nahir, M., Biggar, K., and Cotta, G. (eds), St. Joseph's Print Group, Edmonton, 2003, May 4-6, 257-261.

[97] Snape I, Ferguson S H, Harvey P M, and Riddle M J. Investigation of evaporation and biodegradation of fuel spills in Antarctica: II-extent of natural attenuation at Casey Station. Chemosphere, 2006a, 63: 89-98.

[98] Susan C, Wilson. Bioremediation of soil contaminated with polynuclear aromatic Hy- drocarbons (PAHs): a review. Environmental Pollution, 1993, 81: 229-249.

[99] Thomassin-Lacroix E J, Eriksson M, Reimer K J, Mohn W W. Biostimulation and bioaugmentation for on-site treatment of weathered diesel fuel in Arctic soil. Appl Microbiol Biotechnol, 2002, 59: 551-556.

[100] Wagner Dobler, et al. Microcosm enrichment of biphenyl degrading microbial Comm-. unities from soil and sediments, Appl. & Environ. Microbiol., 1988, 64 (8): 3014-3022.

[101] Wang X, Cai Z, Zhou QX, et al. Bioelectrochemical stimulation of petroleum hydrocarbon degradation in saline soil using U-tube microbial fuel cells. Biotechnology and Bioengineering, 2012, 109 (2): 426-433.

[102] Walworth J, Braddock J, Woolard C. Nutrient and temperature interactions in bioremediation of cryic soils. Cold Regions Science and Technology, 2001, 32: 85-91.

[103] Walworth J, Pond A, Snape I, Rayner J L, and Harvey P M. Nitrogen requirements for maximizing petroleum bioremediation in a sub-Antarctic soil. Cold Reg. Sci. Technol. 2007. (in press).

[104] Wei CY, Chen TB, Huang ZC, et al. Cretan Brake (Pteris cretica L.): an Arsenic ac- cumulating Plant. Acta Ecologica Sinica, 2002, 22 (5): 777-778.

[105] Whyte L G, Boubonniere L, Bellerose C, and Greer C W. Bioremediation assessment of hydrocarbon-contaminated

soils from the high Arctic. Bioremediation J. 1999，3（1）：69-79.

[106] Whyte L G，Goalenb B，Hawaria J，Labbéa D，Greera C W，Nahir M. Bioremediation treatability assessment of hydrocarbon-contaminated soils from Eureka，Nunavut. Cold Regions Science and Technology. 2001，32（2-3）：121-132.

[107] Whyte L G，Labbéa D，Goalen B，et al. In-situ bioremediation of hydrocarbon contaminated soils in the high arctic. Proc. 3rd. Assessment and Remediation of Contaminated Sites in Arctic and Cold Climates（ARCSACC）Conference，Nahir M，Biggar K，and Cotta G（eds），St. Joseph's Print Group，Edmonton，2003，May 4-6，245-256.

[108] Wilson J，Rowsell S，Chu A，MacDonald A，and Hetman R. Biotreatability and pilot scale study for remediation of arctic diesel at 10 C. Proc. 3rd. Assessment and Remediation of Contaminated Sites in Arctic and Cold Climates（ARCSACC）Conference，Nahir M，Biggar K，and Cotta G.（eds），St. Joseph's Print Group，Edmonton，2003，May 4-6，279-289.

[109] Wong R C K，Chu A，Ng R，and Duchscherer T M. An experimental study of biodegradation kinetics for distillated fractions of Alberta crude oil at 5℃ and 20.5℃. Proc. 3rd. Assessment and Remediation of Contaminated Sites in Arctic and Cold Climates（ARCSACC）Conference，Nahir M，Biggar K，and Cotta G（eds），St. Joseph's Print Group，Edmonton，2003，May 4-6，197-203.

[110] Yang XE，Long XX，Ni WZ，et al. Sedum alfredii H：A new Zn hyperaccumulating plant first found in China. Chinese Science Bull.，2002，47（19）：1634-1637.

[111] Zhang YY，Wang X，Li XJ，Cheng LJ，Wan LL，Zhou QX. Environmental Science and Pollution Research. Horizontal arrangement of anodes of microbial fuel cells enhances remediation of petroleum hydrocarbon-contaminated soil. DOI 10.1007/s11356-014-3539-7. 2014.